"十四五"职业教育国家规划教材

食品加工技术
第二版

李秀娟 主编 　丁原春 主审

SHIPIN JIAGONG JISHU

化学工业出版社

·北京·

《食品加工技术》是"十四五"职业教育国家规划教材，是国家精品课程配套教材，也是国家精品资源共享课程配套教材。本书以"工学结合、知行合一"为切入点，注重教育与生产劳动、社会实践相结合，各模块以典型食品的加工生产为例，介绍了食品加工生产的方法。内容涉及果蔬、软饮料、焙烤及膨化食品、肉制品、乳制品、水产品、豆制品和发酵食品加工八部分，包括各种食品的原辅料选择、工艺流程、操作要点及品质检测等知识，同时借鉴了最新的国家标准。为提高学生对食品行业新技术和新产品研发的创新意识，本书还介绍了食品分离、油炸、微波等食品加工新技术新方法。教材践行党的二十大精神，融入思政与职业素养内容；可扫描二维码学习参考相关的重难点；各模块后附有思考题，有助于学生梳理总结并系统掌握所学知识。相关模块后编入了丰富的实训项目，以便于师生根据实际情况选择训练，实现教、学、做一体化。

本书适合作为职业教育食品智能加工技术、食品检验检测技术、食品营养与健康、食品贮运与营销、食品质量与安全等专业的教材，同时也可供食品企业和行业的管理人员、技术人员参考。

图书在版编目（CIP）数据

食品加工技术/李秀娟主编. —2版.—北京：化学工业出版社，2018.4（2024.7重印）

"十二五"职业教育国家规划教材

ISBN 978-7-122-31738-4

Ⅰ.①食… Ⅱ.①李… Ⅲ.①食品加工-职业教育-教材 Ⅳ.①TS205

中国版本图书馆 CIP 数据核字（2018）第 049786 号

责任编辑：迟　蕾　梁静丽　李植峰　　　　　　装帧设计：张　辉
责任校对：边　涛

出版发行：化学工业出版社（北京市东城区青年湖南街 13 号　邮政编码 100011）
印　　装：河北延风印务有限公司
787mm×1092mm　1/16　印张 17¾　字数 442 千字　2024 年 7 月北京第 2 版第 14 次印刷

购书咨询：010-64518888　　　　　　　　　　售后服务：010-64518899
网　　址：http://www.cip.com.cn
凡购买本书，如有缺损质量问题，本社销售中心负责调换。

《食品加工技术》(第二版)编审人员

主　　编　李秀娟

副 主 编　刘　静　郑显义　禚欢欢

编写人员　(按姓名汉语拼音排列)

高　鲲　(辽宁农业职业技术学院)

郭晓华　(山东美佳食品有限公司)

洪文龙　(江苏农林职业技术学院)

黄贤刚　(日照职业技术学院)

黄　莉　(滨州学院)

李海林　(苏州农业职业技术学院)

李清筱　(河南工业贸易职业学院)

李兴光　(平顶山职业技术学院)

李秀娟　(日照职业技术学院)

李　涛　(日照佳食食品有限公司)

刘　静　(内蒙古商贸职业学院)

鲁　曾　(日照职业技术学院)

潘　燕　(山东外国语职业学院)

冉　娜　(海南职业技术学院)

杨　芳　(湖北大学知行学院)

岳　春　(南阳理工学院)

张初署　(山东花生研究所)

郑显义　(内江职业技术学院)

禚欢欢　(日照市食品药品检测中心)

主　　审　丁原春　(黑龙江职业学院)

前　言

本教材第一版是根据教育部《关于全面提高高等职业教育教学质量的若干意见》（教高〔2006〕16 号）文件精神，遵循理论"必需、够用"，以工作过程为导向，强化实践技能训练的原则进行设计开发，是国家精品课程《食品加工技术》（http：//jpkc.rzpt.cn/shipin）的配套教材，同时也是国家精品资源共享课程《食品加工技术》（http：//www.icourses.cn/coursestatic/course_3349.html）的配套教材，相关配套的数字化资源在爱课程网上，部分重难点的视频以二维码的形式呈现，可参考。第二版教材是在原教材的基础上将部分内容进行了更新和完善，将新技术、新工艺融入其中。在修订过程中，本着以就业需求为导向，以体现职业岗位要求为课程标准，以突出职业能力培养和学生特点为依据，以教授专业知识和培养技术能力、自主学习能力、创新能力、可持续发展能力及综合职业素质培养为目标的指导思想，结合不同区域经济发展的需要和国家职业资格考核的要求，对各模块内容进行了合理组织，意在实现将学历教育与职业资格教育融为一体，培养与工作现场"零距离"的高技能人才。教材每个模块专门根据专业内容设计了"思政与职业素养目标"，有针对性地引导与强化学生的职业素养培养，践行党的二十大强调的"落实立德树人根本任务，培养德智体美劳全面发展的社会主义建设者和接班人"，坚持为党育人、为国育才，引导学生爱党报国、敬业奉献、服务人民；在相关产品下引入食品安全案例，警示学生加强食品卫生与公共安全管理，强化党的二十大报告提出的法治精神和依法治国理念。

本书理论与实践相结合，对食品加工的各类技术进行了系统的介绍，可实现教、学、做一体化。内容涉及果蔬、软饮料、培烤及膨化食品、肉制品、乳制品、水产品、豆制品和发酵食品加工八部分，覆盖面广，可操作性强，技术含量高。

另外，本教材是与日照市食品药品检测中心、山东美佳食品有限公司、山东花生研究所、日照佳食食品有限公司等合作开发的，工学结合特色鲜明，符合食品加工职业岗位的需求。同时，为了更好地服务于食品企业，除食品加工常规技术、关键技术外，本教材还介绍了食品行业发展新技术等内容，跟踪行业企业发展，以保持教学与企业岗位内容的一致性，培养与行业产业化、国际标准化接轨的高技能人才，为企业提供"打包式"的立体化人才服务。希望本书的出版能够为全国优质高校专业建设及高职高专"产教融合、工学一体"人才培养模式下的课程改革提供一部先进、实用的教材。

本书在编写过程中，借鉴和参考了相关专业的文献和资料。在此，编者对这些文献资料的作者和单位表示诚挚的感谢。

由于编者水平有限，书中的疏漏和不妥之处在所难免，敬请广大读者批评指正。

编者

第一版前言

本教材根据教育部《关于全面提高高等职业教育教学质量的若干意见》（教高［2006］16 号）文件精神，遵循理论"必需够用"、以工作过程为导向、强化实践技能训练的原则进行设计开发，是国家精品课程《食品加工技术》（http://jpkc.rzpt.cn/shipin）的配套教材。本书本着以就业需求为导向，以体现职业岗位要求为课程标准，以突出职业能力培养和学生特点为依据，以教授专业知识和培养技术能力、自主学习能力、创新能力、可持续发展能力及综合职业素质培养为目标的指导思想，在编写中结合不同区域经济发展的需要和国家职业资格考核的要求，对各章节内容进行了合理组织，意在实现将学历教育与职业资格教育融为一体、培养与工作现场"零距离"的高技能人才。通过本教材的学习，学生不仅能够熟练掌握各类食品加工技术，而且为其取得食品类职业资格证书奠定了基础。

本书理论与实践相结合，对食品加工的各类技术进行了系统的介绍，可实现教、学、做一体化。内容包括：肉制品加工、乳制品加工、果蔬制品加工、焙烤食品加工、发酵食品加工、水产品加工以及豆制品加工等，覆盖面广，可操作性强，技术含量高。

另外，本教材是与山东美佳食品有限公司、山东花生研究所、日照佳食食品有限公司等企业合作开发的，工学结合特色鲜明，符合食品加工职业岗位的需求。同时，为了更好地服务于食品企业，除食品加工常规技术、关键技术外，本教材还介绍了食品行业发展新技术等内容，跟踪行业企业发展，以保持教学与企业岗位内容的一致性，培养与行业产业化、国际标准化接轨的高技能人才，为企业提供"打包式"的立体化人才服务。希望本书的出版能够为高职高专"工学结合"人才培养模式下的课程改革提供一部先进、实用的教材。

本书由李秀娟主编，赵晨霞主审。其中第一章由岳春编写；第二章由李海林、黄贤刚编写；第三章由李兴光、潘燕编写；第四章由洪文龙、李秀娟编写；第五章由冉娜、李秀娟编写；第六章由刘静、鲁曾编写；第七章由李秀娟、张初暑、牟善群编写；第八章由杨芳编写；第九章由郑显义编写；第十章由李清筱编写。

本书在编写过程中，借鉴和参考了相关专业的文献和资料。在此，编者对这些文献资料的作者和单位表示诚挚地感谢。

由于编者水平有限，书中的疏漏和不妥之处在所难免，敬请广大读者批评指正。

编者

2009 年 7 月

目　录

绪　论

学习目标

通过对本模块的学习，了解食品加工技术的发展历史、概况及发展趋势，掌握食品加工技术的概念。

思政与职业素养目标

1.深刻理解食品加工对国民经济和人民生活的重要意义，树立行业自豪感与责任感。
2.通过了解我国食品加工源远流长的历史，提升民族自豪感和文化自信。
3.了解食品加工的发展现状与趋势，树立专业使命感与紧迫感。

一、食品加工技术概述

1.食物和食品的概念

(1) 食物的概念　人类生存离不开"衣、食、住、行"。食物是首要的，要想生存下去，必须要保证摄入食物，所以说食物是人体的营养必需品。食物的具体定义应该是：食物是人体生长发育、更新细胞、修补组织、调节机能必不可少的营养物质，也是产生热量、保持体温、进行体力活动的能量来源。在现代社会中，"食物"已不限于其本身的含义，它还蕴涵着文化和物质文明的意义。

(2) 食物的来源和种类　人类的食物，除少数物质如盐类外，几乎全部来自动植物。为了满足人体营养的需要，食物应含有蛋白质、碳水化合物、脂肪、维生素、无机盐、水和膳食纤维等七大营养素。但任何一种天然食物都不能提供人体所需的全部营养素，因而要提倡人们广泛食用多种食物。食物应包括以下五大类。

① 谷类及薯类　谷类包括米、面、杂粮；薯类包括马铃薯、甘薯、木薯等，主要提供碳水化合物、蛋白质、膳食纤维及 B 族维生素。

② 动物性食物　包括肉、禽、鱼、奶、蛋等，主要提供蛋白质、脂肪、矿物质、维生素 A 和 B 族维生素。

③ 豆类及其制品　包括大豆及其他干豆类，主要提供蛋白质、脂肪、膳食纤维、矿物质和 B 族维生素。

④ 蔬菜水果类　包括鲜豆、根茎、叶菜、茄果等，主要提供膳食纤维、矿物质、维生素 C 和胡萝卜素。

⑤ 纯热能食物　包括动植物油、淀粉、食用糖和酒类，主要提供能量。植物油还可提供维生素 E 和必需脂肪酸。

(3) 什么叫食品　一般定义是：经过加工制作的食物就被称为食品。

《食品工业基本术语》对食品的定义：可供人类食用或饮用的物质，包括加工食品、半成品和未加工食品，不包括烟草或只作药品用的物质。

《食品安全法》第九十九条规定：食品是"指各种供人食用或者饮用的成品和原料以及按照传统是食品又是药品的物质，但是不包括以治疗为目的的物品"。这是对食品的法律定义。

从食品卫生立法和管理的角度来看，广义的食品概念还涉及所生产食品的原料，食品原料种植、养殖过程接触的物质和环境，食品的添加物质，所有直接或间接接触食品的包装材料、设施以及影响食品原有品质的环境。在进出口食品检验检疫管理工作中，通常还把"其他与食品有关的物品"列入食品的管理范畴。

美国食品及药物管理局（FDA）对食品的定义及其分类中提到：食品通常是指消费者所消费的较大数量作为食用的物质。食品包括人类食品、从相关物质中迁移到食品中去的物质、宠物食品以及动物饲料。

2. 食品的分类

食品品种繁多，名称多种多样，目前尚无统一、规范的分类方法。按常规或习惯对食品的分类有下列几种方法。

(1) 按食品保藏方法分
- 罐藏食品（也叫罐头食品）
- 干藏食品，又叫脱水干藏制品
- 冷藏食品和冻制食品
- 冷干食品（冷冻脱水食品）
- 腌渍食品（糖腌、醋腌、酱腌、盐腌）
- 烟熏食品
- 辐射保藏食品

(2) 按照食品原料种类分
- 粮食制品
- 果蔬制品
- 肉禽制品
- 水产制品
- 乳制品
- 蛋制品

(3) 按照食品加工方法分
- 生鲜食品：农产品、畜产品、水产品
- 加工食品：焙烤制品、膨化食品、油炸食品、发酵食品、罐头制品

(4) 按照食品食用人群不同分
- 婴幼儿食品
- 中小学生食品
- 孕妇、哺乳期妇女以及恢复产后生理功能等食品
- 适用于特殊人群需要的特殊营养食品，如运动员、宇航员食品，高温、高寒、辐射或矿井条件下工作人群的食品

(5) 按照原料不同和加工方法的不同分
- 粮食加工：挤压食品，焙烤食品（面包、饼干、蛋糕、月饼）等
- 油料加工：人造奶油
- 大豆加工：豆浆、豆腐、豆腐乳、豆豉、大豆蛋白制品等
- 蔬菜加工：蔬菜罐藏，蔬菜干制，蔬菜腌制，蔬菜速冻等
- 水果加工：水果罐藏，水果干制，水果糖藏，水果速冻，坚果加工等
- 淀粉加工和制品
- 水产品加工：水产品冷冻，鱼品腌制，水产品干制，水产品发酵制品，水产品熏制，鱼糜制品，水产品罐藏等
- 肉和肉制品：火腿，香肠等
- 禽和禽制品：蛋和蛋制品
- 乳和乳制品：炼乳，乳粉，干酪，奶油，冰淇淋等
- 制糖：粗糖精炼，甘蔗制糖，甜菜制糖，糖果，巧克力等
- 酒和酒的酿造：白酒，白兰地，威士忌，伏特加，黄酒，清酒，老姆酒，葡萄酒，啤酒，混合饮料，鸡尾酒，酒类品尝方法等
- 饮料：软饮料，咖啡，可可，茶等
- 发酵制品：酱油，醋，酱，味精，柠檬酸，酵母，乳酸，赖氨酸，核苷酸类调味料等

(6) 按照食品质量安全市场准入制度食品分类表分
- 粮食加工品
- 食用油
- 油脂及其制品
- 调味品
- 肉制品
- 乳制品
- 饮料
- 方便食品
- 饼干

$$\text{(6) 按照食品质量安全市场准入制度食品分类表分}\begin{cases}\text{罐头}\\\text{冷冻饮品}\\\text{速冻食品}\\\text{薯类和膨化食品}\\\text{糖果制品（含巧克力及制品）}\\\text{茶叶及相关制品}\\\text{酒类}\\\text{蔬菜制品}\\\text{水果制品}\\\text{炒货食品及坚果制品}\\\text{蛋制品}\\\text{可可及焙烤咖啡产品}\\\text{食糖}\\\text{水产制品}\\\text{淀粉及淀粉制品}\\\text{糕点}\\\text{豆制品}\\\text{蜂产品}\\\text{特殊膳食食品}\\\text{其他食品}\end{cases}$$

3. 现代食品的概念及其种类

所谓现代食品，从食品卫生监督角度来看，可认为是应用现代加工技术生产供现代人食用或饮用的各类食品。

现代食品的种类已远远超出"前人食谱"，如"细菌食品"、"仿生食品"、"疫苗食品"、"藻类食品"、"调理食品"、"工程食品"、"保健食品"、"绿色食品"、"快餐食品"等。这些食品也反映出了现代人的生活方式和特点。

现代食品工业不仅仅是农业或牧业的延伸和继续，它还具有制造工业的性质。人类可以利用现代科技生产或制造出适于人类需要的食品。如利用基因工程技术可以生产出"免疫乳"；利用植物细菌培养技术可以生产虫草菌丝代替天然生长的虫草；利用微生物技术，可以生产 β-胡萝卜素；利用现代食品科技知识，生产"仿生食品"；利用生命科学及其相关知识，可以生产出适用于不同人群的"保健食品"等。

4. 随科学技术发展出现的新食品类型

(1) 方便食品 指以米、面、杂粮等粮食为主要原料加工制成，只需简单烹制即可作为主食的具有食用简便、携带方便，易于贮藏等特点的食品。方便食品的种类很多，大致可分成以下四种。

① 即食食品 这类食品通常买来后就可食用，如糕点、面包、馒头、汤圆、饺子、馄饨等。

② 速冻食品 这类食品稍经加热后就可食用。如速冻饺子、速冻汤圆、速冻粽子等。

③ 干的或粉状方便食品 这些食品通过加水泡或开水冲调也可立即食用，如方便面、方便米粉、方便米饭、方便饮料或调料、速溶奶粉等。

④ 罐头食品 罐头食品是指将符合要求的原料经处理、分选、修整、烹调（或不经烹调）、装罐（包括马口铁罐、玻璃罐、复合薄膜袋或其他包装材料容器）、密封、杀菌、冷却而制成的具有一定真空度的罐藏食品。这种食品较好地保持了食品的原有风味，体积小、质量轻、卫生方便，只是价格稍高。

方便食品是对各种各样使用简便的食品的统称。如方便面、奶粉、速溶咖啡、果汁粉、小吃食品、膨化食品、半干半潮食品、豆腐干、牛肉干、速食品、锅巴、虾圈、虾条、八宝粥、各类快餐食品。

(2) 仿制或模拟制品 仿制食品也称仿真食品，在食品领域通常以人造食品相称，这是由食品厂商根据自然界中某些食物的形状、色泽用类似原料制成形态、风味、质地和其相似的食品。如人造肉、人造鸡、人造海蜇、人造蟹肉、人造草莓等。

（3）**宇宙食品** 供宇航员在失重情况下食用的食品。

（4）**保健食品** GB 16740—2014《食品安全国家标准 保健食品》第2.1条将保健食品定义为：声称并具有特定保健功能或者以补充人体维生素、矿物质为目的的食品。适用于特定人群食用，具有调节机体功能，不以治疗为目的，并且对人体不产生任何急性、亚急性或慢性危害的食品。

（5）**强化食品** 定义：为保持食品原有的营养成分，或者为了补充食品中所缺乏的营养素，向食品中添加一定量的食品营养强化剂，以提高其营养价值，这样的食品称为营养强化食品。

（6）**骨味系列食品** "骨味系列食品"是对一切可食骨头进行深加工而成，保持了骨头的原汁、原味。

（7）**宠物食品** 以加工食品下脚料为主要原料，利用现代科技和加工工艺制作供宠物食用的食品。

（8）**昆虫食品** 昆虫食品就是以昆虫作为食品。

（9）**新资源食品** 指依据《新资源食品卫生管理办法》，称为新资源食品的产品类别。食品新资源系指在我国新研制、新发现、新引进的无食用习惯或仅在个别地区有食用习惯的，符合食品基本要求的物品。以食品新资源生产的食品称新资源食品（包括新资源食品原料及成品）。

（10）**有机食品** 有机食品是指来自于有机农业生产体系，根据国际有机农业生产要求和相应的标准生产加工的，并通过独立的有机食品认证机构认证的一切农副产品，包括粮食、蔬菜、水果、奶制品、畜禽产品、蜂蜜、水产品、调料等。

（11）**绿色食品** 是指在产、运、销过程中没有受到污染的食品。农业部制定的标准如下：

① 产品的原料产地具有良好的生态环境；

② 原料作物的生长过程中给水、肥、土条件必须符合一定的无公害控制标准，并接受农业部农垦司环境保护检测中心的监督；

③ 产品的生产、加工及包装、贮运过程应符合《中华人民共和国食品安全法》的要求，最终产品根据《中华人民共和国食品卫生标准》检测合格后才准予出售。

5. 食品作为商品应符合的条件

食品一经出售即为商品，作为商品应符合下列两点要求。

① 预包装食品应按国家规定具有商标标签，食品营养成分必须标明在商标上，标签应符合GB 7718—2011《食品安全国家标准 预包装食品标签通则》的有关规定。

② 食品应具有本身应有的色泽和形态、香气和味感、营养和易消化性、卫生和安全性、方便性、贮运和耐藏性等特点。

二、食品加工技术的发展历史和现状

1. 食品加工技术的发展历史

人类早期的历史，是一部以开发食物资源为主要内容的历史。正是在这个过程中，形成了一定的社会结构，促进了社会向前发展，创造了悠久的史前文化。中国古代将栽培谷物统称为五谷或百谷，通常指稷（粟）、黍、麦、豆、稻。中国传统家畜的"六畜"，即马、牛、羊、鸡、犬、豕，在新石器时代均已驯育成功，当今人们享用的肉食品种的格局，早在史前时代便已经形成了。原始农业和畜牧业的发生和发展，使人类获取食物的方式有了根本改变，数千年来，我国人民在长期的劳动实践中创造了许多优良的食品品种和加工方法，积累了丰富的经验。不少传统食品风味独特，广受欢迎，甚至流传国外。可是，在旧中国，食品生产一直以家庭加工和手工作坊为主，生产技术落后，产量低，质量也不稳定。少数民族工业得不到发展，濒于破产的境地。新中国成立后，我国食品工业迅速得到了恢复和发展，特别是改革开放以来，我国农、林、牧、副、渔得到了持续稳定的发展，为食品工业提供了充足的资源，目前，我国食品工业已逐步发展与完善，现已经形成具有一定规模的工业体系。我国食品工业现已发展成10大门类45个加工制造业的大行业，包括粮、油、饲料、肉、水产、食盐及其他食品加工业；糕点、糖果、方便主食制造业；乳品制造业；罐头食品制造业；发酵制品业；调味品制造业；食品添加剂制造业；豆制品、淀粉、冷冻品等其他食品制造业；酒精及酒制造业；烟草加工业等。

2. 食品加工技术的发展现状

我国食品资源的现状是：除奶类的总产量和人均奶量低于世界水平以外，其他各类食品资源的总产量都位居世界之首。虽然我国是世界人口大国，但资源的人均占有量大都超过世界人均占有量，充分表明目前我国拥有进一步发展食品工业的资源优势，我国加工食品占资源的比重很低，果品、蔬菜、肉类、奶类、大豆、谷物的加工制品占资源总量都低于10％，而美国、日本、德国、法国等发达国家，都在30％以下，这充分说明，我国食品工业的加工深度与我国丰富的食品资源极不相称。我国食品资源的有效转化能力很低，目前食品制造业产值在食品工业总产值中所占的比例仅为25％左右。我国食品工业也正处在向现代化食品制造业转变的阶段，由于受资源的规格、产品的质量、企业的规模、技术（硬件和软件）的储备、发展的时间等诸方面的综合因素制约，导致了目前我国食品的加工深度、农产品资源转化能力与世界发达国家相比，仍有较大的差距。

现代食品工业是与人类营养科学、现代医学、食品安全与食品科学，以及生物技术、信息技术、新材料技术、现代制造技术和智能化控制技术密切关联的"现代食品制造业"；是与国计民生和国民的饮食安全与健康及身体素质密切关联的"现代餐桌子工程"。现代食品工业体系的建立与发展，现代食品产业链与供应链的形成，是现代社会保障食品安全和促进农民增收的重要基础和必要条件。应该看到，我国食品工业与世界先进水平相比仍存在巨大差距，在整体上尚处于粗加工多、规模小、水平低、综合利用差、能耗高的发展阶段。当前中国食品工业还是以农副食品原料的初加工为主，精细加工的程度比较低，正处于成长期。如乳品业、罐头产品业的发展现状与其应有的地位、作用有一定差距；方便食品、快餐食品的发展与市场需求存在着明显不足等。食品工业制成品在居民食品消费支出中，我国的比重为30％～40％，而发达国家在80％以上。食品工业总产值与农业总产值比例，我国为0.38∶1，而发达国家为2∶1或3∶1，存在明显差距，行业整体水平有待提高。

三、食品加工在国民经济中的地位

"民以食为天"，食品工业现代化和饮食水平是反映人民生活质量和国家文明程度的重要标志。随着我国城市化、工业化、现代化建设步伐的加快和国民经济持续高速的增长，人民生活水平的普遍快速提高，我国食品工业已经成为国民经济中十分重要的独立的产业体系，成为集农业、制造业、现代流通服务业于一体的增长最快、最具活力的国民经济支柱产业，成为我国国民经济发展极具潜力的新的经济增长点。

我国食品工业承担着为13亿人口提供安全放心、营养健康食品的重任，多年来一直是国民经济的支柱产业和保障民生的基础产业。

2015年我国食品产业结构不断优化，效益持续增长，投资规模进一步扩大。规模以上食品工业企业主管业务收入达11.35万亿元，比2010年增长了87.3％，年均增长13.4％。食品工业企业主管业务收入占全国工业企业主管业务收入的10.3％，利润总额占12.6％，上缴税金占19.3％。食品工业与农林牧渔业的总产值之比达1.11∶1。食品产业不仅大量转化了大宗农产品，也大幅度增加了农民收入和农业效益，带动了农民脱贫致富和农村经济的健康发展。

目前以食品加工为主的农产品加工业已经成为国民经济中最具发展活力和后劲的重要支柱产业之一，在农业结构调整、农民增收和农村劳动力的转移中发挥了不可替代的作用。近年来，中国食品工业发展成绩显著，食品质量和安全状况总体良好，但同时也应看到，我国食品工业产值只占世界食品工业的4.5％（美国6000多亿美元，欧盟4000多亿美元，日本3000亿美元，而中国只有1300亿美元），以13亿人口的比例来比较，其中的差距确实很大，努力缩小这种差距，也是中国食品工业当前面临的重要任务。

全世界食品工业以每年约27000亿美元的销售额居各行业之首，是全球经济的重要产业，也是全球最大的制造业，是我国国民经济的重要支柱产业，是关系国计民生及关联农业、工业和第三产业的朝阳产业，是解决农副产品出路和增加农民收入的主渠道。伴随着国民经济的发展和人民生活水平的日益提高，食品工业将呈现凭借高科技工业技术，加大深加工、精加工开发，拓展多元化产品，凸现"环保、营养、健康"的特点，在较长一段时期内保持快速增长的态势，成为国民经济发展的一大增长点。与此同时，全球经济一体化的提速，也势必推动食品工业国际交流与合作进一步加强，世界食品聚焦中国，中国食品走向世界已是不可逆转的趋势。

四、食品加工技术的研究内容及发展趋势

1. 研究内容

本课程主要包括果蔬加工技术、软饮料加工技术、焙烤及膨化食品加工技术、肉制品加工技术、乳制品加工技术、水产品加工技术、豆制品加工技术、发酵食品加工技术等内容，并对当前的一些食品加工新技术，如现代分离技术、深层油炸技术、微波加热技术、酶反应技术、微生物反应技术进行研究和探讨。

2. 发展趋势

我国是个多民族的国家，地域辽阔，人口众多，发展食品工业具有很大的市场优势；我国是个农业大国，农产品和野生食品资源丰富，为发展食品工业提供丰富的原料。随着国民经济的发展和人民生活水平的不断提高，城乡居民对食品无论在数量还是质量方面的需求都在不断增长和提高。为满足人们的生活需要，我国的食品行业今后应该做以下改进来保持快速发展的步伐：发展食品基础原料生产，发展营养保健食品；增加食品工业的综合利用率，发展出口创汇产品，发展方便食品和生物工程食品，当然随着能源和资源的不足，食品的发展方向变得多样化和技术的先进化。我国加入WTO后，国际市场对中国食品也有较大的需求。因此，食品工业总的发展趋势是，食品生产总量将按照市场需求适度增加；按照营养、卫生、安全、食用方便和多层次的消费要求，调整产品结构，提高食品质量和档次，不断开发新产品、增加新品种，满足城乡居民消费和出口食品的需求，是未来食品不断发展的方向，也是食品工业发展的根本任务。

我国食品工业的发展可谓方兴未艾、潜力巨大，食品工业在整体技术水平、自主创新能力、食品安全、精深加工与综合利用等方面亟待提升。《食品工业"十三五"规划》中全球食品产业已发生深刻变化，技术装备更新换代更为频繁，加工制造智能低碳趋势更加多元，产品市场日新月异更趋丰富，科技创新驱动全球食品产业向全营养、高科技和智能化方向快速发展。预计到2020年，我国食品科技的自主创新能力和产业支撑能力显著提高，实现规模以上食品企业主营业务收入突破15万亿元，预期年均增长7%左右，工业食品的消费比重全面提升，形成一批具有较强国家竞争力的知名品牌、跨国公司和产业集群，推动食品产业从注重数量增长向提质增效全面转变。

随着世界食品工业向"高科技、新技术、多领域、多梯度、全利用、高效益和可持续"的方向发展，发达国家在世界范围内将其技术领先的优势快速转化为市场垄断优势，以专利为先导、以知识产权保护为手段，不断提高产业技术门槛，并不断以食品安全问题作为国际贸易竞争的技术壁垒，大幅度扩大竞争优势，这就对我国食品工业在国际市场竞争和可持续发展上提出了十分严峻的挑战。因此，食品工业的技术进步已成为国民经济发展中具有全局性和战略性的必须高度重视和长期支持的问题，这也是构建社会主义和谐社会必须常抓不懈的国家战略任务和历史使命。

"十三五"期间，国家紧紧围绕国民经济与社会协调发展的主线，根据国际食品产业发展的基本态势，从宏观和微观两个层面，全面、客观地分析了我国食品工业发展的基本状况，本着"突出重点与全面发展结合"、"近期安排与长远部署结合"和"整体布局与分类实施结合"的原则，已在"863计划"、"支撑计划"等国家"十三五"科技计划中重点安排了"食品加工"、"食品安全"、"功能食品"、"果蔬贮藏保鲜"、"农产品现代物流"和"奶业专项"等有关推进我国食品工业科技发展的多项科技项目。重点从粮油食品加工、果蔬食品加工、畜禽食品加工和水产食品加工等主要食品加工产业链系统设计出发，发展我国食品工业体系中食品制造工业、食品加工工业、软饮料工业、食品装备制造、食品添加剂与食品包装材料开发、食品营养评价与质量安全控制等领域，立足自主研发能力和自主创新能力的提高，强化产业技术的集成创新和产业化示范作用。

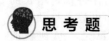 **思考题**

谈谈我国食品工业发展的趋势。

模块一　果蔬加工技术

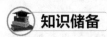 **知识储备**

　　果蔬含有人类所需的多种营养物质，在人们日常消费中占有相当大的比重。但其生产却存在着较强的季节性、区域性及果蔬本身的易腐性。据相关统计，现阶段我国新鲜果蔬的腐烂损耗率较高，水果为30%，蔬菜达到40%～50%，而发达国家平均损耗率不到7%。因此依靠先进的科学技术，对果蔬进行保鲜及加工是必不可少的。为了适应社会发展及国际市场需求，近年来我国果蔬加工保鲜技术发展很快。在传统工艺基础上，新技术、新设备不断出现，产品标准化、规范化体系逐步确立，从而为促进我国果蔬业健康可持续发展、实现更高的社会经济效益奠定了良好的基础。

一、果蔬加工业现状及存在问题

1. 现状与机遇

　　我国水果蔬菜种植业的发展突飞猛进，但长期以来人们将重点放在采前栽培、病虫害的防治等方面，对于采后的保鲜与加工重视不够，再加上产地基础设施和条件缺乏，不能很好地解决产地果蔬分选、分级、清洗、预冷、冷藏、运输等问题，致使果蔬在采后流通过程中的损失相当严重；同时我国果蔬产品缺少规格化、标准化管理，销售价格只有国际平均价格的一半；除此之外，品种结构不合理，品种单一，早熟、中熟、晚熟品种比例不当，缺乏适于加工的优质原料品种，这些都严重制约着我国果蔬业的发展。果蔬的保鲜和加工是农业生产的继续，发达国家均把产后贮藏加工放在首要位置，而我国大多以原始状态投放市场，因此果蔬的损失较大。

　　但从另一个角度来看，我国果蔬采后保鲜和加工领域具有很大的经济潜力，除了保鲜和加工带来的高附加值外，仅减少现有果蔬的损失，就可为社会创造近千亿元的效益。更何况果蔬产业是科技与劳动密集相结合的产业，发达国家劳动力成本较高，使其生产的鲜菜、鲜果成本售价很高，所以在我国加入WTO后，果蔬产品是最有希望打入国际市场的大宗农产品之一，应该抓住这一有利的条件和难得的机遇。因此，提高果蔬品质、发展果蔬保鲜和加工业既是我国果蔬业可持续发展的前提，也是我国农产品的新的经济增长点。

2. 存在问题

　　(1) 加工设备自动化程度有待提高　　发达国家的果蔬加工已经形成了完整的生产线，各工序衔接协调，实现了高度机械化和自动化。果蔬加工设备生产规模大、效率高，各加工要素可以得到机、电、仪的控制和调整，产品质量得到了有效的保证。而我国研制的成套加工设备目前还仅停留在形式上的成套，各工序无法实现参数的联动控制，一些工序的人工辅助必不可少，连续化生产存在一定困难。原料处理主要以人工为主，关键的工序参数无法及时有效地调整，产品质量的稳定性无法保证。

（2）**综合利用不足** 果蔬加工中会产生大量副产品，以及皮、核、渣等废料，这些材料可以被再利用生产出有价值的产品。如用于提炼果胶、精油、植物蛋白等，也可以制成饲料。而国内的多数生产线还没有这样的能力，故对果蔬原料的综合利用应给予更多重视，要进行相应设计。

（3）**标准化质量体系的建立** 在食品生产中引入符合国际惯例的认证制度体系，企业从原料、人员、设施设备、生产过程、包装运输、质量控制等方面入手，按国家有关法规达到卫生质量要求。通过可操作的作业规范帮助企业改善卫生环境，及时发现生产过程中存在的问题，并加以改进。企业要具备良好的生产设备、合理的生产过程、完善的质量管理和严格的检测系统，确保最终产品的质量符合法规要求。

二、发展果蔬加工业的要求及对策

1. 建立完善的流通保鲜系统

由于果蔬生产淡旺季差异明显，因此贮藏保鲜设施对大量果蔬的大范围流通十分必要。流通保鲜系统包括分选、分级、清洗、预冷、冷藏、包装、冷藏运输、集散交易市场等。建立完善的流通保鲜系统需要相应的分选、分级、清洗、预冷、冷藏、包装、冷藏运输等技术和设备，在我国只靠引进技术还有相当困难，主要是因为我国农村经济基础和居民的消费水平与国外相比还有较大差距。因此，必须开发适合我国国情的技术和设备。

2. 提高果蔬的加工能力

加大包装果蔬、半成品果品蔬菜商品的比重。研制开发迎合我国消费者口味的果蔬加工产品，对我国传统果蔬产品进行现代化改造，培植果蔬加工专用果蔬产品生产基地，进一步完善净菜加工技术、果蔬饮料加工新技术、包装和速冻等技术。

3. 建立果蔬及其加工产品规格、标准和质量管理体系

农产品规格化、标准化是农业产业化经营和农产品进入现代化经营的关键和基础，是食品工业产业化生产的需要，更是我国农产品进入国际市场的通行证。然而国内多数企业在生产工艺上缺乏规范和统一标准，随意性较大，产品的质量指标多为人工控制，凭感觉判断，产品质量很不稳定。这就要求必须建立一个规范的产品标准和质量管理体系，充分利用高科技检测手段，及时准确地测定各种参数，将人为因素降到最低，使设备性能得到最佳发挥。

4. 建立全国果蔬保鲜加工信息网络和管理机制

建立一个包含采前、采后、生产、贮藏、加工、流通和销售在内的全国果蔬产品生产贮运、加工销售的信息集成系统，使相关人员及时了解产业最新信息和动态，以便提供更快捷便利的服务；提出整个农产品贮运加工产业与科技管理的体制改革框架，实现果蔬采前管理、采后处理和贮藏加工统一协调的管理机制。

三、果蔬加工业的发展趋势及展望

为了适应高速发展的现代社会的需要，一些食用方便、营养全面的新型果蔬加工产品备受青睐，像鲜切保鲜果蔬、果蔬汁、功能型果蔬制品、谷-菜复合食品、果蔬功能成分的提取、果蔬综合利用等，其加工技术以及加工设备都得到很大发展。果蔬加工正向着食用方便、注重营养、绿色健康等方向发展。

1. 功能型果蔬制品

复合保健浆果粉、营养酸粉、干燥李子酱、果蔬提取物补充剂、天然番茄复合物、以水果低热量甜味料等为代表的功能型果蔬制品。营养酸橙粉用于强化木瓜、芒果、桃、油桃、浆果类、甜樱桃等各种水果加工品的风味和减少褐变反应；干燥李子酱广泛应用于各种焙烤食品中，一些焙烤食品可利用干燥李子酱的保湿作用来延长产品的货架期；天然番茄复合物经研究表明具有防止骨钙流失和促进骨细胞生长的作用；而水果低热量甜味料则作为目前甜味剂的替代品，其甜度是砂糖甜度的200～2000倍，可以大大减少甜味剂的用量，同时降低砂糖等甜味剂带来的高能量。

2. 鲜切果蔬

又称果蔬的最少加工，指新鲜蔬菜和水果原料经清洗、修整、鲜切等工序，最后用塑料薄膜

袋或以塑料托盘盛装，外覆塑料膜包装，供消费者立即食用的一种新型果蔬加工产品。由于鲜切果蔬具有新鲜、营养卫生和使用方便等特点，在国内外深受消费者的喜爱，已被广泛用于胡萝卜、生菜、芹菜、马铃薯、苹果、梨、桃、草莓、菠菜等果蔬。与速冻果蔬及脱水果蔬相比，更能有效地保持果蔬产品的新鲜质地和营养价值，食用更方便，生产成本更低。

3. 谷-菜复合食品

谷-菜复合食品是以谷物和蔬菜为主要原料，采用科学方法将它们"复合"所生产出的产品，其营养、风味、品种及经济效益等多种性能互补，是一种优化的复合食品，如蔬菜面条、蔬菜米粉及营养糊类、蔬菜谷物膨化食品、蔬菜饼干、面条、面包、蛋糕类食品等。

4. 果蔬功能性成分提取

果蔬中含有许多天然植物化学物质，都具有重要的生理活性。如蓝莓被称为果蔬中的"第一号抗氧化剂"，它可防止功能失调、改善短期记忆、提高老年人动作的平衡性和协调性等；大蒜中含有硫化合物，具有降血脂、抗癌、抗氧化等作用；西红柿中所含番茄红素，具有抗氧化作用，能较为有效地防止前列腺癌、消化道癌以及肺癌的产生；生姜中含有姜醇和姜酚等，具有降血抗凝、抗肿瘤等作用。从果蔬中分离、提取、浓缩出这些功能成分，制成保健食品或将这些功能成分添加到各种食品中，已成为当前和今后果蔬加工的新趋势。

5. 果蔬汁

近年来我国的果蔬汁加工业有了较大的发展，大量引进国外先进果蔬加工生产线，采用一些先进的加工技术如高温短时杀菌技术、无菌包装技术、膜分离技术等。果蔬汁加工产品的新品种目前有浓缩果汁、中性复合果蔬汁、复合果蔬汁、果肉饮料、乳酸发酵型果蔬饮料。已有研究发现，果蔬汁有利于提高人体免疫力，如甘蓝汁，它通过提2高人体巨噬细胞和淋巴细胞的活性来增强细胞免疫力，增强人体健康。因为果蔬汁恰好能满足人们日益重视的健康、营养要求，因此已成为果蔬加工的必然趋势。

6. 固体果蔬粉

果蔬粉通常是将新鲜果蔬用热风干燥或真空冷冻干燥后，粉碎成粉，其水分含量低于6％。果蔬低温干制再经过超微粉碎后，颗粒可以达到微米级，其营养更容易消化，膳食纤维可以得到充分利用，减少了废渣。果蔬粉不仅可最大限度地利用原料，而且易贮藏、运输，能广泛应用于食品加工的各个领域，如膨化食品、乳制品、婴幼儿食品、焙烤制品等。主要用于提高产品的营养成分、改善产品的色泽和风味，以及丰富产品的品种等。现已开发的固体果蔬粉包括南瓜粉、番茄粉、蒜粉、葱粉等。

7. 果蔬综合利用

果蔬深加工已成为国内外果蔬加工的趋势，在实际的果蔬深加工过程中，往往有大量废弃物产生，如落果、次果以及大量的下脚料，包括果皮、果核、种子、叶、茎、花、根等，这些废弃物中含有较为丰富的营养成分，对这些废弃物加以利用称为果蔬综合利用。如在美国利用核果类的种仁中所含有的苦杏仁生产杏仁香精；利用姜汁的加工副料提取生姜蛋白酶，用于凝乳。由此可见，果蔬的综合利用也已成为国际果蔬加工业的新热点。

项目一　果蔬保鲜技术

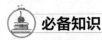 **必备知识**

水果、蔬菜生产的季节性、地域性强、鲜嫩易腐等特性给贮藏运输及销售环节带来极大的困难，造成旺季滞销，腐烂损失严重，而淡季则供应数量不足，无法满足市场需要。通过贮藏保鲜可以使种植者或销售商延长销售供应时间，并能达到比较满意的市场价格。果蔬贮藏保鲜的基本原理就是创造适宜的贮藏条件，将果蔬的生命活动控制在最小限度，从而延长果蔬的保存期。人们在果蔬保鲜过程中，采用最多的方式是控制温度，即降低果蔬贮藏温

度，在不破坏果蔬正常的新陈代谢机能的前提下，温度愈低，愈能延缓其衰老过程。但温度超过临界低温，也会引起冻害。在果蔬保鲜的发展过程中，人们还采用了气调、涂蜡和塑料薄膜密封技术等。近几年，果蔬保鲜技术发展很快，国内外已开始利用臭氧离子气体保鲜和生物技术保鲜等方法。

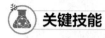 **关键技能**

一、传统保鲜技术

传统贮藏保鲜法包括简易贮藏法、低温冷藏法和气调法等几种。这些保鲜技术历史悠久，沿用至今，是我国广泛应用的主要贮藏保鲜技术。

1. 简易贮藏保鲜

简易贮藏包括堆藏、沟藏（埋藏）和窖藏三种基本形式，以及由此而衍生的假植贮藏和冻藏，是广大劳动人民长期生产实践经验及智慧的结晶。这些方法都是利用自然低温尽量维持所要求的贮藏温度，设备简单，操作方便，并且都有一定的自发保藏作用。

（1）**堆藏**　堆藏是设在果园或空地上的临时性贮藏方法。堆藏时，一般将果实直接堆放在果树行间的地面上或浅沟（坑）中，根据气温变化，分次加厚覆盖，以进行遮阳或防寒保温。所用覆盖物多就地取材，常用覆盖物有苇席、草帘，作物秸秆、土等。覆盖的时间和厚度要根据气候变化情况而定。一般在堆藏初期气温较高，为防日晒，应在白天盖席遮阳，夜间揭席通风。秋季风较大，用席覆盖后还有保温和防雨淋的作用。以后随气温逐渐降低，再分次加厚覆盖以进行防寒保温。

（2）**沟藏（埋藏）**　随着季节的更替，气温和土温都在发生变化，但变化的特点和规律有所不同。从秋到冬，气温和土温都在不断下降，但气温下降快，土温下降慢，变化幅度小。冬季气温很低，而土温下降缓慢，且入土越深，温度越高。到翌年春季，气温和土温逐渐回升，但气温上升快、变化大，土温上升的速度缓慢，变化小。冬季和春季土壤温度的这种缓慢而平稳的变化，对于果品贮藏是有利的。果品埋藏以后，埋藏沟内能够保持较高而又稳定的相对湿度，这样可以防止果品萎蔫，减少失重。埋藏的果品在进行覆盖以后，易于积累一定的二氧化碳，形成一个自发气调的环境条件，起到降低果实呼吸和微生物活动的作用，这样可以减少腐烂损失，并延长贮藏时间。

（3）**窖藏**　贮藏窖的种类很多，其中以棚窖最为普遍。此外，在山西、陕西、河南等地还有窖洞，四川南充等地贮藏柑橘采用井窖的形式等。这些窖多是根据当地自然、地理条件的特点建造的。它既能利用稳定的土温，又可以利用简单的通风设备来调节和控制窖内的温度。果品可以随时入窖出窖，并能及时检查贮藏情况。它们适合于大宗廉价或耐贮藏的果蔬产品，如生姜、南瓜及土豆等。这种方法保鲜时间短、损耗大、规模小，是一种迫不得已的、随机性或机动性都较大的贮藏方法。

2. 通风库贮藏保鲜

通风库是棚窖的发展，其形式和性能与棚窖相似。通风库的贮藏管理，主要是在良好的隔热保温性能的库房内，设置有完善而灵活的通风系统，利用昼夜温差，通过导气设备，将库外低温空气导入库内，再将库内热空气、乙烯等不良气体通过排气设备排出库外，从而保持果品较为适宜的贮藏环境。但是，由于通风库是依靠自然温度冷却贮藏，因此，受气温限制较大，尤其是在贮藏初期和后期，库温较高，难以控制，影响贮藏效果。为了弥补这一不足，可利用鼓风机、加冰或机械制冷等方法加速降低库温，以进一步提高贮藏效果，延长贮藏期。

3. 冷库低温贮藏保鲜

冷库贮藏指机械制冷贮藏，根据所贮藏果蔬的种类和品种的不同，进行温度的调节和控制，以达到长期贮藏的目的。

该方法在国内外都有较长的发展历史和成熟的经验，是现在生产中主要应用的保鲜技术。它主要是在一个适当的绝缘材料建筑中，借助机械冷凝系统的作用，将库内的热量传送到库外，使库内的温度降到果蔬贮藏所要求的实际温度，以延长果蔬贮藏期限。机械冷藏不受外界环境条件的影响，可终年维持冷库内所需的低温，冷库内温度、相对湿度以及空气的流通都可控制调节。另外，低温贮藏的果蔬对低温的耐受能力增强，能抑制耐高温病原菌的生长。但是采用低温保鲜耗能较高，需要大型的机械设备，一次性投资大、资金回收期长，而且长时间贮藏会引起某些果蔬的生理伤害和耐低温细菌、病毒的繁衍滋生，影响食用安全。

4. 气调贮藏保鲜

气调贮藏是目前世界各国普遍推广且应用最广的果蔬贮藏保鲜技术之一。它就是在低温贮藏的基础上，同时改变、调节贮藏环境中的氧气、二氧化碳和氮气等气体成分比例，并把它们稳定在一定的浓度范围内的一种方法。这样的贮藏环境能保持果蔬在采摘时的新鲜度，减少损失，且保鲜期长，无污染；与冷藏相比，气调贮藏保鲜技术更趋完善。

(1) 气调冷藏库（CA 贮藏） 气调冷藏库除了应具备普通冷藏库的特征外，还应具备较高的气密性能，以维持气调库所需的气体浓度。利用机械制冷的密闭贮库，配用气调装置和制冷装置，使贮库内保持一定的低氧、低温、适宜的 CO_2 浓度和空气湿度，并及时排除贮库内产生的有害气体，从而有效地降低所贮果蔬的呼吸速率，以达到延缓后熟、延长保鲜期的目的。

(2) 塑料薄膜小包装气调（MA 贮藏） 将塑料薄膜压制成袋，将果实装入袋内，扎紧袋口，即成为一个密闭的贮藏场所，塑料袋可以直接堆放在冷藏库或通风贮藏库内。塑料薄膜密封小包装气调技术是利用果蔬的呼吸作用使袋内的 CO_2 浓度升高、O_2 浓度下降。当果蔬放出的 CO_2 和吸入的 O_2 的速度与气体透过薄膜的速度相等时，袋内的 O_2 和 CO_2 的分压就不再发生变化，如果该混合气体符合或接近该果实贮藏适宜的气体条件，就起到自发气调的作用。

二、现代果蔬保鲜新技术

随着现代科学技术的进步，特别是微波技术和生物技术的发展，极大地推动了果蔬贮藏保鲜技术的发展。近几年来，国内外研究了一些新的果蔬保鲜技术，且部分已得到推广应用。如临界低温高湿保鲜、细胞间水结构化气调保鲜、臭氧气调保鲜、低剂量辐射预处理保鲜、调压贮藏保鲜、涂膜保鲜、调压贮藏保鲜、新型保鲜剂保鲜、生物技术保鲜等。

1. 临界低温高湿保鲜

采用临界点低温高湿贮藏（CTHH），即控制在物料冷害点温度以上 0.5～1℃和相对湿度为 90％～98％的环境中贮藏保鲜果蔬。临界点低温高湿贮藏的保鲜作用体现在两个方面：①果蔬在不发生冷害的前提下，采用尽量低的温度可以有效地控制果蔬在保鲜期内的呼吸强度，使某些易腐烂的果蔬品种达到休眠状态；②采用湿度相对高的环境可以有效降低果蔬水分蒸发，减少失重。从原理上说，CTHH 既可以防止果蔬在保鲜期内的腐烂变质，又可以抑制果蔬的衰老，是一种较为理想的保鲜手段。临界低温高湿环境下结合其他保鲜方式进行基础研究是果蔬中期保鲜的一个方向。

2. 细胞间水结构化气调保鲜

水结构化技术是指利用一些非极性分子（如某些惰性气体）在一定的温度和压力条件下与游离水结合的技术。通过水结构化技术可使果蔬组织细胞间水分参与形成结构化水，使整个体系中的溶液黏度升高，从而产生两个效应：①酶促反应速率减慢，实现对果蔬生理活动的控制；②果蔬水分蒸发过程受到抑制。这为果蔬的短期保鲜贮藏提供了一种全新的原理和方法。

3. 臭氧气调保鲜

臭氧是一种强氧化剂，又是一种良好的消毒剂和杀菌剂，既可杀灭消除果蔬上的微生物及其分泌的毒素，又能抑制并延缓果蔬有机物的水解，从而延长果蔬贮藏期。臭氧气调保鲜是近年来国内开发的保鲜新技术，其保鲜作用主要体现在三个方面：①消除并抑制乙烯的产生，从而抑制果蔬的后熟作用；②有一定的杀菌作用，可防止果蔬的霉变腐烂；③诱导果蔬表皮的气孔收缩，可降低果蔬的水分蒸发，减少失重。

4. 低剂量辐射预处理保鲜

辐射保鲜主要是利用钴 60、铯 137 发出的 γ 射线，以及加速电子、X 射线穿透有机体，干扰基础代谢过程，延缓果实的成熟衰老。电离辐射能抑制某些果蔬的发芽，可以杀灭果蔬表面的病菌，还能穿透整个食品，并杀灭已透入食品内部的病原菌，减少果蔬的病害，从而延长果蔬贮藏寿命。在射线照射果蔬之前，必须事先进行保健性试验，以保证照射食品的安全，并且使用剂量要恰当。

5. 涂膜保鲜

通过包裹、浸渍、涂布等途径在食品表面或食品内部异质界面上覆盖一层膜，提供选择性的阻气、阻湿、阻内容物散失及阻隔外界环境的有害影响，从而具有抑制呼吸，延缓后熟衰老，抑制表面微生物的生长，提高贮藏质量等多种功能，达到食品保鲜，延长其货架期的目的。另外，果蔬表面涂膜，大大改善了果蔬的色泽，增加了光度，提高了果蔬的商品价值。然而，可食性膜能引起苹果和香蕉的厌氧发酵，番茄涂上厚层玉米蛋白膜会加速番茄果实水分散失，并且涂膜会提高苹果的水心病程度和黄瓜腐烂的发病率。由于消费朝着无添加剂的饮食结构的方向发展，因此，可食用膜应用于果蔬保鲜的前景不可限量。

6. 调压贮藏保鲜

调压贮藏包括减压贮藏和加压贮藏。

(1) 减压贮藏 又称为低压贮藏（IPS）。即在传统的 CA 贮藏库基础上，将贮藏室内的气体抽出一部分使压力降低到一定程度，使贮藏室空气中氧含量降低到只能维持贮藏物最低限度的呼吸需要，使果蔬呼吸代谢所产生的一系列消耗和变化减少到最低限度，从而达到保鲜的目的。贮藏室的低气压是靠真空泵抽去室内空气而产生的，低压保鲜的压力大小根据果蔬特性及贮藏温度而定。果蔬在冷藏减压条件下呼吸强度、乙烯生成量等进一步降低，有利于延缓衰败。

(2) 加压贮藏 其作用原理主要是在贮藏物上方施加一个小的由外向内的压力，使贮藏物外部大气压高于其内部蒸汽压，形成一个足够的从外向内的正压差，一般压力为 $253\sim404MPa$。这样的正压可以阻止果蔬水分和营养物质向外扩散，减缓呼吸速度和成熟速度，故能有效地延长果实的贮藏期。

7. 新型保鲜剂保鲜

保鲜剂保鲜主要是用一些化学药剂处理采收之后的果蔬，以消灭其上带有的病菌，防止贮藏过程中病菌的侵染，从而延长果蔬的贮存期限。如由英国食品协会研制成功的一种可食用的水果保鲜剂。它是由蔗糖、淀粉、脂肪酸和聚酯物调配成的半透明乳液，它能阻止氧气进入果蔬内部，延长了果蔬熟化过程，从而可保鲜 200 天以上。还有加拿大研制的 NOCC（几丁质）可在水果表面形成一层既透气又相当隔氧的薄膜，并将水果裹住，达到低氧贮藏的目的，此外，这层薄膜还可保持住果蔬排出的二氧化碳，从而延缓果蔬的熟化，NOCC 没有任何毒性。我国在果蔬贮藏中开始应用高效低毒的保鲜剂防止微生物引起的腐烂和生理病害。

8. 生物技术保鲜

这是近年来新发展起来的具有广阔前途的贮藏保鲜方法，其中生物防治和利用遗传基因进行保鲜是生物技术在果蔬贮藏保鲜上应用的典型例子。

(1) 生物防治 生物防治是利用生物方法降低或防治果蔬采后腐烂损失，通常有以下四种策略，即降低病原微生物、预防或消除田间侵染、钝化伤害侵染以及抑制病害的发生和传播。目前，利用生物防治在贮藏保鲜中研究成功的就是将病原菌的非致病菌株喷洒到果蔬上，可以降低病害发生所引起的果蔬腐烂。如将菠萝的绳状青霉喷到菠萝上，则菠萝青霉腐烂率大为降低；草莓采前喷洒木霉菌，则大大降低采后草莓灰霉病的发病率；南运北调的马铃薯腐烂率高，采后用假单胞菌浸渍，则其软腐病发病率降低 50%；抗生素类如链霉素、软霉素喷洒在大白菜上，则可以减少细菌病害发生。

(2) 利用遗传基因进行保鲜 果蔬整个生命过程中基因控制着蛋白质的合成与降解。果蔬的大多数物理化学变化是由特定酶活性的改变引起的。一些能够降解细胞壁的酶的活性可能通过乙烯或激素等来调整，乙烯也能促进特定成熟酶的合成。基因工程技术主要通过减少果蔬生理成熟期内源乙烯的生成以及延缓果蔬在后期成熟过程中的软化来达到保鲜的目的。目前，日本科学家已找到产生乙烯的基因，如果关闭这种基因，就可减慢乙烯释放的速度，从而延缓果实的成熟，达到果蔬在室温下延长货架期的目的。因此利用 DNA 的重组和操作技术来修饰遗传信息，或用反义 DNA 技术来抑制成熟基因的表达，进行基因改良，从而达到推迟果蔬成熟衰败，延长贮藏期的目的。

项目二 果蔬速冻技术

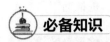**必备知识**

我国的果蔬速冻开始于 20 世纪 60～70 年代，并在 90 年代开始迅猛发展，现已形成了一定规模的出口市场，同时也引进了不少的先进设备。一般以速冻蔬菜为多，速冻水果多为其他制品的半成品或装饰物。随着速冻设备的改进和技术的进步，速冻制品的质量不断得到提高，因此果蔬的速冻保藏技术必将获得更快的发展。

一、速冻原理

速冻保藏是利用人工制冷技术降低食品的温度使其控制微生物和酶活动，而达到长期保藏的目的。果蔬的速冻过程要求在 30min 或更短时间内将新鲜原料的中心温度降至冻结点以下，使原料中 80％以上的水分尽快冻结成冰晶，这样就必须采用很低的冻结温度迅速排除热量，才能达到要求。在此温度下就能抑制微生物的活动和酶的作用，最大限度地防止腐败及生化反应对制品的影响。一般速冻产品要求在 −18℃及以下温度条件下保存。

1. 冻结温度曲线

在冻结过程中，温度呈逐步下降趋势，而表示产品温度与冻结时间关系的曲线，称为"冻结温度曲线"（图 1-1）。此曲线一般可分为三个阶段。

（1）初阶段 即从初温至冻结点（冰点）温度，此时放出的是显热，其与冻结过程所排出的总热量相比，量较少，故降温快，曲线较陡。在此阶段会出现过冷点（即曲线中的 S 点）。

（2）中阶段 此时产品中大部分水分冻结成

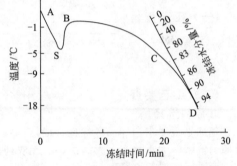

图 1-1　冻结温度曲线与冻结水分量

冰。一般果蔬中心温度降至 −5℃时，其内部已有 80％以上的水分冻结。此阶段由于水变成冰需放出大量潜热，总热量中的大部分在此阶段释放，故降温慢，曲线平坦。

（3）终阶段 从成冰后到终温。此时放出的热量，一部分来源于冰的降温，一部分来源于内部剩余水的继续结冰，故曲线不及初阶段陡峭。

2. 冻结速度对产品质量的影响

冻结速度直接影响产品的质量。当果蔬进行缓慢冻结时，由于细胞间隙的溶液浓度低于细胞内的，故首先产生冰晶，随着冻结的继续进行，细胞内水分不断外移结合到这些冰晶上，从而形成了主要存在于细胞间隙的体积大且数目少的冰晶体分布状态，这样就容易造成细胞的机械损伤和脱水损伤，使细胞破裂。解冻后，往往造成汁液流失、组织变软、风味劣变等现象。

当快速冻结时，由于细胞内外的水分几乎同时形成冰晶，其形成的冰晶体分布广、体积小、数目多，对组织结构几乎不造成损伤。解冻后，可最大限度恢复组织原来的状态，从而保证产品的质量。冻结速度往往与冷却介质导热快慢有关，产品初温、产品与冷却介质接触面、产品体积厚度等也会影响其冻结速度，在实际生产中应加以综合考虑。

二、速冻方法和设备

食品的冻结方法按使用的冷冻介质及与食品接触的状况，可分为间接接触冻结（空气冻结、接触冻结）和直接接触冻结（浸渍式冻结、喷淋式冻结）。果蔬冻结根据其产品的特点，主要采用空气冻结，具体有静止空气冻结、气流冻结和流化床冻结三种方法。

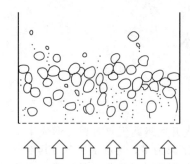

图 1-2 悬浮式冻结产品状态

（1）静止空气冻结 即将原料放入低温（－35～－25℃）库房中，利用空气自然对流冷却、冻结。其冻结速度慢，水分蒸发多，但设备简单、费用低。小型冷库、冰箱即为此类。

（2）气流冻结 即利用低温空气在鼓风机推动下形成一定速度的气流对食品进行冻结。气流的方向可以与产品方向同向、逆向或垂直方向。常用设备有带式连续速冻装置、螺旋带式连续冻结装置、隧道式冻结装置等。

（3）流化床冻结 又称悬浮式冻结，即使用高速的冷风从下而上吹送，将物料吹起成悬浮状态，在此状态下，产品能与冷空气全面接触，冻结速度极快。这种方法适用于小型单体果蔬的速冻，如蘑菇、草莓、豌豆等（图1-2）。

 **关键技能**

一、速冻工艺

（一）工艺流程

原料选择 → 预处理 → 护色 → 沥水 → 速冻 → 包装（包冰衣） → 冻藏

（二）工艺要点

1. 原料选择

速冻果蔬要求选择品种优良、成熟适宜，风味、色泽俱佳，冷冻适应性强的品种。另外，要求原料鲜嫩、大小整齐、无病虫害、无农药残留及微生物污染、无机械损伤。若不能及时加工处理，应进行短时间冷藏。

2. 预处理

原料预处理主要包括挑选、分级、去除不可食部分、清洗、切分等。挑选即除去带伤、有病虫害、畸形及不熟或过熟的原料，并按大小、长短分级。除去不可食部分，如皮、核、芯、蒂、筋、老叶及黄叶等，再进行清洗和切分。对一些易遭虫害的蔬菜，如青豌豆、蚕豆等应用1%～2%的盐水浸泡20～30min进行驱虫处理。对一些速冻后脆性减弱或易发酥的果蔬，可利用0.5%～1%的碳酸钙或氯化钙溶液浸泡处理10～20min，以增加其硬度和脆度。

3. 护色

原料护色是为了避免在加工及贮藏过程中发生变色。通常蔬菜采用漂烫处理，即在95℃以上热水或蒸汽下，热烫2～3min，然后迅速用冷水冷却。对于部分天然风味浓或酶活性低的蔬菜也可直接进行清洗冻结。果品常使用糖液浸渍处理，一般糖液浓度控制在30%～50%，添加量为1:3左右。对苹果、桃等酶活性强的原料，还可添加0.1%的抗坏血酸或0.5%柠檬酸等，以提高其护色效果。

4. 沥水

漂烫冷却后的原料带有大量水分，需进行沥水处理，以防止冻结时产品黏结成坨，影响产品的外观和质量。沥水前漂烫过的果蔬应迅速用温度≤10℃的冷水冷却或采用≤10℃的冷风冷却，冷却后及时沥干。沥水可采用振动筛、离心机。一般以振动沥水10～15min，离心机甩水5～10s为宜。沥水后由提升机输送到振动布料机进行原料的均匀布料，以实现均匀冻结，保证产品的冻结质量。

5. 速冻

经过沥干后的水果、蔬菜应迅速在温度＜－30℃的环境中冻结，水果要求无结块、无冰晶，呈单体状。蔬菜要求布料均匀，呈单体状或块状。果蔬冻结结束，产品的热中心温度≤－18℃。

6. 包装（包水衣）

速冻果蔬的包装，可以有效地控制产品在冻藏中因升华而引起的表面失水干耗，防止氧化变色及污染，便于产品的运输和销售。包装分冻前包装和冻后包装。一般蔬菜多采用先速冻后包装的形式，即冻后包装，以保证蔬菜的冻结速度，而果品可采用冻前包装。需要注意的是包装车间应保持低温，在短时间内完成包装，并及时入库冻藏。

7. 冻藏

速冻果蔬要求在－18℃或更低的温度下进行冻藏，以保持其冻结状态。冻藏过程中要保持冻藏温度的稳定，防止发生重结晶；同时避免与其他有异味的食品混藏。一般速冻产品的冻藏期一般可达到10～12个月，甚至两年（表1-1）。

表 1-1　部分冻藏制品的贮藏期

名　称	贮藏期限/个月			名　称	贮藏期限/个月		
	－18℃	－25℃	－30℃		－18℃	－25℃	－30℃
加糖桃	12	18	24	胡萝卜	18	＞24	＞24
加糖草莓	12	18	24	甘蓝	15	24	＞24
加糖樱桃	18	24	24	豌豆	18	＞24	＞24
不加糖草莓	12	＞18	＞24	菠菜	18	＞24	＞24

二、速冻果蔬生产中常见的质量问题及控制措施

1. 重结晶

在冻藏过程中，由于冻藏温度的波动，引起速冻产品反复解冻和再冻结，造成组织细胞内的冰晶体体积增大，以至于破坏速冻产品的组织结构，产生更严重的机械损伤。重结晶的程度直接取决于单位时间内冻藏温度波动的幅度和次数，波动幅度越大，次数越多，重结晶的程度就越深。

控制措施：采用深温冻结方式，提高产品的冻结率，减少液相残留水分；控制冻藏温度，避免温度变动，尤其是避免－18℃以上的温度变动。

2. 干耗

速冻产品在冷却、冻结和冻藏过程中，随热量带走的同时，部分水分同时被带走，从而会造成干耗发生。通常空气流速越快，干耗就越大；冻藏时间越长，干耗问题就越严重。干耗主要是表面冰晶直接升华所造成的。

控制措施：对速冻产品采用严密包装；保持冻藏库温与冻品品温的一致性；有时也可以通过上冰衣来降低或避免干耗对产品品质的影响。

3. 变色

因为酶的活性在低温下不能完全抑制，所以凡是常温下发生的变色现象，在长期的冻藏过程中同样会发生，只是进行速度减慢而已，且冻藏温度越低，变色速度越慢。

控制措施：为了防止发生此类变色，在速冻前原料应进行漂烫等护色处理。

4. 龟裂

由于冻结时水变冰后体积约增大9%，造成含水量多的果蔬冻结时体积膨胀，产生冻结膨胀压，当冻结膨胀压过大时，容易造成产品龟裂。龟裂往往是冻结不均匀、速度过快造成的。

控制措施：注意控制冻结的温度和速度。

5. 汁液流失

由于缓慢冻结容易造成果蔬组织细胞的机械损伤，解冻后，融化的水不能重新被细胞完全吸收，从而造成大量汁液流失，使组织软烂、口感、风味、品质严重下降。

控制措施：提高冻结速度，减少机械损伤。

项目三 果蔬的糖制技术

 **必备知识**

果蔬糖制技术是利用高浓度糖液的渗透和扩散作用，使糖液渗入组织内部，从而降低水分活度，有效地抑制微生物的生长繁殖，防止腐败变质，达到长期保藏的目的。我国的果蔬糖制技术历史悠久，并在发展过程中逐步形成了风味、色泽独特的，以北京、苏州、广州、福州为代表的传统蜜饯四大流派。果蔬糖制品具有高糖、高酸的特点，这不仅提高了产品的贮藏性能，而且改善了果蔬的食用品质，赋予产品良好的风味和色泽。

一、糖制品分类

糖制品按其加工方法和状态分为两大类，即果脯蜜饯类和果酱类。果脯蜜饯类属于高糖食品，保持果实或果块原形，大多含糖量在 50%～70%；果酱类属高糖高酸食品，不保持原来的形状，含糖量多在 40%～65%，含酸量约在 1% 以上。

1. 果脯蜜饯类

（1）**干态果脯** 在糖制后进行晾干或烘干而制成表面干燥不粘手的制品，也有的在其外表裹上一层透明的糖衣或形成结晶糖粉，如各种果脯、某些凉果、瓜条及藕片等。

（2）**湿态蜜饯** 在糖制后，不行烘干，而是稍加沥干，制品表面发黏，如某些凉果，也有的在糖制后，直接保存于糖液中制成罐头，如各种带汁蜜饯或糖浆水果罐头。

2. 果酱类

果酱类主要有果酱、果泥、果冻、果糕及果丹皮等。

（1）**果酱** 呈黏稠状，也可以带有果肉碎块，如杏酱、草莓酱等。

（2）**果泥** 呈糊状，果实须在加热软化后打浆过滤，其酱体细腻，如苹果泥、山楂泥等。

（3）**果冻** 将果汁和食糖加热浓缩而制成的透明凝胶制品。

（4）**果糕** 将果泥加糖和增稠剂后加热浓缩而制成的凝胶制品。

（5）**果丹皮** 将果泥加糖浓缩后，刮片烘干制成的柔软薄片即为果丹皮。山楂片是将富含酸分及果胶的一类果实制成果泥，刮片烘干后制成的干燥的果片。

二、糖制原理

果蔬糖制保藏主要是利用食糖抑制微生物的活动，而食糖的保藏作用在于其强大渗透压，使微生物细胞原生质脱水失去活力。因此，一般糖制品最终糖浓度都在 65% 以上，如是中、低浓度的糖制品，则需利用糖、盐的渗透压或辅料产生抑制微生物的作用，使制品得以保藏。

1. 食糖的保藏作用

（1）**高渗透压作用** 糖溶液有一定的渗透压，通常 1% 的蔗糖溶液可产生 70.9kPa 的渗透压，若浓度在 65% 以上时，则远远大于微生物的渗透压，从而抑制微生物的生长，使制品能较长期保存。

（2）**降低水分活度** 微生物吸收营养要在一定的水分活度条件下。而糖浓度越高，其水分活度就越小，微生物就不易获得所需的水分和营养。新鲜水果的水分活度大于 0.99，而糖制品的水分活度约为 0.75～0.80，故有较强的保藏作用。

（3）**抗氧化作用** 糖溶液中的含氧量较低。在 20℃ 时，60% 蔗糖溶液溶解氧的能力仅为纯水的 1/6，因此，高糖制品可减少氧化程度。

2. 果胶及其凝胶作用

果胶是多半乳糖醛酸的长链，其中部分羟基为甲醇所酯化，具有凝胶特性。通常甲氧基含量在 7% 以上的果胶称为高甲氧基果胶，而甲氧基含量低于 7% 的果胶称为低甲氧基果胶。

（1）**高甲氧基果胶凝胶**　高甲氧基果胶的凝胶多为果胶、糖、酸凝胶，常应用于生产果酱、果冻。但凝胶形成的基本条件是必须含有一定比例的糖、酸及果胶。一般认为形成良好果胶凝胶所需的果胶、糖、酸三者的最佳条件是：糖65%～70%，pH2.8～3.3，果胶0.6%～1%。

（2）**低甲氧基果胶凝胶**　低甲氧基果胶（指相当于50%的羧基游离存在）在用糖很少甚至不用糖的情况下，可用加入钙（10～30mg/g）或其他二价、三价离子（如铝）的方法，把果胶分子中的羧基相连生成凝胶，它是离子键结合而相连成的网状结构。一般认为低甲氧基果胶凝胶形成的条件是：低甲氧基果胶1%，pH为2.5～6.5时，每1g低甲氧基果胶加入钙离子25mg。注意加钙盐前必须先将低甲氧基果胶完全溶解。

🧪 关键技能

一、糖制的加工工艺

（一）蜜饯加工工艺

1. 工艺流程

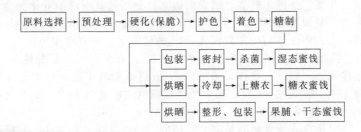

2. 工艺要点

（1）**原料选择**　根据产品的特性，正确地选择适宜的加工原料，是保证产品质量的基本条件。一般选择组织致密、硬度较高的果蔬为原料，以防止糖制过程中的煮烂变形。

（2）**预处理**　按照产品对原料的要求进行选择、分级处理。分级多为大小分级，目的是达到产品大小相同、质量一致和便于加工。分级标准可根据原料实际情况、产品特点而定。并进行洗涤、去皮、切分、去芯和划缝等处理。

划缝可增加成品外观纹路，使产品美观。更重要的是加速糖制过程中的渗糖。划缝有手工划缝或划纹机划缝两种，划纹要纹路均匀，深浅一致。

（3）**硬化（保脆）**　在糖煮前进行硬化处理，可以提高原料的硬度，增强其耐煮性。通常将原料投入一定浓度的石灰、明矾、氯化钙或氢氧化钙等水溶液中，进行短时间浸渍，达到硬化的目的。硬化剂的选择、用量和处理时间必须适当，若用量过大会生成过多的果胶酸钙盐，或引起纤维素钙化，而使产品粗糙，品质下降。一般明矾溶液为0.4%～2%，亚硫酸氢钙溶液为0.5%，石灰溶液0.15%。可用pH试纸检查是否浸泡合格，并用清水彻底漂洗。

（4）**护色**　果脯原料大多数需要护色处理，主要是抑制氧化变色，使制品色泽鲜明。其方法主要有熏硫和浸硫。

熏硫在熏硫室或熏硫箱中进行。熏硫室或熏硫箱既能严格密封，又可方便开启。熏硫时，将分级、切分的原料装盘送入熏硫室，分层码放。一般1t原料用硫黄2kg，或1m³容积用200g，熏制时间因品种而异：梨16～18h，苹果、桃16～20h，杏8～10h，樱桃14～16h，李子12～14h，青橄榄16～24h。

浸硫时先配制好含0.1%～0.2%SO₂的亚硫酸或亚硫酸氢钠溶液，将原料置入溶液中浸泡10～30min，取出立即在流水中冲洗。

（5）**着色**　果蔬在糖制过程中易使所含色素遭到破坏，失去原有的色泽。为恢复原颜色，可进行着色。所用色素有天然色素和人工合成色素。目前，可供糖制品着色的天然食用色素有红紫色的苏木色素、玫瑰茄色素，黄的姜黄色素、栀子色素，绿色的叶绿素铜钠盐

（可用微量）。人工合成色素有柠檬黄、胭脂红、苋菜红和靛蓝等。所有色素使用量不许超过 0.05g/kg。

着色时，把果蔬原料用 1%～2% 明矾溶液浸泡，然后糖渍，或把色素液调成糖渍液进行染色。或在最后制成糖制品时以淡色溶液在制品上着色。着色务求淡雅、鲜明、协调，切忌过度。

（6）糖制 糖制有蜜制和煮制两种。

① 煮制 一般耐煮的原料采用煮制可迅速完成加工过程，但色、香、味差，并有维生素 C 的损失。煮制在生产实践中有以下几种方法。

a. 一次煮制法 对于组织疏松易于渗糖的原料，将处理后的原料与糖液一起加热煮制，从最初糖液浓度 40% 一直加热蒸发浓缩至结砂为止。这样一次性完成糖煮过程的方法称为"一次糖煮法"。

b. 多次煮制法 对于组织致密难以渗糖，或易煮烂的含水量高的原料，将处理过的原料经过多次糖煮和浸渍，逐步提高糖浓度的糖煮方法。一般每次糖煮时间短，浸渍时间长。

c. 变温煮制法 利用温差悬殊的环境，使组织受到冷热交替的变化。组织内部的水蒸气分压，有增大和减小的变化，由压力差的变化，迫使糖液透入组织，加快组织内外糖液的平衡，缩短煮制时间，称为"变温糖煮法"。

d. 减压煮制法 在减压条件下糖煮，组织内的蒸汽分压随真空度的变化而变化，促使组织内外糖液浓度加速平衡，缩短糖煮时间，品质稳定，制品色泽浅淡鲜明、风味纯好。减压煮制法需要在真空设备中进行，先将处理后的原料投入 25% 的糖液中，在真空度为 83.5kPa，60℃下热处理 4～6min，消压、浸渍一段时间，然后提高糖液浓度至 40%，再重复加热到 60℃时，开始抽真空减压，使糖液沸腾，同时进行搅拌，沸腾约 5min 后改变真空度，可使糖液加速渗透，每次提高糖浓度 10%～15%，重复 3～4 次，最后使产品糖液浓度达到 60%～65% 时解除真空，完成糖煮过程，全部时间需 1 天左右。

e. 扩散煮制法 它是在减压煮制的基础上发展的一种连续化煮制方法，其机械化程度高，糖制效果好。先将原料密闭在真空扩散器内，抽真空排除原料组织中的空气，然后加入 95℃ 的热糖液，待糖分子扩散渗透后，将糖液顺序转入另一扩散器内，再向原来扩散器内加入较高浓度的糖液，如此连续几次，并不断提高不同扩散器内的糖浓度，最后使产品的糖浓度达到规定的要求，完成渗糖过程。

② 蜜制 蜜制是蜜饯加工的传统糖制方法，适用于肉质疏松、不耐煮制的原料。其特点是分次加糖，不加热。由于糖有一定的稠度，在常温下渗透速度慢，产品加工需要较长时间，但制品能保持原有的色、香、味和完整的外形及质地，营养损失少。

其方法就是把经处理的原料逐次增加干砂糖进行腌渍。先用原料质量 30% 的干砂糖与原料拌均匀，经 12～14h 后，再补 20% 的干砂糖翻拌均匀。再放置 24h，又补加 10% 的干砂糖腌渍。由于采用干砂糖腌渍，组织中水分大量渗出，使原料体积收缩到原来的一半左右，透糖速度降低。糖制时间 1 周左右，将原料捞出，沥干表面糖液或洗去表面糖液，即成制品。

（7）烘晒和上糖衣

① 烘晒 干态果脯和"返砂"蜜饯制品，要求保持完整和饱满状态，不皱缩、不结晶，质地紧密而不粗糙，水分一般不超 18%～20%，因此要进行干燥处理，即烘干或晾晒。

烘干多用于果脯和返砂蜜饯，烘干在烘房中进行，人工控制温度，升温速度快，排湿通气性好，卫生清洁，原料受热均匀。烘烤中要注意通风排湿和产品调盘，烘烤时间在 12～24h。烘烤至手感不黏、不干硬为宜。

晾晒多用于甘草、凉果类制品。晾晒在晒场进行，设有专门的晾架，晒至产品表面干燥或萎蔫皱缩为止。因产品受自然条件影响大，卫生条件较差。

② 上糖衣 糖衣蜜饯需在干燥后上糖衣，即用配制好的过饱和糖液处理干态蜜饯，干燥后使其表面形成一层透明状糖质薄膜。糖衣不仅外观好，并且保藏性强，可以减少蜜饯保藏期中吸湿和"返砂"现象。

（8）整形、包装

① 整形 由于原料进行一系列处理后，使果脯和干态蜜饯出现收缩、破碎、折断等，在包

装前要进行整形、回软。

整形按原有产品的形状、食用习惯和产品特点进行。

② 包装 包装的目的是防潮防霉，一般先用塑料薄膜包装后，再用其他包装。可用大包装或小包装，以利于保藏、运输、销售为原则，带汁蜜饯以罐头包装为宜。挑选后装罐，加入糖液，封罐，在 90℃下杀菌 20～40min，取出冷却即为成品。

（二）果酱类加工工艺

1. 工艺流程

2. 果酱、果泥的工艺要点

（1）**原料处理** 原料进行洗涤、去皮、切分、去心等处理。为软化打浆做准备。

（2）**软化打浆** 软化的目的是破坏酶的活性；防止变色和果胶水解；软化果肉组织，便于打浆；促使果肉中果胶渗出。预煮时加入原料 10%～20%的水进行软化，也可以用蒸汽软化，软化时间为 10～20min，然后进行粗打浆。

（3）**配料** 果酱的配方按原料分类及产品标准要求而异，一般要求果肉占总原料量的40%～55%，砂糖占 45%～60%。必要时配料中可适量添加柠檬酸及果胶。柠檬酸补加量一般以控制成品含酸量为 0.5%～1%，果胶补加量以控制成品含果胶量 0.4%～0.9%为宜。

注意配料使用前应配成浓溶液过滤后备用。白砂糖配成 70%～75%的溶液；柠檬酸配成50%的溶液；果胶粉不易溶于水，可先与其质量 4～6 倍的白砂糖充分混合均匀，再以 10～15 倍的水在搅拌下加热溶解。

（4）**加糖浓缩** 浓缩是果酱类产品的关键工艺，其目的是排除果肉原料中的大部分水分；破坏酶的活性及杀灭有害微生物，有利于制品保存；同时使糖、酸和果胶等配料与果肉煮制渗透均匀，改善组织状态及风味。常用的浓缩方法有常压浓缩法和真空浓缩法。

① 常压浓缩 将原料置于夹层锅内，在常压下加热浓缩。将原料与糖液充分混合后，用蒸汽加热浓缩，前期蒸汽压力较大，后期为防止糖液变褐焦化，蒸汽压力要降低。每次蒸汽量不要过多。再次下料量以控制出品 50～60kg 为宜，浓缩时间以 30～60min 为宜。操作时注意不断搅拌，终点温度为 105～108℃，含糖量达 60%以上。

② 真空浓缩（又称减压浓缩） 指原料在真空条件下加热蒸发一部分水分，提高可溶性固形物浓度，达到浓缩的目的。浓缩有单效浓缩和双效浓缩两种。具体操作为先通入蒸汽于锅内赶出空气，再开动离心泵，使锅内形成真空，当真空度达 0.035MPa 以上时，开启进料阀，待浓缩的物料靠锅内的真空吸力吸入锅中，达到容量要求后，开启蒸汽阀门和搅拌器进行浓缩。加热蒸汽压力保持在 0.098～0.147MPa 时，锅内真空度为 0.087～0.096MPa，温度为 50～60℃。浓缩过程中若泡沫上升剧烈，可开启锅内的空气阀，使空气进入锅内抑制泡沫上升，待正常后再关闭。浓缩时应保持物料超过加热面，防止焦锅。当浓缩接近终点时，关闭真空泵开关，解除锅内真空，在搅拌下将果酱加热升温至 90～95℃，然后迅速关闭进气阀入锅。

（5）**灌装与杀菌** 将浓缩后的果酱、果泥直接装入包装容器中密封，在常温或高压下杀菌，冷却后为成品。

3. 果冻的工艺要点

（1）**原料处理** 原料进行洗涤、去皮、切分、去芯等处理。

（2）**加热软化** 目的是便于打浆和取汁。依原料种类加水或不加水，多汁的果蔬可不加水。肉质致密的果实如山楂、苹果等则需要加果实质量 1～3 倍的水。软化时间为 20～60min，以煮后便于打浆或取汁为原则。

（3）**打浆、取汁** 果酱可进行粗打浆，果浆中可含有部分果肉。取汁的果肉打浆不要过细，过细反而影响取汁。取汁可用压榨机榨汁或浸提汁。

（4）**加糖浓缩** 在添加配料前，需对所制得的果浆和果汁进行 pH 和果胶含量测定，形成果冻凝胶的适宜 pH 为 3～3.5，果胶含量为 0.5%～1.0%。如含量不足，可适当加入果胶或柠檬酸进行调整。一般果浆与糖的比例是 1：（0.6～0.8）。浓缩到可溶性固形物含量 65% 以上，沸点温度达 103～105℃。

（5）**冷却成形** 将达到终点的黏稠浆液倒入容器中冷却成果冻。

二、糖制品加工中常见的质量问题及控制措施

1. 变色

糖制品在加工过程及贮存期间都可能发生变色，在加工期间的前处理中，变色的主要原因是氧化引起酶促褐变，同时在整个加工过程和贮藏期间还伴随着非酶促褐变，其主要影响因素是温度，即温度越高变色越深。

控制措施：针对酶促褐变主要是做好护色处理，即去皮后要及时浸泡于盐水或亚硫酸盐溶液中，有的含气高的还需进行抽空处理，在整个加工工艺中尽可能地缩短与空气接触的时间，防止氧化。而防止非酶促褐变技术在加工中要尽可能缩短受热处理的过程，特别是果脯类在贮存期间要控制在较低的温度，如 12～15℃，对于易变色品种最好采用真空包装，在销售时要注意避免阳光暴晒，减少与空气接触的机会。注意加工用具一定要用不锈钢制品。

2. 返砂和流汤

返砂和流汤的产生主要是由于糖制品在加工过程中，糖液中还原糖的比率不合适或贮藏环境条件不当，引起糖制品出现糖分结晶（返砂）或吸湿潮解（流汤）。

控制措施：在加工中要注意加热的温度和时间，控制好还原糖的比例；在贮藏时一定要注意控制恒定的温度，且不能低于 12～15℃，否则由于糖液在低温条件下溶解度下降引起过饱和而造成结晶。糖制品一旦发生返砂或流汤将不利于长期贮藏，也影响制品外观。

3. 煮烂和干缩

果脯加工中，由于果实种类选择不当，加热有温度和时间不准，预处理方法不正确以及浸糖数量不足，会引起煮烂和干缩现象。原料质地较软的果品常发生煮烂现象。干缩现象产生的主要原因是果实成熟度低而引起的渗糖不足、煮制浸渍过程中糖液的浓度不够等。

控制措施：对于煮烂现象主要是选择具有理想适宜成熟度的果品，煮前用 1% 食盐水热烫几分钟、注意煮制的温度和时间。对于干缩现象主要是酌情调整糖液浓度和浸渍时间。

4. 果酱类产品的汁液分泌

由于果块软化不充分、浓缩时间短或果胶含量低未形成良好凝胶。

控制措施：原料软化充分，使果胶水解而溶出果胶；对果胶含量低的可适当增加糖量、添加果胶或其他增稠剂增强凝胶作用。

5. 微生物败坏

糖制品在贮藏期间最易出现的微生物败坏是长霉和发酵产生酒精味。这主要是由于制品含糖量没有达到要求的浓度（65%～70%）。

控制措施：加糖时一定按要求添加糖量。但对于低糖制品一定要采取防腐措施，如添加防腐剂、真空包装、必要时加入一定的抗氧化剂、保证较低的贮藏温度等。对于罐装果酱一定要注意封口严密，以防止表层残氧过高为霉菌提供生长条件，另外杀菌要彻底。

项目四 蔬菜的腌制技术

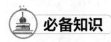 **必备知识**

蔬菜腌制是利用食盐及其他物质渗入蔬菜组织内部，以降低水分活度，提高渗透压，有选择地控制微生物的发酵作用，抑制腐败菌的生长繁殖，从而防止蔬菜的腐败变质。蔬菜腌制是一种

传统的加工保藏方法，并不断得到改进和推广，产品质量不断提高。现代蔬菜腌制品的发展方向是低盐、增酸和微甜。腌制品具有增进食欲、帮助消化、调节肠胃功能等作用，被誉为健康食品。

一、腌制品的分类

蔬菜腌制品的种类繁多，根据腌制工艺和食盐用量的不同、成品风味等的差异，可分为发酵性腌制品和非发酵性腌制品两大类。

1. 发酵性腌制品

利用低浓度的盐分，在腌制过程中，经过乳酸发酵，并伴有轻微的酒精发酵，利用乳酸菌发酵所产生的乳酸与加入的食盐及调味料等一起达到防腐的目的，同时改善品质和增进风味。代表产品为泡菜和酸菜等。

发酵性腌制品根据原料、配料含水量不同，一般分为半干态发酵和湿态发酵两种。湿态发酵是原料在一定的卤水中腌制，如酸菜。半干态腌制是让蔬菜失去一部分水分，再用食盐及配料混合后腌渍，如榨菜。由于这类腌制品本身含水量较低，故保存期较长。

2. 非发酵性腌制品

在腌制过程中，不经发酵或微弱的发酵，主要利用高浓度的食盐、糖及其他调味品进行保藏并改善风味。非发酵性腌制品依据所含配料及风味不同，分为咸菜、酱菜和糖醋菜三大类。

(1) 咸菜类　利用较高浓度的食盐溶液进行腌制保存。并通过腌制改变风味，由于味咸，故称为咸菜。代表品种有咸萝卜、咸雪里蕻、咸大头菜等。

(2) 酱菜类　将蔬菜经盐渍成咸坯后，再经过脱盐、酱渍而成的制品。如什锦酱菜、扬州八宝菜、乳黄瓜等。制品不仅具有原产品的风味，同时吸收了酱的色泽、营养和风味，因此酱的质量和风味将对酱菜有极大的影响。

(3) 糖醋菜类　将蔬菜制成咸坯并脱盐后，再经糖醋渍而成。糖醋汁不仅有保藏作用，同时使制品酸甜可口。代表产品有糖醋萝卜、糖醋蒜头等。

二、腌制原理

蔬菜腌制主要是利用食盐的保藏、微生物的发酵及蛋白质的分解等一系列的生物化学作用，达到抑制有害微生物的活动。

(一) 食盐的保藏作用

1. 高渗透压作用

食盐溶液具有较高的渗透压，1%的食盐可产生618kPa的渗透压，腌渍时食盐用量在$4\%\sim15\%$，能产生$2472\sim9271$kPa的渗透压。远远超过大多数微生物细胞的渗透压。由于食盐溶液渗透压大于微生物细胞渗透压，微生物细胞内的水分会外渗导致生理脱水，造成质壁分离，从而使微生物活动受到抑制，甚至会由于生理干燥而死亡。不同种类的微生物耐盐能力不同，一般对蔬菜腌制有害的微生物对食盐的抵抗力较弱。表1-2为几种微生物能忍耐的最大食盐浓度。

表 1-2　几种微生物能忍耐的最大食盐浓度

菌 种 名 称	食盐浓度/%	菌 种 名 称	食盐浓度/%	菌 种 名 称	食盐浓度/%
肉毒杆菌	6	变形杆菌	10	短乳杆菌	8
植物乳杆菌	13	发酵乳	8	酵母菌	25
大肠杆菌	6	霉菌	20	甘蓝酸化乳	12

从表1-2中可以看出，霉菌和酵母对食盐的耐受力比细菌大得多，酵母菌的耐盐性最强，达到25%，而大肠杆菌和变形杆菌在$6\%\sim10\%$的食盐溶液中就可以受到抑制。这种耐受力均是溶液呈中性时测定的，若溶液呈酸性，则所列的微生物对食盐的耐受力就会降低。如酵母菌在中性溶液中，对食盐的最大耐受浓度为25%，但当溶液的 pH 降为 2.5 时，只需14%的食盐浓度就

可抑制其活动。

2. 降低水分活度

食盐溶于水就会电离成 Na^+ 和 Cl^-，每个离子都迅速和周围的自由水分子结合成水合离子，随着溶液中食盐浓度的增加，自由水的含量会越来越少，水分活度会下降，大大降低微生物利用自由水的程度，使微生物生长繁殖受到抑制。

3. 抗氧化作用

与纯水相比，食盐溶液中的含氧量较低，对防止腌制品的氧化具有一定作用。可以减少腌制时原料周围氧气的含量，抑制好氧微生物的活动，同时通过高浓度食盐的渗透作用可排除组织中的氧气，从而抑制氧化作用。

食盐的防腐效果随浓度的提高而加强。但浓度过高会延缓有关的生物化学作用，当盐浓度达到 12％ 时，会感到咸味过重且风味不佳。因此在生产上可采用压实、隔绝空气、促进有益微生物菌群快速发酵等措施来共同抑制有害微生物的败坏，控制食盐的用量，以生产出优质的蔬菜腌制品。

（二）微生物的发酵作用

在腌制品中有不同程度的微生物发酵作用，有利于保藏的发酵作用有乳酸发酵、微量的酒精发酵和醋酸发酵，不但能抑制有害微生物的活动，同时对制品形成特有风味起到一定的作用；也有不利于保藏的发酵作用，如丁酸发酵等，腌制时要尽量抑制。

1. 乳酸发酵

乳酸发酵是发酵性蔬菜腌制品加工中最重要的生化过程，它是在乳酸菌的作用下将单糖（葡萄糖、果糖等）和双糖（蔗糖、麦芽糖等）分解生成乳酸等物质。常见的乳酸菌有植物乳杆菌、德氏乳杆菌、肠膜明串珠菌等，根据发酵生成产物的不同可分为：正型乳酸发酵和异型乳酸发酵。正型乳酸发酵又称同型乳酸发酵，总反应式如下：

$$C_6H_{12}O_6（单糖）\xrightarrow{\text{正型乳酸发酵}} 2CH_3CHOHCOOH$$

这种乳酸发酵只生成乳酸，而且产酸量高。参与正型乳酸发酵的乳酸菌有植物乳杆菌和乳酸片球菌等，在适宜条件下可积累乳酸量达 1.5％～2.0％。此外还有异型乳酸发酵，蔬菜腌制前期，由于蔬菜中含有空气，并存在大量微生物，使异型乳酸发酵占优势，中后期以正型乳酸发酵为主。在蔬菜腌制过程中同时伴有微弱的酒精发酵和醋酸发酵。酒精发酵对腌制品在后熟中进行酯化反应生成芳香物质起到很重要的作用。

2. 影响乳酸发酵的因素

蔬菜腌制品加工中乳酸发酵占主导地位，在生产中应充分满足乳酸菌生长所需要的环境条件，以达到提高质量和保藏产品的目的。影响乳酸发酵的因素很多，主要有以下几个方面。

（1）食盐浓度 食盐溶液可以起到防腐作用，对腌制品的风味有一定影响，更影响到乳酸菌的活动能力。实验证明，随食盐浓度的增加，乳酸菌的活动能力下降，乳酸产生量减少。在食盐浓度为 3％～5％ 时，发酵产酸最为迅速，乳酸的生成量最多；浓度在 10％ 时，乳酸发酵作用大为减弱，乳酸生成较少；浓度达 15％ 以上时，发酵作用几乎停止。腌制发酵性制品一定要把握好食盐的用量。

（2）温度 乳酸菌的生长适宜温度是 20～30℃，在此温度范围内，腌制品发酵快、成熟早。但此温度也利于腐败菌的繁殖，因此，发酵温度最好控制在 15～20℃，使乳酸发酵更安全。

（3）pH 值 微生物的生长繁殖均要求在一定的 pH 条件下，由表 1-3 可看出，不同微生物所适应的最低 pH 是不同的，其中乳酸菌耐酸能力较强，在 pH 为 3 时仍可生长，而霉菌和酵母虽耐酸，但缺氧时不能生长。因此发酵前加入少量酸，并注意密封，可使正型乳酸发酵顺利进行，减少制品的腐败和变质。

表 1-3　几种主要微生物生长的最低 pH

种类	腐败菌	丁酸菌	大肠杆菌	乳酸菌	酵母	霉菌
最低 pH	4.4~5.0	4.5	5.0~5.5	3.0~4.4	2.5~3.0	1.2~3.0

（4）**空气**　乳酸发酵需要在厌氧条件下进行，这种条件能抑制霉菌等好氧性腐败菌的活动，且有利于乳酸发酵，同时减少维生素 C 的氧化。所以在腌制时，要压实密封，并立即使盐水淹没原料以隔绝空气。

（5）**含糖量**　乳酸发酵是将蔬菜原料中的糖转变成乳酸。1g 糖经过乳酸发酵可生成 0.5~0.8g 乳酸，一般发酵性腌制品中含乳酸量为 0.7%~1.5%，蔬菜原料中的含糖量常为 1%~3%，基本可满足发酵的要求。有时为了促进发酵作用的顺利进行，发酵前可加入少量糖。

在蔬菜腌制过程中，微生物发酵作用主要为乳酸发酵，其次是酒精发酵，醋酸发酵极轻微。腌制泡菜和酸菜要利用乳酸发酵，腌制咸菜及酱菜则必须抑制乳酸发酵。

（三）蛋白质的分解作用

蛋白质的分解及其氨基酸的变化是腌制过程和后熟期中重要的生化反应，它是蔬菜腌制品色、香、味的主要来源。蛋白质在蛋白酶作用下，逐步分解为氨基酸。而氨基酸本身具有一定的鲜味和甜味。如果氨基酸进一步与其他化合物作用可形成更复杂的产物。

1. 鲜味的形成

蛋白质分解所生成的各种氨基酸都具有一定的鲜味，但蔬菜腌制品的鲜味还主要在于谷氨酸与食盐作用生成的谷氨酸钠。反应式如下：

$$HOOCCH_2CH(NH_2)COOH + 2NaCl \longrightarrow NaOOCCH_2CH(NH_2)COONa + 2HCl$$

除了谷氨酸钠有鲜味外，另一种鲜味物质天冬氨酸的含量也较高，其他的氨基酸如甘氨酸、丙氨酸、丝氨酸等也有助于鲜味的形成。

2. 香气的形成

蔬菜腌制品香气的形成是多方面的，且形成的芳香成分较为复杂。氨基酸、乳酸等有机酸与发酵过程中产生的醇类相互作用，发生酯化反应形成具有芳香气味的酯，如氨基酸和乙醇作用生成氨基丙酸乙酯，乳酸和乙醇作用生成乳酸乙酯，氨基酸还能与戊糖的还原产物 4-羟基戊烯醛作用生成含有氨基的烯醛类香味物质，都为腌制品增添了香气。此外，乳酸发酵过程除生成乳酸外，还生成双乙酰。十字花科蔬菜中所含的黑芥子苷在酶的作用下分解产生的黑芥子油，也给腌制品带来芳香。

3. 色泽的形成

蛋白质水解生成的酪氨酸在酪氨酸酶或微生物的作用下，可氧化生成黑色素，这是腌制品在腌制和后熟过程中色泽变化的主要原因。同时氨基酸与还原糖作用发生非酶促褐变形成的黑色物质，不但色深而且有香气，其程度与温度和后熟时间有关。一般腌制和后熟时间越长、温度越高，制品颜色越深，香味越浓。还有在腌制过程中叶绿素也会发生变化而逐渐失去鲜绿色泽，特别是在酸性介质中叶绿素脱镁呈黄褐色或黑褐色，也使腌制品色泽改变。

另外，在蔬菜腌制中添加香辛料也可以赋予腌制品一定的香味和色泽。

（四）质地的变化

质地脆嫩是蔬菜腌制品的重要指标之一。在腌制过程中如处理不当会使腌制品变软。蔬菜脆度主要与鲜嫩细胞和细胞壁的原果胶变化有密切关系。腌制初期蔬菜失水萎蔫，细胞膨压下降，脆性减弱，在腌制过程中，由于盐液的渗透平衡，又能使细胞恢复一定的膨压而保持脆度。保脆的方法主要是选择成熟适度的蔬菜原料，并在腌制前添加 $CaCl_2$、$CaCO_3$ 等保脆剂，其用量为菜重的 0.05%。

总之，由于食盐的高渗透压作用和有益微生物的发酵作用，蔬菜腌制品虽没有进行杀菌处理，但许多有害微生物的活动均被抑制，加之本身所含蛋白质的分解作用，不仅能使制品得以长期保存，而且还形成一定的色泽和风味。在腌制加工过程中，掌握食盐浓度与微生物活动及蛋白质分解各因素间的相互关系，是获得优质腌制品的关键。

 **关键技能**

一、腌制的加工工艺

(一) 泡菜的加工工艺

1. 工艺流程

2. 工艺要点

(1) 原料选择 凡组织紧密、质地脆嫩、肉质肥厚、不易发软,富含一定糖分的幼嫩蔬菜均可作泡菜原料,如子姜、萝卜、胡萝卜、青菜头、辣椒、黄瓜、莴笋、甘蓝等。

(2) 预处理 适宜原料进行整理,去掉不可食及病虫腐烂部分,洗涤晾晒,晾晒程度可分为两种:一般原料晾干明水即可,对含水较高的原料,要使其晾晒表面脱去部分水,表皮萎蔫后再入坛泡制。

(3) 卤水配制 泡菜卤水根据质量及使用的时间可分为不同的种类。

按水量加入食盐 6%~8%,为了增进色、香、味,可加入 2.5%黄酒、0.5%白酒、1%米酒、3%白糖或红糖、3%~5%鲜红辣椒,直接与盐水混合均匀。香料如花椒、八角、甘草、草果、陈皮、胡椒,按盐水量的 0.05%~0.1%加入,或按喜好加入,香料可磨成粉状,用白布包裹或做成布袋放入,为了增加盐水的硬度还加入 0.5%$CaCl_2$。

应该注意泡菜盐水浓度的大小决定于原料是否出过坯,未出坯的用盐浓度高于已出坯的,以最后平衡浓度在 4%为准;为了加速乳酸发酵可加入 3%~5%陈泡菜水以接种;糖的使用是为了促进发酵,调味及调色的作用,一般成品的色泽为白色,如白菜、子姜就只能用白糖,为了调色可改用红糖;香料的使用也与产品色泽有关,因而使用中也应注意。

(4) 泡制与管理

① 入坛泡制 将原料装入坛内的一半,要装得紧实,放入香料袋,再装入原料,离坛口 6~8cm,闸竹片将原料卡住,加入盐水淹没原料,切忌原料露出液面,否则原料因接触空气而氧化变质。盐水注入至离坛口 3~5cm。1~2 天后原料因水分的渗出而下沉,可再补加原料,让其发酵。如果是老盐水,可直接加入原料,补加食盐、调味料或香料。

② 泡制中的管理 首先注意水槽的清洁卫生,用清洁的饮用水或 10%的食盐水,放入坛沿槽 3~4cm 深,坛内的发酵后期,易造成坛内部分真空,使坛沿水倒灌入坛内。虽然槽内为清洁水,但常暴露于空间,易感染杂菌甚至蚊蝇滋生,如果被带入坛内,一方面可增加杂菌,另一方面也会降低盐水浓度,以加入盐水为好。使用清洁的饮用水,应注意经常更换,在发酵期中注意每天轻揭盖 1~2 次,以防坛沿水倒灌。

(5) 成品管理 只有较耐贮的原料才能进行保存,在保存中一般一种原料装一个坛,不混装。要适量多加盐,在表面加酒,即宜咸不宜淡,坛沿槽要经常注满清水,便可短期保存,随时取食。

(二) 酱菜的加工工艺

1. 工艺流程

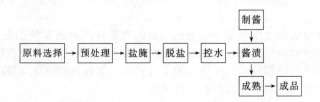

2. 工艺要点

(1) **原料选择与预处理**　参照泡菜的原料选择与预处理。

(2) **盐腌**　食盐浓度控制在 15％～20％，要求腌透，一般需 20～30 天。对于含水量大的蔬菜可采用干腌法，3～5 天要倒缸，腌好的菜坯表面柔熟透亮，富有韧性，内部质地脆嫩，切开后内外颜色一致。

(3) **切制**　蔬菜腌成半成品咸坯后，有些咸坯根据需要切制成各种形状，如片、条、丝等。

(4) **脱盐**　由于半成品咸坯的盐分很高，不利于吸收酱液，同时还带有苦味，因此，首先要进行脱盐处理。脱盐时间依腌制品盐分大小来决定。一般放在清水中浸泡 1～3 天，也有泡半天即可的，浸泡时需换水 1～3 次。脱出一部分盐分后，才能吸收酱汁，并减除苦味和辣味，使酱菜的口味更加鲜美。但浸泡时仍要保持半成品相当的盐分，以防腐烂。

(5) **控水**　浸泡脱盐后，捞出沥去水分，进行压榨控水，除去咸坯中的一部分水，以保证酱渍过程中有一定的酱汁浓度。一种方法是把菜坯放在袋或筐内用重石或杠杆进行压榨，另一种方法是把菜坯放在箱内用压榨机压榨控水。但无论采用哪种方法，咸坯脱水不要太多，咸坯的含水量一般为 50％～60％即可，水分过小酱渍时菜坯膨胀过程较长或根本膨胀不起来，导致酱渍菜外观难看。

(6) **酱渍**　把脱盐后的菜坯放在酱内进行酱渍。酱制时间依各种蔬菜而有所不同，但酱制完成后，要求其程度一致，即菜的表皮和内部全部变成酱黄色，原本色重的菜酱色更深，而色浅的或白色的（萝卜、大头菜等）酱色较浅，并且菜的表里口味与酱一样鲜美可口。

在酱制期间，白天每隔 2～4h 须搅拌一次，搅拌可以使缸内的菜均匀地吸收酱液。搅拌时用酱把在酱缸内上下搅动，使缸内的菜（或袋）随着酱把上下更替旋转，把缸底的翻到上面，把上面的翻到缸底，使缸上的一层酱体由深褐色变成浅褐色。约经 2～4h，缸面上一层又变成深褐色，即可进行第二次搅拌。依此类推，直到酱制完成。

（三）糖醋蒜的加工工艺

1. 工艺流程

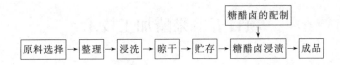

2. 工艺要点

(1) **原料选择**　选择鳞茎整齐、肥厚色白、鲜嫩干洁的蒜头原料。成熟度在八九成，直径在 3.5cm 以上，一般在小满前后一周内采收。如果蒜头成熟度低，则蒜瓣小、水分大；成熟度高，蒜皮呈紫红色，辛辣味太浓，质地较硬，都会影响产品质量。

(2) **整理**　先将蒜的外皮剥 2～3 层。与根须扭在一起，然后与蒜根一起用刀削去，要求削三刀，使鳞茎盘呈倒三棱锥状。蒜假茎过长部分也要去除，留 1cm 左右，要求不露蒜瓣，不散瓣。同时挑除带伤、过小等不合格的蒜头。

(3) **浸洗**　将整理好的蒜头放入瓦质大缸内，用自来水浸泡，每缸 200kg 左右。一般的浸洗原则是"三水倒两遍"，即将整理好的蒜头放入缸内，加水浸没，第二天早上（用铁捞把捞出）倒缸，放掉脏水，重换自来水，继续浸泡 1 天，第三天重复第二天的操作，第四天早上就可捞出，可基本达到浸泡效果。

(4) **晾干**　将蒜头捞出，摊放于大棚下等阳光不能直射到的竹帘上，沥干水分，自然晾干阴干。晾干时要进行 1～2 次翻动，以便加快晾干速度，一般 2～3 天就可以达到效果。

(5) **贮存**　将干燥的大缸放于空气流通的阴凉处（阳光不能直射），地面上铺少许干燥细沙，盛满晾好的蒜头（冒尖），在缸沿上涂抹上一层封口灰，用另一同样的缸口对口倒扣在上面，合口处外面用麻刀灰密封，防止大缸受到日晒和雨淋。

(6) **糖醋卤的配制**　先将食醋的酸度控制在 2.6％，放入容器内。若高于 2.6％，则加入煮沸过的水；若低于 2.6％，则可加热蒸发浓缩，调至要求酸度。然后将红糖加入，食盐、糖精等各以少许醋液溶解,再加入容器内,轻轻搅动,使之加速溶解。

(7) **糖醋卤浸渍** 将配制好的糖醋卤注入盛蒜的大缸内浸渍,由于此时卤汁尚没有浸入蒜体组织内,密度较卤汁小,呈悬浮态,有部分蒜头浮在液面上。若上浮则不能浸到卤汁,易变黏,要每天压缸一次,直至都沉到液面以下为止,大约要 15 天左右,以后就可以 2～3 天压缸一次直到成熟。

二、蔬菜腌制加工中常见的质量问题及控制措施

在腌制过程中,若出现有害的发酵和腐败作用,会降低制品品质,因此要严格控制。

1. 丁酸发酵

由丁酸菌引起,这种菌为专性厌氧细菌,寄居于空气不流通的污水沟及腐败原料中,可将糖和乳酸发酵生成丁酸、二氧化碳和氢气,可使制品产生强烈的不愉快气味。

控制措施:保持原料和容器的清洁卫生,防止带入污物,原料压紧压实。

2. 细菌的腐败作用

腐败菌分解原料中的蛋白质及其含氮物质,产生吲哚、硫化氢等恶臭物质。此种菌只能在浓度为 6％以下的食盐中活动,腐败菌主要来自于土壤。

控制措施:保持原料的清洁卫生,减少病原菌。可加入 6％以上的食盐加以抑制。

3. 有害酵母的作用

一种为在腌制品的表面生长一层灰白色有皱纹的膜,称为"生花";另一种为酵母分解氨基酸生成高级醇,并放出臭气。

控制措施:采用隔绝空气和加入 3％以上的食盐、大蒜等可以抑制此种发酵。

4. 起旋生霉腐败

腌制品较长时间暴露在空气中,好氧微生物得以活动滋生,产品起旋,并长出各种颜色的霉,如绿、黑、白等色,由青霉、黑霉、曲霉、根霉等引起。这类微生物多为好氧性,耐盐能力强,在腌制品表面或菜坛上部生长,能分解糖、乳酸,使产品品质下降。

控制措施:使原料淹没在卤水中,防止接触空气,使此菌不能生长。

项目五 果醋加工技术

 必备知识

果醋是以新鲜果实、果汁或果渣为原料,经过发酵、陈酿和调配等工艺酿造而成的酸性饮品。近年来,果醋作为一种保健饮品,在欧美及日本发展较快,消费量逐年上升,且品种很多。我国是食醋生产和消费的大国,随着人们对果醋特殊保健功效的认识,对果醋及其相关产品的需求将日趋增多。

果醋发酵原理

果醋的发酵需经过两个阶段进行,先是酒精发酵阶段;其次是醋酸发酵阶段,利用醋酸菌最后将酒精氧化生成醋酸。如以果酒为原料则只进行醋酸发酵。

1. 醋酸发酵微生物

醋酸菌大量存在于空气中,种类繁多,对酒精的氧化速度有快有慢,醋化能力有强有弱。果醋生产用醋酸菌要求菌种要耐酒精,氧化酒精能力强,分解醋酸产生 CO_2 和水的能力要弱。

在生产上常用的醋酸菌种有白膜醋酸杆菌和许氏醋酸杆菌等,其中以恶臭醋酸杆菌浑浊变种(AS1.41)和巴氏醋酸菌亚种(泸酿 1.01)为主。在我国,目前多用恶臭醋酸杆菌浑浊变种(AS1.41)为生产菌株,其在固体培养基上培养,菌落隆起,平坦光滑,呈灰白色;菌细胞呈杆形链状排列;该菌为好氧菌,最适培养温度为 28～30℃,最适产酸温度为 28～33℃,最适 pH 为 3.5～6.0,能耐 8％以下酒精,最高产酸 7％～9％。

2. 醋酸发酵的生物化学变化

醋酸发酵是利用醋酸菌将乙醇氧化为醋酸（乙酸）的过程，即醋化作用。从乙醇转化为醋酸可分为如下两个阶段。

第一阶段：乙醇在乙醇脱氢酶作用下氧化成乙醛。

$$CH_3CH_2OH + 1/2O_2 \longrightarrow CH_3CHO + H_2O$$

第二阶段：乙醛吸收一分子水形成水合乙醛，再由乙醛脱氢酶氧化成醋酸。

$$CH_3CHO + H_2O \longrightarrow CH_3CH(OH)_2$$

$$CH_3CH(OH)_2 + 1/2O_2 \longrightarrow CH_3COOH + H_2O$$

在实际生产中醋酸的产出率较低，仅为理论数的 85% 左右。其原因是醋化时有挥发损失，特别是在空气流通性好和温度较高的环境下损失更多；此外在醋酸发酵过程中，除醋酸外，还生成了高级脂肪酸、二乙氧基乙烷、琥珀酸等产物，这些物质与酒精在陈酿时生成酯类，赋予果醋芳香风味；还有部分醋酸再氧化生成二氧化碳和水，以维持其生命活动，故当醋酸发酵完成后，常用灭菌方法防止醋酸进一步氧化。

3. 影响醋酸菌及其发酵的因素

(1) 氧气 酒精发酵液（果酒）中的溶解氧越多，醋化作用就越快越完全。醋酸菌是好氧微生物，氧气量的高低对醋酸菌的活动有很大影响，随着醋酸、乙醇的浓度增高及温度的提高，醋酸菌对氧气的敏感性增强。因此，在发酵中期，醋酸、乙醇含量都较高，温度也较高，醋酸菌处于旺盛产酸阶段，应增加氧气供给；而后期，已进入醋酸菌衰老死亡期，可少量供氧。

(2) 温度 醋酸菌最适繁殖温度是 20～32℃，最适产酸温度是 28～35℃。一般温度低于10℃时，醋化作用的进行就比较困难，达到40℃以上时，醋酸菌即停止活动。

(3) 乙醇、醋酸 果酒中酒精度在 14° 以下时，醋化作用能正常进行并能使酒精全部转化为醋酸，但当酒精度超过14°时，醋酸菌不能忍受，繁殖迟缓，生成物以乙醛居多，醋酸产量甚少。

醋酸是醋酸发酵的产物，随着醋酸含量的增多，醋酸菌活动也逐渐减弱，当酸度达到某一限度，其活动完全停止。一般醋酸菌可忍受 8%～10% 的醋酸浓度。

(4) 其他 在果酒生产果醋时，若果酒中二氧化硫含量过多，则对醋酸菌具有抑制作用；光线对醋酸菌的发育也有害，其中以白色最强，红色最弱。因此醋酸发酵应在黑暗处进行。

🧪 关键技能

一、果醋酿造工艺

1. 醋母的制备

优良的醋酸菌种，可从优良的醋醅或未灭菌生醋中采种繁殖，也可以从各科研单位及大型醋厂选购。其扩大培养方法如下。

(1) 固体培养 取浓度为 1.4% 豆芽汁或 6° 酒液 100mL、葡萄糖 3g、酵母膏 1g、碳酸钙 1g、琼脂 2～2.5g，混合，加热溶解，分装于干热灭菌的试管中，每管 4～5mL，于 1kgf/cm²❶ 压力灭菌 15～20min，取出，凝固前加入 50° 酒精 0.6mL，制成斜面，冷却后，在无菌操作下接种醋酸菌，26～28℃下恒温培养 2～3 天即可。

(2) 液体扩大培养 取果酒 100mL、葡萄糖 0.3g、酵母膏 1g，装入干热灭菌的 500～800mL 三角瓶中，灭菌，接种前加入 75° 酒精 5mL，随后接入斜面固体培养的菌种 1～2 针，在26～28℃下恒温培养 2～3 天即可。在培养过程中应采取振荡培养或每天定时摇瓶 6～8 次，以供给充足的空气。

培养成熟的液体醋母，可再接入扩大 20～25 倍的准备醋酸发酵的酒液中培养，以制成醋母供生产使用。一般醋母的质量为总酸（以醋酸计）1.5%～1.8%，革兰染色阴性，无杂菌，形态正常。

---

❶ 1kgf/cm² = 98.0665kPa。

2. 工艺流程

果醋酿造分液体酿造和固体酿造两种，现主要介绍液体酿造工艺，其工艺流程如下。

原料选择 → 清洗 → 破碎、榨汁 → 澄清、过滤 → 酒精发酵

→ 醋酸发酵 → 压榨过滤 → 陈酿 → 过滤 → 灭菌 → 成品

3. 工艺要点

(1) **原料选择**　选择无腐烂变质、无药物污染的成熟原料。果醋的酿造可用残次裂果及果渣等下脚料。

(2) **清洗**　将原料用水充分冲淋洗涤。用一定浓度的盐酸或氢氧化钠溶液浸泡洗涤，以减少农药污染。

(3) **破碎、榨汁**　用破碎机将原料破碎。破碎后应马上进行压榨取汁。在取汁前，可进行热处理，以提高取汁率，同时起到灭菌、灭酶的作用。具体方法是蒸汽加热至 95～98℃，处理 20min。

(4) **澄清、过滤**　加入 2% 用黑曲霉制成的麸曲或 0.01% 果胶酶进行澄清处理，保持 40～50℃ 1～2h，汁液经过滤，使之澄清。

(5) **酒精发酵**　将澄清果汁降温至 30℃，接入酒母 10%，维持品温 28～30℃，进行酒精发酵 4～6 天后，果汁酒精度为 5°～8°。

(6) **醋酸发酵**　保持果汁酒精度为 5°～8°，装入醋化器中，加入量为容器容积的 1/3～1/2，接种醋母液 5% 左右，搅匀，保持发酵液品温在 30～35℃，进行静止发酵，经 2～3 天后，液面有薄膜出现，证明醋酸菌膜已形成，醋酸发酵开始。在醋化期应每天搅拌 1～2 次，经 20～30 天醋化结束。取出大部分果醋，留下醋膜及少量果醋，再补充果酒继续醋化。

(7) **陈酿**　为了进一步提高果醋色、香、味的形成，提高果醋品质和澄清度，醋酸发酵后，要进行果醋的陈酿。陈酿时将果醋装入桶、坛或不锈钢罐中，装满密封，静置 1～2 月即完成陈酿过程。

(8) **过滤、灭菌**　陈酿后的果醋经压滤机进一步精滤澄清，再经 60～70℃ 杀菌 10min，并趁热装瓶即为果醋成品。

二、果醋生产中常见质量问题及控制措施

在果醋生产中常出现的质量问题主要有浑浊、褐变、香气不突出、异味以及醋线虫等，使产品的商品价值受到影响，生产中必须加以综合控制。

1. 浑浊

引起果醋浑浊的原因有生物性和非生物性二类，其中主要是非生物性浑浊。杂菌的感染会加剧生物性，而非生物性浑浊主要是果实中多酚化合物和固态发酵中的蛋白质大分子物质。

控制措施：采用陈化、复合澄清剂及超滤等均可有效防止果醋浑浊。

2. 褐变

果醋的褐变主要是由果实中多酚化合物引起的酶促褐变和其他色素物质产生的非酶促褐变。

控制措施：对原料果实采用熏硫处理，并添加维生素 C 护色就可有效防止酶促褐变，也可通过吸附法，如用活性炭处理，消除或减少氧化物和聚合花青素。

3. 香气不突出及异味

在果醋生产中由于工艺操作不规范，温度控制过高而常造成果醋香气不突出。

控制措施：在严格控制发酵温度，提高醋酸产率的同时，注意防止温度过高而引起的香气散失。

4. 醋线虫及醋母

醋线虫常由果蝇传播。如果果醋发酵环境卫生不良，就会带来有害菌、虫的污染。

控制措施：保持良好的环境卫生，后期提高温度至 40～45℃ 或精滤，可有效防止醋线虫及其虫卵的污染。

项目六 果蔬罐头加工技术

必备知识

果蔬罐藏技术就是将果蔬原料经预处理后密封在罐式容器中，通过杀菌工艺杀灭大部分微生物，并维持其密闭和真空条件，进而在常温下得以长期保存的加工技术。

一、罐制原理

罐藏食品之所以能长期保藏就在于借助罐藏条件（排气、密封、杀菌）杀灭罐内所引起败坏、产毒、致病的有害微生物，破坏原料组织中的酶活性，同时应用真空使可能残存的微生物在无氧条件下无法生长活动，并保持密封状态使食品不再受外界微生物的污染来实现的。

食品的腐败主要是由微生物的生长繁殖和食品内所含有酶的活动导致的。而微生物的生长繁殖及酶的活动必须要具备一定的环境条件，食品罐藏机理就是要创造一个不适合微生物生长繁殖的基本条件，从而达到能在室温下长期保藏的目的。

（一）罐头与微生物的关系

微生物的生长繁殖是导致罐制品败坏的主要原因之一。罐头如果杀菌不够，当环境条件适于残存在罐头内的微生物生长时，或密封缺陷而造成微生物再污染时，就能造成罐头的败坏。

食品中常见的微生物主要有霉菌、酵母和细菌。其中霉菌和酵母广泛分布于大自然中，耐低温的能力强，但不耐高温，一般在正常的罐藏条件下均不能生存，因此，导致罐头败坏的微生物主要是细菌。目前所采用的热杀菌理论和标准都是以杀死某类细菌为依据的。

不同的微生物具有不同的生长适宜的 pH 范围。pH 值对细菌的重要作用是影响其对热的抵抗能力，pH 值愈低，在一定温度下，降低细菌及芽孢的抗热力愈显著，也就提高了热杀菌的效应。根据食品的酸性强弱，可分为酸性食品（pH4.5 或以下）和低酸性食品（pH4.5 以上）。在生产中对 pH4.5 以下的酸性食品（水果罐头、番茄制品、酸泡菜和酸渍食品等），通常热杀菌温度不超过 100℃；对 pH4.5 以上的低酸性食品（如大多数蔬菜罐头等），通常杀菌温度在 100℃以上，这个界限的确定就是根据肉毒梭状芽孢杆菌在不同 pH 值下的适应情况而定的，低于此值，生长受到抑制不产生毒素，高于此值适宜生长并产生致命的外毒素。

根据微生物对温度的适应范围，细菌可分为嗜冷性细菌（10～20℃）、嗜温性细菌（25～36.7℃）和嗜热性细菌（50～55℃）。故嗜温（热）性细菌对罐头的威胁很大，目前罐头的杀菌主要是杀死这类细菌及其芽孢。

（二）罐头杀菌条件的确定

罐头的杀菌不同于细菌学上的灭菌，不是杀死所有的微生物，前者是在罐藏条件下杀死引起食品败坏的微生物，即达到"商业无菌"状态，同时罐头在杀菌时也破坏了酶活性，从而保证了罐内食品在保质期内不发生腐败变质。

1. 杀菌对象的选择

各种罐头因原料的种类、来源、加工方法和卫生条件等不同，使罐头在杀菌前存在着不同种类和数量的微生物。一般杀菌对象菌选择最常见的耐热性最强的并有代表性的腐败菌或引起食品中毒的细菌。

罐头 pH 值是选定杀菌对象菌的重要因素。不同 pH 值的罐头中常见的腐败菌及其耐热性各不相同。一般来说，在 pH4.5 以下的酸性罐头食品中，霉菌和酵母菌这类耐热性低的作为主要杀菌对象，在杀菌中比较容易控制和杀灭。而 pH4.5 以上的低酸性罐头食品，杀菌的主要对象是那些在无氧或微氧条件下，仍然活动而且产生芽孢的厌氧性细菌，这类细菌的芽孢抗热力最强。目前在罐藏食品生产上以能产生毒素的肉毒梭状芽孢杆菌的芽孢作为杀菌对象。

2. 罐头食品杀菌条件的确定

合理的杀菌工艺条件是确保罐头质量的关键，而杀菌工艺条件主要是确定杀菌温度和时间。

杀菌工艺条件制定的原则是在保证罐藏食品安全性的基础上，尽可能地缩短杀菌时间，以减少热力对食品品质的影响。

杀菌温度的确定是以杀菌对象菌为依据，一般以杀菌对象的热力致死温度作为杀菌温度。杀菌时间的确定则受多种因素的影响，在综合考虑的基础上，通过计算确定。

杀菌条件确定后，通常用杀菌公式的形式来表示，即把杀菌温度、杀菌时间排列成公式的形式。一般杀菌公式为：

$$\frac{T_1 - T_2 - T_3}{t}$$

式中　T_1——升温时间，min；

T_2——恒温时间（保持杀菌温度时间），min；

T_3——降温时间，min；

t——杀菌温度。

（三）影响罐头杀菌效果的因素

影响罐头杀菌的因素很多，主要有微生物的种类和数量、食品的性质和化学成分、杀菌的温度、传热的方式和速度等。

1. 微生物的种类和数量

不同的微生物抗热能力有很大的差异，嗜热性细菌耐热性最强，芽孢又比营养体更加抗热。食品中所污染的细菌数量，尤其是芽孢数越多，同样的致死温度下所需的时间就越长。

食品中细菌数量的多少取决于原料的新鲜程度和杀菌前的污染程度。所以采用的原料要求新鲜清洁，从采收到加工应及时，各加工工序之间要紧密衔接，尤其是装罐以后到杀菌之间不能积压，否则，罐内微生物数量将大大增加而影响杀菌效果。同时要注意生产卫生管理、用水质量以及与食品接触的一切机械设备和器具的清洁与处理，使食品中的微生物减少到最低限度，否则都会影响罐头食品杀菌的效果。

2. 食品的性质和化学成分

（1）食品pH值　食品的酸度对微生物耐热性的影响很大，对于绝大多数产生芽孢的微生物在pH中性范围内耐热性最强，pH升高或降低都会减弱微生物的耐热性。特别是偏向酸性，促使微生物耐热性减弱作用更明显。根据Bigefow等的研究，好氧菌的芽孢在pH4.6的酸性条件培养基中，121℃时2min就可杀死，而在pH6.1的培养基中则需9min才能杀死。如肉毒杆菌芽孢在不同温度下致死时间的缩短幅度随pH值的降低而增大。

由于食品的酸度对微生物及其芽孢的耐热性的影响十分显著，所以细菌或芽孢在低pH值条件下是不耐热处理的，因而在低酸性食品中加酸，可以提高杀菌和保藏效果。

（2）食品中的化学成分　食品中的糖、淀粉、蛋白质、盐等对微生物的耐热性也有不同程度的影响。糖浓度越高，杀灭微生物芽孢所需的时间越长，浓度很低时，对芽孢耐热性的影响很小；淀粉、蛋白质能增强微生物的耐热性；高浓度的食盐对微生物的耐热性有削弱作用，低浓度的食盐对微生物的耐热性具有保护作用。

3. 传热的方式和传热速度

罐头杀菌时，热的传递主要是以热水或蒸汽为介质，故杀菌时必须使每个罐头都能直接与介质接触。其次是热量由罐头外表传至罐头中心的速度，对杀菌有很大影响，影响罐头传热速度的因素主要有罐藏容器的种类和形式、食品的种类和装罐状态、罐头的初温、杀菌锅的形式和罐头在杀菌锅中的状态等。

（四）罐头真空度及其影响因素

1. 罐头真空度

罐头食品经过排气、密封、杀菌和冷却后，使罐头内容物和顶隙中的空气收缩，水蒸气凝结成液体或通过真空封罐抽去顶隙空气，从而在顶隙形成部分真空状态。它是保持罐头食品品质的重要因素，常用真空度表示。罐头真空度是指罐外大气压与罐内气压之差，一般要求26.6～40kPa。

2. 影响罐头真空度的因素

① 排气密封温度　加热排气时，加热时间越长，则真空度越高；罐头密封温度越高，则形

成的真空度就越大。

② 罐头顶隙大小　在一定范围内罐头顶隙越大，真空度就越大，但加热排气时，若排气不充分，则顶隙越大，真空度就越小。

③ 气温和气压　随着外界气温的上升，罐内残留气体膨胀，真空度降低。海拔越高则大气压越低，使罐内真空度下降，海拔每升高 100m，真空度就会下降 1066～1200Pa。

④ 杀菌温度　杀菌温度越高，则使部分物质分解而产生的气体就越多，真空度就越低。

⑤ 原料状况　各种原料均含有一定的空气，空气含量越多，则真空度就越低；原料的酸度越高，越有可能将罐头中的 H^+ 转换出来，从而降低真空度；原料新鲜度越差，越容易使原料分解产生各种气体，降低真空度。

二、罐藏容器

罐藏容器是罐头食品长期保存的重要条件。其材料要求无毒、与食品不发生化学反应、耐高温高压、耐腐蚀、能密封、质量轻、价廉易得、能适合工业化生产等。国内外罐头食品常用的容器主要有马口铁罐、玻璃罐和蒸煮袋。

1. 马口铁罐

马口铁罐由两面镀锡的低碳薄钢板（俗称马口铁）制成。一般由罐身、罐盖、罐底三部分焊接而成，常称为三片罐。有些罐头因原料 pH 较低，或含有较多花青素，或含有丰富的蛋白质，故需采用涂料马口铁，以防止食品成分与马口铁发生反应而引起败坏。

2. 玻璃罐

玻璃罐应呈透明状，无色或微带黄色，罐身应平整光滑，厚薄均匀，罐口圆而平整，底部平坦，具有良好的化学稳定性和热稳定性。玻璃罐的形式很多，但目前使用最多的是四旋罐，其次是卷封式的胜利罐。

3. 蒸煮袋

蒸煮袋是由一种耐高压杀菌的复合塑料薄膜制成的袋状罐藏包装容器，俗称软罐头。蒸煮袋的特点是质量轻、体积小、易开启、携带方便、热传导快，可缩短杀菌时间，能较好地保持食品的色、香、味，可在常温下贮存，且质量稳定、取食方便。蒸煮袋包装材料一般是采用聚酯、铝箔、尼龙、聚烯烃等薄膜借助胶黏剂复合而成，具有良好的热封性能和耐化学性能，能耐 121℃ 高温，又符合食品卫生要求。

 关键技能

一、加工工艺

1. 工艺流程

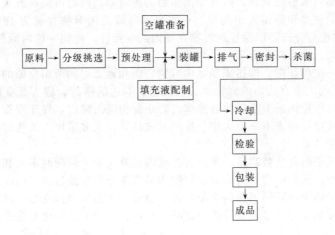

2. 工艺要点

(1) **原料的分级挑选及预处理** 一般要求原料具备优良的色、香、味，糖、酸比例适当，粗纤维少，无异味，大小适当，形状整齐，耐高温等。

原料的预处理主要包括清洗、选别、分级、去皮、切分、漂烫等。

(2) **空罐准备** 罐藏容器使用前必须进行清洗和消毒，以清除在运输和存放中附着的灰尘、微生物、油脂等污物，保证容器卫生，提高杀菌效率。

马口铁罐一般先用热水冲洗，然后用100℃沸水或蒸汽消毒30～60min，倒置沥干水分备用。罐盖也进行同样处理，或用75%酒精消毒。玻璃罐应先用清水（或热水）浸泡，然后用带毛刷的洗瓶机刷洗，再用清水或高压水喷洗，倒置沥干水分备用。对于回收、污染严重的容器还要用2%～3% NaOH液加热浸泡5～10min，或者用洗涤剂或漂白粉清洗。洗净消毒后的空罐要及时使用，不宜长期搁置，以免生锈或重新污染微生物。

(3) **填充液配制** 果蔬罐藏时除了液态（果汁、菜汁）和黏稠态食品（如番茄酱、果酱等）外，一般都要向罐内加注填充液，称为罐液或汤汁。果品罐头的罐液一般是糖液，蔬菜罐头多为盐水。

加注填充液能填补罐内除果蔬以外所留下的空隙，目的在于增进风味，排除空气，以减少加热杀菌时的膨胀压力，防止封罐后容器变形，减少氧化对内容物带来的不良影响，同时能起到保持罐头初温、加强热的传递、提高杀菌效果的作用。

① **糖液配制** 糖液的浓度，依水果种类、品种、成熟度、果肉装量及产品质量标准而定。我国目前生产的糖水果品罐头，一般要求开罐糖度为14%～18%。每种水果罐头加注糖液的浓度，可根据下式计算：

$$Y = \frac{W_3 Z - W_1 X}{W_2}$$

式中 W_1——每罐装入果肉质量，g；

     W_2——每罐注入糖液质量，g；

     W_3——每罐净重，g；

     X——装罐时果肉可溶性固形物的含量，%（质量分数）；

     Z——要求开罐时的糖液浓度，%（质量分数）；

     Y——需配制的糖液浓度，%（质量分数）。

一般糖液浓度在65%以上，装罐时再根据所需浓度用水或稀糖液稀释。另外，对于大部分糖水水果罐头而言，都要求糖液维持一定的温度（65～85℃），以提高罐头的初温，确保后续工序的效果。

② **盐液配制** 所用食盐应选用精盐，食盐中氯化钠含量在98%以上。配制时常用直接法按要求称取食盐，加水煮沸过滤即可。一般蔬菜罐头所用盐水浓度为1%～4%。

对于配制好的糖液或盐液，可根据产品规格要求，添加少量的酸或其他配料，以改进产品风味和提高杀菌效果。

(4) **装罐** 装罐要求趁热装罐，以减少微生物的再污染，同时可提高罐头中心温度，以利于杀菌。装罐量依产品种类和罐型大小而异。一般要求每罐的固形物含量为45%～65%，误差为3%。在装罐前首先进行分选，以保证内容物在罐内的一致性，使同一罐内原料的成熟度、大小、色泽、形态基本均匀一致，搭配合理，排列整齐。

装罐时应保留一定的顶隙，即指罐制品内容物表面和罐盖之间所留空隙的距离，一般要求为4～8mm，罐内顶隙的大小直接影响到食品的装罐量、卷边的密封、罐头真空度以及产品的腐败变质。此外，装罐时还应注意卫生，严格操作，防止杂物混入罐内，保证罐头质量。

由于果蔬原料及成品形态不一，大小、排列方式各异，大多采用人工装罐，对于流体或半流体制品，也可用机械装罐。

(5) **排气** 排气是指食品装罐后，密封前将罐内顶隙间的、装罐时带入和原料组织内的空气排除罐外的工艺措施，从而使密封后罐制品顶隙内形成部分真空的过程。

排气的目的在于防止或减轻因加热杀菌时内容物的膨胀而使容器变形，影响罐制品卷边和缝线的密封性，防止玻璃罐的跳盖；减轻罐内食品色、香、味的不良变化和营养物质的损失；阻止好氧性微生物的生长繁殖；减轻马口铁罐内壁的腐蚀。影响排气效果的因素主要有排气温度和时间、罐内顶隙的大小、原料种类及新鲜度、酸度等。具体的方法有热力排气、真空密封排气和蒸汽喷射排气。

① 热力排气　利用空气、水蒸气和食品受热膨胀冷却收缩的原理将罐内空气排除，常用方法有热装罐排气和加热排气。热装罐排气就是先将食品加热到一定温度（75℃以上）后立即趁热装罐密封，主要适用于流体、半流体或组织形态不会因加热而改变的原料。加热排气是将装罐后的食品送入排气箱，在一定温度的排气箱内经一定时间的排气，使罐头的中心温度达到要求温度（一般在 80℃左右）。加热排气的设备有链带式排气箱和齿盘式排气箱。

② 真空密封排气　借助于真空封罐机将罐头置于真空封罐机的真空室内，在抽气的同时进行密封的排气方法。此法排气的效果主要取决于真空封罐机室内的真空度和罐头的密封温度，室内的真空度高和罐头密封温度高，则所形成的罐头真空度就高。

③ 蒸汽喷射排气　在罐制品密封前的瞬间，向罐内顶隙部位喷射蒸汽，由蒸汽将顶隙内的空气排除，并立即密封，顶隙内蒸汽冷凝后就形成部分真空。

(6) 密封　罐制品之所以能长期保存不坏，除了充分杀灭能在罐内环境生长的腐败菌和致病菌外，主要是依靠罐藏容器的密封，使罐内食品与罐外环境完全隔绝，不再受到外界空气及微生物污染而引起腐败。

① 金属罐的密封　金属罐的密封是指罐身的翻边和和罐盖的圆边进行卷封，使罐身和罐盖相互卷合，压紧而形成紧密重叠的卷边的过程，所形成的卷边称为二重卷边。通常采用专门的封口机来完成。

② 玻璃罐的密封　玻璃罐的密封不同于金属罐，其罐身是玻璃，而罐盖是金属，一般为镀锡薄钢板制成。它的密封是通过镀锡薄钢板和密封圈紧压在玻璃罐口而形成密封的，由于罐口边缘与罐盖的形式不同，其密封方法也不同，目前主要有卷封式和旋开式。

③ 蒸煮袋的密封　蒸煮袋，又称复合塑料薄膜袋，一般采用真空包装机进行热熔密封，它主要是依靠蒸煮袋内层的薄膜在加热时被熔合在一起而达到密封的目的。热熔强度取决于蒸煮袋的材料性能以及热熔时的温度、时间和压力。常用的方法有电加热密封和脉冲密封。

(7) 杀菌　罐制品密封后，应立即进行杀菌。常用杀菌方法有常压杀菌和高压杀菌。

① 常压杀菌　适用于 pH 在 4.5 以下（酸性或高酸性）的水果类、果汁类和酸渍菜类等罐制品。常用的杀菌温度为 100℃或 100℃以下，杀菌介质为热水或热蒸汽。

② 加压杀菌　加压杀菌在完全密封的加压杀菌器中进行，靠加压升温进行杀菌，适用于 pH 大于 4.5（低酸性）的大部分蔬菜罐制品。常用的杀菌温度为 115～121℃。在加压杀菌中，依传热介质不同分为高压蒸汽杀菌和高压水杀菌，一般采用高压蒸汽杀菌。

(8) 冷却　杀菌完毕后，应迅速冷却，如冷却不及时，就会造成内容物色泽、风味的劣变，组织软烂，甚至失去食用价值。冷却分为常压冷却和反压冷却。

常压冷却：常压杀菌的铁罐制品，杀菌结束后可直接将罐制品取出放入冷却水池中进行常压冷却；玻璃罐制品则采用三段式冷却，每段水温相差 20℃。

反压冷却：加压杀菌的罐制品须采用反压冷却，即向杀菌锅内注入高压冷水或高压空气，以水或空气的压力代替热蒸汽的压力，既能逐渐降低杀菌锅内的温度，又能使其内部的压力保持均衡的消降。

一般罐头冷却至 38～43℃即可，然后用干净的手巾擦干罐表面的水分，以免罐外生锈。

(9) 检验　罐制品的检验是保证产品质量的最后工序，主要是对罐头内容物和外观进行检查。一般包括保温检验、感官检验、理化检验和微生物检验。

二、罐头生产中常见质量问题及控制措施

罐头生产过程中由于原料处理不当、加工不够合理、操作不慎、成品贮藏条件不适宜等，往往能使罐制品发生败坏。

1. 胀罐

合格的罐头其底盖中心部位略平或呈凹陷状态。当罐头内部的压力大于外界空气压力时，造

成罐头底盖鼓胀，形成胀罐或胖听。根据胀罐的成因可分物理性胀罐、化学性胀罐、细菌性胀罐三种。

（1）物理性胀罐 罐头内容物装得太满，顶隙过小；加压杀菌后，降压过快，冷却过速；排气不足或贮藏环境变化等。

控制措施：严格控制装罐量；注意装罐时，顶隙大小要适宜，控制在 4～8mm；提高排气时罐内中心温度，排气要充分，封罐后能形成较高的真空度；加压杀菌后降压冷却速度不能过快；控制罐头适宜的贮藏环境。

（2）化学性胀罐（氢胀罐） 高酸性罐头中的有机酸与罐藏容器（马口铁罐）内壁起化学反应，产生氢气，导致内压增大而引起胀罐。

控制措施：防止空罐内壁受机械损伤，以防出现露铁现象；空罐宜采用涂层完好的抗酸性涂料钢板制罐，以提高罐藏容器对酸的抗腐蚀性能。

（3）细菌性胀罐 由于杀菌不彻底或密封不严，细菌重新侵入而分解内容物，产生气体，使罐内压力增大而造成胀罐。

控制措施：罐藏原料充分清洗或消毒，严格注意过程中的卫生管理，防止原料及半成品的污染；在保证罐头质量的前提下，对原料的热处理必须充分，以杀灭产毒致病的微生物；在预煮水或填充液中加入适量的有机酸，以降低罐头的 pH 值，提高杀菌效果；严格封罐质量，防止密封不严；严格杀菌环节，保证杀菌质量。

2. 罐藏容器腐蚀

影响罐藏容器腐蚀的主要因素有氧气、酸、硫及硫化合物、环境的相对湿度等。氧气是金属强烈的氧化剂，罐头内残留氧的含量，对罐藏容器内壁腐蚀起决定性因素，氧气量越多，腐蚀作用越强；含酸量越多，腐蚀性越强；当硫及硫化物混入罐制品中，易引起罐内壁的硫化斑；当贮藏环境相对湿度过高时，易造成罐外壁生锈及腐蚀等。

控制措施：排气要充分，适当提高罐内真空度；注入罐内的填充液要煮沸，以除去填充液中的 SO_2；对于含酸或含硫高的内容物，容器内壁一定要采用抗酸或抗硫涂料；贮藏环境相对湿度不能过大，保持在 70%～75% 为宜。

3. 罐头食品的变色与变味

由于罐头内容物的化学成分之间或与罐内残留的氧气、包装的金属容器等作用而造成变色现象。如桃、杨梅等果实中花青素遇铁呈紫色，甚至使杨梅褪色；绿色蔬菜的叶绿素变色；桃罐头中酚类物质氧化变色等。在罐头加工过程中因处理不当还会产生煮熟味、铁腥味、苦涩味及酸味等异味。

控制措施：选用含花青素及单宁低的原料加工罐制品；加工过程中注意护色处理；采用适宜的温度和时间进行热烫处理，破坏酶活性，排除原料组织中的空气；防止原料与铁、铜等金属器具相接触；充分杀菌，以防止平酸菌引起的酸败等。

4. 罐内汁液的浑浊与沉淀

由于原料成熟度过高，热处理过度；加工用水中钙、镁等离子含量过高，水的硬度大；贮藏不当造成内容物冻结，解冻后内容物松散、破碎；杀菌不彻底或密封不严，微生物生长繁殖等。

控制措施：加工用水进行软化处理；控制温度不能过低；严格控制加工过程中的杀菌、密封等工艺条件；保证原料适宜的成熟度等。

项目七　果蔬的综合利用

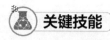 **关键技能**

果蔬的综合利用就是根据果蔬的各种特点及其所含成分，进行有效的开发和利用，特别是果蔬加工过程中残留的各种副产物。这些副产物的综合利用不仅可以防止和减轻环境污染，还可变

一用为多用、变无用为有用、变废为宝，提高原料的利用率，降低生产成本，而且可以促进科学技术的进步，进而促进果蔬加工产业的可持续发展。

一、果胶的提取与分离

在果实组织中，各种不同形态果胶物质具有不同的特性。原果胶和果胶酸不溶于水，只有果胶可溶于水。果胶在溶液状态时遇乙醇和某些盐类如硫酸铝、硫酸铵、硫酸镁等易凝结沉淀，可以使之从溶液中分离出来，通常就是利用这些特性提取果胶的。

1. 工艺流程

2. 工艺要点

(1) 原料选择 尽量选用新鲜、果胶含量高的原料。果蔬加工厂清除出来的果皮、瓤囊衣、果渣、甜菜渣等都可作为提取果胶的原料。目前工业化提取的果胶原料主要是柑橘类的果皮、苹果渣及甜菜渣等，其中最富有提取价值的为柑橘类的果皮。

若原料不能及时进入提取工序，原料应迅速进行 95℃ 以上 5～7min 的加热处理，以钝化果胶酶避免果胶分解；如需长时间保存，可以将原料干制（65～70℃）后保存，但在干制前也应及时进行热处理。

(2) 预处理 将原料破碎成 2～4mm 的小颗粒，然后加水进行热处理钝化果胶酶，然后用温水（50～60℃）淘洗数次，以除去原料中的糖类、色素、苦味及杂质等成分，提高果胶的质量。有时为了防止原料中的可溶性果胶的流失，也可用酒精浸洗，最后压干待用。

(3) 提取 提取是果胶制取的关键工序之一，方法较多。

① 酸解法 此法根据原果胶可以在稀酸下加热转变为可溶性果胶的原理来提取。将粉碎、淘洗过的原料，加入适量的水，用酸将 pH 调至 2～3，在 80～95℃ 下，抽提 1～1.5h，使得大部分果胶抽提出来。常使用的酸有硫酸、盐酸、磷酸、柠檬酸、苹果酸等。该法是传统的提取方法，抽提时的加水量、pH 值、时间、酸的种类对果胶的提取率和质量都非常重要，在果胶提取过程中果胶会发生局部水解，生产周期长、效率低。

② 微生物法 此法是利用酵母产生的果胶酶，将原果胶分解出来。先将经预处理的原料加 2 倍的水，放置于发酵罐内，然后再接种帚状丝孢酵母，用量为发酵物料的 3%～5%。在 30℃ 下发酵 15～20h，再除去残皮和微生物。此法生产的果胶分子量大、凝胶强、质量高，提取完全。

③ 离子交换树脂法 将粉碎、洗涤、压干后的原料，加入 30～60 倍的水，同时按 10%～50% 加入离子交换树脂，用盐酸调节 pH 为 1.3～1.6，在 65～95℃ 下保温搅拌 2～3h，过滤后即得到果胶提取液。此法提取的果胶质量稳定，效率高，但成本高。

④ 微波萃取法 这是微波技术应用于果胶提取的新方法。将原料加酸进行微波加热萃取果胶，然后给萃取液中加入氢氧化钙，生成果胶酸钙沉淀，然后用草酸处理沉淀物进行脱钙，离心分离后用酒精沉析，干燥即得果胶。

(4) 脱色、分离 一般提取液中果胶含量约为 0.5%～2%，可先经脱色，再行压滤分离。脱色通常采用 1%～2% 的活性炭，60～80℃ 下保温 20～30min，然后进行压滤，以除去抽提液中的杂质。压滤时可加入 4%～6% 的硅藻土作助滤剂，以提高过滤效率。也可以用离心分离的方式取得果胶液。

(5) 浓缩 将分离提取的果胶液浓缩至 3%～4% 的浓度。为了避免果胶分解，浓缩温度宜低，时间宜短。最好采用减压真空浓缩，真空度约为 13.33kPa 以上，蒸发温度为 45～50℃。浓缩后应迅速冷却至室温，以免果胶分解。若有喷雾干燥装置，可不冷却立即进行喷雾干燥取得果胶粉，然后通过 60 目筛筛分后进行包装。

(6) 沉淀洗涤 在果胶提取液经过脱色、分离或浓缩后，还应进一步沉淀洗涤，以提高纯化果胶的纯度。

① 酒精沉淀法 在果胶液中加入 95% 的酒精，使混合液中酒精浓度达到 45%～50%，果胶

即呈絮状沉淀析出，过滤后，再用 60%～80% 的酒精洗涤 1～3 次。也可以用异丙醇等溶剂代替酒精。此法得到的果胶质量好、纯度高、胶凝能力强，但生产成本较高，溶剂回收也较麻烦。

② 盐析法　采用盐析法生产果胶时不必进行浓缩处理。一般使用铝、铁、铜、钙等金属盐，以铝盐沉淀果胶的方法为最多。先将果胶提取液用氨水调整 pH 为 4.0～5.0，然后加入饱和明矾，再重新用氨水调整 pH 为 4.0～5.0，果胶即可沉淀析出，若结合加热（70℃）也有利于果胶析出。沉淀完全后滤出果胶，用清水洗涤数次，除去明矾。然后以少量的稀盐酸（0.1%～0.3%）溶解果胶沉淀物，再用酒精沉淀和洗涤。此法可大大节约酒精用量，是国外常用的工艺。

③ 超滤法　将果胶提取液用超滤膜在一定压力下过滤，使得小分子物质和溶剂滤出，从而使大分子的果胶得以浓缩、提纯。其特点是操作简单，得到的物质纯，但对膜的要求很高。

(7) 干燥、粉碎　将湿果胶在 60℃ 左右温度下进行干燥（最好采用真空干燥）。干燥后的果胶含水量应在 10% 以下，然后将果胶送入球磨机等设备进行粉碎，并通过 60 目筛筛分，即得果胶制品。

(8) 标准化处理　所谓标准化处理，是为了使果胶应用方便，在果胶粉中加入蔗糖或葡萄糖等均匀混合，使产品的胶凝强度、胶凝时间、温度、pH 值一致，使用效果稳定。

二、香精油的提取与分离

各种水果中都含有香精油，以柑橘类香精油最为普遍，其中果皮中含量达到 1%～2%。香精油具有很高的价值，广泛应用于食用化工、食品及医药等工业方面。香精油的提取方法有蒸馏法、浸提法、冷榨法、擦皮法（磨油法）等。目前，国内工业生产上以冷榨法为主。冷榨法也称压榨法，利用机械加压使外果皮的油胞破裂，得到香精油和水的混合物，再经油水分离即可得到冷榨香精油。

1. 工艺流程

原料 → 石灰水浸泡 → 漂洗 → 沥干 → 压榨过滤 → 分离 → 静置 → 过滤 → 包装 → 成品

2. 工艺要点

(1) 原料　选择新鲜无霉变的柑橘皮，摊放在阴凉通风处或晾晒 1 天。

(2) 石灰水浸泡　将柑橘皮浸泡在浓度为 1.5%～3% 的石灰水中（pH 值在 10 以上），浸泡 10～16h，其间翻动 2～3 次，以浸泡果皮呈黄色，脆而不断为宜。

(3) 漂洗　将浸过石灰水的橘皮用流动清水漂洗干净，捞起沥干。

(4) 压榨过滤　先将橘皮破碎至 3mm 大小，用水压机进行压榨，形成油水混合物，橘皮汁含有杂质，必须经过沉淀过滤，以减轻分离机的负荷。通常加明矾水使之沉淀，用布袋过滤，除去糊状残渣。

(5) 分离　采用 6000～8000r/min 高速离心机。混合液进入离心机的流量要保持稳定，流量过大易出现混油，流量过小则产量低。在正常情况下，从离心机出来的香精油是澄清透明的。分离完毕后，停止加料，让离心机转 2～3min，冲入大量的清水，把残存油冲出。

(6) 静置、过滤　分离出的香精油往往带有少量水分和杂质，应放在 5～10℃ 的冷库中静置 5～7 天，让杂质与水下沉；然后用虹吸管吸出上层澄清油，通过滤纸或石棉纸滤层的漏斗减压抽滤，所得橘皮油为黄色油状液体。

(7) 包装　将澄清的香精油装于干净的棕色玻璃瓶或陶坛中（尽量装满），加盖密封，最后用硬脂蜡密封，贮藏在阴凉处，尽可能在低温下贮存。

此外，应用超临界 CO_2 萃取技术萃取香精油已获得成功，此法具有生产效率高、产品品质高和全天然等特点，但前期一次性投资较大，相信不久的将来利用超临界 CO_2 萃取香精油定会成为生产香精油的主要方法。

三、柠檬酸的提取与分离

柠檬酸在食品工业上用途很广，是制作饮料、蜜饯、果酱、糖果等不可缺少的添加剂。另外，柠檬酸在化学工业、医药工业上也有广泛的用途。果实柠檬酸经过中和作用生成钙盐析出，再以酸解取代钙，经过浓缩、晶析便可制得。现将柑橘残次果中柠檬酸的提取工艺介绍如下。

原料→榨汁→发酵、澄清（加酵母液 1%，发酵 4～5 天，再加适量单宁，加热沉淀胶体物质）→过滤→中和澄清液（煮沸澄清橘汁后，按柠檬酸 10 份，石灰 4 份慢慢加入石灰乳，不断搅拌）→收集柠檬酸钙沉淀→清水洗涤→酸解沉淀（加清水煮沸沉淀后按每 50kg 柠檬酸钙干品添加 30°Bé 硫酸 40～43kg，继续煮沸，搅拌 0.5h，促进硫酸钙沉淀）→压滤、洗涤硫酸钙沉淀，收集滤液（柠檬酸）→真空浓缩（至 40～42°Bé）→晶析（在缸中放置浓缩液 3～5 天）→离心分离（除去水分与杂质）→干燥（70℃，使含水量≤1%）→过筛、分级、包装→成品。

四、色素的提取与分离

果蔬中所含的天然色素安全性较高，部分天然色素还有一定的营养和药理作用，并且色泽更接近天然原料的颜色。葡萄红色素和胡萝卜中的类胡萝卜素均是天然食用色素，国内外已生产和应用，并对其理化性质和安全性做了大量研究。以下简单介绍它们的提取工艺。

1. 葡萄皮红色素的提取工艺

葡萄皮渣→破碎→浸提（加皮渣等量重的酸化乙醇或甲醇溶液，在 75～80℃和 pH3～4 条件下浸提 1h）→护色（添加维生素 C 或聚磷酸盐）→速冷→粗滤→添加乙醇（除去果胶和蛋白质）→离心过滤→减压浓缩（45～55℃，0.906～0.959MPa）→喷雾干燥或减压干燥→成品（粉状）。

2. 类胡萝卜素色素的提取工艺

胡萝卜皮渣→破碎→软化（沸水中热烫 10min）→石油醚与丙酮混合溶剂（1∶1）浸提 24h→分离提取液→第二次、第三次浸提（至浸提液无色为止）→合并提取液→过滤→真空浓缩（50℃，67kPa）→收集膏状产品（并回收溶剂）→干燥（35～40℃）→成品（粉状）。

五、黄酮类化合物的提取与分离

黄酮类化合物存在于花、叶、果等植物组织中，一般以苷的形式存在。常用的提取方法有溶剂萃取法、碱溶酸沉法、炭粉吸附法、离子交换法等。以下介绍橙皮苷和山楂黄酮的提取工艺。

1. 橙皮苷的提取

橙皮苷是橙皮中的黄酮类化合物，不仅具有抗氧化作用，还具有防霉抑菌作用，特别适合于作酸性食品的防霉剂，同时还是一种功能成分，具有止咳平喘、降低胆固醇和血管脆性、抗衰老等功效，可用于生产保健食品。橙皮苷具有酚羟基，呈弱酸性，可采用碱溶酸沉的方法提取，其提取工艺如下。

柑橘果皮→石灰水浸提 6～12h（pH 为 11～13）→压榨过滤→收集滤液→用 1∶1 的盐酸调其pH 为 4.5 左右→加热至 60～70℃，保温 50～60min→冷却静置→收集黄色沉淀物→离心脱水→干燥（70～80℃烘 7h，使含水量≤3%）→粉碎→橙皮苷粗品。

2. 山楂黄酮的提取

山楂中的黄酮类化合物具有很好的医疗保健价值。山楂黄酮可抗心肌缺血，能使血管扩张。山楂果渣不仅含有大量的果胶、纤维素等，而且还含有一定量的黄酮类物质，具有很高的利用价值。山楂黄酮的提取工艺如下。

山楂果渣→水浸泡→0.4%～0.6% KOH 溶液 70～90℃下保温浸提（2 次，每次 1h）→过滤→合并滤液→浓缩至 40%～50%→95%乙醇沉淀去杂质（去淀粉、果胶、蛋白质等）→离心分离→收集滤液→蒸馏→过滤→醋酸乙酯提取→黄酮类浓缩液（同时回收溶剂）→真空干燥→粉碎→黄酮类粗品。

思考题

1. 果蔬采后的贮藏保鲜方式有哪些？
2. 果蔬制品为什么要进行快速冻结？如何提高冻结速度？
3. 综合分析提高速冻果蔬质量的途径和措施。
4. 果脯、蜜饯加工的主要工艺有哪些？

5. 食盐的保藏作用是什么？

6. 分析蔬菜腌制品色、香、味形成的机理。

7. 简述果醋酿造原理，并说明影响醋酸发酵的因素。

8. 影响罐制品杀菌的主要因素有哪些？

9. 罐制品杀菌公式怎样表示？

 实训项目一   速冻玉米粒加工

【实训目的】

通过实训掌握果蔬速冻加工的基本工艺。

【材料与用具】

鲜玉米、不锈钢刀、夹层锅、漏勺、冷冻冰箱、真空包装机等。

【工艺流程】

原料选择→去苞叶、花丝→修整分级→清洗脱粒→清洗→漂烫→冷却→挑选→沥干→速冻→筛选→包装→冻藏

【操作要点】

（1）原料选择　一般选择乳熟期的甜玉米为最佳，要求籽粒饱满，颜色为黄色或淡黄色，色泽均匀，无杂色粒，籽粒大小及籽粒排列均匀整齐，无秃尖、缺粒、虫蛀现象。

（2）去苞叶、花丝　剥去玉米苞叶，去除玉米须。去除苞叶的玉米穗要轻拿轻放，装入专用的筐内。

（3）修整分级　先将过老、过嫩、过度虫蛀、籽粒极度不整齐的甜玉米穗剔除。然后按玉米的直径分级，可根据不同玉米品种制定 2～3 个等级，等级间的直径差定在 5mm 左右。

（4）清洗脱粒　用流动水将玉米清洗干净，并用人工或专用的玉米脱粒机进行脱粒。

（5）漂烫　先将清水煮沸至 93～100℃，再放入甜玉米粒，水与玉米粒的比例为 4:1，漂烫时间依水温而定，一般为 3～8min。漂烫时间过长，会使营养成分严重流失，成品的颜色和口感等质量指标也会大大降低。脱粒后的玉米粒应立即漂烫。

（6）冷却　经漂烫的玉米粒应立即冷却，否则残余的热量会严重影响品质。将 90℃ 左右的玉米粒的温度降到 25～30℃；然后在 0～5℃ 的冰水中浸泡冷却，使玉米粒中心的温度降到 5℃ 以下。

（7）挑选　挑拣出穗轴屑、花丝、变色粒和其他外来杂质，同时剔除过熟、未烫透和碎玉米粒。

（8）沥干　为了防止冻结时表面水分过多而形成冰块以及玉米粒之间粘连，影响外观和净重，应该沥干玉米粒表面的水分。也可用冷风吹干。

（9）速冻　在冷空气温度 -30～-26℃ 下，冻结 3～5min，使玉米粒中心温度达到 -18℃ 即可。速冻完的玉米粒应互不粘连，表面无霜。

（10）筛选、包装和冻藏　将冻结的玉米粒进一步挑选，剔除有缺陷粒和碎粒；一般用聚乙烯塑料袋包装，然后立即送入冰箱冻藏。

【质量标准】

色泽浅黄色或金黄色；玉米粒大小均匀，无破碎粒，玉米粒的切口整齐；无杂质；具有该甜玉米品种的甜味和香味，香脆爽口。

【讨论题】

速冻玉米粒的关键工艺是什么？

 实训项目二   果冻的制作

【实训目的】

通过实训掌握果冻的制作技术。

【材料与用具】

山楂、白砂糖、明矾、细布袋、不锈钢锅或铝锅、折射仪或温度计。

【工艺流程】

原料选择 → 预处理 → 加热软化 → 取汁 → 加糖浓缩 → 凝冻 → 切块包装 → 成品

【操作要点】

(1) 原料选择　选择成熟度适宜,含果胶、酸多,芳香味浓的新鲜山楂,不宜选用充分成熟果。

(2) 预处理　将选好的山楂用清水洗干净,并适当切分。

(3) 加热软化　将山楂放入锅中,加入等量的水,加热煮沸30min左右并不断搅拌,使果实中糖、酸、果胶及其他营养素充分溶解出来,以果实煮软便于取汁为标准。为提高可溶性物质提取量,可将山楂煮制2～3次,每次加水适量,最后将各次汁液混合在一起。加热软化可以破坏酶的活力,防止变色和果胶水解,便于榨汁。

(4) 取汁　软化的山楂果用细布袋揉压取汁。

(5) 加糖浓缩　山楂汁与白糖的混合比例为1:(0.6～0.8),再加入山楂汁和白砂糖总量的0.5%～1.0%研细的明矾。先将白砂糖配成75%的糖液过滤。将糖液和山楂汁一起倒入锅中加热浓缩,要不断搅拌,浓缩至终点,加入明矾搅匀,然后倒入消毒过的盘中,静置凝冻。

(6) 终点判断　当可溶性固形物达65%～70%时即可出锅(折射仪测定法);或当溶液的沸点达103～105℃时,浓缩结束(温度计测定法);或用搅拌的竹棒从锅中挑起浆液少许,横置,若浆液呈现片状脱落,即为终点(经验挂片法)。

(7) 切块包装　凝冻达到要求的果冻,用刀切成3.3cm左右的方块,或根据需要切成其他形状的小块。用玻璃纸把切块包好,再装入其他容器里。

【质量标准】

色泽呈玫瑰红色或山楂红色,半透明,有弹性,块形完整,切面光滑,组织细腻均匀,软硬适宜,酸甜适口。可溶性固形物含量≥65%。

【讨论题】

1.观察浓缩过程中可溶性固形物的变化,熟悉终点判断方法。

2.制作中加入明矾有何作用?是否可以不加明矾?

 实训项目三　泡菜的制作

【实训目的】

通过实训,使学生掌握泡菜等腌菜的制作原理与方法。

【材料与用具】

甘蓝、白菜、萝卜、青椒、花椒、生姜、尖红辣椒、白糖、茴香、干椒、生姜、八角、花椒、其他香料、氯化钙、泡菜坛、不锈钢刀、砧板、盆等。

【工艺流程】

盐水配制

原料选择 → 清洗、预处理 → 装坛发酵 → 成品

【操作要点】

(1) 清洗、预处理　将蔬菜用清水洗净,剔除不适宜加工的部分,如粗皮、老筋、须根及腐烂斑点;对块形过大的,应适当切分。稍加晾晒或沥干明水备用,避免将生水带入泡菜坛中引起败坏。

(2) 盐水(泡菜水)配制　泡菜用水最好使用井水、泉水等饮用水。如果水质硬度较低,可加入0.05%的$CaCl_2$。一般配制与原料等重的5%～8%的食盐水(最好煮沸溶解后用纱布过滤一

次)。再按盐水量加入 1% 的白糖或红糖、3% 的尖红辣椒、5% 的生姜、0.1% 的八角、0.05% 的花椒、1.5% 的白酒，还可按各地的喜好加入其他香料，将香料用纱布包好。为缩短泡制的时间，常加入 3%～5% 的陈泡菜水，以加速泡菜的发酵过程，黄酒、白酒或白糖更好。

(3) 装坛发酵　取无砂眼或裂缝的坛子洗净，沥干明水，放入半坛原料压紧，加入香料袋，再放入原料至离坛口 5～8cm，注入泡菜水，使原料被泡菜水淹没，盖上坛盖，注入清洁的坛沿水或 20% 的食盐水，将泡菜坛置于阴凉处发酵。发酵最适温度为 20～25℃。

成熟后便可食用。成熟所需时间，夏季一般 5～7 天，冬季一般 12～16 天，春秋季介于两者之间。

(4) 泡菜管理　泡菜如果管理不当会败坏变质，必须注意以下几点。

① 保持坛沿清洁，经常更换坛沿水，或使用 20% 的食盐水作为坛沿水。揭坛盖时要轻，勿将坛沿水带入坛内。

② 取食泡菜时，用清洁的筷子取食，取出的泡菜不要再放回坛中，以免污染。

③ 如遇长膜生花现象，可加入少量白酒，或苦瓜、紫苏、红皮萝卜或大蒜头，以减轻或阻止长膜生花。

④ 泡菜制成后，一面取食，一面加入新鲜原料，适当补充盐水，保持坛内一定的容量。

【质量标准】

清洁卫生、色泽美观、香气浓郁、质地清脆、组织细嫩、咸酸适度；含盐量为 2%～4%，含酸量（以乳酸计）为 0.4%～0.8%。

【讨论题】

如何提高腌菜的脆性？

 实训项目四　苹果醋的酿制

【实训目的】

通过实训，掌握果醋制作的基本技术。

【材料与用具】

苹果、酵母液、白砂糖、柠檬酸、温度计、不锈钢刀、打浆机、玻璃瓶等。

【工艺流程】

原料 → 清洗 → 破碎 → 酒精发酵 → 醋酸发酵 → 陈酿 → 调配 → 灭菌 → 冷却 → 成品

【操作要点】

(1) 原料处理　先将残次落果用流动的清水漂洗一遍，剔除果实中发霉、腐烂等变质的部分，然后再用清水冲洗干净。用破碎机将洗净的苹果破碎成 1～2cm 的小块，再用螺旋榨汁机压榨取汁。苹果汁易发生酶促褐变，可在榨出的汁液中加入适量的维生素C，防止酶促褐变。

(2) 酒精发酵　将果汁加热至 70℃，维持 20～30min 以杀灭细菌。在灭过菌的果汁中加入 3%～5% 的酵母液进行酒精发酵。发酵过程中每天搅拌 2～4 次，维持品温 30℃ 左右，经过 5～7 天发酵完成。注意品温不要低于 16℃ 或高于 35℃。

(3) 醋酸发酵　将酒精发酵液的酒度调整为 7°～8°，盛于木制或搪瓷容器中，接种醋酸菌液 5% 左右。用纱布遮盖容器口，防止苍蝇、醋鳗等侵入。发酵液高度为容器高度的 1/2，液面浮以格子板，以防止菌膜下沉。在醋酸发酵期间控制品温 30～35℃，每天搅拌 1～2 次，10 天左右即醋化完成。取出大部分果醋，消毒后即可食用。留下醋坯及少量醋液，再补充果酒继续醋化。

(4) 陈酿　将果醋装入桶、坛或不锈钢罐中，装满密封，静置 1～2 月即完成陈酿过程。

(5) 调配与灭菌　苹果醋可根据口味进行糖酸比和香气的调整，以达到良好的感官性状。然后将苹果醋装瓶并预留一定的顶隙，在 65.5℃ 下保持 30min，即可达到灭菌效果。

【质量标准】

具有苹果醋应有的色泽和特有的香气，酸味柔和，无异味，呈澄清状态。

【讨论题】

观察苹果醋陈酿前后产品品质方面有何变化。

 实训项目五　苹果酱的制作

【实训目的】

通过实训掌握苹果酱的制作技术。

【材料与用具】

苹果、食盐、白砂糖、柠檬酸、温度计、不锈钢刀、不锈钢锅、打浆机、四旋盖玻璃瓶等。

【工艺流程】

原料选择 → 清洗 → 去皮、切分、去核 → 预煮 → 打浆 → 浓缩 → 灌装 → 封盖 → 杀菌、冷却 → 成品

【操作要点】

(1) 原料选择　要求选择成熟度适宜，含果胶、酸较多，芳香味浓的苹果。

(2) 清洗　将选好的苹果用清水洗涤干净。

(3) 去皮、切分、去核　将洗干净的苹果用不锈钢刀去掉果梗、花萼，削去果皮。

(4) 预煮、打浆　将果块放入不锈钢锅中，并加入果块质量50%的水，煮沸15～20min进行软化，预煮软化升温要快，然后打浆。

(5) 浓缩　果浆和白砂糖的质量比为1：(0.8～1)，并添加0.1%左右的柠檬酸。先将白砂糖配成75%的浓糖液煮沸后过滤备用。将果浆、白砂糖液放入不锈钢锅中，在常压下迅速加热浓缩，并不断搅拌；浓缩时间以25～50min为宜，温度为106～110℃时，便可起锅装罐。出锅前，加入柠檬酸并搅匀。

(6) 灌装、封盖　将瓶盖、玻璃瓶先用清水洗干净，然后用沸水消毒3～5min，沥干水分，灌装时保持瓶温40℃以上。

果酱出锅后迅速灌装，须在20min内完成，装瓶时酱体温度保持在85℃以上，装瓶后迅速拧紧瓶盖。

(7) 杀菌、冷却　采用水浴杀菌，升温时间5min，沸腾下保温15min；然后产品分别在75℃、55℃水中逐步冷却至37℃左右得成品。

【质量标准】

可溶性固形物含量65%～70%；总含糖量不低于50%；含酸量以pH计在2.8以上，3.1左右为好。

【讨论题】

观察不同浓缩时间果酱质量的变化。

 实训项目六　糖水橘子罐头的制作

【实训目的】

通过实训，掌握糖水橘子罐头的加工工艺和操作要点。

【材料与用具】

橘子、白糖、柠檬酸、杀菌锅、排气箱(锅)、铝锅、手持折射仪、温度计、粗天平、台秤、罐头瓶及罐盖、封罐机等。

【工艺流程】

原料 → 选果分级 → 去皮、去络、分瓣 → 去囊衣 → 整理 → 分选装罐 ← 配糖水 → 排气、密封 → 杀菌、冷却 → 检验 → 成品

【操作要点】

(1) 原料　果实扁圆，直径 46～60mm；果肉橙红色，囊瓣大小均一，呈肾脏形，不要呈弯月形，无种子或少核，囊衣薄；果肉组织紧密、细嫩、香味浓、风味好，糖含量高，可溶性固形物在 10% 左右，含酸量为 0.8%～1%，糖酸比适度（12:1），不苦；易去皮；八九成熟时采收。

(2) 选果分级　先除去畸形、干瘪、霉烂、重伤、裂口的果子，再按大、中、小分为三级。

(3) 去皮、去络、分瓣　将分级后的果子分批投入沸水中热烫 1～2min，取出趁热进行人工去皮、去络、分瓣处理，处理时再进一步选出畸形、僵瓣、干瘪及破伤的果瓣，最后再按大、中、小分级。

(4) 去囊衣　采用酸碱处理法去囊衣，即先用酸处理（0.4%），再用碱处理脱去囊衣（0.5%）。去囊衣时，橘瓣与酸碱的体积比值为 1:(1.2～1.5)，橘瓣应淹没在处理液中。脱囊衣的程度一般由肉眼观察；全脱囊衣要求能观察到大部分囊衣脱落，不包角，橘瓣不起毛，砂囊不松散，软硬适度。处理后要及时用清水浸泡橘瓣，碱处理后需在流动水中漂洗 1～2h 后才能装罐。

(5) 整理　用镊子逐瓣去除囊瓣中心部残留的囊衣、橘络和橘核等，用清水漂洗后再放在盘中进行透视检查。

(6) 分选装罐　透视后，橘瓣按瓣形完整程度、色泽、大小等分级别装罐，力求使同一罐内的橘瓣大致相同。装罐量按产品质量标准要求进行计算。

(7) 配糖水　糖水浓度为质量分数，糖水的浓度及用量应根据原料的糖分含量及成品的一般要求（14%～18% 的糖度标准）来确定，一般浓度为 40%。

(8) 排气、密封　中心温度 75～80℃。

(9) 杀菌、冷却　净重为 500g 的罐头的杀菌公式为：8min-10min/100℃，分段冷却至 38～40℃，然后擦干。

【质量标准】

橘肉表面具有与原果肉近似的光泽，色泽较一致，糖水较透明，允许有轻微的白色沉淀及少量橘肉与囊衣碎屑存在；具有本品种糖水橘子罐头应有的风味，酸甜适口，无异味；囊衣去净，组织软硬适度，橘片形态完整，大小均匀，破碎率以质量计不超过固形物的 10%；无杂质存在。开罐时糖水浓度（按折射率计）为 12%～16%。

案例

模块二　软饮料加工技术

通过本模块内容的学习，学生应当了解软饮料的含义及种类。了解软饮料常用的原辅料及包装材料。熟悉软饮料用水的水质要求及处理方法。掌握常见软饮料的工艺流程及操作要点。

1. 科学认识食品添加剂，在食品加工过程中严格规范使用食品添加剂，同时做好食品添加剂的科普宣传，引导民众树立正确的食品安全观。

2. 了解我国博大精深的茶文化，增强民族自信和文化自信。

3. 注重传统文化与现代科技、时尚文化的融合，创新饮料新品。

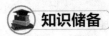 **知识储备**

一、软饮料的概念

对于软饮料的概念，国际上无明确规定，一般认为不含酒精的饮料即为软饮料，又称为饮品，各国的规定有所不同。美国软饮料法规定：软饮料是指人工配制的，酒精（用作香精等配料的溶剂）含量不超过 0.5% 的饮料。但不包括果汁、纯蔬菜汁、乳制品、大豆乳制品、茶叶、咖啡、可可等以植物性原料为基础的饮料。日本没有软饮料的概念，称为清凉饮料，包括碳酸饮料、水果饮料、固体饮料，但又不包括天然蔬菜汁。英国法规把软饮料定义为"任何供人类饮用而出售的需要稀释或不需要稀释的液体产品"，包括各种果汁饮料、汽水（苏打水、奎宁汽水、甜化汽水）、姜啤以及加药或植物的饮料；不包括水、天然矿泉水（包括强化矿物质的）、果汁（包括加糖和不加糖的、浓缩的）、乳及乳制品、茶、咖啡、可可或巧克力、蛋制品、粮食制品（包括加麦芽汁含酒精的，但不能醉人的除外）、肉类、酵母或蔬菜等制品（包括番茄汁）、汤料、能醉人的饮料以及除苏打水外的任何不甜的饮料。欧盟其他国家的规定基本与英国相似。

我国 GB/T 10789—2015《饮料通则》规定：经过定量包装的、供直接饮用或按一定比例用水冲调或冲泡饮用的乙醇含量（质量分数）不超过 0.5% 的制品，也可为饮料浓浆或固体形态。

二、软饮料的分类

根据我国 GB/T 10789—2015，按原料或产品的性状进行分类，将软饮料分为以下 11 类。

(1) 包装饮用水　以直接来源于地表、地下或公共供水系统的水为水源，经加工制成的密封于容器中可直接饮用的水。主要分为饮用天然矿泉水、饮用纯净水和其他类饮用水。

(2) 果蔬汁类及其饮料　以水果和（或）蔬菜（包括可食的根、茎、叶、花、果实）等为原料，经加工或发酵制成的液体饮料。主要分为果蔬汁（浆）、浓缩果蔬汁（浆）、果蔬汁（浆）类饮料。

(3) 蛋白饮料　以乳或乳制品，或其他动物来源的可食用蛋白，或含有一定蛋白质的植物果实、种子或种仁等为原料，添加或不添加其他食品原辅料和（或）食品添加剂，经加工或发酵制成的液体饮料。主要分为含乳饮料、植物蛋白饮料、复合蛋白饮料和其他蛋白饮料。

(4) 碳酸饮料（汽水）　以食品原辅料和（或）食品添加剂为基础，经加工制成的，在一定条件下充入一定量二氧化碳气体的液体饮料，如果汁型碳酸饮料、果味型碳酸饮料、可乐型碳酸饮料、其他型碳酸饮料等，不包括由发酵自身产生二氧化碳气的饮料。

(5) 特殊用途饮料　加入具有特定成分的适应所有或某些人群需要的液体饮料。主要分为运动饮料、营养素饮料、能量饮料、电解质饮料、其他特殊用途饮料。

(6) **风味饮料** 以糖（包括食糖和淀粉糖）和（或）甜味剂、酸度调节剂、食用香精（料）等的一种或者多种作为调整风味的主要手段，经加工或发酵制成的液体饮料，如茶味饮料、果味饮料、乳味饮料、咖啡味饮料、风味水饮料、其他风味饮料等。

(7) **茶（类）饮料** 以茶叶或茶叶的水提取液或其浓缩液、茶粉（包括速溶茶粉、研磨茶粉）或直接以茶的鲜叶为原料，添加或不添加食品原辅料和（或）食品添加剂，经加工制成的液体饮料，如原茶汁（茶汤）/纯茶饮料、茶浓缩液、茶饮料、果汁茶饮料、奶茶饮料、复（混）合茶饮料、其他茶饮料等。

(8) **咖啡（类）饮料** 以咖啡豆和（或）咖啡制品（研磨咖啡粉、咖啡的提取液或其浓缩液、速溶咖啡等）为原料，添加或不添加糖（食糖、淀粉糖）、乳和（或）乳制品、植脂末等食品原辅料和（或）食品添加剂，经加工制成的液体饮料，如浓咖啡饮料、咖啡饮料、低咖啡因咖啡饮料、低咖啡因浓咖啡饮料等。

(9) **植物饮料** 以植物或植物提取物为原料，添加或不添加其他食品原辅料和（或）食品添加剂，经加工或发酵制成的液体饮料，如可可饮料、谷物类饮料、草本（本草）饮料、食用菌饮料、藻类饮料、其他植物饮料，不包括果蔬汁类及其饮料、茶（类）饮料和咖啡（类）饮料。

(10) **固体饮料** 用食品原辅料、食品添加剂等加工制成的粉末状、颗粒状或块状等，供冲调或冲泡饮用的固态制品，如风味固体饮料、果蔬固体饮料、蛋白固体饮料、茶固体饮料、咖啡固体饮料、植物固体饮料、特殊用途固体饮料、其他固体饮料等。

(11) **其他类饮料** 除以上10种以外，其中经国家相关部门批准，可声称具有特定保健功能的制品为功能饮料。

项目一　软饮料食品原辅料及包装材料的选择

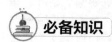 **必备知识**

一、软饮料常用的原辅料

目前软饮料中常用的原辅料主要有甜味剂、酸味剂、香料和香精、色素、防腐剂、抗氧化剂、增稠剂、二氧化碳等。

（一）甜味剂

1. 蔗糖

蔗糖是由甘蔗或甜菜制成的产品，是由葡萄糖和果糖所构成的一种双糖，分子式为 $C_{12}H_{22}O_{11}$。就口感而言，10％浓度时蔗糖的甜度一般有快适感，20％浓度则成为不易消散的甜感，故一般果实饮料饮用时其浓度控制在8％～14％为宜。蔗糖与葡萄糖混合后，有增效作用，其甜度感觉不会减低；蔗糖添加少量食盐可增加甜味感；酸味或苦味强的饮料中，增加蔗糖用量可使酸味或苦味减弱。

2. 葡萄糖

葡萄糖作为甜味剂的特点是能使配合的香味更为精细。而且即使达20％浓度，也不产生像蔗糖那样令人不适的浓甜感。此外，葡萄糖具有较高的渗透压，约为蔗糖的2倍。固体葡萄糖溶解于水时是吸热反应。这种情况下同时触及口腔、舌部时，则给人以清凉感觉。葡萄糖的甜度约为蔗糖的70％～75％，在蔗糖中混入10％左右的葡萄糖时，由于增效作用，其甜度比计算的结果要高。

3. 果葡糖浆

酶法糖化淀粉所得糖化液，葡萄糖值约98，再经葡萄糖异构酶作用，将42％的葡萄糖转化成果糖，制得糖分主要为果糖和葡萄糖的糖浆，称为果葡糖浆，也称为异构糖。果葡糖浆色泽的热稳定性较差，可与羰基化合物发生美拉德反应，在饮料中应注意使用得当。在温度较低时，由于葡萄糖的溶解度相对较小，会有结晶析出。

4. 山梨醇

山梨醇可由葡萄糖还原而制取。在梨、桃、苹果中广为分布，含量约 $1\%\sim2\%$。其甜度与葡萄糖大体相当，但能给人以浓厚感，在体内被缓慢地吸收利用，但血糖值不增加。山梨醇还是比较好的保湿剂和表面活性剂。

5. 木糖醇

甜度相当于蔗糖的 $70\%\sim80\%$，有清凉甜味，能透过细胞壁缓慢地被人体吸收，并可提供能量但不经胰岛素作用，故用来作为糖尿病患者食用的甜味剂。

6. 麦芽糖醇

麦芽糖醇系由麦芽糖还原而制得的一种双糖醇。甜度为蔗糖的 $85\%\sim95\%$。能 100% 溶于水，几乎不被人体吸收。大量摄取时某些人可产生腹泻。麦芽糖醇不结晶、不发酵，$150℃$ 以下不发生分解，是健康食品的一种较好的低热量甜味剂。此外，麦芽糖醇具有良好的保湿性，可用来保湿及防止蔗糖结晶。

（二）酸味剂

1. 柠檬酸

柠檬酸又名枸橼酸，分无水物和一水合物两种。此酸为无色透明晶体或白色结晶性粉末；易溶于水，酸感圆润爽快。在酸味剂中，柠檬酸的应用最为广泛。GB 2760—2007 规定，柠檬酸可用于各类食品，可根据生产需要适量使用。

2. 乳酸

此酸为无色至浅黄色糖浆状液体，有吸湿性，味质是涩、软的收敛味。可与水、甘油、乙醇等任意混溶，不溶于二硫化碳。乳酸主要用于乳酸饮料，可按正常生产需要使用（中国食品添加剂使用卫生标准）。

3. 酒石酸

此酸常用的有 D-酒石酸和 DL-酒石酸两种光学异构体。D-酒石酸为无色透明棱柱状结晶或白色结晶性粉末，易溶于水及乙醇，对金属离子有螯合作用。DL-酒石酸为无色透明结晶或白色结晶性粉末，易溶于水，微溶于乙醇，对金属离子也有螯合作用。和柠檬酸相比，酒石酸具有稍涩的收敛味，酸感强度为柠檬酸的 $1.2\sim1.3$ 倍，宜在葡萄饮料中使用。饮料生产中常与柠檬酸、苹果酸等合用，参考用量为 $1\sim2g/kg$。

4. 苹果酸

本品为无色至白色结晶性粉末，易溶于水及乙醇。酸感强度是柠檬酸的 1.2 倍左右，酸味是略带刺激性的收敛味。苹果酸可单独使用或与柠檬酸合并使用，因其酸味比柠檬酸刺激性强，因而对使用人工甜味剂的饮料具有掩蔽后味的效果。饮料中的参考用量为 $2.5\sim5.5g/kg$。

（三）香料和香精

凡是能发香的物质都可以叫做香料。在香料工业中，为了便于区别原料和产品，把一切来自自然界动植物的或经人工分离、合成而得的发香物质叫香料；而以这些天然、人工合成的香料为原料，经过调香，有时加入适当的稀释剂配制而成的多成分混合体叫香精。香精是具有决定性作用的关系到软饮料风味好坏的成分。它不但能够增进食欲，有利消化吸收，而且对增加食品的花色品种和提高食品质量具有重要作用。

食用香精按其性能和用途可分为水溶性香精、油溶性香精、乳化香精和粉末香精等。软饮料中使用水溶性香精、乳化香精和粉末香精。

（四）色素

1. 食用合成色素

食用合成色素通常是指以煤焦油为原料制成的食用色素。一般食用合成色素较天然色素色彩鲜艳、坚牢度大、稳定性好、着色力强，并且可以任意调色，使用比较方便，成本也比较低廉。但此类色素由于安全性问题，使用在逐渐减少。

2. 食用天然色素

天然色素是指来源于天然资源的食用色素，是多种不同成分的混合物。人们对于食用天然色素的安全感较高，所以食用天然色素近年来发展较快。一般来说，食用天然色素的性质不太稳定，耐光、耐热性均较差，并随溶液 pH 值不同而改变颜色。在使用天然色素时应当注意：①在色素种类、使用范围和使用浓度方面，应当遵守有关规定；②在为某一产品选择色素时，要考虑该色素在这一产品中的溶解性、稳定性和着色力；③特殊颜色可以通过拼色来实现。

（五）乳化剂

用于降低互不相溶的油水两相界面张力，产生乳化效果，形成稳定乳浊液的添加剂叫乳化剂。乳化剂具有乳化作用、湿润作用、清洗作用、消泡作用、增溶作用和抗菌作用等。W/O 型乳化剂表示油包水型乳化剂，类似于奶油。O/W 型乳化剂表示水包油型乳化剂，类似于乳。此外还有多重型的，用 W/O/W 和 O/W/O 表示。在实际应用中，应当注意选择合适的乳化剂，并与增稠剂等配合使用，以提高稳定作用。

1. 山梨醇酐脂肪酸酯（Span）及其聚氧乙烯衍生物（Tween）

山梨醇酐脂肪酸酯一般由山梨醇和山梨聚糖加热失水成酐后再与脂肪酸酯化而得。常用的 Span 类乳化剂 HLB 为 4～8，产品分类是以脂肪酸构成划分的，如 Span20（月桂酸 12C）、Span40（棕榈酸 14C）、Span60（硬脂酸 18C）、Span80（油酸 18C 烯酸）等。

Span 类与环氧乙烷起加成反应可得到 Tween 类乳化剂，该类乳化剂的亲水性性好，HLB 为 16～18，乳化能力强。此类乳化剂为淡黄色、淡褐色油状或蜡状物质，有特异臭味。

2. 蔗糖脂肪酸酯（SE）

蔗糖脂肪酸酯，又叫蔗糖酯，简称 SE。其由蔗糖与脂肪酸甲酯反应生成，通常为单酯和多酯的混合物。白色至黄色的粉末，或无色至微黄色的黏稠液体或软固体，无臭或稍有特殊的气味。易溶于乙醇、丙酮。单酯可溶于热水，但二酯和三酯难溶于水。单酯含量高，亲水性强；二酯和三酯含量越多，亲油性越强。具有表面活性，能降低表面张力，同时有良好的乳化、分散增溶、润滑、渗透、起泡、黏度调节、防止老化、抗菌等性能。GB 2760—2014 规定，SE 可用于肉制品、水果、冰淇淋、饮料等，其最大使用量为 1.5g/kg。

（六）防腐剂

1. 苯甲酸和苯甲酸钠

苯甲酸为白色小叶状或针状结晶，性质稳定，有吸湿性，易溶于乙醇，难溶于水。苯甲酸杀菌效果最好的 pH 值为 2.5～4.0，在此范围内完全抑菌的最小浓度为 0.05%～0.1%。

苯甲酸钠为白色颗粒或结晶性粉末；易溶于水，溶于乙醇；pH 值为 3.5 时，0.05% 的浓度便可完全阻止酵母生长。1g 苯甲酸钠相当于 0.847g 苯甲酸。

GB 2760—2014 规定，苯甲酸和苯甲酸钠可在浓缩果蔬汁（浆）(仅限食品工业用）、果蔬汁（浆）类饮料，蛋白饮料，碳酸饮料，茶、咖啡、植物类饮料，特殊用途饮料，风味饮料中使用，其最大使用量分别为 2.0g/kg、1.0g/kg、1.0g/kg、0.2g/kg、1.0g/kg、0.2g/kg、1.0g/kg（以苯甲酸计），苯甲酸和苯甲酸钠同时使用时，不得超过其最大使用量。

2. 山梨酸和山梨酸钾

山梨酸为无色针状结晶或白色结晶性粉末；耐光、耐热；但长期置于空气中则会氧化变色；水溶液加热可随水蒸气挥发；难溶于水，溶于乙醇等。本品为酸性防腐剂，在 pH 值 8 以下防腐作用稳定，pH 值越低，抗菌作用越强；对霉菌、酵母、需氧菌有明显的抑制作用。使用时应当注意：本品适用于酸性食品；宜在加热结束后添加，以免随水蒸气挥发；难溶于水，故应当采用合适的方法使其溶解。

山梨酸钾为白色至淡黄褐色鳞片状结晶或结晶性粉末；与山梨酸相比，其最大优点在于它易溶于水，因此被广泛应用。

GB 2760—2014 规定，山梨酸和山梨酸钾可在饮料类（包装饮用水除外）、浓缩果蔬汁（浆）(仅限食品工业用）、乳酸菌饮料中使用，其最大使用量分别为 0.5g/kg、1.0g/kg、2.0g/kg（以山梨酸计），山梨酸和山梨酸钠同时使用时，不得超过其最大使用量。

（七）抗氧化剂

能够防止或延缓食品氧化，提高食品稳定性，延长食品贮藏期的食品添加剂叫抗氧化剂。抗氧化剂的种类很多，软饮料中使用的有抗坏血酸及其钠盐、异抗坏血酸及其钠盐、亚硫酸及其盐等。其中亚硫酸及其盐只能使用在半成品中。为增强抗氧化作用，在使用抗氧化剂的同时，还可使用抗氧化剂的增效剂，如柠檬酸、植酸等。

（八）二氧化碳

二氧化碳是碳酸饮料的主要原料之一，主要用于饮料的碳酸化，在碳酸饮料中起着其他物质无法替代的作用。

目前国内饮料工业中使用的二氧化碳主要来源有发酵制酒的产品、煅烧石灰的副产品、天然气、燃烧焦炭或其他燃料、中和法生产二氧化碳等。通过上述来源的二氧化碳，大多含有杂质，必须经过水洗、还原法、氧化法、活性炭吸附、碱洗等净化处理。

二、软饮料包装容器及材料的选择

（一）玻璃容器及材料

玻璃瓶具有光亮、造型灵活、透明、美观，多彩晶莹，阻隔性能好，不透气；无毒、无味，化学稳定性高，卫生清洁；原料来源丰富，价格低廉，可多次周转使用；耐热、耐压、耐清洗，可高温杀菌，也可低温贮藏；生产自动化程度高等优点。但是玻璃瓶还具有质量大，运输费用高，机械强度低、易破损，加工耗能大，印刷等二次加工差等缺点。这些缺点在很大程度上影响着玻璃包装容器的使用和发展，特别是受到轻质塑料及其复合包装材料的冲击。

盛装饮料所用的玻璃瓶都应满足以下基本要求。

1. 玻璃质量

玻璃应当熔化良好、均匀，尽可能避免结石、条纹、气泡等缺陷。

2. 玻璃的物理化学性能

玻璃应具有一定的化学稳定性，不能与盛装物发生作用而影响其质量；饮料瓶应具有一定的热稳定性，以降低在杀菌以及其他加热、冷却或冷藏过程中的破损率；饮料瓶应具有一定的机械强度，以承受内部压力和在搬运与使用过程中所遇到的震动、冲击力和压力等。

3. 成形质量

饮料瓶按一定的容量、质量和形状成形，不应有扭歪变形、表面不光滑、气泡和裂纹等缺陷；底部应保持水平且平滑，无凸字花纹，以利于光检验机辨认；瓶重心应尽量靠下，以利于传送时平稳；玻璃分布要均匀，不允许有局部过薄过厚现象；瓶口中心线角度差不超过5°，以适应灌装设备，特别是口部要圆滑平整，以保证密封质量。

（二）金属容器及材料

软饮料使用的金属包装材料有镀锡薄钢板、镀铬薄钢板、铝合金和铝箔等。镀锡薄钢板俗称马口铁，是两面镀有纯锡的低碳钢板，为传统的制罐材料。马口铁有光亮的外观、良好的耐蚀性和制罐工艺性能，适于涂料和印铁。镀铬薄钢板又称无锡钢板（TES），是为了节省用锡而发展起来的一种马口铁代用材料，镀铬板的耐蚀性较马口铁差，因此需经内外壁涂料使用。铝材除了具有金属材料固有的优良阻隔性能之外，质量轻、加工性能好、在空气和水汽中不生锈、经表面涂料后可耐酸碱等介质、无味无臭等更是其特有的优点。

软饮料使用的金属包装容器有三片罐和两片罐之分。三片罐大多用于不含碳酸气的饮料的包装。两片罐多用于碳酸饮料的包装。三片罐罐身多使用马口铁，而罐盖则使用马口铁、镀铬板或铝材。软饮料用两片罐多使用铝薄板。目前饮料罐多为易开盖形式，易开的顶盖基本上采用铝材。

（三）塑料容器及材料

塑料是一种具有可塑性的高分子原料，它以合成树脂为主要原料，根据需要添加稳定剂、着色剂、润滑剂以及增塑剂等，在一定条件下（温度、压力）下塑制成形，在常温下保持形状不变。塑料包装材料的最大特点是可以通过人工的方法很方便地调节材料性能，以满足各种需要，如防潮、隔氧、保香、避光等。制成为软饮料包装容器的塑料主要有聚乙烯（PE）、聚氯乙烯（PVC）、聚丙烯（PP）、聚酯（PET）、聚偏二氯乙烯（PVDC）、聚碳酸酯（PC）等。

（四）纸质容器及材料

纸质容器实际上大部分是复合材料，只不过在材料中加入了纸板，由于纸板的支撑，使原来不能直立放置的容器可以在货架上摆放。较早开发复合纸质容器的是瑞典的 TetraPak 公司（利乐公司），其产品称为利乐包。随着技术的进步，现在利乐包减少了材料的消耗，其质量比 20 年前减少了 20％。利乐包的包装由 6 层材料构成，从内到外的顺序是：聚乙烯、聚乙烯、铝箔、聚乙烯、纸板、聚乙烯。在早些时候，其包装为 7 层，经过改进以后的包装可形容为是由纸和铝箔夹在聚乙烯中构成的。这种包装属于无菌包装，操作是在利乐公司的无菌灌装机上一面完成容器的成形，一面完成无菌灌装。此外，也有预先在无菌环境中制成折叠的包装盒，再在无菌环境中打开进行灌装的形式，这种形式适用于含果肉的饮料，中国将其称为康美盒。

纸质包装中还有一种是以涂布聚乙烯材料的纸制成的，在冷藏条件下流通消费的屋脊型包装，此类包装由于阻隔性能较差，因此不能用于长期保存的产品。

项目二　软饮料用水及水处理

 **必备知识**

水是饮料生产的主要原料，占 85％～95％。水质的好坏直接影响着成品的质量，制约着饮料生产企业的生存和发展。因此，全面了解水的各种性质，对于软饮料用水的处理工作显得尤为重要。

一、软饮料用水的水质要求

（一）天然水的分类及其特点

1. 地表水

地表水是指地球表面所存积的水，包括江水、河水、湖水、水库水、池塘水和浅井水等。其中含有各种有机物质及无机物质，污染严重，必须经过严格的水处理方能饮用。

2. 地下水

地下水是指经过地层的渗透和过滤，进入地层并存积在地层中的天然水，主要是指井水、泉水和自流井水等，其中含有较多的矿物质，如铁、镁、钙等，硬度、碱度都比较高。

3. 城市自来水

城市自来水主要是指地表水经过适当的处理工艺，水质达到一定要求并贮藏在水塔中的水。由于饮料厂多数设在城市，以自来水为水源，故在此也可作为水源来考虑。

（二）天然水中的杂质及其对水质的影响

天然水中含有许多杂质，按其微粒分散的程度，大致可分为三大类：悬浮物质、胶体物质、溶解物质，它们对水质有着严重的影响。

1. 悬浮物质

天然水中凡是粒度大于 $0.2\mu m$ 的杂质统称为悬浮物质，这类物质使水质呈浑浊状态，在静置时会自行沉降。悬浮物质主要包括泥土、沙粒之类的无机物质，也有浮游生物（如蓝藻类、绿藻类、硅藻类等）及微生物。

2. 胶体物质

胶体物质的大小大致为 $0.001～0.2\mu m$，它具有两个很重要的特性：①光线照上去，被散射而呈浑浊的丁达尔现象；②具有胶体稳定性。胶体可分为无机胶体和有机胶体两种。无机胶体如硅酸胶体和黏土，是由许多离子和分子聚集而成的，是造成水浑浊的主要原因。有机胶体主要是一类分子质量很大的高分子物质，一般是植物残骸经过腐蚀分解的腐殖酸、腐殖质等，是造成水质带色的主要原因。

3. 溶解物质

这类杂质的微粒在 $0.001\mu m$ 以下，以分子或离子状态存在于水中。溶解物质主要为溶解盐类、溶解气体和其他有机物。

（1）溶解气体　天然水源中溶解气体主要是氧气和二氧化碳，此外是硫化氢和氯气等。这些气体的存在会影响碳酸饮料中二氧化碳的溶解量并产生异味，还会影响其他饮料的风味和色泽。

（2）溶解盐类 主要是 H^+、Na^+、NH_4^+、K^+ 以及 Ca^{2+} 和 Mg^{2+} 等的碳酸盐、硝酸盐、氯化物等，它们构成水的硬度和碱度，能中和饮料中的酸味剂，使饮料的酸碱比失调，影响质量。

① 水的硬度 硬度是指水中存在的金属离子沉淀肥皂的能力。水硬度的大小，一般是指水中钙离子和镁离子盐类的总含量。硬度分为总硬度、碳酸盐硬度（暂时硬度）和非碳酸盐硬度（永久硬度）。碳酸盐硬度主要成分是钙、镁的重碳酸盐，其次是钙、镁的碳酸盐，它们在煮沸过程中会分解成为溶解度很小的碳酸盐沉淀，硬度大部分可除去，故又称暂时硬度。非碳酸盐硬度，包括钙、镁的硫酸盐（硫酸钙、硫酸镁）、硝酸盐（硝酸钙、硝酸镁）、氯化物（氯化钙、氯化镁）等盐类的含量，这些盐类经加热煮沸不会产生沉淀，硬度不变化，故又称永久硬度。水的总硬度是暂时硬度和永久硬度之和，决定于水中钙、镁离子盐类的总含量。水的硬度单位有 mmol/L 或 mg/L，其通用单位是 mmol/L，也可用德国度（°d）表示，即 1L 水中含有 10mg CaO 为硬度 1°d。其换算关系为 1mmol/L＝2.804°d＝50.045mg/L（以碳酸钙表示）。

饮料用水的水质，要求硬度小于 3.03mmol/L（8.5°d）。硬度高会产生碳酸钙沉淀，影响产品口味及质量。

② 碱度 水的碱度取决于天然水中能与 H^+ 结合的 OH^-、CO_3^{2-} 和 HCO_3^- 的含量，称为重碳酸盐碱度。水中 OH^-、CO_3^{2-} 和 HCO_3^- 的含量为水的总碱度。

（三）软饮料用水的水质要求

软饮料用水的水质要求见表 2-1。

表 2-1 软饮料用水指标

项 目	指 标	项 目	指 标
浊度/度	＜2	高锰酸钾消耗量/(mg/L)	＜10
色度/度	＜5	总碱度（以 $CaCO_3$ 计）/(mg/L)	＜50
味及臭气	无味无臭	游离氯含量/(mg/L)	＜0.1
总固形物含量/(mg/L)	＜500	细菌总数/(个/mL)	＜100
总硬度（以 $CaCO_3$ 计）/(mg/L)	＜100	大肠菌群/(MPN/100mL)	＜3
铁（以 Fe 计）含量/(mg/L)	＜0.1	霉菌含量/(个/mL)	≤1
锰（以 Mn 计）含量/(mg/L)	＜0.1	致病菌	不得检出

二、水处理的主要目的

水处理的主要目的是保持用水水质的稳定性和一致性；除去水中的悬浮物质和胶体物质；去除有机物、异臭、异味、脱色；将水的碱度降到标准以下；去除微生物，使微生物指标符合规定标准。此外，根据需要，还要去除水中的铁、锰化合物和溶解于水中的气体。为达到水质要求，针对原水的水质，采取不同的水处理方法。

（一）混凝和过滤

1. 混凝

混凝是指在水中加入某些溶解盐类，使水中的细小悬浮物或胶体微粒互相吸附结合而成较大颗粒从水中沉淀下来的过程。这些溶解的盐类称为混凝剂。

水处理中可用的混凝剂主要有铝盐和铁盐。铝盐有明矾、硫酸铝、碱式氯化铝等；铁盐包括硫酸亚铁、硫酸铁及三氯化铁 3 种。它们的作用是自身先溶解形成胶体，再与水中杂质作用，以中和或吸附的形式使杂质凝聚成大颗粒而沉淀。

2. 过滤

过滤是改进水质最简单的方法。通过过滤可以除去以自来水为原水中的悬浮物质、氢氧化铁、残留氯及部分微生物，还能除去水中的异味和颜色。原水通过滤料层时，其中一些悬浮物和胶体物被截留在空隙中或介质表面上，这种通过粒状介质层分离不溶性杂质的方法称为过滤。过滤方法、过滤材料不同，过滤效果也不同。细砂、无烟煤常在结合混凝、石灰软化和水消毒的综合水处理中作初级过滤材料；原水水质基本满足软饮料用水要求时，可采用砂滤棒过滤器；为了除去水中的色和味，可用活性炭过滤器；要达到过滤效果，可以采用微孔滤膜过滤器。在过滤的概念中，甚至可以将近年来发展起来的超滤、电渗析和反渗透列入。

（二）水的软化

1. 石灰软化法

此法适应于碳酸盐硬度较高，非碳酸盐硬度较低，而且对水质要求不是很高的水处理。先将石灰（CaO）调成石灰乳，再用石灰乳先除去水中游离的二氧化碳，然后使反应顺利进行，产生大量的碳酸钙和氢氧化镁沉淀，从而达到软化的目的。

2. 离子交换软化法

离子交换软化法是利用离子交换树脂交换离子的能力，按水处理的要求将原水中所不需要的离子暂时占有，然后再将它释放到再生液中，使水得到软化的水处理方法。根据所能交换的离子的不同将离子交换树脂分为阳离子交换树脂和阴离子交换树脂两大类，前者在水中以氢离子与水中的金属离子或其他阳离子发生交换，后者在水中以氢氧根离子与水中的阴离子发生交换。

离子交换法软化水的机理，主要在于水中的离子和离子交换树脂中游离的同型离子间的交换过程，通过这一过程达到水质软化。阳离子交换树脂可吸附钙、镁等离子，阴离子树脂可吸附氯离子、碳酸氢根离子、硫酸根离子、碳酸根离子等。

3. 反渗透法

反渗透技术是 20 世纪 80 年代发展起来的一项新型膜分离技术，以半透膜为介质，对被处理水的一侧施以压力，使水穿过半透膜，而达到除盐的目的。反渗透法可以通过实验加以说明。在一容器中用一层半透膜把容器分成两部分，一边注入淡水，另一边注入盐水，并使两边液位相等，这时淡水会自然地透过半透膜至盐水一侧。盐水的液面达到某一高度后，产生一定压力，抑制了淡水进一步向盐水一侧渗透。此时的压力即为渗透压。如果在盐水一侧加上一个大于渗透压的压力，盐水中的水分就会从盐水一侧透过半透膜至淡水一侧，这一现象就称为反渗透。

4. 电渗析法

电渗析技术常用于海水和咸水的淡化，或用自来水制备初级纯水。电渗析是通过具有选择通透性和良好导电性的离子交换膜，在外加直流电场的作用下，根据异性相吸、同性排斥的原理，使原水中阴、阳离子分别通过阴离子交换膜和阳离子交换膜而达到净化作用的一项技术。采用电渗析处理，可以脱除原水中的盐分和提高其纯度，从而降低水质硬度并提高水的质量。

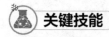 **关键技能**

饮料用水的消毒

原水经过以上各项处理后，水中大多数微生物已经除去。但是仍有部分微生物留在水中，为了确保产品质量和消费者健康，对水要进行严格消毒。水的消毒方法很多，多采用氯气消毒、臭氧消毒和紫外线消毒 3 种，尤其以紫外线消毒最适于软饮料用水的消毒。

1. 氯消毒

氯和水反应可以生成次氯酸，而次氯酸（HClO）是一个中性分子，具有很强的穿透力，可以扩散到带负电荷的细菌表面，并迅速穿过细菌的细胞膜，进入细菌细胞内部，由于氯原子的氧化作用破坏了细菌体内的某些酶系统，使之失去酶的活力而致死。而次氯酸根离子（ClO⁻）虽然也包含一个氯原子，但它带负电，不能靠近带负电的细菌，因此不能穿过细菌的细胞膜进入细菌内部，所以一般认为次氯酸具有主要的灭菌作用，而反应中生成的次氯酸根杀菌力较弱。常用的氯消毒剂有液氯（钢瓶装）、漂白粉、次氯酸钠、漂白精、氯胺等。

我国生活饮用水水质标准规定，在自来水的管网末端自由性余氯应保持在 0.1～0.3mg/L，小于 0.1mg/L 时不安全，大于 0.3mg/L 时水含有明显的氯臭味。为了使管网最远点的水中能保持 0.1mg/L 的余氯量，一船总投氯量为 0.5～2.0mg/L。

2. 紫外线消毒

微生物经紫外线照射后，微生物细胞内的蛋白质和核酸的结构发生改变而导致死亡。紫外线对水有一定的穿透能力，故能杀灭水中的微生物，从而使水得到消毒。

目前使用的紫外线杀菌设备主要是紫外线饮水消毒器，它主要是靠紫外线灯发出的紫外线，将流经灯管外围水层中的细菌杀死。这种紫外线消毒器可直接与砂滤棒过滤器的出水管道相连通，经过砂滤棒过滤器的水流经紫外线灯管即可达到消毒的目的。应该注意的是，紫外线消毒器处理水的能力须大于实际生产用水量，一般以超出实际用水量的 2～3 倍为宜。

3. 臭氧消毒

臭氧（O_3）是一种很强的氧化剂，极不稳定，很容易离解出活泼的、氧化性极强的新生态原子氧，它对微生物细胞内的蛋白质和核酸分子有着很强的氧化破坏作用，可以最终导致微生物的死亡。由臭氧发生器通过高频高压电极放电产生臭氧，然后将臭氧按一定流量连续喷射入一定流量的水中，使臭氧与水充分接触，以达到消毒的目的。

项目三　包装饮用水加工

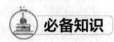

包装饮用水的分类

包装泛指装水的容器。我国国家标准（GB/T 10789—2015）将包装饮用水分为饮用天然矿泉水、饮用纯净水和其他类饮用水三类。

1. 饮用天然矿泉水

从地下深处自然涌出的或经钻井采集的，含有一定量的矿物质、微量元素或其他成分，在一定区域未受污染并采取预防措施避免污染的水。在通常情况下，其化学成分、流量、水温等动态指标在天然周期波动范围内相对稳定。

2. 饮用纯净水

以直接来源于地表、地下或公共供水系统的水为水源，经适当的水净化加工方法，制成的制品。

3. 其他类饮用水

其他类饮用水又分为三种，饮用天然泉水、饮用天然水和其他饮用水。

（1）饮用天然泉水　以地下自然涌出的泉水或经钻井采集的地下泉水，且未经过公共供水系统的自然来源的水为水源制成的制品。

（2）饮用天然水　以水井、山泉、水库、湖泊或高山冰川等，且未经过公共供水系统的自然来源的水为水源制成的制品。

（3）其他饮用水　饮用天然泉水、饮用天然水之外的饮用水。如以直接来源于地表、地下或公共供水系统的水为水源，经适当的加工方法，为调整口感加入一定量矿物质，但不得添加糖或其他食品配料制成的制品。

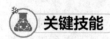

包装饮用水的生产工艺

（一）饮用天然矿泉水

生产工艺流程见图 2-1。

饮用天然矿泉水的基本工艺应包括引水、曝气、过滤、灭菌、充气、灌装等主要工序。其中

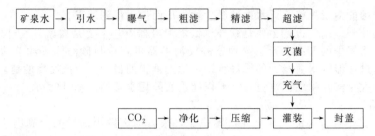

图 2-1　饮用天然矿泉水生产工艺流程

(引自：胡小松，蒲彪，廖小军. 软饮料工艺学. 北京：中国农业大学出版社，2002.)

曝气和充气工序是由矿泉水中的化学成分和产品的类型来决定的。在采集天然饮用矿泉水的过程中，泉水的建设、引水工程等由水文地质部门决定。采水量应低于最大开采量，过度采取会对矿泉的流量和组成产生不可逆的影响。

1. 引水

引水过程一般分为地下部分和地上部分。地下部分主要是指从地下引取矿泉水到地上出口的部分，需对通过的矿泉水进行封闭，避免地表水混入。目前多采用打井引水法，此法对某些类型的矿泉水最为适当。地上部分是指把矿泉水从最适当的深度引到最适当的地表，并进行后续加工工序的部分。在引水工程中，应防止水温变化和水中气体的散失，并防止周围地表水渗入，防止空气中氧气的氧化作用及有害物质的污染。

2. 曝气

曝气是使矿泉水原水与经过净化了的空气充分接触，使它脱去其中的二氧化碳和硫化氢等气体，并发生氧化作用，通常包括脱气和氧化两个同时进行的过程。矿泉水中因含有大量 CO_2 及 H_2S 等多种气体，呈酸性，所以可溶解大量金属离子。矿泉水露出后如果直接装瓶，由于压力降低，水与空气接触，释放出大量 CO_2，矿泉水由酸性变成碱性，同时由于氧化作用，原水中溶解的金属盐类（如低价的铁和锰离子）就会被氧化成高价的离子，产生氢氧化物絮状沉淀，矿泉水发生浑浊，从而影响产品的感官质量；同时水中含有的 H_2S 气体的存在也会给产品带来臭味；而且铁、锰离子含量过高不仅影响产品的口感，也不符合饮用水质标准的要求。因此有必要对矿泉水进行曝气处理。通过曝气工艺处理，首先能脱掉多种气体，驱除不良气味，提高矿泉水的感官质量；其次能使矿泉水由原来的酸性变为碱性，使超过一定量的金属（如铁、锰）氧化沉淀，过滤除去，从而使矿泉水硬度下降，达到饮用水水质标准。

3. 过滤

过滤是矿泉水生产的关键工序，目的是除去水中的不溶性悬浮杂质及微生物，以使水质清澈透明，清洁卫生。过滤的方法较多，一般矿泉水的过滤使用三次，即粗滤、精滤和超滤。粗滤一般用砂罐，经过砂层过滤，可滤去水中的大颗粒的矿物盐类结晶、细砂、泥土等。精滤可采用砂滤棒或微孔烧结管装置过滤，滤掉悬浮物和一些微生物。超滤一般采用聚砜中空纤维超滤膜技术装置过滤，截留相对分子质量范围为 6000~400000，滤去胶粒状大小颗粒及经灭菌后的菌体。超滤膜要定期清洗，除去膜表面截留的细菌和杂质，防止水质的二次污染。超滤膜暂停使用期间要用含二氧化氯或臭氧的水密封，以防污染。

4. 灭菌

生产上矿泉水的灭菌一般采用紫外线杀菌和臭氧灭菌。臭氧是强效氧化剂，臭氧的瞬时灭菌性质比氯化和紫外线照射都好，所以它广泛用于水的消毒，同时也可用于除去水臭、水色以及铁和锰。臭氧灭菌是目前一种较好的灭菌方法，在国内外应用较为普遍。它也是矿泉水生产中的关键环节，臭氧与水在臭氧反应塔中逆流接触反应，一般通过调整臭氧发生器功率、控制臭氧浓度、合理调节臭氧与水的流量、接触面积、流速和灭菌时间等因素；使矿泉水完全灭菌。

5. 充气

充气是指向矿泉水中直接充入二氧化碳气体。目前国内外饮用天然矿泉水有充气和不充气两类。充气饮用矿泉水是指原水经过引水、曝气、过滤后再充入二氧化碳气体；不充气饮用天然矿泉水则在经过引水、曝气、过滤、灭菌后直接装瓶或因水质条件的特殊不经曝气而直接装瓶。

充气的二氧化碳气体应符合食品卫生要求，可以是原水中所分离出的二氧化碳气体，也可以是市售的钢瓶装二氧化碳气体。充气一般是在气水混合机中进行的，为了提高矿泉水中的二氧化碳的溶解量，充气过程中需要尽量降低温度，增加二氧化碳的气体压力，并使气、水充分混合。

6. 灌装

(1) 含气的瓶装矿泉水 将天然矿泉水及所含的碳酸气一起用泵抽出，然后在气水分离器中进行气水分离。气经过加压进入贮气罐，水经过过滤、灭菌、超滤后倒入气液混合机与 CO_2 混合，必要时应补充一定的 CO_2，最后经灌装、封口成为成品。

含铁的碳酸水因含有 $5\sim70mg/L$ 的铁，且以二价铁形式存在，为防止装瓶后产生沉淀，不应采取脱气工艺，而应添加一定量的抗坏血酸和柠檬酸。

(2) 不含气瓶装矿泉水 若原水中不含 CO_2，成品又不要求含 CO_2，则将原水进行过滤、灭菌处理后即可进行灌装；若原水中含有 H_2S、CO_2 等混合气体，需经曝气工艺脱气，成为不含气瓶装矿泉水。

(二) 饮用纯净水

1. 传统蒸馏法

工艺流程： 原水 → 预处理 → 初级纯化 → 蒸馏纯化 → 精滤 → 成品

瓶装饮用蒸馏水的核心工艺即蒸馏纯化。为保证产品水的纯度要求，至少采取两次以上的蒸馏处理，即二次蒸馏或三次蒸馏，可有效地除去水中残留的微粒杂质和溶解性无机物，同时对水也起到极好的杀菌作用。缺点是能耗大、成本高。

2. 其他方法

饮用纯净水的生产因原水水质不同，生产厂家使用的设备不同，生产工艺也不尽相同。但基本上可分为过滤、除盐和灭菌三部分。过滤主要采取微孔过滤、砂罐过滤、砂滤棒过滤、活性炭过滤等方法。除盐主要采取反渗透法、电渗析法、离子交换法等。灭菌主要采取紫外线或臭氧等方法。

项目四 果蔬汁饮料加工技术

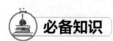 **必备知识**

果蔬汁类及其饮料产品的分类

按照我国国家标准 GB/T 10789—2015 中的规定，我国果蔬汁及其饮料产品主要分为以下几类。

1. 果蔬汁（浆）

以水果或蔬菜为原料，从采用物理方法（机械方法、水浸提等）制成的可发酵但未发酵的汁液、浆液制品；或在浓缩果蔬汁（浆）中加入其加工过程中除去的等量水分复原制成的汁液、浆液制品，如原榨果汁（非复原果汁）、果汁（复原果汁）、蔬菜汁、果浆/蔬菜浆、复合果蔬汁（浆）等。

2. 浓缩果蔬汁（浆）

以水果或蔬菜为原料，从采用物理方法榨取的果汁（浆）或蔬菜汁（浆）中除去一定量的水分制成的，加入其加工过程中除去的等量水分复原后具有果汁（浆）或蔬菜汁（浆）应有特征的制品。

含有不少于两种浓缩果汁（浆），或浓缩蔬菜汁（浆），或浓缩果汁（浆）和浓缩蔬菜汁

（浆）的制品为浓缩复合果蔬汁（浆）。

3.果蔬汁（浆）类饮料

以果蔬汁（浆）、浓缩果蔬汁（浆）为原料，添加或不添加其他食品原辅料和（或）食品添加剂，经加工制成的制品，如果蔬汁饮料、果肉（浆）饮料、复合果蔬汁饮料、果蔬汁饮料浓浆、发酵果蔬汁饮料、水果饮料等。

 关键技能

一、常见果汁及其饮料的生产工艺

（一）柑橘汁及其饮料

柑橘汁酸甜适口，色泽柔和，有柑橘的香气，含有多种人体所需的维生素和矿物质。这些特有感官、理化性质的结合，使柑橘汁生产成为世界上规模最大的食品行业之一。柑橘汁的加工季节较长，每年可达 6～9 个月。在柑橘汁加工中以甜橙汁为主要产品。

1.天然柑橘汁生产工艺

天然柑橘汁是指含果汁 100% 的原果汁，其生产工艺流程见图 2-2。

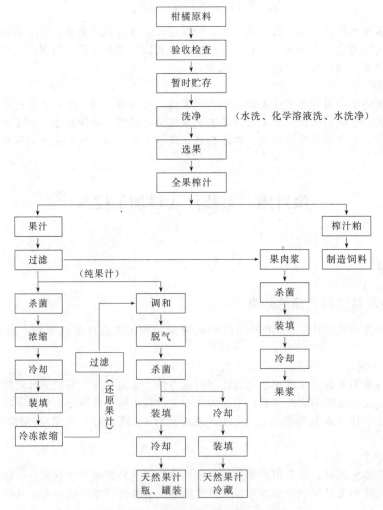

图 2-2　柑橘汁生产工艺流程

（引自：杨宝进，张一鸣. 现代食品加工学. 北京：中国农业大学出版社，2006.）

2. 工艺要点

(1) 洗净与选果 原料经验收合格后，通过流水进行输送。由于与水相互接触，能除去原料中的泥沙和附着物。但是过长的流水道，会助长果实的污染，促进某些品种果实的果皮软化。因此，必须尽可能地供给新鲜的流水，使水中含适量的有效氯（30～50mg/kg），保持流水槽的清洁。

原料从流水槽通过提升机送到选果传动带。选果传动带两侧的操作人员将原料中的病害果、未熟果（青果）、枯果、过熟果、软果、伤害果等剔除。合格果抽样测定，在初期熟果较多，后期腐败果和变形果较多。

存放的原料可能污染有泥沙、尘土、农药等，必须洗净。洗净工序是原料在回转刷上一边回转一边机械洗净，洗涤剂采用食用脂肪酸系列的洗涤剂（0.2%），洗涤剂从回转原料的上部滴下来。原料经过回转刷后，立即采用新净清水反复淋洗以去除附着的洗涤剂，然后检查并剔除存放中出现的不合格果实。再通过第二次选果，分别送往榨汁机榨汁。

(2) 榨汁 为了榨取优质的果汁，必须注意以下问题：①榨汁得率要高；②不得含有大量果皮油；③防止白皮层和囊衣的混入，这些物质如果研碎，苦味成分就混入果汁中，不仅增加了苦味，而且成为加热臭的原因；④可以适量混入果肉浆（砂瓤膜），附着在果肉浆上的色素能给予果汁适当的色泽；⑤应该采用避免种子破碎的榨汁方法，种子中含柠碱，如混入果汁中会增加苦味；⑥榨汁成本要低。柑橘榨汁最早采用手工榨汁器和半机械化榨汁机榨汁，榨汁效率低。目前柑橘榨汁用的机械有美国FMC公司的线上榨汁机、布朗榨汁机等。

(3) 过滤 榨汁的方法不同，过滤方法也不相同。榨出的果汁中含有果皮的碎片和囊衣、粗的果肉浆等。不同榨汁方式所含的夹杂物也不相同。为了除去这些夹杂物，必须进行粗滤（筛滤）。手工和半机械化榨出的果汁，用20目振荡筛分离果汁和果渣。榨汁与过滤对甜橙汁的柠碱含量有所影响，甜橙汁的苦味是由磨碎和浸渍白软皮、中心维管束和芯皮膜所致，同时果汁与这些组分接触时间长短对苦味也有关系。一般地说，榨汁机均附有果汁粗滤设备，榨出的果汁经粗滤后立即排出果渣及种子，因此无需另设粗滤器。

经粗滤的果汁立即送往精滤机进行精滤，筛孔的孔径为0.3mm。果汁的质地可由调节精滤机的压力与筛筒的筛孔大小加以控制。

(4) 果汁的调和 调节了果肉浆含量后的果汁，放入带搅拌器的不锈钢容器中进行调和，使其品质和成分一致。

果汁的糖酸比，各国、各地区要求并不相同。日本农林省食品研究所对温州蜜柑天然果汁的嗜好所作的调查认为，最佳的糖酸比是12∶5。但是由于地区不同，要使所有产品都和这种糖酸比一致是很困难的。美国最好的糖酸比为13∶5，根据不同等级可以在（12∶5）～（19∶5），实际上大多数产品为（13∶5）～（17∶5）。一般地说，甜橙汁呈橙黄色，如需加深色泽，可用红玉血橙调和。

(5) 脱油和脱气 调和后的果汁含有过量的甜橙油，需要用脱油机脱油，以除去多余的一部分甜橙油。甜橙汁中所含少量甜橙油可使果汁具有愉快的香气，并增加风味；但在某种条件下，也会产生不愉快的气味。在贮藏过程中，甜橙油中的主要成分氧化是果汁变味的主要原因。脱油防止果汁变味的方法，过去是选用合适的榨汁机和调整榨汁机来进行；或先把果实放在85～90℃热水中浸1～3min，使果皮软化后榨汁。现在生产上采用类似小型真空浓缩蒸发器的脱油器进行脱油，果汁喷入到真空度为90.65～93.31kPa的脱油器中，并加热到51℃，多余的甜橙油被蒸发，并随蒸气而冷凝。此时果汁中有3%～6%的水分也被蒸发掉。冷凝液通过离心机分离出甜橙油，留在下层的水重新返回到果汁中。果汁中的甜橙油以容量计，宜保持在0.015%～0.025%。美国A级橙汁规定其中甜橙油含量为0.035%以下。

调和后的果汁中含有多种气体，特别是空气会使果汁氧化，是果汁品质劣化的原因。其中与品质劣化最有关系的是氧气。氧气在榨汁中也会混入，由于过度的搅拌或桨叶的回转而增加，除溶解在果汁中之外，还吸附在果肉浆和胶体粒子表面。

通过脱气可以防止维生素C损失；防止香味和色泽变化；防止好氧性微生物繁殖；防止果肉浆和气体悬浮物悬浮在果汁的上部；防止杀菌和装填时产生气泡；对于镀锡薄钢板罐等罐装果

汁，有防止腐蚀的作用。脱气的缺点是会损失一部分香气成分。

为了去除果汁中的气体，脱气时的果汁温度要比真空室中饱和蒸汽压相应的温度稍高些，这样果汁发生突沸，就能迅速地除去气体。从脱气效果、机器大小、清洗难易程度来看，在真空室内使果汁呈薄膜状流下的脱气方式被最广泛地采用。脱气时有 2%～3% 的水分蒸发。在进行真空脱油的同时也可以起脱气作用，因此，脱油与脱气可以在同一设备中进行。

(6) 加热杀菌 果汁中含有大量的微生物和酶。杀菌的目的就在于通过加热杀灭微生物，钝化果胶分解酶和抗坏血酸氧化酶。以风味和含抗坏血酸为主要特色的果汁对热极为敏感，过度加热易使风味和抗坏血酸受到破坏和损失，因此必须采用使这种破坏和损失达到最小限度的杀菌方法。

过去罐装饮料在常温下装填和真空封罐以后，进行回转杀菌。这种杀菌条件是罐头中心温度在 85℃ 以上保持不少于 5min，近来果汁饮料的杀菌几乎都采用瞬间杀菌。瞬间杀菌的理论是以杀菌温度上升 10℃，杀菌效果上升 10 倍为依据，即 80℃ 需要 30min，90℃ 只需要 3min 即可达到同样效果。由于时间短，品质的劣化可以限制在最低程度，果实饮料风味的变化和抗坏血酸的损失较小。

瞬间杀菌法所采用的设备是板式热交换器，加热、保温及冷却可在同一设备中进行。脱气后的果汁通过杀菌器，在 15～20s 内温度可达 93～95℃，保持 15～20s 后，热交换器中的温度降到 90℃ 左右，送往装填。现在所使用的高速封口机、装瓶机都采用 93～95℃ 杀菌后热装瓶（罐）的工艺，并尽可能缩短杀菌之后到冷却间的时间。

果汁本身存在的酶，有导致分离、澄清的果胶分解酶，在果汁生产中必须使之钝化。杀菌的同时也能使酶钝化。为了增加果汁的稳定性和保持浑浊度，加热杀菌温度必须达到 93.3℃；保持果汁稳定性取决于加热的时间和果汁的 pH 值。

(7) 装填和冷却 现在果汁饮料除纸质容器外几乎都采用热装填。装满的果汁冷却后容积缩小，其顶隙形成真空度。可以说这种方法是保持果汁品质的最好方法。但是，和脱气杀菌操作一样，挥发性芳香成分会有少量损失。

杀菌结束后，果汁的温度因作业线的长短而不同，一般要下降 1～3℃。装填的果汁温度为 90℃ 左右。灌装时，洗净的空罐进行自动定量灌装后立即密封。将密封后的罐头倒置 30～60s，利用果汁的余热对罐盖进行杀菌，随之喷冷水，将罐快速冷却至 38℃ 左右。对于温州蜜柑果汁来说，是否产生加热臭是特别重要的问题，缩短杀菌之后到冷却之间的时间，是防止果汁劣化的技术关键。

(二) 浓缩苹果汁

浓缩苹果汁有清汁和混汁之分，浓缩苹果清汁的加工工艺见图 2-3。浓缩苹果混汁比清汁缺少脱胶和精滤两道工序，其余与清汁相同。

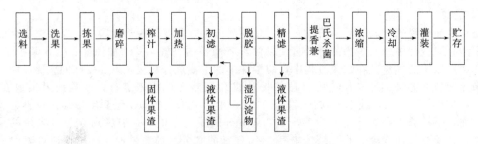

图 2-3　浓缩苹果清汁的工艺流程

（引自：赵晋府. 食品工艺学. 北京：中国轻工业出版社，1999.）

1. 原料的选择与成分分析

苹果在正式加工之前，原料按标准验收及测定成分。要用新鲜完好的苹果，严防混入腐烂苹果。原料的成熟度以成熟果或接近成熟为宜，禁止收购过熟果及不成熟果。这是因为成熟过度的苹果果胶溶出较多，对榨汁和脱胶不利；成熟度差的苹果不仅风味差，而且淀粉含量高，致使初滤排渣量大，不但损伤和缩短设备使用寿命，甚至导致无法加工，且大大降低了果汁风味和出汁率。

由于苹果品种不同及成熟度的差别，造成各种苹果的成分差异而给加工带来影响。此外，在原料收购后进入加工之前，还有一段存放期，此期间苹果的成分亦发生变化。为使加工工艺能适应原料的成分特性，对进厂原料及存放后的原料要测定果胶、淀粉、单宁及可溶性固形物等成分含量。

2. 送料

原料贮存于流送台，输送时通过流送台下的流送沟以循环水将水果送入加工线。以水流送苹果减轻了劳动强度，又起到了洗涤作用。流送台应有较大的容量，若每天有 100t 的吞吐量，则流送台需 300～500t 的容量或更大些，兼有临时存放、催熟与送料的作用。

送料过程应注意根据原料存放时间和成分变化情况有计划地存放和送料，避免苹果过度成熟和腐烂损失。对不太成熟的苹果要用冷库贮存，再出库催熟，然后送入加工线。

3. 洗拣果

洗拣果按冲洗、消毒、喷淋、拣果顺序进行。通过长达几十米的流送槽送果，在流送的过程中洗掉苹果表面的污垢、农药及杂草，流送槽设专人拣除杂草。之后苹果进入水槽消毒，消毒剂一般用配成一定浓度的漂白粉溶液，定时补充和更换。消毒后苹果进入洗果机以自来水喷淋冲净药液。在拣果机上，弃去腐烂果、坏果、不成熟小果，对腐烂较小部分予以修整，使其不进入下道工序，这也是保证果汁品质和风味的一步重要操作。

4. 磨碎和榨汁

苹果经传送带提升入果仓，再磨碎成浆，由螺杆泵将果浆泵入榨汁机榨汁。榨汁操作可在不同的设备中进行，有布赫液压水果榨汁机、带式榨汁机等。布赫液压水果榨汁机处理能力大，出汁率高，可自动压榨和自动排渣。在挤压室中设置了上百条似绳状的过滤元件，可以起到过滤、导流及疏松渣料的作用。压榨时间要根据品种及成熟度而变动，榨汁后排出的固体果渣水分含量应小于 70%，若高于 70% 则应增加压榨时间。

5. 加热

汇集于榨汁机贮汁槽的果汁用泵打入果汁收集罐（也称缓冲罐），先经过板式热交换器加热，再进行一级分离（初滤）。加热的目的是为了使果汁脱胶中酶制剂在最适温度范围内达到最大活力。不同酶制剂的最适温度是有差别的，如果胶酶为 40～50℃，淀粉酶为 55～60℃。两种酶制剂加入，就选择接近二者最适温度的 50℃。加热温度稳定在 50℃ 左右，切忌忽高忽低，尤其不能偏高。当温度超过 55℃ 时，果胶酶活力大大降低；在 60～65℃，果胶酶经 2min 就失去活性。

6. 两级分离（初滤和精滤）

加热后的果汁要立即进行一级分离，以离心方法排出果汁中不溶性粗淀粉及较大的果渣。该分离机为碟片式离心分离机，转速高达 6000r/min，能自动排渣，分离精度很高，分离果汁的流量必须控制好工艺参数，同时还要控制自动排渣的时间与排渣量，由于苹果的品种不同，成熟度不同，其粗淀粉的含量差别很大，如"红玉"比"国光"、"金帅"苹果淀粉量高。成熟度低的苹果淀粉含量也高。这就需要在一级分离时缩短排渣间隔时间，增加排渣量。但应注意，排渣间隔时间在不影响产品质量及设备正常运转的情况下，应尽量长一点，否则造成果汁浪费。排掉的液体果渣可继续发酵酿酒，以达到综合利用的目的。

二级分离在果汁脱胶工序之后进行。该工序采用离心澄清工艺，将脱胶罐的上清果汁进行第二次分离，使果汁澄清透明。经二级分离后的果汁（即苹果原汁）用分光光度计检测，10mm 比色杯，波长 625nm 时，透光率可达 92% 以上，最高可达 98%；若低于 90%，说明澄清效果不理想，应立即采取措施。二级分离的排渣量与排渣时间、排渣间隔时间均不同于一级分离。果汁脱胶罐中的沉淀物要返回一级分离机，以回收沉淀物中的果汁。

7. 脱胶（澄清）

果汁澄清是浓缩苹果清汁加工整个生产线上最关键的工序。

(1) 脱胶中加入的材料 脱胶中加入果胶酶、淀粉酶、明胶、硅溶胶和膨润土五种材料。加入酶制剂是为了水解果胶和淀粉，将其降解成可溶性小分子物质。加入明胶（与硅溶胶配对使用）是为了除去果汁中的多酚物质、其他带电悬浮物和部分中性悬浮物。加入助滤剂膨润土可吸附蛋白质及其他悬浮物质，并加速沉降。

果胶物质的存在使果汁黏度增加，因而为果汁澄清和浓缩增加了困难。而浓缩果汁作为原料加工制成饮料，则可因果胶与水中的钙离子、镁离子结合形成沉淀，所以果胶又是饮料浑浊沉淀的原因之一。加入果胶酶使果胶降解成小分子产物，同时使果汁中其他胶体及悬浮物失去保护作用而沉淀，达到澄清效果。

淀粉颗粒的存在使果汁浑浊，淀粉酶水解淀粉的最终产物为麦芽糖、葡萄糖。

果汁中过多的单宁物质使果汁涩味过重，也是果汁浑浊的因素。加入明胶，可形成明胶单宁配合物沉淀，果汁中的悬浮物质亦被缠绕而随之沉淀。另外，明胶带正电荷，果汁中的单宁、果胶、纤维素及多缩戊糖等带负电荷，正负电荷的微粒相互作用可达到凝集沉淀的效果，加明胶以后还要加带负电荷的硅溶胶，它可与果汁中带正电荷的粒子作用，也与明胶作用，形成大粒的中性物质沉淀。由于明胶、硅溶胶的作用，果汁中的多酚物质及其他杂质则一起生成大片絮状物质，加速了沉降过程，缩短了果汁的澄清时间。

加入膨润土可吸附果汁中的蛋白质及其他胶体，沉降其他悬浮物质，是非常好的果汁澄清助滤剂。

(2) 酶制剂的作用条件及加入量 果胶酶、淀粉酶是具有很高活力的生物催化剂，其反应速度、作用效果与果汁的温度、pH 值等有关。

经加热后输入脱胶罐的果汁温度保持在 50℃，选择的是接近两种酶最适温度的温度。果胶酶、淀粉酶的适宜 pH 值为 3.0～5.5，而苹果汁的 pH 值一般为 3.0～4.0，正好在这个范围。个别时候，有的苹果品种酸度高，造成果汁的 pH 值小于 3 时，酶的活力则下降 50%，这时应加低酸果汁或加水稀释混合，调整 pH 值达 3 以上。果汁的 pH 值在 3.5 左右时，酶的活力最高。

酶制剂的加入量要根据果汁中的果胶、淀粉含量来确定，同时也要根据不同厂家生产的酶制剂的活力大小来确定。

(3) 辅助材料的处理、加入顺序与反应时间 用于果汁澄清的五种辅助材料加入前要进行浸泡处理，方法是：果胶酶、淀粉酶以 50℃ 果汁浸泡 30min；膨润土以果汁浸泡 2h，不得有块状物；明胶以冷水浸泡 1h 成蓬松状。

加入顺序：先将果胶酶、淀粉酶同时加入，反应 30～40min 后，再加入明胶、硅溶胶，8～9min 后加入膨润土，沉降、静置 50min。加入辅料的同时进行搅拌。从加入辅料到澄清完毕约需要 90～100min，若超过 2h，则会影响整个加工线的连续性和产量。

(4) 脱胶过程中的化验检测 脱胶罐中的果汁在加入酶制剂反应 30min 后，检查果胶、淀粉是否水解完全，要通过酒精试验、碘试验确定。明胶加入量则通过最佳剂量试验确定。车间设流程化验室逐罐检验，对个别仍残存果胶、淀粉者需补加酶制剂。辅料的加入量要准确、适量。脱胶罐上清果汁在进行二级分离后要进行透明度的检测，以判断是否达到了澄清要求。

8. 提香兼巴氏杀菌

二级分离后的果汁通过板式热交换器进行瞬间高温杀菌，温度控制在 95～105℃，杀菌时间为几秒钟，使果汁风味和维生素含量不遭破坏。苹果香料的提取经过三级蒸发器，三级蒸发器具有不同的压力、温度和流量，将苹果香料浓缩 100～150 倍。香料单独装桶贮存。

9. 浓缩

若采用真空薄膜式离心蒸发器，在 50℃ 条件下 1～3s 即蒸发浓缩完毕。由于是低温浓缩，很好地保持了苹果的风味及营养成分。真空度一般控制在 0.09MPa 以上，在真空条件下当果汁喷射成膜状后，果汁中水分蒸发，气体逸出，这样可有效地抑制果汁褐变及防止色素和营养成分的氧化，但这种蒸发器的能耗很高。

10. 灌装与贮存

浓缩汁送入浓汁贮罐中搅匀，冷却装桶。装桶后密封好，于 0～4℃ 冷风库贮存。

11. 清洗（CIP）

果汁加工线上有一套完整的清洗系统，包括对榨汁机、分离机、脱胶罐、芳香回收装置、浓缩机设备及管路等六大系统进行清洗。清洗系统为先清洗、再酸洗、再清水冲洗，各 10min。碱液、酸液浓度均为 2%，清洗液温度 70～75℃。每 24h 中要有约 4h 进行清洗，以保证卫生要求。

二、常见蔬菜汁的生产工艺

(一) 芦笋汁

1. 工艺流程

原料选择 → 清洗 → 破碎 → 酶解 → 榨汁 → 过滤 → 酸化处理 → 浓缩 → 杀菌

成品 ← 冷却 ← 灌装封口

2. 操作要点

(1) **原料选择**　用于制汁的芦笋可以是新鲜芦笋,也可以是生产芦笋罐头的等外品整芦笋和下脚料,但必须新鲜,粗纤维少,无腐烂变质和病虫害现象,作为罐头厂的下脚料如芦笋皮、段等,滞留时间不超过 24h,剔除杂质和烂笋。

(2) **清洗**　用流动水将原料表面泥沙及污物清洗干净,并滤去水分。

(3) **破碎**　用旋风式多刀破碎机将芦笋破碎成 3mm 左右的小粒。

(4) **酶解**　用纤维素酶与果胶酶的复合酶进行酶解,具有过滤快、汁液透明、营养丰富、成本低廉等特点。20% 的芦笋复合酶的添加量为 25~30μg/mL。

(5) **榨汁**　采用螺旋式压榨机,榨汁率在 60% 以上。

(6) **过滤**　压榨的汁液用网孔为 0.4mm 的过滤机过滤,去除纤维。

(7) **酸化处理**　天然芦笋原汁的 pH 在 5.6~6.0,可用柠檬酸将原汁的 pH 调整为 3.9 左右。

(8) **浓缩**　将酸化的芦笋汁真空浓缩至 24°Bx。

(9) **杀菌**　将芦笋汁升温至 100℃,杀菌 3min。

(10) **灌装、封口、冷却**　灌装温度在 93℃ 以上,灌装后立即封口,并用流动水冷却至成品温度达 40℃ 以下。

(二) 胡萝卜汁

胡萝卜是一种具有较高营养价值和保健作用的蔬菜。胡萝卜中的胡萝卜素可在人体内转变成维生素 A,它对保护视力、促进儿童生长发育、增强机体抗病能力均有重要作用。

选用橙红色或深红色、外形短粗、表面光滑、纹理细致,纤维较少的胡萝卜为制汁原料。原料的可溶性固形物在 10% 左右,可滴定酸为 0.15%,pH 为 6.1 左右。

将清洗和修整的胡萝卜输入磨碎机中粉碎,然后进行榨汁,也可用水压机压榨,不过用水压机压榨前,胡萝卜应用沸水漂烫 15min,以提高出汁率。提取的汁液必须加热到 82.2℃,使对热不稳定的物质全部凝固,再行均质,以防止以后工序中不可溶物絮凝。

压榨、加热、均质所得的胡萝卜原汁,添加一定量的糖及 0.33% 左右的酸适当调味,可以得到香味独特的胡萝卜汁。同时,可以和苹果汁、番茄汁、柑橘汁等混合,制成酸甜可口的胡萝卜汁饮料。

胡萝卜汁在装罐前预热至 70℃ 左右,装罐封口后继续加热至 121℃ 左右,高温处理 30min,冷却得到成品。如果加入其他果汁或经酸化处理的胡萝卜汁饮料,可以采用常压杀菌。

项目五　蛋白饮料加工技术

 **必备知识**

根据 GB/T 10789—2015,蛋白饮料分为含乳饮料、植物蛋白饮料、复合蛋白饮料、其他蛋白饮料四类。

一、含乳饮料

含乳饮料是指以乳或乳制品为原料,添加或不添加其他食品原辅料和(或)食品添加剂,经加工或发酵制成的制品。含乳饮料还可称为乳（奶）饮料、乳（奶）饮品。按照我国 GB/T 21732—2008，可将含乳饮料分为以下三类。成品中蛋白质含量不低于 1.0%（g/100g）的称为乳饮料，蛋白质含量不低于 0.7% 的称为乳酸菌饮料。

1. 配制型含乳饮料

以乳或乳制品为原料，加入水，以及白砂糖和（或）甜味剂、酸味剂、果汁、茶、咖啡、植物提取液等的一种或几种调制而成的饮料。

2. 发酵型含乳饮料

以乳或乳制品为原料，经乳酸菌等有益菌培养发酵制得的乳液中加入水，以及白砂糖和（或）甜味剂、酸味剂、果汁、茶、咖啡、植物提取液等的一种或几种调制而成的饮料，如乳酸菌乳饮料，根据其是否经过杀菌前处理而区分杀菌（非活性）型和未杀菌（活菌）型。

发酵型含乳饮料还可称为酸乳（奶）饮料、酸乳（奶）饮品。

3. 乳酸菌饮料

以乳或乳制品为原料，经乳酸菌发酵制得的乳液中加入水，以及白砂糖和（或）甜味剂、酸味剂、果汁、茶、咖啡、植物提取液等的一种或几种调制而成的饮料。根据其是否经过杀菌前处理而区分杀菌（非活性）型和未杀菌（活菌）型。

二、植物蛋白饮料

植物蛋白饮料属于蛋白饮料的一种，它是以一种或多种含有一定蛋白质的植物果实、种子或种仁等为原料，添加或不添加其他食品原辅料和（或）食品添加剂，经加工或发酵制成的制品。以两种或两种以上含有一定蛋白质的植物果实、种子、种仁等为原料，添加或不添加其他食品原辅料和（或）食品添加剂，经加工或发酵制成的制品也可称为复合植物蛋白饮料，如花生核桃、核桃杏仁、花生杏仁复合植物蛋白饮料。按照 GB/T 10789—2015 我国植物蛋白饮料可分为核桃露（乳）、花生露（乳）、杏仁露（乳）、椰子汁（乳）、豆奶（乳）和豆奶（乳）饮料、除上述之外的植物蛋白饮料。成品中蛋白质含量不低于 0.5%。

1. 核桃露（乳）

根据 GB/T 31325—2014 核桃露（乳）是以核桃仁为原料，可添加食品辅料、食品添加剂，经加工、调配后制得的植物蛋白饮料。

2. 花生露（乳）

以花生仁为原料，经加工、调配后，再经高压杀菌或无菌包装制成的乳浊状植物蛋白饮料。

3. 杏仁露（乳）

根据 GB/T 31324—2014，杏仁露（乳）是以杏仁为原料，可添加食品辅料、食品添加剂，经加工调配后制得的植物蛋白饮料。

4. 椰子汁（乳）

以新鲜椰子果肉为原料，经加工制得的饮料为椰子汁，以椰子果肉制品如椰子果浆、椰子果粉等为原料，经加工制得的饮料为复原椰子汁。

5. 豆奶（乳）和豆奶（乳）饮料

按照 GB/T 30885—2014，豆奶按照工艺分为原浆豆奶（豆乳）、浓浆豆奶（豆乳）、调制豆奶（豆乳）、发酵原浆豆奶（豆乳）、发酵调制豆奶（豆乳），豆奶（豆乳）饮料按照工艺分为调制豆奶（豆乳）饮料、发酵豆奶（豆乳）饮料。

（1）**原浆豆奶（豆乳）** 以大豆为主要原料，不添加食品辅料和食品添加剂，经加工制成的产品，也可称为豆浆。

（2）**浓浆豆奶（豆乳）** 以大豆为主要原料，不添加食品辅料和食品添加剂，经加工制成、大豆固形物含量较高的产品，也可称为浓豆浆。

（3）**调制豆奶（豆乳）** 以大豆为主要原料，可添加营养强化剂、食品添加剂、其他食品辅料，经加工制成的产品。

（4）**发酵原浆豆奶（豆乳）** 以大豆为主要原料，可添加食糖，不添加其他食品辅料和食品添加剂，经发酵制成的产品，也可称为酸豆奶或酸豆乳。

（5）**发酵调制豆奶（豆乳）** 以大豆为主要原料，可添加营养强化剂、食品添加剂、其他食品辅料，经发酵制成的产品，也可称为调制酸豆奶或调制酸豆乳。

（6）**调制豆奶（豆乳）饮料** 以大豆、豆粉、大豆蛋白为主要原料，可添加营养强化剂、食品添加剂、其他食品辅料，经加工制成的、大豆固形物含量较低的产品。

（7）**发酵豆奶（豆乳）饮料** 以大豆、豆粉、大豆蛋白为主要原料，可添加食糖、营养强化剂、食品添加剂、其他食品辅料，经发酵制成的、大豆固形物含量较低的产品。

6. 除上述产品外的植物蛋白饮料

三、复合蛋白饮料

以乳或乳制品，和一种或多种含有一定蛋白质的植物果实、种子或种仁等为原料，添加或不添加其他食品原辅料和（或）食品添加剂，经加工或发酵制成的制品。

四、其他蛋白饮料

上述三种饮料之外的蛋白饮料。

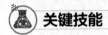

关键技能

一、植物蛋白饮料加工

（一）豆奶生产的基本工艺

1. 工艺流程

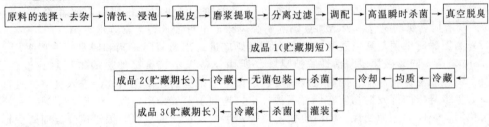

2. 操作要点

（1）**原料的选择、去杂** 选择优质的大豆为原料。大豆中的腐烂豆粒以及石块杂质等必须除去。根据杂质与大豆间不同的物理性质（密度、大小等）可选用筛选、风选、去石机、磁选等方法，除去各种杂质。

（2）**清洗、浸泡** 大豆表面有很多微细皱纹、尘土和微生物附着其中，所以浸泡前应进行充分清洗。大豆浸泡的目的是为了软化细胞组织结构，降低磨浆时能耗与磨损，提高蛋白胶体的分散程度，有利于蛋白质的萃取，提高蛋白质的提取率。浸泡用水约为大豆质量的 3～4 倍为宜。浸泡时间视水温不同而不同，当水温在 10℃ 以下时，浸泡时间控制在 10～12h；水温在 10～25℃ 时，一般控制浸泡时间在 6～10h 即可。根据具体情况掌握浸泡时间，当浸泡水表面集中薄层泡沫，豆瓣已胀大约为浸泡前的 1 倍，横断豆瓣，观察其断面的中心与边缘色泽一致，则表明浸泡时间已到。浸泡时间应控制适当，浸泡时间短，影响蛋白质的提取率；时间过长，影响成品豆奶的风味和稳定性，甚至由于时间过长而使微生物繁殖增加，促使大豆蛋白质及糖类物质发酵分解，产生酸味，并导致豆奶稳定性破坏。

（3）**脱皮** 大豆脱皮可以减轻豆腥味，提高产品白度，从而提高豆乳质量。大豆脱皮主要有两种方法：①干法脱皮，即在浸泡之前脱皮；②湿法脱皮，即大豆浸泡后脱皮。干法脱皮时，大豆含水量应在 12% 以下，否则严重影响脱皮效果。当大豆含水量超过 12% 时，应将大豆置于干燥机中通入 105～110℃ 热空气进行干燥处理，冷却后进行脱皮。大豆脱皮一般采用齿轮磨，调节磨间距使大多数大豆分成两瓣而不会使子叶粉碎为度，再经重力分选机或风机除去豆皮。脱皮过程中，大豆质量消耗约为 15% 左右。

（4）**磨浆提取** 目前钝化脂肪酸氧化酶的方法较多，多采用热磨酶的方法，但在进行热烫时要控制热烫的温度和时间。根据实际运用可知，用沸水或蒸汽进行热烫，温度应控制在 95～100℃。将浸泡后的大豆置于传送装置上，均匀地经过沸水或蒸汽，停留时间为 2～3min 即可达到钝化脂肪氧化酶的目的。大豆磨碎成白色糊状物称豆糊，将适量的豆糊与水混合成浆体。现多采用加入足量的水直接磨成浆体的方法，将浆体分离除去豆渣，取得大豆提取液。磨碎设备可用不锈钢粉碎机、锤式粉碎机和万能磨等。

（5）**分离过滤** 通过分离过滤将豆浆与豆渣分开，这步操作对蛋白质和固形物回收影响较大。豆渣中含水分约在 80% 左右，渣中含水越多则蛋白质回收率越低。以热浆进行分离过滤，可降低浆体黏度，有助于蛋白质的回收。目前有些厂家采用蒸汽对浆体加热至 90℃ 左右，然后分离过滤，豆渣再经辊压，使渣中的蛋白质溶液达到回收目的。分离过滤设备，目前多使用篮式离心机，但由于此种离心机是间歇式操作，只适于小型生产使用。大批量生产应采用连续式锤式离心机，可将浆渣连续分离排出。

（6）**调配** 纯豆奶经调制后可生产出在营养、外观、口感上接近牛奶而无牛奶特殊异味的调制豆奶，也可调制成各种风味的豆奶。尽管豆奶中含营养丰富、品种较齐全的必需氨基酸、大量不饱和脂肪酸及一定量的矿物质和维生素等营养成分，但也有不足之处需要补充，如维生素 B_1、维生素 B_2 含量不足，维生素 A、维生素 C 含量很少，维生素 B_{12}、维生素 D 等缺乏。大豆中钙含量虽不低，但经加工成豆奶后钙损失较多。一般在豆奶中应添加 $CaCO_3$，但因 $CaCO_3$ 在豆奶中易引起蛋白质沉淀，故在使用前需对 $CaCO_3$ 溶液进行均质乳化处理。$CaCO_3$ 在豆奶中的添加量一般在 0.1% 左右。

在豆奶中加入甜味剂可改善口感，因单糖在高温中易发生褐变作用，引起豆奶色泽变暗，故以加入蔗糖为宜。糖的加入量要因地制宜，一般豆奶中的总糖度应控制在 8%～12% 较能适应南北方人群的爱好。为使豆奶近于牛奶，往往在豆奶中加入鲜牛奶或牛奶粉，前者约 20%，后者约 3%，以增加豆奶的奶感。为增加豆奶的奶香风味，也可加入香兰素等增香剂。

（7）**高温瞬时杀菌与真空脱臭** 调制后的豆奶应进行高温瞬时杀菌和脱臭。一般采用 100～110℃ 瞬时杀菌，同时破坏残酶活性脱掉臭味。所用设备以蒸汽直接加热的带压缸式设备为宜，并与真空负压脱臭缸相匹配，同时完成脱臭、杀菌工艺。豆奶在杀菌后立即进入真空缸进行脱臭处理。大量带异味的挥发性物质在低温下被抽出，连同水蒸气排出，豆奶因迅速降温，豆奶中蛋白质可免因受热时间久而变性。同时也使蒸汽加热后的含食糖的豆奶，因迅速降温而减少褐变现象的发生。豆奶在真空脱臭时，真空缸的真空度控制在 30mmHg（1mmHg＝133.322Pa）即可，由于豆奶的黏度大、真空度过高，气泡将会大量冲出，影响脱臭操作的进行。

（8）**均质** 均质时使用的压力和豆奶的温度与均质效果有着密切的关系。一般均质压力高、豆奶的温度适当，则均质效果好，否则均质效果差。

（9）**包装** 目前豆奶的包装形式多样，有蒸煮袋、玻璃瓶、金属罐等。无菌包装是近年来发展迅速的包装方式，它的优点是豆乳产品贮藏期长、包装材料轻巧、无需回收、饮用方便，其缺点是设备投资大、操作要求高。

（二）花生乳生产的基本工艺

1. 工艺流程

原料选择 → 烘烤脱衣 → 浸泡 → 磨浆 → 离心分离 → 调配 → 均质 → 杀菌 → 灌装

成品 ← 检验 ← 冷却 ← 二次杀菌 ← 密封

2. 操作要点

（1）**原料选择** 选择含蛋白质高、风味浓的品种为宜，保存期不要超过一年。生产时必须剔除霉烂变质、虫蛀、出芽及瘦小的种仁和砂石、铁屑等杂质。

（2）**烘烤脱衣** 烘烤温度 110～130℃，时间 10～20min，花生干燥时烘烤温度相对低时，时间宜长。烘烤以产生香味而不太熟为宜。烘烤的目的如下。

① 灭酶　钝化脂肪氧化酶和胰蛋白酶抑制素等。

② 增进风味　花生中有 20 多种羰基化合物，其中乙醛是花生"生青"味和"豆腥"味的来源，花生烘烤既可避免产生这种生青味和豆腥味，又可产生醇类及烯类物质，增加乳香味。

③ 有助于脱红衣　烘烤后用机械很容易脱除红衣。

（3）**浸泡**　首先将脱皮花生加温水进行浸泡，水温控制在 30～40℃，浸泡 3h。析出后再加热水，水温要在 90℃左右，浸泡 2h，使花生仁达到完全吸水膨胀，这样可提高磨浆效果。

（4）**磨浆**　磨浆时所用的热水，温度可在 20～40℃，并加入适量的 $NaHCO_3$，这时要注意 pH 值调整在 7.5～8.0，以防止蛋白质絮凝。花生仁与磨浆水的配比控制在 1∶（8～10），使花生浆液中的蛋白质达到较好的萃取效果。采用精钢磨和胶体磨两次磨浆，然后用 100～120 目的离心机分离得浆液。

（5）**调配**　为了改善花生浆液的口感效果，防止涩味出现，应将花生浆液的 pH 值调整在 6.8～7.2。

在调配的过程中，花生的蛋白质很容易产生变化而沉淀。为此，可加入适量的磷酸盐，它能够结合花生浆液中的钙、镁离子，以达到减少浆液中的蛋白质变性沉淀的目的。

（6）**均质**　再用高压均质机进行均质，花生乳的均质温度以 70℃左右为宜，均质压力应在 30MPa 左右，有时采用二次均质，使产品充分乳化，提高乳化稳定性。

（7）**杀菌及灌装**　若要进行二次杀菌，均质后可进行巴氏杀菌，杀菌温度要控制在 85～90℃，然后进行热灌装。灌装温度一般为 70～80℃。

（8）**二次杀菌与冷却**　灌装密封后进行二次杀菌，因花生乳的 pH 接近中性，属低酸性食品，因此必须采用高温杀菌方式，杀菌公式一般为 10min-20min-10min/121℃（250g 马口铁罐装）。杀菌后冷却至 37℃左右。擦罐后进行保温检验，在 37℃条件下保温 5～7 天或进行商业无菌检验，检验合格后装箱保存。

（三）杏仁乳（露）饮料生产的基本工艺

1. 工艺流程

杏仁经清洗、烘干、榨油，将脱脂杏仁研磨成杏仁糊。烘干可能使杏仁热变性，易使饮料发生沉淀和结块现象。另一工艺是采用热水浸泡法，将杏仁清洗后放入 60～80℃热水中浸泡 30～60min，去外皮后，按料水比 1∶（8～10）的比例，用 60～80℃热水研磨。

2. 操作要点

（1）**消毒清洗**　将脱苦杏仁浸泡在浓度 0.35％的过氧乙酸中消毒，约 10min 后取出用水洗净。

（2）**磨浆**　分粗磨和细磨两次磨浆，磨浆时的料水比 1∶（8～15），杏仁糊需经 200 目筛过滤，控制微粒细度在 20μm 左右。

磨浆水及配料用水一般需要经过处理。杏仁糊 pH 值一般为 6.8 左右。磨浆时可添加 0.1％的亚硫酸钠和焦磷酸钠的混合液进行护色。

（3）**调配**　杏仁露中的杏仁可溶性固形物含量是重要的质量指标，也是影响产品质量的主要因素。经验表明，杏仁原浆固形物含量为 1％时产品呈乳白色，风味好，无挂杯现象；大于 1％时口感黏稠，轻微挂杯；小于 1％时风味较淡。

杏仁露所用原料除杏仁浆外，还有砂糖、柠檬酸、乳化剂及香精，一般杏仁含量 5％；砂糖用量 6％～14％，以 8％为佳；乳化剂用量 0.3％；杏仁香精 0.02％。调配好的杏仁液 pH 值为 7.0 左右，在均质前可再次经过 200～240 目的筛滤。

（4）**均质**　调配好的杏仁液温度为 60～70℃，均质分两次进行。第一次均质压力为 20～23MPa，第二次 28～30MPa，均质后的杏仁颗粒直径小于 5μm。

（5）**杀菌** 灌装前，杏仁露采用巴氏杀菌，杀菌温度 75～80℃，杀菌后及时进行热灌装。灌装密封后的杏仁露产品需经二次杀菌和冷却，杀菌公式为 10min-20min-15min/121℃（250g 马口铁罐装）。杀菌后迅速冷却到 37℃。擦罐后置于保温库中存放 5～7 天后，检验合格后装箱入库或出厂。

二、含乳饮料加工

（一）配制型含乳饮料的基本工艺

配制型含乳饮料主要品种有咖啡乳饮料、可可乳饮料、巧克力乳饮料、红茶乳饮料等。以咖啡乳饮料生产为例。

1. 工艺流程

咖啡乳饮料的生产工艺流程见图 2-4。

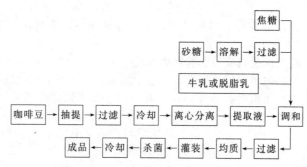

图 2-4　咖啡乳饮料生产工艺流程

（引自：胡小松，蒲彪，廖小军. 软饮料工艺学. 北京：中国农业大学出版社，2002.）

2. 操作要点

（1）**咖啡抽提液的制备** 咖啡豆经焙炒后才能生成咖啡风味，焙炒的程度比较重要和复杂，一般比常规饮用的咖啡重一些。由于咖啡酸会使牛乳中的蛋白质不稳定，所以在牛乳中添加咖啡时很少使用酸味咖啡，而更多地使用苦味咖啡。工厂自制咖啡提取液时，将焙炒后的咖啡豆在 90～100℃热水中进行提取，咖啡提取液的方式有虹吸式、滴水式、喷射式及蒸煮式，而生产中使用的多为喷射式和蒸煮式。但应根据使用目的来控制抽提温度、时间、液量等，以获得所需要的抽提液；在高温长时间的条件下提取会使咖啡风味降低。咖啡提取液中含有碳水化合物、脂肪、蛋白质等，但作为风味成分的挥发酸却是羰基化合物、挥发性硫化物等，这些物质形成了咖啡特有的香味。应该注意的是：咖啡提取液中还有单宁物质，它可使乳蛋白凝固，发生浑浊等现象。因此，在大量加入提取液时，还要加入稳定剂，以提高饮料黏度，防止产生沉淀。

（2）**溶糖** 咖啡乳饮料应选用优质白砂糖作为甜味剂，因为咖啡乳与果汁、汽水是不相同的。它是由蛋白质粒子、咖啡抽提液中的粒子、焦糖色素粒子等分散成胶体状态的饮料。加工条件及组成的微小变动即可导致成分的分离。在所采用的条件中，以液体的 pH 的影响最为显著。当 pH 值降至 6 以下时，饮料成分分离的可能性就很大。

糖在受热时 pH 值就会降低，各种不同的糖受热变化情况是不同的。白砂糖在加热的条件下 pH 值变化最小。因此，咖啡乳饮料采用白砂糖，加工技术上易于掌握。

咖啡乳饮料是中性饮料，而且乳类等原料营养丰富，若原料中含耐热性芽孢菌，则必须采用严格的杀菌工艺将其杀灭。一般为 120℃ 20min。而在这样的工艺条件下，伴随以分解反应为主的化学变化会使饮料变质。防止咖啡乳饮料变质的方法：首先是要选择无嗜热性细菌、无污染的优质原料；其次是对糖液进行紫外线杀菌，减少糖液的污染；另外，在咖啡乳中添加 0.02%～0.05% 的蔗糖酯可有效地防止变质。

（3）**乳及乳制品的调制** 鲜乳可直接使用，若用脱脂乳粉、全脂乳粉等则需要经过溶解、均质处理成乳液。

（4）**混合** 由于咖啡提取液和乳液在混合罐直接混合后，会产生蛋白质凝固现象，所以将糖液入罐后，应加碳酸氢钠或磷酸氢二钠等碱性物质，也可将二者混合使用，调节 pH 在 6.5 以上，再加入食盐水溶液。将蔗糖酯溶于水后加入乳中均质，并打入罐内，必要时加入消泡剂聚硅氧烷树脂，然后加入咖啡提取液和焦糖，最后加入香精，充分搅拌混合。

(5) **灌装** 原料调配好后经过滤及均质处理，然后经板式热交换器加热到 85～95℃，进行灌装和密封。因本品易于起泡，故不应装填过满。制品应保持 33.9～53.3kPa 的真空度。

(6) **杀菌和冷却** 为防止耐热性芽孢杆菌造成的败坏，通常要进行严格的杀菌处理，中心温度达 120℃，维持 20min。杀菌后冷却到 70℃ 以下再打开杀菌容器，可以直接供应市场或继续冷却到 40℃ 以下供应市场。

(二) 发酵型含乳饮料的基本工艺

1. 工艺流程

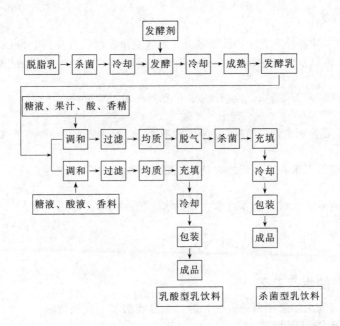

2. 操作要点

(1) **发酵工艺** 原料采用脱脂乳或还原脱脂乳添加脱脂乳粉调制而成。因发酵后要与果汁、香料、糖类等混合，所以无脂乳固形物含量要提高到 10%～15%。根据需要还可加入葡萄糖（供乳酸菌生长用）或乳酸菌生长因子。

生产中所选用的发酵剂与制作酸乳选用的菌种是不相同的。制作酸乳采用高温型乳酸菌，发酵温度高，成熟时间短；而发酵型含乳饮料采用中温乳酸菌，培养温度较低，接种培养时间较长。

将脱脂乳采用 93～95℃ 瞬间杀菌，再冷却到 35～45℃。然后接入发酵菌液，接种量一般为 3%～5%。接种量过少，发酵所需时间稍长，对污染杂菌的抵抗力就弱；接种量过多，则杂菌污染力强。接入发酵菌液后，不搅拌，在最适温度（30～45℃）下，发酵 18～24h。在发酵过程中，调整温度、pH 值、氧量、营养素、生长因子等诸因素，使之适于菌株发育。发酵后缓慢搅拌，破碎凝乳，立即冷却，数天后即成熟。

(2) **调和工艺** 将果汁、糖液、色素、柠檬酸等定量混合溶解，需要加稳定剂时，应先制成 2%～3% 浓度的溶液。再按照产品要求，将混合液用水稀释到适宜的倍数。经过 80～85℃ 10～15min 或 90～95℃ 15s 杀菌后冷却至 3～5℃，再与培养好的乳酸菌发酵乳混合，充填入容器制成活菌型乳饮料；或再经过杀菌工序制成杀菌型乳饮料。

(三) 乳饮料的质量控制

牛乳中含有蛋白质，其中 80% 是酪蛋白。酪蛋白的等电点约在 pH 值 4.6 左右，当乳饮料（包括配制型乳饮料和发酵型乳饮料）的 pH 值降到这个值附近，酪蛋白就会因失去同性电荷斥力凝聚成大分子而沉淀。此外，酪蛋白的溶解分散性也显著受盐类的影响，一般在低浓度的中性盐类中易溶解，但盐类浓度高则溶解度下降，也容易产生凝聚沉淀。为此，可采取如下措施：

①对蛋白质分子进行微细均质；②添加糖类；③添加稳定剂（乳饮料常用藻酸丙二醇酯、羧甲基纤维素钠等）；④添加澄清果汁。

项目六　碳酸饮料加工技术

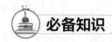 **必备知识**

碳酸饮料的分类

碳酸饮料是指在一定条件下充入 CO_2 的制品。不包括由发酵法自身产生的 CO_2 的饮料。成品中 CO_2 的含量（20℃时体积分数）不低于 2.0 倍。按照 GB/T 10792—2008 可将碳酸饮料分为 4 类。

1. 果汁型

含有一定量果汁的碳酸饮料，如橘汁汽水、橙汁汽水、菠萝汁汽水或混合果汁汽水等。

2. 果味型

以果味香精为主要香气成分，含有少量果汁或不含果汁的碳酸饮料，如橘子汽水、柠檬汽水等。

3. 可乐型

以可乐香精或类似可乐香果香型的香精为主要香气成分的碳酸饮料。

4. 其他型

上述 3 类以外的碳酸饮料，如苏打水、盐汽水、姜汁汽水、沙土汽水。

关键技能

一、碳酸饮料的生产工艺

碳酸饮料生产目前大多采用两种方法，即二次灌装法和一次灌装法。

（一）二次灌装法（现调式）

二次灌装法是先将调味糖浆定量注入容器中，然后加入碳酸水至规定量，密封后混合均匀。这种糖浆和水先后各自灌装的方法叫现调式灌装法、预加糖浆法或后混合法。其工艺流程见图 2-5。

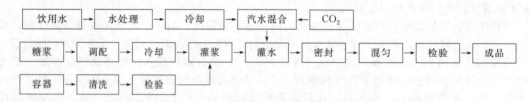

图 2-5　二次灌装法生产碳酸饮料工艺流程

（引自：胡小松，蒲彪，廖小军. 软饮料工艺学. 北京：中国农业大学出版社，2002.）

（二）一次灌装法（预调式）

将调味糖浆与水预先按一定比例泵入汽水混合机内，进行定量混合，再冷却，并使该混合物吸收 CO_2 后装入容器，这种将饮料预先调配并碳酸化后进行灌装的方式叫一次灌装法，又称前混合法、预调式灌装法或成品灌装法。其工艺流程如图 2-6 所示。

二、碳酸饮料的生产要点

（一）原糖浆的制备

在生产中，经常将砂糖制备成较高浓度的溶液，称为原糖浆，再以原糖浆添加柠檬酸、色素、香精等各种配料，制备成调味糖浆。如将原糖浆之外的配料预先混合，则称为原浆。

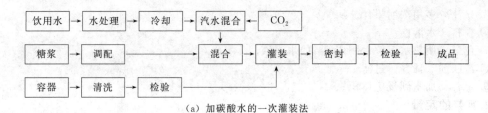

（a）加碳酸水的一次灌装法

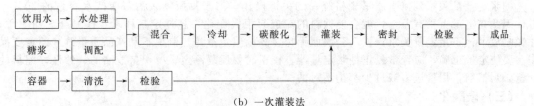

（b）一次灌装法

图 2-6　一次灌装法生产碳酸饮料的工艺流程

（引自：胡小松，蒲彪，廖小军. 软饮料工艺学. 北京：中国农业大学出版社，2002.）

1. 糖的溶解

把定量的砂糖加入定量的水溶解，制得的具有一定浓度的糖液，一般称为原糖浆。糖必须采用优质的砂糖，所用的水质可与瓶装水相同，要求优质纯净。溶糖方法有冷溶法与热溶法。立即使用的糖浆，在短期内即可消费的饮料可采用冷溶法；纯度要求较高或贮藏期较长的饮料，最好采用热溶法。热溶法可以杀灭附着于糖中的细菌，凝固糖中的杂物，使其分离。

2. 糖浆浓度的测定

我国饮料行业所用的糖浆浓度单位有三种，即相对密度、百利度和波美度。

密度计法测定糖液浓度，操作简单、快速、准确率较高。其测定方法为将糖液盛放于玻璃量筒中，使密度计浮于糖液上（注意不要使密度计与容器壁接触），糖液面在密度计上所显示出的读数即为糖浆浓度（相对密度）。如测定碳酸饮料中糖的浓度，必须使饮料中的 CO_2 完全逸出，然后再进行测定。在读数时，检验人员的视线要与液面在同一平面上，读出半月形最低点的刻度的读数。

3. 糖液的配制

根据糖浆的浓度和体积，可求出糖和水的量，从而配制出所需浓度的原糖浆。

4. 糖液过滤

制得的原糖浆必须进行严格的过滤，除去糖液中的许多微细杂质，常采用不锈钢板框压滤机或硅藻土过滤机过滤糖浆。

如果生产中采用质量较差的砂糖，则会导致饮料产生絮凝物、沉淀物、异味等，还会在装瓶时出现大量泡沫，影响生产速度。因此，应选用优质砂糖。若选用质量较差的砂糖必须用活性炭净化处理，处理方法为将糖用活性炭加入热糖浆中，边添加边用搅拌器不断搅拌。活性炭用量视糖及活性炭的质量而定，一般为糖质量的 0.5%～1%。活性炭与糖溶液接触 15min，温度保持在80℃。为了避免活性炭堵塞过滤器面层，在通过过滤器前也要加助滤剂，使用硅藻土的用量为糖质量的 0.1%。

（二）调味糖浆的调配

1. 调味糖浆的调配过程

调味糖浆是由制备好的原糖浆加入香料和色素等物料而制成的可以灌装的糖浆。调味糖浆的调配过程是：首先将已过滤的原糖浆转移入配料容器中；容器应为不锈钢材料，内装搅拌器，并有容积刻度。然后在不断搅拌下，有顺序地加入各种原辅料，其添加顺序及操作如下。

① 原糖浆　测定其浓度，计算其需要量。

② 25%的苯甲酸钠溶液　苯甲酸钠用温水溶解、过滤。

③ 50%的糖精钠溶液　糖精钠用温水溶解、过滤。

④ 酸溶液　50%的柠檬酸溶液或柠檬酸用温水溶解并过滤后使用。

⑤ 果汁　多用浓缩果汁。

⑥ 香料　水溶性。

⑦ 色素　用热水溶解后制成5％的水溶液。

⑧ 浑浊剂　稀释、过滤。

⑨ 定容　加水到规定体积。

2. 糖浆的定量

糖浆定量是关系到汽水质量规格统一的关键操作。由于每瓶糖浆占每瓶汽水容量的20％左右，因此在定量上稍有差错，就会使饮料的味道起很大变化。超过定量要求，饮料会太甜太香，并影响成本；不足定量要求，饮料会淡而无味。故糖浆定量是控制成本和产品质量统一的重要操作。要使定量正确，应经常校正糖浆定量器，校正时要反复测定。要保持成品的一致性，配料的计量必须精细，用量过多或过少都是不对的。

（三）碳酸化

1. CO_2 在碳酸饮料中的作用

（1）清凉作用　喝汽水实际上是喝一定浓度的碳酸，碳酸在腹中由于温度升高、压力降低，即进行分解。这个分解是吸热反应，当 CO_2 从体内排放出来时，就把体内的热带出来，起到清凉作用。

（2）阻碍微生物的生长，延长汽水的货架寿命　CO_2 能致死嗜氧微生物，并由于汽水中的压力能抑制微生物的生长。国际上认为3.5～4倍含气量是汽水的安全区。

（3）突出香味　CO_2 从汽水中逸出时，能带出香味，增强风味。

（4）有舒服的杀口感　CO_2 配合汽水中其他成分，产生一种特殊的风味，不同品种需要不同的杀口感，有的要强烈，有的要柔和，所以各个品种都具有特有的含气量。

2. 碳酸化系统

碳酸化系统大致包括以下几个部分。

（1）CO_2 调压站　CO_2 调压站是一个根据所供应 CO_2 的压力和混合机所需要的压力进行调节的设备。

（2）水冷却器　古老的水冷却装置是蛇形管，外加冰冷却。后来改用有搅拌器的水箱，内加排管，排管作为蒸发器，即直接通入氨或氟利昂使水箱中水降温，也可以用排管作为冷却器，通入低温盐水（氯化钙水溶液）或酒精溶液作为冷却介质。目前多数用板式热交换器作冷却器，一般放在混合机前或脱气机前，也可以放在混合机后作二次冷却用。

（3）混合机　混合机的作用是在压力作用下使 CO_2 与较低的水和糖浆混合而成为碳酸液。要求混合机在一定的气体和液体温度下，在一定时间内，尽量增加两者的接触面积，以达到一定的饱和度。混合机的类型多种多样，常见的有薄膜式、喷雾式、喷射式和填料塔式混合机。

（四）玻璃瓶的洗涤

汽水的传统包装物是玻璃瓶。玻璃瓶可以作为一次性使用包装，但大多数仍为回收瓶。多次使用的包装，虽然增加了生产过程和流通过程中的不便，且难以远销，但回收瓶汽水价格低廉仍为其极有利的优点。

回收瓶需要经去污、杀菌等处理后才能重新灌装，所以洗瓶机庞大复杂，为生产线上占用资金很高的设备。洗瓶剂通常用碱，选择碱时要考查其去污力、杀菌力、润湿力、易冲去性等条件。杀菌力最强、去污力也好的当推烧碱（NaOH），通常用3.5％～4％的碱液。为了增强其他能力（如易冲去性），有的用复碱［如60％NaOH、40％纯碱（Na_2CO_3）或 Na_2SiO_3］，还有的用复合磷酸钠或焦磷酸钠以增强对水的软化能力，避免瓶子在热碱水中冲洗时结垢。近来有用复合葡萄糖酸钠的。洗瓶用碱不可过浓，以免腐蚀玻璃。通常为了杀菌，碱液要加温到60～65℃，瓶子和碱液的接触时间通常不低于10min。

回收瓶进入洗瓶机以前要进行人工预检，目的是将不能用洗瓶机清洗的特殊污染瓶拣出以及除掉瓶口盖或瓶中插有的吸管等杂物，不使其进入洗瓶机。

一次性的玻璃瓶、聚酯瓶和易拉罐在生产以后的环节未受到污染的情况下，清洗比较简单，可以只用清水冲洗，还可以使用压缩空气干洗。

（五）灌装

1. 灌装的质量要求

灌装是碳酸饮料生产的关键工序，不论采用玻璃瓶、金属罐和塑料容器等不同的包装形式，也不论采用何种灌装方式和灌装系统，都应保证碳酸饮料的质量要求，这些质量要求如下。

（1）达到预期的碳酸化水平 在碳酸化过程中，碳酸饮料的碳酸化应保持一个合理的水平，CO_2 含量必须符合规定要求。成品含气量不仅与混合机有关，灌装系统也是主要的决定因素。

（2）保证糖浆和水的正确比例 两次灌装法成品饮料的最后糖度决定于灌浆量、灌装高度和容器的容量，要保证糖浆量的准确度和控制灌装高度，而现代化的一次灌装法要保证配比器正确运行。

（3）保持合理和一致的灌装高度 灌装高度的精确性与保证内容物符合规定标准，商品价值和适应饮料与容器的膨胀比例有关。例如，两次灌装时的灌装高度直接影响糖浆和水的比例。而灌得太满，顶隙小，在饮料由于温度升高而膨胀时，会导致压力增加，产生漏气和瓶破裂等现象。

（4）容器顶隙应保持最低的空气量 顶隙部分的空气含量多，会使饮料中的香气或其他成分发生氧化作用，导致变味变质。

（5）密封严密有效 密封是保护和保持饮料质量的关键因素，瓶装饮料不论是冠形盖还是旋紧盖都应密封严密，压盖时不应使容器有任何损坏之处，金属罐卷边质量应符合规定要求。

（6）保持产品的稳定 不稳定的产品开盖后会发生喷涌和泡沫溢出现象。造成碳酸饮料产品不稳定的因素主要有：过度碳酸化、过度饱和、存在泄气杂质、存在空气以及灌装温度高或温差较大等。任何碳酸饮料在大气压下都是不稳定的（过饱和），而且这种不稳定性随碳酸化度和温度升高而增加，因此冷瓶子（容器）、冷糖浆、冷水（冷饮料）对灌装是极为有利的。

2. 灌装方式和系统

灌装是碳酸饮料生产的主要工序之一。灌装方式主要有两种，即二次灌装法和一次灌装法。所谓灌装系统是指灌糖浆、灌碳酸水和封盖等操作。灌装方式不同，灌装体系也是不同的。例如，两次灌装系统由灌浆机（又称糖浆机或定量机）、灌水机和压盖机组成。大规模生产均采用一次灌装法，加糖浆工序中，使用配比器，置于混合机前。灌装系统由同一个动力机构驱动的灌装机和压盖机组成。碳酸饮料由于是含气饮料，通常是在 $0.3 \sim 0.4 MPa$ 压力下灌装的，如果在常温下灌装高碳酸化度的产品，灌装压力有时可达 $0.6 MPa$。

项目七 特殊用途饮料加工技术

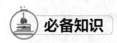 **必备知识**

一、特殊用途饮料分类

特殊用途饮料是指加入具有特定成分的适应所有或某些人群需要的液体饮料。按照 GB/T 10789—2015，特殊用途饮料分为五类。

1. 运动饮料

营养成分及其含量能适应运动或体力活动人群的生理特点，能为机体补充水分、电解质和能量，可被迅速吸收的制品。

2. 营养素饮料

添加适量的食品营养强化剂，以补充机体营养需要的制品，如营养补充液。

3. 能量饮料

含有一定能量并添加适量营养成分或其他特定成分，能为机体补充能量，或加速能量释放和吸收的制品。

4. 电解质饮料

添加机体所需要的矿物质及其他营养成分，能为机体补充新陈代谢消耗的电解质、水分的制品。

5. 其他特殊用途饮料

以上四种饮料之外的特殊用途饮料。

二、运动饮料

（一）运动饮料的类型

我国的运动饮料大体可归纳为三类。

1. 碱性电解质运动饮料

此种饮料含有适量的钠、钾、氯、钙、镁、磷等无机盐，并分为天然的和人工合成的两种。纯天然的电解质运动饮料，可添加或不添加糖、氨基酸和维生素，如矿泉水运动饮料。人工电解质运动饮料是通过人工添加了钠、钾、钙等无机离子，而且由于口感的需要，往往加入少量果汁或果味香精。另外，碱性电解质运动饮料又分为低渗透、等渗透、高渗透的。

2. 营养型运动饮料

饮料中添加了营养物质，如蛋白质、功能性低聚糖、氨基酸、维生素、铁、锌等。

3. 中草药型运动饮料

多用具有保健作用的中草药，如甘草、山楂、罗汉果、花粉、刺五加等配制而成。

（二）运动饮料的主要成分

各种运动饮料一般来说包括下列成分。

1. 水分

运动员由于剧烈运动会失去比平常人多几倍的水分，当人体脱水达体重 2% 时，就会影响运动成绩，因此补充水分是饮料的主要目的。

2. 糖类

饮料中添加糖类既能为运动员提供能量，又能增加饮料风味。添加的糖类一般为蔗糖、葡萄糖、功能性低聚糖和多糖等。运动员饮用含蔗糖和葡萄糖的饮料，尽管是速效与高能的，但会使血糖立即升高，并产生了热量；但过后会造成血糖急剧下降，使运动员缺乏能源而失去活力。若添加一定量的低聚糖或多糖，可使饮料的渗透压与人体液的渗透压相等，达到等渗、味甜的效果，而且人体吸收利用速度适中，避免低血糖反应。

3. 无机盐

运动员大量排汗，体液中的无机盐钠、钾、钙、镁等随着汗液一起排掉，如果采用一般饮料来补充损失的汗水，则会引起人体失盐。因此必须补充无机盐以维持体液的平衡。

从生理角度来说，无机盐在饮料中所含的浓度必须与体内无机盐的浓度相等，才能为人体尽快吸收。故运动饮料应该制成与体液的渗透压相同的等渗饮料。但运动饮料中添加的盐分，咸、苦、涩味对风味影响较大，调香时应注意掩盖。

4. 维生素

维生素的主要功用是参与体内的代谢，提高运动员成绩。运动员由于新陈代谢旺盛，体内代谢强度大，消耗大量的维生素，特别是水溶性维生素，因此需要补充。一般运动员需要补充维生素 C 及 B 族维生素，每天的具体补充量根据运动种类、体重等确定。

5. 氨基酸

人体大量流汗引起氨基酸的损失，所以应进行补充。另外，天冬氨酸虽是一种非必需氨基酸，但它对抗疲劳、增加耐力和恢复体力均有较好的效果，经常添加的天冬氨酸为其钾盐或镁盐。

6. 其他物质

铁、锌等微量元素也是运动饮料中常常需要的。还有一些特殊物质，如麦芽油、花粉、田七等对运动员的耐力和能力均有积极的效果。

应该注意的是，要针对不同的体育运动特点，选择不同的种类，添加合适的数量。

（三）常见的运动饮料配方

（1）一般的运动饮料 按 1000L 计（单位：kg）：

蔗糖	55	氯化钠	1
柠檬香精	1	多种低聚糖	20
柠檬酸	1.8	水	补足

（2）电解质等渗饮料 按 1000L 计（单位：kg）：

葡萄糖	20.07	氯化钠	2.96
磷酸二氢钾	3.6	香精	1.75
维生素 C	0.42	三氯蔗糖	0.65
食用色素	0.04	柠檬酸	9.73
柠檬酸钠	2.36	氯化钾	0.87
水	补足		

三、营养素饮料

人体需要的营养素种类很多，数量也各不相同。但并不是所摄入的营养素越多越好，因此添加营养素时应掌握如下原则。

1. 针对人体需要是最基本的原则

人体的需要包括正常生长的需要和特殊环境下过分消耗的需要。不同生理状态下的人员对营养素的需求是不相同的，因此，要针对不同对象所需要的不同营养素的种类和数量来添加。如飞行员对 B 族维生素和维生素 C 消耗大，婴儿的日常食谱难以满足对蛋白质、维生素和无机盐的全部需要等，应该科学地进行强化。

2. 改善营养素的平衡关系

各种饮料都要考虑营养素的平衡与合理，才能保证人体的正常发育、修补组织、维持体内各种生理活动。尤其对特殊环境下的人群，合理的营养供应可提高机体的抵抗能力和免疫功能。

3. 保持饮料的特色

添加营养强化剂时，不应改变饮料原有的色、香、味，应使强化剂的色泽、风味与饮料原有的色泽、风味相协调。

项目八　茶饮料加工技术

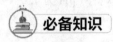 **必备知识**

茶（类）饮料的分类

按照我国标准 GB/T 21733—2008 将茶饮料按照风味分为四大类：茶饮料（茶汤）、调味茶饮料、复（混）合茶饮料、茶浓缩液。

1. 茶饮料（茶汤）

以茶叶的水提取液或其浓缩液、茶粉为原料，经加工制成的，保持原茶汁应有的风味的液体饮料，可添加少量的食糖和（或）甜味剂。茶饮料（茶汤）又分为五类：红茶饮料、绿茶饮料、乌龙茶饮料、花茶饮料、其他茶饮料。

2. 调味茶饮料

调味茶饮料分为：果汁茶饮料和果味茶饮料、奶茶饮料和奶味茶饮料、碳酸茶饮料、其他调味茶饮料。

（1）果汁茶饮料和果味茶饮料　以茶叶的水提取液或其浓缩液、茶粉为原料，加入果汁、食糖和（或）甜味剂、食用果味香精等的一种或几种调制而成的液体饮料。

（2）奶茶饮料和奶味茶饮料　以茶叶的水提取液或其浓缩液、茶粉为原料，加入乳或乳制品、食糖和（或）甜味剂、食用奶味香精等的一种或几种调制而成的液体饮料。

（3）碳酸茶饮料　以茶叶的水提取液或其浓缩液、茶粉为原料，加入二氧化碳气、食糖和（或）甜味剂、食用香精等调制而成的液体饮料。

（4）其他调味茶饮料　以茶叶的水提取液或其浓缩液、茶粉为原料，加入除果汁和乳之外其他可食用的配料、食糖和（或）甜味剂、食用酸味剂、食用香精等的一种或几种调制而成的液体饮料。

3. 复（混）合茶饮料

以茶叶和植谷物的水提取液或其浓缩液、干燥粉为原料，加工制成的，具有茶与植谷物混合风味的液体饮料。

4. 茶浓缩液

采用物理方法从茶叶水提取液中除去一定比例的水分经加工制成，加水复原后具有茶汁应有风味的液态制品。

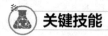 **关键技能**

茶饮料生产技术

（一）果汁茶饮料生产技术

1. 果汁茶饮料的生产工艺流程

红茶 → 烘干 → 水浸提 → 精滤 → 真空浓缩 → 转溶 → 乙醇沉淀 → 冷藏 → 抽滤 → 回收乙醇

成品 ← 封口杀菌 ← 灌装 ← 红茶汁(6.0°Bx) ←

果汁、添加剂、糖等 →

2. 操作过程

将红茶在约110℃下烘烤3～8min，提高香气。以红茶与水为1∶20的比例，用60～90℃的水浸提约10min后滤去茶渣，精滤。在60～65℃下真空浓缩40min，得到4.0°Bx以上的浓缩茶汁；然后在40％～50％茶汁中加入0.3％的亚硫酸钠，控制20～30min，充分搅拌进行转溶。在转溶后的茶汁中加入65％的食用酒精，搅匀后在0℃左右冷藏约20h，通过抽滤和回收乙醇操作，得到红茶汁（6.0°Bx）。

在茶汁中加入柠檬汁或其他果汁5％、白砂糖8％和柠檬酸等添加剂，使饮料的pH为4.0～4.2，酸甜适宜。经灌装后采用巴氏杀菌即可。

（二）罐装茶饮料的一般生产工艺

1. 罐装茶饮料的加工工艺流程

糖、香精等 ↓

茶叶 → 热浸提 → 精滤 → 茶浸提液 → 调配 → 过滤 → 加热 → 灌装 → 密封 → 杀菌 → 冷却 → 成品

2. 工艺操作要点

（1）茶叶的选择　应选择外观颜色纯泽、香气浓郁纯正、外形均匀一致的当年新茶，确保产品有较好的色泽、香气和滋味。

（2）热浸提　水中的金属离子对浸提液的颜色和滋味都会产生较大的影响。因此，浸提用水应进行去离子处理，同时应将水的pH控制在6.5左右，即微酸性至中性范围。

浸提时选择合适的温度和时间对浸提茶汁是十分重要的。茶叶可溶性成分及主要化学成分的萃取率（即100kg原料茶中被萃取出的可溶性固形物）随萃取温度升高和时间延长而增加。若采用高温、长时间萃取，可溶性成分的萃取率高。但采用太高的温度萃取，茶黄质和茶红质会被分解，同时类胡萝卜素和叶绿素等色素结构发生变化，对茶萃取液色泽有不利影响。高温萃取还易造成香气成分逸散，成本也较高。而长时间萃取又易造成茶汤成分氧化。温度太低，呈色物质就不能被完全萃取出来，而使色泽不足。故生产中通常用75～85℃的温水中浸提10～15min即可。

（3）调配 精滤的茶浸提液稀释至适当的浓度，按制品的类型要求加入糖、香精等配料。

（4）灌装 调配后过滤，除去可能存在的沉淀物，经过板式热交换器加热至85～95℃进行热灌装。灌装后，可充入氮气置换容器中的残存空气。

（5）杀菌 罐装茶饮料封罐后，进行高温杀菌。在121℃条件下杀菌5～10min或115℃杀菌20min。杀菌结束后冷却至常温即为成品。

 思 考 题

1. 什么叫饮料？主要分为哪几大类？
2. 饮料生产中常用的原辅料有哪些？
3. 水处理的目的及常用的水处理方法有哪些？
4. 简述包装饮用水的生产技术。
5. 蔬菜汁饮料有哪几类？
6. 植物蛋白饮料的定义和分类是什么？
7. 简述豆乳的生产工艺。
8. 简述茶饮料的定义、分类及其生产技术。
9. 简述二次灌装法生产碳酸饮料的工艺流程。
10. 含乳饮料的定义及分类是什么？
11. 什么叫特殊用途饮料？运动饮料主要有哪几类？
12. 简述饮用天然矿泉水生产工艺。
13. 果汁澄清的方法有哪些？
14. 简述浓缩苹果汁生产工艺。
15. 简述花生乳生产工艺流程。
16. 简述果汁茶饮料生产技术。
17. 简述咖啡乳饮料生产工艺流程。

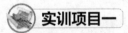 **实训项目一 饮料用水的处理**

【实训目的】

饮料加工中对水的要求非常严格。通过本实验实训，要求学生进一步了解天然水的特点，饮料加工用水的水质要求，掌握水处理的原理和方法。

【实训原理】

通过混凝和过滤可除去水中的悬浮物及微生物，通过采用离子交换法、石灰纯碱法等可降低水的硬度，通过氯消毒、紫外线消毒可杀死微生物、虫卵等，从而达到净化水的目的。

【材料与用具】

天然水源的水、硫酸亚铁、硫酸铝、明矾、石灰、纯碱、离子交换树脂、漂白粉、砂滤棒水过滤器、离子交换器、紫外线消毒器、水质综合测定仪等。

【操作要点】

（一）水质测定

用水质综合测定仪，测定天然水的水质，测定指标主要依据我国饮用水水质标准，饮料用水硬度小于 3.03mmol/L。

（二）混凝与过滤

1. 混凝

① 明矾用量为水的 0.001‰～0.02‰，水为中性，硫酸铝用量 20～100mg/L，水为中性，硫酸亚铁适量，要求水的 pH 值在 6.1～6.4。水的 pH 值如不符合以上要求，则要加石灰、氢氧化钠或酸来调节水的 pH 值。以上混凝剂的具体使用量要通过单因子试验来确定。

② 将上述混凝剂配成一定浓度的溶液。

③ 在不断搅拌的情况下，均匀加入水中。

④ 观察所发生的现象。

⑤ 在沉淀槽中沉淀所产生的絮状物。

2. 过滤

利用不同型号的砂滤棒水过滤器在不同的压力和流量下，对水进行过滤。或采用膜超滤装置进行超滤。

（三）软化

目前一般采用离子交换软化法。根据饮料用水的除盐要求，所采用的离子交换器一般为复床或联合床系统，使含盐量降到 5～10mg/L，pH 值 7.0±2。在使用前，阳离子交换树脂要用等量的 7% 盐酸浸泡 1h 左右，后用自来水冲洗至 pH 值 3～4 为止，沥干水，加入等量 8% 的氢氧化钠溶液浸泡 1h 左右，去除碱液；水洗至 pH3.0～9.0 沥去水。最后加入 3～5 倍量 7% 盐酸浸泡 2h 左右，沥去酸液，用水洗至 pH 3～4 即可使用。阴离子交换树脂则做和以上完全相反的处理。使用一段时间后，树脂会出现老化现象。这时要用 2～3 倍的 5%～7% 盐酸溶液处理阳离子交换树脂。用 2～3 倍的 5%～8% 氢氧化钠溶液处理阴离子交换树脂，然后用去离子水（软水）洗至 pH 值分别为 3.4～4.0 或 8.0～9.0。

（四）消毒

目前饮料加工厂，水的消毒一般采用紫外线消毒法，即采用紫外线饮水消毒器进行消毒。使用时压力一般为 0.4MPa，流量根据设备确定。

（五）水质监测

在水处理管线末端定时取水样，用水质综合测定仪测定处理水的水质。

【注意事项】

① 使用前检查设备及管线的完好情况。

② 什么时候用，什么时候进行水处理，处理水不可长期存放。

【讨论题】

1. 写出实习报告。

2. 为什么要进行水处理？

 实训项目二　矿泉水加工

【实训目的】

矿泉水的种类很多，其标准是来自天然的或人工井的地下水源的细菌学上健全的水，与普通饮水相比，应具有以矿物质或痕量元素或其他成分为特征的性质；保持原有的纯度，不受任何污染；性质和纯度，一直保持不变，天然的矿泉水不是普遍存在的，大多采用人工生产矿泉水。通过实验实训掌握人工加工矿泉水的方法。

【实训原理】

几乎每个地区都能找到优质矿泉水或地下水。用这种水进行人工矿化，可以制得与天然矿泉水很接近的人工矿泉水。它不受地区、规模限制，可以生产任何类型的矿泉水。

【材料与用具】

原水、碱土碳酸盐矿石粉末、循环密闭罐、CO_2 灭菌机、灌装机、封罐机、饮料瓶等。

【工艺流程】

投料 → 原水选择与充 CO_2 → 循环 → 过滤 → 灭菌 → 灌装 → 封口 → 成品

【操作要点】

(1) 投料　按配方将碱土碳酸盐矿石粉末如碳石、白云石、文石等投入密闭罐中。

(2) 原水选择与充 CO_2　原水应为天然泉水、井水或自来水，污染轻，含对人体有益的高矿物盐类，并经药理检验方可选用，将原水抽入具循环泵的耐压容器中，冷至 $3\sim5℃$，充入 CO_2，为含 CO_2 原水再输入密闭罐中。

(3) 循环　原水、石料粉末投入后，开动循环泵，使其充分混合，达到一定矿化浓度。

(4) 过滤、灭菌　矿化后的原水经过滤机精滤后，再经紫外线灭菌机灭菌。

(5) 灌装、封口　盛装容器应无毒卫生，将灭菌后的矿泉水灌入后，立即封盖，即为成品。

【讨论题】

1. 加工矿泉水的意义？

2. 加工矿泉水应具备哪些条件？

 实训项目三　西红柿饮料加工

【实训目的】

通过实验实训，掌握西红柿原汁制取方法，西红柿饮料加工方法。

【实训原理】

西红柿有一种特殊的味道，且汁液黏稠，多丝絮状，无论口感和外观作为饮料都不十分理想，为解决这一问题，生产中常采用乳酸发酵，添加氨基酸及维生素E，用干酵母发酵，采用硅藻土、活性炭处理后过滤等办法，虽不同程度地提高了西红柿汁的质量，但存在着工序长、易腐败，只适于大工业生产等弊端。为克服这些弊端，应把加热至70℃的西红柿汁用密度分离法分离出透明的西红柿汁，然后与其他透明果汁或蔬菜汁混合，必要时再添加些其他香料，配成透明西红柿混合饮料。

【材料与用具】

新鲜的西红柿、透明果蔬汁、破碎机、压榨机、脱气机、离心分离机、包装容器等。

【工艺流程】

原料 → 清洗 → 破碎 → 压榨 → 分离 → 调配 → 灌装 → 巴氏杀菌 → 成品

【操作要点】

(1) 透明西红柿汁制取　选新鲜充分成熟、风味浓郁、质地优良的西红柿，清洗后破碎，静置 5min，加热至 70℃，迅速冷却至 30℃，而后通过打浆机（2mm）制得西红柿汁，再经绝对压力为 19998Pa 脱气机进行分批密度分离，得淡黄透明的西红柿汁。1500r/min 分离 20min。

(2) 调配　透明西红柿汁 10L，透明苹果汁 1L，果糖 0.5kg。维生素 C 1.5g。

(3) 灌装、灭菌　调配后灌入消毒后的饮料瓶中经巴氏灭菌后即为人们乐于饮用的健康饮料。

【讨论题】

1. 为什么西红柿汁宜加工成透明汁液？

2. 西红柿饮料加工的主要工序有哪些？

实训项目四　豆奶的加工

【实训目的】

了解大豆的化学成分，学习豆奶在实验室中的制作方法；掌握去除大豆豆腥味的技术；掌握豆奶的加工原理和技术，设备的操作原理和技术。

【材料与用具】

大豆、砂糖、奶粉、烧杯、量筒、长滴管、玻璃棒、汽水瓶、王冠盖、压盖机、蒸煮锅、豆乳机、均质机、电炉、过滤筛、手持式糖度计等。

【工艺流程】

大豆 → 清洗 → 浸泡 → 打浆 → 过筛 → 配料 → 加热 → 成品

【操作要点】

（1）清洗及浸泡　清洗除去杂质及虫蛀豆，浸泡后去未泡起的豆。

（2）打浆　将泡好的豆加入磨浆机中打浆。

（3）过筛　将豆渣分离，去渣子。

（4）配料　根据自己的口味，加奶粉、砂糖（奶粉5％左右、砂糖8％左右）。

（5）加热　加热至104℃，豆浆中的异味随水蒸气排出。

【质量标准】

蒸煮打浆后的豆奶仍残留有豆腥味，通过加入适量奶粉、砂糖调节豆奶口味，使其奶香和豆香味浓郁突出，稍甜，口感较好。

【注意事项】

（1）注意安全　用电安全。

（2）注意卫生　实验过程及时清理废弃物。

【讨论题】

1.写出实验实训报告。

2.怎样提高大豆蛋白的抽提率？

 实训项目五　碳酸饮料加工

【实训目的】

掌握碳酸饮料加工的具体方法和设备的操作技术。

【材料与用具】

果味糖浆、处理水、液态二氧化碳、汽水瓶、碳酸化设备、洗瓶机、灌装封口机等。

【工艺流程】

（一）现调式

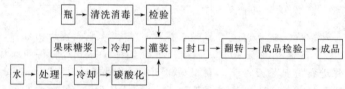

（二）预调式

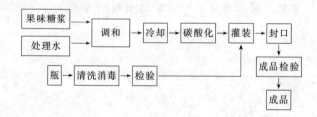

【注意事项】

① 消毒清洗。

② 开机前对设备管线进行彻底检查。

③ 实验实训前要了解设备的操作方法，特别是碳酸化设备。

④ 在采用现调式设备的操作方法时，要注意灌装量的一致。

⑤ 操作时要注意安全。

【记录与计算】

对设备的运行情况要及时记录，对半成品量、成品量、瓶子损耗量等也要记录。

【讨论题】

1. 写出实验实训报告。

2. 现调式和预调式有什么不同，各有什么优点和缺点？

 实训项目六 果汁饮料加工

【实训目的】

通过本实验实训，了解果汁饮料的加工过程，掌握果汁饮料加工过程中的重点工序。

【材料与用具】

苹果、白砂糖、柠檬酸、打浆机、均质机、脱气机、加热锅、饮料罐或瓶、压盖机、手持式糖度计等。

【工艺流程】

原料 → 分选 → 去皮 → 切半、挖籽巢 → 软化 → 调配 → 脱气均质 → 加热装罐

成品 ← 冷却 ← 杀菌 ← 密封 ←

【操作要点】

（1）原料　原料要充分成熟，不同品种混合加工风味较好，用红玉5份、国光3份、香蕉2份混合制汁，原料分选别出不合格果，去皮、切分挖去籽巢。修去斑点、伤疤、病虫害、伤烂等，及时浸入1％食盐水中护色。

（2）软化　向果片中加入等量15％的糖水，迅速升温沸腾，保持10～12min，抑制酶的活性，使果片柔软便于打浆以及防止酶变。

（3）打浆　将果块连同汁液用筛孔为0.8mm和0.4mm打浆机各打一次。

（4）调配　向上述带果肉果汁中加入70％糖水，调整果汁浓度为13％～18％，再加入适量柠檬酸使成品含酸量0.2％～0.7％，原果汁含量不低于45％。

（5）脱气均质　用调配好的果汁在真空度600mmHg（80kPa）下用脱气机脱去果汁中空气，然后用高压均质机在压力100～120kgf/cm² （9.8～11.8MPa）下均质。

（6）装罐　将果汁迅速加热到85～90℃，趁热装罐或装瓶，装罐时注意搅拌均匀，汁温在80℃以上。

（7）封罐　装罐后迅速用封罐机密封或压盖封瓶。

（8）杀菌、冷却　沸水杀菌10～15min，迅速冷却。

（9）要求　成品色泽淡黄均匀浑浊，长时间静置后允许有少量沉淀，风味正常，无杂物。

前处理　　灭酶提糖　　酶解超滤　　观摩线　　吸附浓缩　　案例

模块三 焙烤及膨化食品加工技术

学习目标

通过本模块的学习，使学生了解焙烤及膨化食品加工的发展历史，我国焙烤及膨化食品加工的发展现状；使学生掌握焙烤食品、膨化食品和方便食品的制作工艺；熟练掌握面包、蛋糕、饼干、特色糕点等食品的加工技术，并能使学生通过本模块的学习取得相应的职业资格证书。

思政与职业素养目标

1. 了解我国现代焙烤成就，增强行业自豪感。
2. 了解我国源远流长、丰富多彩的面食文化，增强民族自信和文化自信。
3. 在焙烤生产工艺、技能上精益求精，培养工匠精神。

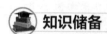 知识储备

焙烤食品是指以面粉和谷物为主原料，采用焙烤加工工艺成形和熟制的一大类食品。虽然肉、蛋、蔬菜也有类似加热工艺，但这里指的主要原料为谷物，主要是小麦粉的焙烤加工食品。随着社会经济的发展，焙烤食品在生活中的地位也越来越重要。焙烤食品除了常说的面包、蛋糕、饼干之外，还包括我国的许多传统大众食品，如烧饼、点心、馅饼等。焙烤食品常见的分类方式有以下两种。

（一）按发酵和膨化程度分类

（1）用培养酵母或野生酵母使之膨化的制品 包括面包、苏打饼干、烧饼等。

（2）用化学方法膨化的制品 这里指各种蛋糕、炸面包圈、油条、饼干等。总之是利用化学疏松剂小苏打、碳酸氢铵等产生的二氧化碳使制品膨化。

（3）利用空气进行膨化的制品 天使蛋糕、海绵蛋糕等不用化学疏松剂的食品。

（4）利用水分气化进行膨化的制品 主要指一些类似膨化食品的小吃，它不用发酵也不用化学疏松剂。

（二）按照生产工艺特点分类

① 面包类，包括听型面包、硬式面包、软式面包、主食面包、果子面包等。

② 松饼类，包括牛角可松、丹麦式松饼、派类及我国的千层油饼等。

③ 蛋糕类。

④ 饼干类。

⑤ 点心类。

焙烤食品用到的主要原辅料是面粉、糖、油脂、蛋品、乳制品、盐等。

一、小麦粉

焙烤中也有一些常用的小麦粉，分类如下。

（1）高筋面粉 蛋白质含量在12.5%以上的小麦面粉。它是制作面包的主要原料之一。在西饼中多用于松饼（千层酥）和奶油空心饼（泡芙）中。在蛋糕方面仅限于高成分的水果蛋糕中使用。

（2）中筋面粉 小麦面粉蛋白质含量在9%～12%，多用于中式馒头、包子、水饺以及部分西饼中，如蛋塔皮和派皮等。

（3）低筋面粉 小麦面粉蛋白质含量在7%～9%，为制作蛋糕的主要原料之一，也是混酥

类西饼中的主要原料之一。

（4）**蛋糕专用粉**　低筋面粉经过氯气处理，使原来低筋面粉的酸价降低，有利于蛋糕的组织和结构。

（5）**全麦面粉**　小麦面粉中包含其外层的麸皮，使用内胚乳和麸皮的比例与原料小麦成分相同，用来制作全麦面包和小西饼等。

小麦粉中主要含有水分、蛋白质、脂肪、糖等化学成分，此外，还含有少量的维生素和酶类等。小麦粉的主要作用是形成焙烤食品的结构。

二、油脂

油脂是油和脂的总称，常温下呈液态的称为油，固态的称为脂，但是很多油脂随着温度变化会相互转换，所以油和脂不易严格区分。天然油脂主要又分植物油和动物油两大类，烘焙工业也常用人造油脂，如起酥油、人造奶油等。

1. 植物油

常用的有大豆油、芝麻油、花生油、葵花子油、菜子油等，它们的特点是不饱和脂肪酸含量较高，营养价值比动物油高，但稳定性差，容易酸败变质。另外，由于植物油常温下一般呈液态，可塑性极差，起酥功能及充气功能都不如动物油脂或固体油脂。

2. 动物油

常用的有奶油、猪油等。

（1）**奶油**　又称黄油、白脱油，是由从牛乳中分离得到的乳脂肪加工而成的。奶油的熔点为28～34℃，凝固点为15～25℃，实际上在10℃时就变得很硬，而在27℃时则太软，这给加工带来不便，所以加工时，一般温度控制在18～21℃。因奶油具有特殊芳香和较高的营养价值，因此备受消费者欢迎，但价格较贵，且在室温下易受细菌和霉菌的污染，因此应该冷藏。

（2）**猪油**　猪油是猪的腹、背部等皮下组织及内脏周围的脂肪，经提炼、脱色、脱臭、脱酸等处理后精制而成。其色泽洁白，可塑性强，起酥效果好，风味较佳，价格低廉，在烘焙食品中得到广泛的运用。猪油也存在一些缺点，首先其组织和性质不稳定，容易受到饲料、猪龄以及来自猪身不同部位等诸多因素的影响。其次，天然猪油充气功能差，不适于制作蛋糕类，其多用于中式糕点的制作。另外，猪油含有较多的不饱和脂肪酸，容易氧化酸败。为了克服猪油的缺点，现代油脂加工技术对猪油进行精炼、分离、氢化、酯交换等加工，制作出改良猪油、重整猪油等品质更符合食品加工要求的油脂产品。

3. 人造油脂

（1）**起酥油**　起酥油是以精炼的动植物油为原料，经混合、冷却、塑化等工艺加工而成，具有可塑性、乳化性、起酥性、充气性等加工性能。起酥油一般不直接食用，而是作为食品加工的原料。起酥油的种类很多，根据加工方法不同，可分为混合型起酥油和全氢化起酥油。混合型起酥油是用动物油和植物油混合制成的，稠度理想，塑性范围宽，价格便宜，但由于其中植物油用量多，不饱和脂肪酸含量高，比较容易氧化变质，稳定性差。全氢化起酥油一般用单一的植物油（棉籽油、大豆油）氢化而成，稳定性较高，但塑性范围窄，价格较高，且由于不饱和脂肪酸的减少而降低了营养价值。

（2）**人造奶油**　人造奶油又称麦淇淋，是烘焙工业使用最广泛的油脂之一。它以动植物油（主要是植物油）及其氢化油脂为原料，添加适量的牛乳或乳制品、乳化剂、防腐剂、抗氧化剂、食盐、维生素、色素和香精等，经混合、乳化、冷却、结晶、塑化等过程加工而成。它与起酥油的主要区别是含有较多的水分（20%左右）。

油脂各有不同，但油脂在焙烤中大致有以下几种作用。

（1）**起酥功能**　焙烤食品由于油脂的作用，产生层次结构，或质地变得酥松易碎，使得咀嚼方便，入口即化，这种变化称为"起酥"。

（2）**充气功能**　油脂在高速搅拌下能卷入大量空气，这种作用称为发泡。气泡越细小，分布越均匀，成品的结构就越细腻松软，体积也越大。油脂的充气功能与它的结构及饱和程度有关，饱和程度越高，卷入的空气量越多。同时，由于空气的进入，面糊的机械强度也大大增强，避免了坍塌，提高了面糊的稳定性。

（3）**保水功能**　油脂能防止水分的散失，保持产品的柔软可口，从而延缓了淀粉老化的速度，延长了产品的货架期。

（4）**营养功能**　油脂可赋予制品独特的香味，还能保持产品酥松柔软，滋润可口。油脂还含有人体必需的脂肪酸（如亚油酸、亚麻酸）和脂溶性维生素（维生素 A、维生素 D、维生素 E、维生素 K）。

三、糖

糖是制作焙烤食品的主要原料之一，焙烤食品生产中常用的食糖主要有固体糖和液态的糖浆。固体的糖主要是白砂糖、绵白糖、葡萄糖等，其中又以白砂糖较为常用。白砂糖又分为粗粒砂糖、大粒砂糖、中粒砂糖、细粒砂糖。糖浆有淀粉糖浆和玉米糖浆等。淀粉糖浆是以淀粉及含淀粉的原料经酶法或酸法水解、净化而成的产品，其主要成分为葡萄糖、麦芽糖、低聚糖（三糖和四糖等）和糊精。以玉米为原料生产的这种糖浆也称为玉米糖浆。

糖在焙烤中的作用很重要，主要有以下几种作用。

（1）**增加甜度，提高营养**　糖不仅能为制品提供甜味，还能迅速被人体吸收，产生热量。此外，有些糖，如蜂蜜，还含有其他营养素，所以适量添加，可提高制品营养价值。

（2）**提供酵母能量**　糖是酵母发酵时的能源物质，有利于酵母生长，可促进发酵。单糖可被酵母直接吸收利用，双糖和多糖水解后也能被酵母利用。但糖的用量不宜过多，否则会增加渗透压，使酵母的生长发酵受到抑制，延长发酵时间。

（3）**提高产品的色、香、味**　糖能赋予食品愉悦的甜味。在加热时会发生焦糖化作用和美拉德反应，两种反应的产物都能使烘焙制品呈现出诱人的红棕色和独特的焦香味。但若烘烤时温度过高，会使糖炭化，产生苦味。

（4）**降低面团弹性**　在和面时加入糖会形成一定浓度的糖溶液，具有一定的渗透压和吸水性，能够阻止面筋蛋白吸水胀润形成面筋网，降低了面团的弹性，这就是糖的反水化作用。对于饼干、蛋糕等不希望面筋形成的面团，可利用糖的反水化作用，通过增大加糖量来抑制面筋的形成。

（5）**延长产品货架期**　糖主要通过三个方面的作用来延长产品货架期。首先，还原糖具有较大的吸湿性，因此能保持制品柔软新鲜，防止发干变硬。其次，氧气在糖溶液中的溶解度较小，且糖在加工过程中水解生成单糖，具有还原性，能延缓高油食品中油脂的酸败氧化。此外，含糖量高的食品中渗透压也高，能抑制微生物的生长，一般 50% 的糖溶液能抑制大部分微生物的繁殖。

四、蛋制品

蛋制品主要有鲜蛋、冰蛋和蛋粉三种。

鲜蛋的加工性能在各种蛋品中是最好的，价格也相对较便宜。在中小工厂或作坊中使用较普遍。不过鲜蛋的运输和贮存不便，使用时处理麻烦，大型加工企业很少直接使用鲜蛋。冰蛋是由蛋液经过滤、灭菌、装盘、速冻等工序制成的冷冻块状食品，有冰全蛋、冰蛋白、冰蛋黄等。冰蛋使用前必须先解冻成蛋液，其加工工艺性能与鲜蛋非常接近，且运输、贮存和使用都很方便，所以得到广泛使用。将蛋液干燥并粉碎即可得到蛋粉，其容积小，质量轻，便于贮藏和运输。蛋粉同样可分为全蛋粉、蛋黄粉、蛋白粉。

蛋制品在烘焙食品中的作用如下。

（1）**起泡性**　蛋白具有良好的发泡性，在打蛋机的高速搅打下，能搅入大量空气，形成泡沫。它可使面团或面糊大量充气，形成海绵状结构，烘烤时泡沫内的空气受热膨胀，使产品体积增加，结构疏松而柔软。

（2）**蛋黄的乳化性**　蛋黄中富含磷脂，是很有效的天然乳化剂，具有亲水和亲油双重性质，能使油相和水相的原料均匀分散，使制品组织结构细腻，高水分产品质地柔软，低水分产品疏松可口。

(3) 改善产品外观和风味 蛋白参与美拉德反应，有助于制品上色。在面包制品表面涂上蛋液，经烘焙后使之更有光泽。含蛋的制品具有特殊的蛋香味等。

(4) 提高产品的营养价值 鸡蛋蛋白质含量高，且氨基酸比例接近人体模式，消化利用率高；含有较多的卵磷脂，对大脑和神经发育有重要意义；还含有丰富的矿物质、维生素。

五、乳及乳制品

乳制品中以鲜乳、全脂乳粉、脱脂乳粉、甜炼乳、淡炼乳、奶油等最为常用。

乳制品在烘焙食品中的作用如下。

(1) 对发酵过程的影响 面团在发酵过程中酸度会增加，发酵时间越长，面团酸度越大。而乳中的乳蛋白对酸度的增加具有缓冲作用，从而增强面团的耐发酵性，延长发酵时间，提高面团的稳定性。由于乳抑制了 pH 值的下降，使面团产气能力下降，此时加入适量的糖，能够刺激酵母体内酒精酶的活性，加快发酵速度，增加气体的产生量。

(2) 对烘烤过程的影响 乳中含有大量乳糖，酵母体内缺乏乳糖酶，所以不能分解乳糖，因此在面团发酵结束时，乳糖大量残留。在烘烤时，由于高温作用，乳糖与蛋白质发生褐变反应，使制品产生诱人的乳黄色并有光泽。但由于上色较快，容易造成外焦内生的情况，因此需适当缩短烘烤时间，这样能使产品更加柔软。

(3) 对产品品质的影响 乳粉能增加面团的吸水量，有利于提高产量和出品率。乳中的营养成分含量齐全，且容易被人消化吸收，营养价值很高。乳脂肪和乳糖能赋予产品特殊的奶香味及色泽，提高产品的综合品质。

六、食盐

食盐按其来源可分为：海盐、湖盐及井盐、矿盐。食盐在烘烤食品中的作用如下。

(1) 风味的产生 首先，食盐能为制品带来咸味，刺激人的味觉神经，引起食欲，使其更加可口。其次，咸味与其他风味之间有协调作用，如少量盐可增强酸味，而大量盐则会减弱酸味，少量盐能使甜味更加柔美。

(2) 细菌的抑制 食盐对大部分的酵母菌和野生菌都有抑制作用，盐在面包中所引起的渗透压能延迟细菌的生长，甚至有时可毁灭其生命。

(3) 面筋的安定 食盐可抑制蛋白酶的活性，减少其对面筋蛋白的分解破坏作用，具有调理和增强面筋的效应。由于食盐增强了面筋强度，面包品质也因此得到改善，气孔组织均匀细致，面包心的颜色也更白。筋力弱的面粉可使用较多量的食盐，强筋度的面粉宜用较少量的盐。

(4) 发酵的调节 因为食盐有抑制酵母发酵的作用，所以可用来调整发酵的时间。完全没有加盐的面团发酵较快速，但发酵情形却极不稳定。尤其在天气炎热时，更难控制正常的发酵时间，容易发生发酵过度的情形，面团因而变酸。因此，盐可以说是一种"稳定发酵"作用的材料。

七、水

在面团制作中，水质对产品的影响不可忽视，所以烘焙对水质有一定要求，特别是水的硬度和酸碱度。

若所用水的硬度不符合要求时，必须进行处理。若水质太软，可添加少量磷酸钙、硫酸钙来提高水的硬度。若水质太硬，可采用石灰处理使之软化。酵母的发酵和酶的作用均需要弱酸性环境，因此弱酸性水适合面包的生产。因此，对于酸碱性不适的水必须进行处理。对酸性过强的水可以适当加碱中和。对碱性水则可添加适量乳酸、醋酸或磷酸二氢钙等加以中和。

水在焙烤食品中的作用如下。

(1) 调节面团的胀润度 面筋蛋白吸水胀润形成面筋网，使面团具有弹性和韧性。在面团调制过程中，加水量适当，面筋的胀润度好，所形成的面团加工性能好。若加水量不足，则面筋蛋白不能充分吸水胀润，面筋不能充分伸展，面团品质差。

（2）**调节淀粉的糊化程度** 在烘烤过程中，淀粉遇热糊化，面包坯由生变熟。若面团含水量充足，淀粉充分吸水糊化，使制品组织结构细腻均匀，体积膨大；反之，则容易导致制品组织疏松。

（3）**促进酵母的生长繁殖** 水是酵母的重要营养物质之一，同时也是酵母进行各项生命活动的基础。酵母的最适水分活度（A_w）为 0.88，当 $A_w < 0.87$ 时，酵母的生长繁殖受到抑制。

（4）**促进原料溶解** 面粉中的许多原料都需要水来溶解，如糖、食盐、乳粉以及膨松剂等，这些原料只有经水溶解后才能在面团中均匀分散。

其他配料如果仁、蜂蜜、巧克力等也有一定的要求。

项目一　面包生产技术

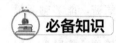 **必备知识**

面包的分类

面包是以面粉、酵母和水为主要原料，加入鸡蛋、油脂、果仁等辅料后经过面团调制、发酵、成形和焙烤等过程后所得的产品。常见的几种面包样式见图 3-1。

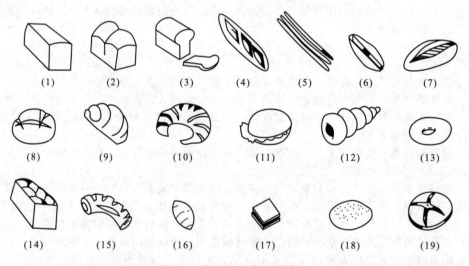

图 3-1　常见的几种面包样式

（1）方包；（2）山形面包；（3）圆顶面包；（4）法式长面包；（5）棍式面包；（6）香肠面包；
（7）意大利面包；（8）百里香巴黎面包；（9）牛油面包；（10）牛角酥；（11）汉堡包；
（12）奶油卷面包；（13）油炸面包圈；（14）美式起酥面包；（15）巧克力开花面包；
（16）主食小面包；（17）三明治面包；（18）夹馅圆面包；（19）硬式面包

目前，国际上尚无统一的面包分类标准，分类方法较多，主要有以下几种分类方法。

1. 按面包的柔软度分类

（1）**硬式面包** 如法国长棍面包、英国面包、俄罗斯面包，以及我国哈尔滨生产的塞克、大列巴等。

（2）**软式面包** 如著名的汉堡包、热狗、三明治等。我国生产的大多数面包属于软式面包。

2. 按质量档次和用途分类

（1）**主食面包** 又称配餐面包，配方中辅助原料较少，主要原料为面粉、酵母、盐和糖，含糖量不超过面粉的 10%。

（2）**点心面包** 又称高档面包，配方中含有较多的糖、奶油、奶粉、鸡蛋等高级原料。

3. 按成形方法分类

（1）**普通面包**　成形比较简单的面包。

（2）**花色面包**　成形比较复杂，形状多样化的面包，如各种动物面包、夹馅面包、起酥面包等。

4. 按用料不同分类

奶油面包、水果面包、鸡蛋面包、椰蓉面包、巧克力面包、全麦面包、杂粮面包等。

5. 按发酵次数和方法分类

主要包括快速发酵法面包、一次发酵法面包、二次发酵法面包、三次发酵法面包、液体发酵法面包、过夜种子面团法面包、低温过夜液体法面包、低温过夜面团发酵法面包以及柯莱伍德机械快速发酵法面包。

6. 其他分类面包

主要品种有油炸面包类、速制面包、蒸面包、快餐面包等。这些面包，面团很柔软，有的糊状，有的使用化学疏松剂，一般配料较丰富，成品体积大而轻，组织孔洞大而薄，如松饼之类。

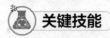

一、面包制作的工艺流程

面包生产的基本工序主要是：和面、发酵和烘烤。常用的制作方法按发酵的方法可分为：一次发酵（直捏发）、二次发酵（中种法、分醪法、预发酵法）、三次发酵法。面包的基本工艺流程如下：

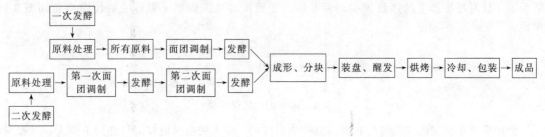

二、面包制作的操作要点

1. 原料处理

（1）**面粉**　一般选用高筋面粉，面粉使用前必须过筛，目的是为了清除杂质，打碎团块，也能起到调节粉温作用，同时使面粉中混入一定量空气，有利于酵母生长繁殖。

（2）**酵母**　预处理时需要根据不同种类分别处理，用于面包发酵的酵母主要有压榨干酵母、活性干酵母和即发性活性干酵母。前两种酵母需要用糖水活化后才能使用，而即发性活性干酵母可以直接使用，现在焙烤企业一般都使用它，如法国燕牌酵母。

（3）**水质**　一般有软水与硬水之分，面包生产用水一般以中等硬度（总硬度在 $100mg/L$ 左右）最为适宜。水的硬度太大会延缓发酵速度、面包色泽发白、口感粗糙、成品易老化、面筋过于强韧。用软水生产面包，会产生发黏、发酵时间缩短、面包塌陷等问题。为了适应生产，硬度过大的水可加碳酸钠进行软化；对过软的水可添加微量硫酸钙、磷酸氢钠等，以增加其硬度。

（4）**糖和盐**　糖和盐都要用水溶解、过滤后才能使用。糖能改善面包的口味，为酵母提供食物。盐能增强面筋的筋力。

（5）**乳粉**　需要用水配制成奶水再使用，以免结块。如果不加说明，奶水的比例一般为奶粉：水＝1：9。

（6）**油脂**　使用中，液态油脂可以直接加入，固体油脂需要溶解或软化后加入。

其他凡属于液体的原辅料，都要过滤后使用；凡属于粉质的原辅料，如不需要加水溶解的都要过筛后使用。

2. 面团调制

一次发酵法调制面团的投料顺序是将全部面粉投入和面缸内，再将砂糖、食盐的水溶液和其他辅料一起加入和面机内，拌匀后，加入已准备好的酵母，搅打至面筋形成后发酵即可。

二次发酵法调制面团分两次投料，第一次面团调制是将全部酵母和适量水投入和面机中搅拌均匀，再将配方中面粉量的 30%～70% 投入和面机，调成均匀的面团后发酵，待面团成熟后再加入适量的温水和面粉辅料拌匀后再发酵。

三次发酵法调制面团分三次投料，工艺较复杂，现在很少使用。

面团形成除受搅拌工艺影响外，还受以下因素影响：

① 面粉中面筋的形成和面团形成有直接关系，面筋量决定着面包的结构；

② 面团温度，当温度在 30℃ 时面筋能充分吸收水分，如果超过 65℃，面粉会糊化影响面团形成；

③ 搅拌要适度，过度搅拌会导致面筋断裂；

④ 糖和盐会导致面粉的吸水率降低，随着糖含量的增加，调制同样硬度的面粉需要更长时间。

3. 发酵

面团发酵主要是利用酵母的生命活动产生的二氧化碳和其他物质，同时发生一系列复杂的变化，使面包蓬松富有弹性，并赋予制品特有的色、香、味、形。

面包酵母是兼性厌氧细菌，它主要是以面团中的糖作原料进行发酵。面包发酵过程中，有氧呼吸和无氧呼吸其实是同时进行的。面包发酵初期，由于空气较多，以有氧呼吸为主，有氧呼吸产生的热量较多，可以提供酵母所需要的热量；后期由于二氧化碳增加，氧气减少，则以无氧呼吸为主，这时虽然产生的热量较少，但可以产生酒精等风味物质。酵母的糖代谢途径如图 3-2 所示。

图 3-2　酵母的糖代谢途经

面团发酵中所需的空气都是在面团搅拌中混入的，混入的空气泡在酵母作用下变大，又被搅打成小的气泡，如此循环，气泡就越来越多了，而酵母本身不能在面团中产生新气泡。

(1) 酵母发酵效果的影响因素　酵母的发酵质量直接影响面包的质量，酵母的发酵效果又与以下因素有关。

① 糖　糖是酵母的食源，研究表明酵母有一定的嗜好性，当葡萄糖、果糖、蔗糖三者共存时，酵母会先大量消耗葡萄糖，然后才会分解蔗糖产生能利用的葡萄糖，最后才会大量消耗果糖。

② 温度　温度是酵母生命活动的重要因素，发酵温度一般在 25～28℃，低了发酵过缓，高了容易造成其他杂菌的生长，影响面包质量。

③ 酵母的质和量　一般情况下，酵母的用量占面粉的 0.8%～2%，过多过少都会影响发酵效果。

④ 酸度　酸度对面团的发酵影响也较大，酸的发酵反应既有利也有弊，如发酵中的乳酸发酵有利于面包风味的改善，但醋酸发酵是要尽量避免的。一般情况下，面包发酵的酸度一般控制在 5.0～6.0，这个范围内面团的持气性最好。

⑤ 面粉中的面筋和酶的含量　面粉中的面筋和酶的含量对面团形成也有影响，面包面粉需选择面筋含量较高的面粉，这样可以提高面团的持气性；面粉中的淀粉酶能将淀粉分解成糖，给酵母提供食物，而变质或经过加热处理的面粉中的淀粉酶大量损失，影响酵母的正常发酵。

⑥ 面团中的水分　面团中的水分越多越有利于面团的发酵，因为高水分有利于酵母的生长。

其他一些辅料对面团的发酵也有一定影响，如盐会抑制酵母的活性。

（2）面团发酵终点的判断方法　面团的发酵终点判断也十分重要，一般有以下几种方法。

① 用手指轻轻插入面团内部，待手指拿出后，如四周的面团既不再向凹处塌陷，被压凹的面团也不立即复原，这就是面团成熟的标志；如果被压的面团很快恢复，说明面团太嫩；反之，如果被压四周的面团继续下陷，则说明面团已经发过了。

② 用手将面团掰开，如内部如丝瓜瓤状并有酒香，说明面团已经成熟。

③ 用手将面团握成团，手感发黏或发硬的是嫩面团；手感柔软且不发黏的刚好；如果表面有裂纹或很多气孔，说明面团已经老了。

在日常生产中，上述方法是比较简单的判断方法，也可以根据面包成品的质量来判断发酵的程度，如表 3-1 所示。

表 3-1　面包的质量与面团发酵的关系

部　位	感观质量指标	发酵不足	发酵适宜	发酵过度
外表	皮质颜色	深红色	金黄色	色淡、无光泽
	表皮	厚而硬	薄而脆	底部有沉积带
内层	瓤心颜色	略显灰暗	白而有透明感	有透明感，但气孔不均匀，有粗大气孔
	纹理	气孔膜厚、延展性差	延展性好，气孔膜薄，组织均匀	气孔膜薄，但不均匀，有的粗大
	触感	重而有紧缩感	软而平滑	软性、但有疙瘩
香气和口感		淡而无味	香味醇厚、易溶	酸味强烈、有异味

如果是发酵量比较大的话，还要进行揿粉，即将发酵模具周围的面团翻往中间，把底部的翻到上面来，其目的是让发酵均匀，温度均匀，增加面团的延展性和持气性。

4. 成形、分块

将发酵成熟的面团做成一定形状的面团称为成形。成形包括切块、称量、搓圆、静置、做形、入模或装盘等工序。

（1）切块与称量　发酵好的面团一般都有一定的损失，称为发酵损失，所以面团的量要事先放大，面包坯在焙烤中也会损失，所以分块时要加大量。分块可用机械也可用手工，机械分块速度快、定量准，但容易对面团造成机械伤；手工分块也有要求，一般是将面团分成小块后，再称量。

（2）搓圆　搓圆是将不规则的面团搓成圆形，使其形成结实的心子，光滑的表面。搓圆有手工和机械两种。手工搓圆的方法是掌心向下，五指握住面团，在面案上右手顺时针方向旋转，左手逆时针方向旋转，并向下轻压，将面团搓成圆球形。机械搓圆有伞形搓圆机、圆形搓圆机、锥形搓圆机等。

（3）静置与做形　静置的目的是为了让面团恢复弹性，使面团适应新的环境，使面包外形端正、表面光亮。做形是根据需要，将面团做成各种形状如拧花等。

5. 装盘、醒发

醒发的目的是消除面团的内应力，增加面团的延展性。醒发时，一般控制温度在 $36\sim38℃$，最高不超过 $40℃$。温度过高会造成面包表皮干燥，并且影响面团的发酵。湿度一般控制在 $80\%\sim90\%$，低了也会造成面包表皮变硬。醒发的程度一般要膨胀到原体积的 $2\sim3$ 倍。

6. 烘烤

烘烤是保证面包质量的关键工序，俗语说："三分做，七分烤"，说明了烘烤的重要性。而面包焙烤的关键又在于焙烤温度、时间和湿度的掌握。

（1）烤炉热度不足　烤炉热度不足的面包特性为面包体积太大、颗粒、组织粗糙，皮厚，表皮颜色浅，烘焙损耗大。

（2）烤炉热度太高　焙烤热度太高，面包会过早形成表皮而限制面包膨胀，减少焙烤弹性，使面包体积小。尤其是高成分面团容易产生外焦内生现象。

（3）**烤炉内闪热太多** 闪热的定义为瞬间受到的热强度，但此种热并不能以热单位来表示，面包在此状态下焙烤，最初阶段表皮着色太快，但热的消失甚快，因此面包内部的焙烤反而比正常为慢，结果表皮颜色太深，内部烤不熟。

面包焙烤中的主要变化是面包的颜色和香味的形成。面包表皮的颜色主要是由美拉德反应、焦糖化反应和蛋白质的变化形成的。所以，面包烤制前一般都会刷上蛋液和糖液等，来起发色作用。面包的香味主要是由各种羰基化合物形成的，其中醛类起主要作用，是面包风味的主要物质。焙烤前期面包的体积还会有较大程度的膨胀，主要是酵母在受热后继续产气，同时面包内的一些气体和水分也会起作用，所以焙烤前期烤箱的下火温度一定要高于上火。

7. 冷却和包装

刚出炉的面包中心温度较高，如果立即包装会造成包装内形成冷凝水，面包容易发霉；另外，面包在冷却前还没有一定的硬度，如果被包装挤压，面包就会变形甚至破碎，体积就很难恢复，所以包装前必须冷却。冷却的方法有自然冷却和机械冷却，自然冷却需要时间较长，对环境要求较高；机械冷却有吹风冷却等，但也容易使面包变形。

面包的包装可以延缓面包的老化，一般用的包装材料是蜡纸或塑料袋。

三、产品的质量控制

为保证面包产品质量各个省级厂根据本地区具体情况制定了企业标准，大致情况如下。

1. 感观指标

（1）**质量** 每个面包质量为规定质量±3%，一般面包质量根据配方中辅料多少而定，每份面粉按出成品面包1.4份计量，再加上辅料的出品率，就可确定面包成品质量。

（2）**色泽** 表面是金黄色或红褐色的，色泽基本一致，无斑点，不焦煳。

（3）**形态** 按品种造型设计不走样，粘连最大面积不大于周长的1/4。

（4）**内部组织** 口感松软，具有酵母清香味，允许有微酸味存在，无其他异味。

（5）**杂质** 表面无油污，内部无杂质。

2. 理化指标

（1）**水分含量** 以面包中心部位为准，为34%～44%。

（2）**酸度** 以面包中心部位为准，不超过6。

（3）**比容** 咸面包3.4mL/g以上，淡面包、甜面包及花色面包3.6mL/g以上。

项目二 饼干加工技术

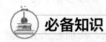 **必备知识**

饼干是携带和食用较为方便的焙烤食品，其种类和花色很多。一般可按照加工工艺特点，分成以下四类：一般饼干、发酵饼干、千层酥类和其他深加工饼干。

饼干的分类

（一）一般饼干

1. 按制造原理分类

分为韧性饼干和酥性饼干。韧性饼干在面团调制中，油脂和砂糖用量较少，因而面团中容易形成面筋，一般需要较长时间调制面团，采用辊轧的方法对面团进行延展整形，切成薄片状烘烤。因为这样的加工方法可形成层状的面筋组织，为了防止焙烤中起泡，通常使用针孔凹花印模。成品松脆，质量轻，常见的品种有动物、什锦、玩具、大圆饼干之类。

酥性饼干与韧性饼干的原料配比相反。在调制面团时，砂糖和油脂的用量较多，而加水量较少。在调制面团操作时搅拌时间较短，尽量不使面筋过多地形成，常用凸花无针孔印模成形。成品酥松，一般感觉较厚重，常见的品种有甜饼干、挤花饼干、小甜饼、酥饼等。

2. 按照成形方法进行分类

分为印硬饼干、冲印软性饼干、挤出成形饼干、挤浆（花）成形饼干、辊印饼干等。

印硬饼干是将韧性面团经过多次辊轧延展，折叠后经印模冲印成形的一类饼干。一般含糖和油脂较少，表面是有针孔的凹花斑，口感较硬。

冲印软性饼干使用酥性面团，一般不折叠，只是用辊轧机延展，然后经印模冲印成形，表面花纹为浮雕型，一般含糖比硬饼干多。

挤出成形饼干又分为线切饼干和挤条饼干。

挤浆（花）成形饼干的面团调成半流质糊状，用挤浆（花）机直接挤到铁板或键盘上，直接滴成圆形，送入炉中焙烤，成品如小蛋黄饼干等。

辊印饼干使用酥性面团，利用辊印成形工艺进行焙烤前的成形加工，外形均与冲印酥性饼干相同。

（二）发酵饼干

1. 苏打饼干

苏打饼干的制造特点是先在一部分小麦粉中加入酵母，然后调成面团，经较长时间发酵后加入其余小麦粉，再经短时间发酵后整形，整形方法与冲印硬饼干相同。我国常见的有宝石、小动物、字母、甜苏打等。

2. 粗饼干

也称发酵饼干，面团调制、发酵和成形工艺与苏打饼干相同，只是成形后的最后发酵，发酵在温度、湿度较高的环境下进行。经发酵膨松到一定程度后再焙烤。成品掰开后，其断面组织不像苏打饼干那样呈层状，而是与面包近似，呈海绵状，所以也称干面包。

3. 椒盐卷饼

扭结状椒盐脆饼，将发酵面团成形后，通过热的稀碱溶液使表面糊化后，再焙烤。成品表面光泽特别好，常被做成扭结状或棒状、粒状等。

4. 深加工花样饼干

给饼干夹馅或表面涂层等。

（三）派类

以小麦粉为主原料，将面团涂油脂层后，多次折叠、延展，然后成形焙烤。

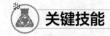 **关键技能**

一、饼干制作的工艺流程

虽然饼干的制作工艺区别较大，但基本工艺流程可以概括如下：

温水、砂糖、油脂 → ↓
原料处理 → 面团调制 → 辊轧 → 成形 → 烘烤 → 冷却 → 包装 → 成品
↑
香精、疏松剂、食盐、奶粉

二、饼干制作的操作要点

（一）原料处理

饼干制作中使用的主要原料有小麦粉、淀粉、糖类、油脂、疏松剂、食盐等，其选择如下。

（1）**小麦粉** 饼干用小麦粉，除特殊品种外，一般应选用筋力小的薄力粉。小麦粉在使用前要过筛，除去粗粒和杂质，使面粉中混入一定量的空气，有利于饼干的疏松。

（2）**淀粉** 一般可加入小麦淀粉、玉米淀粉或马铃薯淀粉，目的是为了降低面筋蛋白的比例。

（3）**糖类** 糖的作用除增加甜味、上色、光泽和帮助发酵外，对于酥性饼干，糖的一个重要作用是阻止面筋形成，因为糖具有强烈的反水化作用。砂糖不易充分熔化，如果直接用砂糖，会使饼干坯表面有可见的糖粒，烘烤后饼干表面出孔洞，影响外观。一般用糖粉或将砂糖熔化为糖浆，过滤后使用。

（4）**油脂** 一般使用起酥油。它也有反水作用，可阻止面筋的形成，降低面团的弹性。普通液体植物油脂、猪油等可以直接使用。奶油、人造奶油、氢化油、椰子油等油脂在低温时硬度较高，可以用搅拌机搅拌使其软化或放在暖气管旁加热软化。切勿用直火熔化，否则会破坏油脂的乳状结构而降低成品的质量。

（5）**食盐** 食盐在饼干焙烤中有以下作用：

① 增强产品的风味；

② 盐可以增强面筋弹性和韧性，使面团抗胀力提高；

③ 作为淀粉酶的活化剂，增加淀粉的转化率，给酵母供给更多的糖分；

④ 抑制杂菌繁殖，防止异味的产生。

（6）**其他** 饼干制作中还常用乳制品、蛋制品、可可、巧克力制品、果酱等来增加产品的风味和营养。各种原料的计量必须准确。

（二）面团调制

1.韧性面团的调制

韧性面团俗称"热粉"，这种面团要求具有较强的延伸性、适度的弹性，柔软、光润，并要有一定程度的可塑性。

韧性面团的调制需要时间较长，调制可分为两个阶段：第一个阶段是面粉吸水充分胀润，形成面筋；第二个阶段是通过充分搅拌，利用机械的搅拌作用使面筋失去弹性，增加面团的可塑性。

韧性面团的形成，注意以下几点。

（1）**配料次序** 面团调制时是先将面粉、水、糖等一起投入和面机中混合，再加入油脂等，这样有利于面筋的形成。

（2）**糖、油用量** 糖和油都会影响面筋的形成，所以韧性面团中，糖量不超过面粉的30%，油脂量不超过面粉的20%。

（3）**面团的温度** 韧性面团的温度常控制在36～40℃，这样可以加速面筋形成，缩短调制时间。温度也不能过高，高温会造成化学疏松剂的挥发。

（4）**面粉的选择** 一般选择面筋在30%以下的为宜。

（5）**加水量的控制** 韧性面团通常要求面团比较柔软，加水量要根据辅料及面粉的量和性质来适当确定，一般加水量为面粉的22%～28%。

（6）**淀粉的添加** 淀粉的添加目的除了淀粉是一种有效的面筋浓度稀释剂、有助于缩短调粉时间、增加可塑性外，还有一个目的就是使面团光滑，降低黏性。

（7）**面团调制结束时的判断** 正确判断面团是否调制成功对韧性面团十分重要，常用的判断办法有以下几条：

① 根据经验由面团温度的上升情况判断；

② 观察和面机的搅拌桨叶粘着的面团，当可以在转动中很干净地被面团粘掉时，即接近结束；

③ 用手抓拉面团时，感到面头的伸展性较好，面筋弹性和强度也不是太大，可以较容易地撕断；

④ 当用手拉断粗条时，感觉到较大的延伸力，且拉断后面团有适度缩短的现象。

2.酥性面团的调制

酥性或甜酥性面团俗称"冷粉"，这种面团要求具有较大程度的可塑性和有限的黏弹性，成品为酥性饼干。面团在调制中主要是控制面筋的形成，减少水化作用，制成适应加工工艺需要的面团。控制面筋的形成，主要注意以下几点。

① 配料次序 酥性面团调制时，应先将油、糖、水等辅料在调粉机中预混均匀，然后再投入面粉、淀粉、奶粉等原料，继续调制成面团。这样既可以缩短搅拌时间，又可以减少面筋形成。

② 糖、油脂的用量 糖和油脂具有反水化作用，所以在酥性面团中使用量较大。一般糖的用量可达面粉的 32%～50%，油脂用量达到面粉的 40%～50%或更多。

③ 加水量 调制酥性面团，加水太多容易形成面筋，所以加水量不宜过多。

④ 调粉温度 酥性面团属于冷粉，所以在调制中水温应较低，因为高温有利于面筋的形成。

⑤ 调粉时间 调粉时间的把握对面团的质量影响较大，一旦时间过长，就会使面团筋性增加。调粉时间要根据原料、外界因素等综合评定，所以并没有标准，一般由操作人员凭经验来定。

⑥ 头子的添加量 头子是饼干成形工序中切下的面带部分，其面筋含量较高，弹性较大，所以头子的添加量必须控制。

⑦ 淀粉 淀粉的添加是为了冲淡面筋，这在酥性面团的调制中是必要的，但也不宜添加过多，一般为面粉量的 5%～8%。

⑧ 静置 静置的目的是降低面团的弹性，增加其塑性。

3. 苏打饼干面团的调制

苏打饼干是一种发酵饼干，它利用酵母的发酵作用和油酥的起酥效果，使成品质地特别酥松，其断面具有清晰的层次结构。

苏打饼干配料中不能像酥性和甜酥性饼干那样含有较多的油脂和糖分，因高糖、高油会明显影响酵母的发酵力。

面团的调制与发酵一般采用两次发酵法。

第一次调粉：使用的面粉量通常是总面粉量的 40%～50%，加入已活化的鲜酵母液、适量水调制面团至成熟。调好的面团发酵 6～10h。

第二次调粉：发好的面团与剩余的面粉、油脂等原辅料进行第二次面团调制，注意小苏打应在调粉接近终点时再加入。调好的面团置于发酵槽内发酵 3～4h。

另外，苏打饼干中如果油量使用较大，为了避免油对酵母的影响，除和面时加入少量的油外，其他的都是在辊轧面团时和少量面粉、食盐拌成油酥加入的。苏打饼干中的用盐量也要注意，它既可以改善面团的筋力和性能又会影响酵母的发酵，故常将配方中用盐量的 30%加入面粉中调制面团，而其余 70%的盐要加入油酥中。

（三）辊轧

辊轧（压面）工序可以排除面团中部分气泡，改善制品内部组织；疏松的面团经辊轧后，形成具有一定黏结力的坚实面片，不易断裂，同时也可提高面品表面光洁度；重要的是可将面团辊轧成形状规则、厚度符合成形要求的面片，便于成形操作。

由于饼干类型不同，辊轧的目的和要求也各不相同，甜酥性和酥性面团无论采用哪种成形方法，都不必经过辊轧。因为面团弹性小，可塑性较大，辊轧增加机械硬化强度，会降低面团的酥松度。

韧性面团可辊轧（图 3-3），也可不辊轧，但前者质量好；苏打饼干与粗饼干都必须经过辊轧（图 3-4）。经多次辊轧会使面皮表面有光泽，形态完整，冲印后花纹保持能力增强，色泽均匀。面团在辊轧时受机械作用，受到剪力和压力的变形作用，面团产生纵向和横向的张力，因此辊轧时要不断地 90°变换。面团面片经多次折叠，多次转 90°辊轧，使制品松脆度和膨胀力增加。一般需经 9～13 次辊轧。

苏打饼干：加油酥前压延比不宜超过 1:3；加油酥后为 1:(2～2.5)。

（四）成形

摆动式冲印成形机、辊印机、挤条成形机、钢丝切割机、挤浆成形机（注射成形机）、标花成形机和辊切成形机。

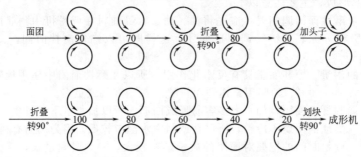

图 3-3　韧性面团辊轧（两辊之间距离单位为 mm）

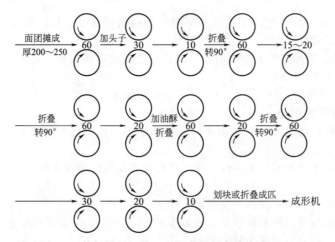

图 3-4　苏打饼干辊轧（两辊之间距离单位为 mm）

1. 冲印成形

冲印成形是一种古老而目前还比较广泛地被使用的成形方法。它的主要优点是：能够适应多种大众产品的生产，如粗饼干、韧性饼干、酥性饼干、苏打饼干等。其动作最接近手工冲印的动作，所以对品种的适应性广。

冲印成形主要注意以下几点。

(1) 面带形成　面带成形中需要注意以下几点：第一对辊筒直径必须大于二对、三对；返回的头子应均匀平铺在底部，若粘辊，可在表面撒少许面粉或加些液体油；酥性、韧性面团的压延比不宜超过 1：4；面带压延、输送过程中，不应绷紧；第二、三对辊筒轧出的面带应保持一定的下垂度。

(2) 冲印　冲印中使用的印模主要有以下几种：韧性饼干使用有针孔凹花印模，酥性饼干使用无针孔凸花印模，苏打饼干使用有针孔无花纹印模。

(3) 头子分离　成形冲印的面带在饼坯被切下来之后，其余的部分便成为头子，需要与饼坯分离。头子分离是通过饼坯传送带上方的另一条与饼坯带成 20°向上倾斜的传送帆布带运走的。

2. 辊印成形

是生产高油脂品种的主要成形方法之一。面团要求较硬些，弹性小些。特点是花纹漂亮，成形过程不产生头子，操作简单，设备占地面积小。

3. 辊切成形

兼冲印和辊印的优点，具有广泛的适应性。先经多道压延辊轧形成面带，然后经花心辊轧出花纹，再经刀口辊切出饼坯。

其他还有一些成形方法，如钢丝切割成形机、挤条成形机、挤浆成形机等。

（五）烘烤

烘烤是完成饼干制作的最后工序，是决定产品质量的重要一环，饼干的烘烤分为四个阶段：胀发、定型、脱水和上色。

（1）胀发 当温度上升到35℃时，饼干内的NH_4HCO_3开始分解成CO_2和NH_3；当温度上升到65℃时，饼干内的$NaHCO_3$分解成CO_2气体，随着温度继续升高，分解加快，饼坯体积膨胀增加，厚度骤增。

（2）定型 在饼干体积膨胀的同时，淀粉糊化成胶体，经冷却后形成结实的凝胶体；蛋白变性凝固，脱水后形成饼干的"骨架"。当饼干温度达80℃时，蛋白变性，酶活动停止，酵母死亡。

（3）脱水 烘烤过程中水分的变化大体上分为三个过程：即进炉开始阶段的饼坯表面出现冷凝水到缓慢气化、少量蒸发过程；中间阶段的快速脱水过程；后阶段的恒速蒸发过程。

（4）上色 饼坯表面水分降低到一定程度，到140℃，表面成浅谷色或浅金黄色，这主要是由焦糖化作用和表面的棕黄色反应形成的。

（六）冷却、包装

刚出炉的饼干，温度较高，含水量约8%～10%，质地非常柔软，此时立即进行包装势必影响饼干内热量的散失和水分的继续蒸发，缩短饼干保质期。因此，必须将其冷却到38℃左右时，才能进行包装。冷却的目的如下。

① 使水分继续蒸发。

② 防止油脂酸败。

③ 防止饼干变形。刚出炉的饼干除硬饼干和苏打饼干外，其他品种都较软，所以不能受到挤压。

在冷却过程中还要注意饼干的质量变化，尤其是饼干上裂缝的形成，所以冷却时不能降温过快，也不能使用鼓风机降温。饼干包装后也需要良好的贮藏环境，一般来说，饼干的最适贮存温度为18℃以下，相对湿度不超过75%，需避光保存。

项目三 蛋糕加工技术

🏛 必备知识

蛋糕是四季皆宜的焙烤食品，具有浓郁的香味、组织松软、富有弹性、气孔细密均匀、软似海绵、营养丰富、入口软绵、容易消化吸收的特点，但是由于含水量和含糖量较高，贮藏期短。蛋糕主要是用蛋、糖、油脂等经搅打（充入气泡）后与面粉调制成糊，浇入印模，经烘焙或蒸制而成的海绵状固体食品。

蛋糕的种类较多，常分为中式蛋糕和西式蛋糕。中式蛋糕可分为烘制蛋糕和蒸制蛋糕。现在较为常用的分类是西式分法，主要分为面糊类、乳沫类、戚风类三种。还有以这三种经过加工后得到的产品，如裱花蛋糕等。这三种蛋糕的特点比较见表3-2。

表3-2 不同蛋糕的特点比较

蛋糕种类	膨胀主原料		面团性质	主要特色	例子
面糊类	油脂		在搅拌过程中，借油脂达润滑作用，并拌入大量空气使其组织柔软	含有成分很高的固体油脂	奶油蛋糕
乳沫类	蛋白类	鸡蛋蛋白	利用鸡蛋中强韧和变性的蛋白质，使蛋糕膨大，不需依赖发粉	如要避免韧性过大，可酌量加入流体油脂	天使蛋糕
	海绵类	鸡蛋全蛋			海绵蛋糕
戚风类	混合面糊类和乳沫类		改变乳沫类蛋糕的组织和颗粒	柔软，水分充足	戚风蛋糕

（1）**面糊类** 又称重油蛋糕，是利用配方中的固体油脂在搅拌时拌入空气，面糊在烤炉内受热膨胀成蛋糕。主要原料是鸡蛋、糖、面粉和黄油。重油蛋糕面糊浓稠、膨松，产品特点是油香浓郁、口感浓香有回味，结构相对紧密，有一定的弹性。又称为奶油蛋糕，因为油的用量和面粉是一样的。

（2）**乳沫类** 又叫清蛋糕，分蛋白类和海绵类两种。蛋白类主要原料为蛋白、砂糖、面粉，产品洁白，口感稍显粗糙，味道不算太好，但外观漂亮，蛋腥味浓。全蛋类主要原料为鸡蛋、砂糖、面粉、蛋糕油和液体油，特点是口感清香，结构绵软，有弹性，油脂轻。

（3）**戚风类** 所谓戚风，是英文 chiffon 译音，该单词原是法文，意思是拌制的馅料像打发的蛋白那样柔软。而戚风蛋糕的打发正是将蛋黄和蛋白分开搅拌，先把蛋白部分搅打得很蓬松、很柔软，再拌入蛋黄面糊，因而将这类蛋糕称为戚风蛋糕。产品特点：蛋香、油香突出，有回味，结构绵软有弹性，组织细密紧韧。

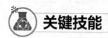

关键技能

一、蛋糕制作的工艺流程

虽然蛋糕的原料区别较大，但基本工艺可以概括如下：

原料处理 → 面糊调制 → 入模 → 烘烤 → 冷却 → 包装 → 成品

二、蛋糕制作的操作要点

（一）原料处理

无论是中式还是西式蛋糕，其制作原理基本相同，只是原料有所区别，但主要原料大致相同，主要有面粉、鸡蛋、糖、盐、油、乳品等。

1. 面粉

蛋糕制作的面粉主要是用低筋面粉，也有专用的蛋糕粉，即低筋面粉经过氯气处理后，所得的易于蛋糕成形的专用粉。在蛋糕制作中，面粉的面筋构成蛋糕的骨架，淀粉起到填充作用。

2. 鸡蛋

鸡蛋中含有蛋清、蛋黄和蛋壳，其中蛋清占 60%、蛋黄占 30%、蛋壳占 10%。蛋白中含有水分、蛋白质、碳水化合物、脂肪、维生素。蛋白中的蛋白质主要是卵白蛋白、卵球蛋白和卵黏蛋白。蛋黄中的主要成分为脂肪、蛋白质、水分、无机盐、蛋黄素和维生素等。蛋黄中的蛋白质主要是卵黄磷蛋白和卵黄球蛋白。鸡蛋的主要功能如下。

（1）**黏结、凝固作用** 鸡蛋含有相当丰富的蛋白质，这些蛋白质在搅打过程中能捕集到大量的空气而形成泡沫状，与面粉的面筋形成复杂的网状结构，从而构成蛋糕的基本组织，同时蛋白质受热凝固，使蛋糕的组织结构稳定。

（2）**膨发作用** 已打发的蛋液内含有大量的空气，这些空气在烘烤时受热膨胀，增加了蛋糕的体积，同时蛋的蛋白质分布于整个面糊中，起到保护气体的作用。

（3）**柔软作用** 由于蛋黄中含有较丰富的油脂和卵磷脂，而卵磷脂是一种非常有效的乳化剂，因而鸡蛋能起到柔软作用。

此外，鸡蛋对蛋糕的颜色、香味以及营养等方面也有重要的作用。

3. 糖

通常用于蛋糕制作的糖是白砂糖，也有用少量的糖粉或糖浆。转化糖浆是用砂糖加水和加酸熬制而成的；淀粉糖浆又称葡萄糖浆等，通常使用玉米淀粉加酸或加酶水解，经脱色、浓缩而成的黏稠液体。可用于蛋糕装饰，国外也经常在制作蛋糕面糊时添加，起到改善蛋糕的风味和保鲜作用。糖在蛋糕中的功能如下。

① 增加制品甜味，提高营养价值。

② 表皮颜色，在烘烤过程中，蛋糕表面变成褐色并散发出香味。

③ 填充作用，使面糊光滑细腻，产品柔软，这是糖的主要作用。

④ 保持水分，延缓老化，具有防腐作用。

4. 盐

盐在蛋糕中也有使用，其作用如下。

① 降低甜度，使之适口。不加盐的蛋糕甜味重，食后生腻，而盐不但能降低甜度，还能带出其他独特的风味。

② 可增加内部洁白。

③ 加强面筋的结构。

5. 蛋糕油

蛋糕油又称蛋糕乳化剂或蛋糕起泡剂，它在海绵蛋糕的制作中起重要作用。在制作蛋糕面糊时，加入蛋糕油，蛋糕油可吸附在空气和液体界面上，能使界面张力降低，液体和气体的接触面积增大，液膜的机械强度增加，有利于浆料的发泡和泡沫的稳定。使面糊的密度降低，而烘出的成品体积增加；同时还能够使面糊中的气泡分布均匀，大气泡减少，使成品的组织结构变得更加细腻、均匀。

蛋糕油一定要保证在面糊搅拌完成之前能充分溶解，否则会出现沉淀结块；面糊中有蛋糕油的添加则不能长时间地搅拌，因为过度的搅拌会拌入太多空气，反而不能够稳定气泡，导致破裂，最终造成成品体积下陷，组织变成棉花状。

6. 塔塔粉

化学名为酒石酸钾，它是制作戚风蛋糕必不可少的原材料之一。戚风蛋糕是利用蛋清来起发的，蛋清偏碱性，pH 值达到 7.6，而蛋清在偏酸的环境下也就是 pH 值在 4.6～4.8 时才能形成膨松稳定的泡沫，起发后才能添加大量的其他配料下去。

戚风蛋糕将蛋清和蛋黄分开搅打，蛋清搅打起发后需要拌入蛋黄部分的面糊下去，没有添加塔塔粉的蛋清虽然能打发，但是加入蛋黄面糊下去则会下陷，不能成形。所以可以利用塔塔粉的这一特性来达到最佳效果。塔塔粉的添加量是全蛋的 0.6%～1.5%，与蛋清部分的砂糖一起拌匀加入。塔塔粉的功能如下。

① 中和蛋白的碱性。

② 帮助蛋白起发，使泡沫稳定、持久。

③ 增加制品的韧性，使产品更为柔软。

7. 液体

蛋糕所用液体大都是全脂牛奶（鲜奶），但也可使用淡炼乳、脱脂牛奶或脱脂奶粉加水，如要增加特殊风味也可用果汁或果酱作为液体的配料。

8. 油脂

在蛋糕的制作中用的最多的是色拉油和黄油。黄油具有天然纯正的乳香味道、颜色佳、营养价值高的特点，对改善产品的质量有很大的帮助；而色拉油无色无味，不影响蛋糕原有的风味，所以应用广泛。油脂在蛋糕中的功能如下。

① 固体油脂在搅拌过程中能保留空气，有助于面糊的膨发和增大蛋糕的体积。

② 使面筋蛋白和淀粉颗粒润滑柔软（柔软只有油才能起到作用，水在蛋糕中不能做到）。

③ 具有乳化性质，可保留水分。

④ 改善蛋糕的口感，增加风味。

9. 膨松剂

蛋糕使用中的化学膨松剂有泡打粉、小苏打和臭粉，在蛋糕的制作中使用最多的是泡打粉。

泡打粉成分是小苏打＋酸性盐＋中性填充物（淀粉）。酸性盐分为强酸酸性盐和弱酸酸性盐两种。强酸酸性盐快速发粉（遇水就发）；弱酸酸性盐慢速发粉（要遇热才发）；双效泡打粉混合发粉，最适合蛋糕用。小苏打化学名为碳酸氢钠，遇热放出气体，使之膨松，呈碱性，蛋糕中较少用。臭粉化学名为碳酸氢铵，遇热产生 CO_2 气体，使之膨胀。

膨松剂的作用：增加体积，使体积结构松软，组织内部气孔均匀。

10. 原料平衡

蛋糕的原料还分干性材料、湿性材料、柔性材料和韧性材料（表 3-3）。在蛋糕的焙烤过程中要注意干湿料之间的平衡，强弱平衡。如果蛋糕的材料平衡出现偏差，产品会出现塌陷、不能打发等。

表 3-3　蛋糕成分的分类

分　类	成　分	备　注
干性材料	面粉、糖、化学膨松剂	
湿性材料	蛋及牛奶	
柔性材料	蛋黄、糖、油脂以及化学膨松剂	
韧性材料	面粉、蛋白	少量的盐可加强面筋的结构

（二）面糊调制

1. 面糊形成的原理

面糊是原料经过混合、调制的最终形式，面糊含水量比面团多，不像面团那样能揉捏或擀制。而面糊的膨松效果又是面糊调制的主要指标。蛋糕的膨松主要是物理性能变化的结果。经过机械高速搅拌，使空气充分混入坯料中，经过加热，空气膨胀，坯料体积疏松膨大。用于膨松充气的原料主要是蛋白和奶油（又称黄油）。

鸡蛋蛋白是一种黏稠的胶体，具有起泡性，当蛋白液受到急速连续的搅打时，空气充入蛋液内形成细小的气泡，这些气泡被均匀地包裹在蛋白膜内，受热后空气膨胀时，凭借胶体物质的韧性，使其不至于破裂。蛋糕糊内气泡受热膨胀至蛋糕凝固为止，烘烤中的蛋糕体积因而膨大。

蛋白保持气体的最佳状态是在呈现最大体积之前。因此，过分地搅打会破坏蛋白胶体物质的韧性，使保持气体的能力下降。蛋黄不含有蛋白中胶体物质，保留不住空气，无法打发。但在制作清蛋糕时，蛋黄与蛋白一起搅拌很容易与蛋白及拌入的空气形成黏稠的乳状液，同样可保存拌入的空气，烘烤成体积膨大的疏松蛋糕。

制作奶油蛋糕时，糖和奶油在搅拌过程中，奶油里拌入了大量空气并产生气泡。加入蛋液继续搅拌，气泡就随之增多，这些气泡受热膨胀会使蛋糕体积膨大、质地松软。为了使油蛋糕糊在搅拌过程中能拌入大量的空气，在选用油脂时要注意油脂的以下特性。

（1）**可塑性**　塑性好的油脂，触摸时有粘连感，把油脂放在手掌上可塑成各种形态。这种油脂与其他原料一起搅拌，则可以提高坯料保存空气的能力，使面糊内有充足的空气，促使蛋糕膨胀。

（2）**融合性**　融合性好的油脂，搅拌时面糊的充气性高，能产生更多的气泡。油的融合性和可塑性是相互作用的，前者易于拌入空气，后者易于保存空气。如果任何一种特性不良，要么面糊充气不足，要么充入的空气保留不佳，都易于泄漏，则会影响制品的质地。

（3）**油性**　油脂所具有的良好油性，也是蛋糕松软的重要因素。在坯料中，油脂的用量要恰到好处，否则会影响制品的质地。

此外，在蛋糕制作过程中，加入乳化剂能起到油脂同样的作用。有时也加入一些化学疏松剂，如泡打粉等，它们在制品成熟过程中，能产生二氧化碳气体，而使成品更加松软，更加膨胀。

2. 不同蛋糕的面糊调制技术

蛋糕的品种不同，其面糊调制技术也有较大差异，现简单介绍如下。

（1）**戚风类**　戚风蛋糕主要是依靠蛋白的打发来调制面糊的，有如下三种方法（表 3-4）。

表 3-4　戚风蛋糕的制作工艺

原　料	操　作	所得面糊	使用情况
蛋白＋砂糖(直接)	打发	冷加糖蛋白(法式)	一般用
蛋白＋砂糖	加热至 50℃左右,打发	热加糖蛋白	精加工用
蛋白＋砂糖	加入糖浆,打发	煮沸加糖蛋白(意大利式)	鲜奶油膏等用

① 冷加糖蛋白　在蛋白中先加入少量的砂糖（40%～50%），将蛋白慢慢搅开。开始起泡后立即快速搅打，然后分次加入剩余的糖继续搅打，可制成坚实的加糖蛋白糊。

② 热加糖蛋白　将蛋白水浴加热，采用冷加糖蛋白的调制方法搅打，温度升至 50℃时停止热水浴，继续搅拌冷却到室温，就可制得坚实的加糖蛋白糊。

③ 煮沸加糖蛋白　先在蛋白中加入少量糖（约 20%），采用①、②介绍的方法搅拌 7min 左右，将熬好的糖浆呈细丝状注入搅拌器，同时继续搅拌，糖浆加完后，继续搅拌时停止加热即可。由于这种加糖蛋白稳定性好，与稀奶油等混合，适合于蛋糕的装饰。

(2) 乳沫类　乳沫面糊也是西式糕点中基本面糊（不加油脂或加少量油脂），充分利用蛋白、全蛋的起泡性，先将蛋白搅打起泡，再利用全蛋的起泡性，然后加入砂糖搅拌，最后加入过筛的小麦粉调制而成。

其调制方法主要有三种：分开搅打法、全蛋搅打法、乳化法。

① 分开搅打法（冷起泡法）

a.将全蛋分成蛋白和蛋黄两部分，蛋白中分数次加入 1/3 的糖搅打，制成坚实的加糖蛋白糊。

b.用 2/3 的糖与蛋黄一起搅打起泡。

c.将 a.与 b.充分混合后加入过筛的小麦粉，拌匀即可。

d.也有用 2/3 的糖与蛋白一起搅打成蛋白膏。面粉与 1/3 的糖加入搅打好的蛋黄中，再与加糖蛋白混匀。

分开搅打法中，蛋白搅打的程度，对于产品组织及口感等的优劣与否有着相当大的影响力，而其又因搅拌速度与时间长短，可分为起泡期、湿性发泡期、干性发泡期及棉花期四个阶段。

蛋白经过搅打起泡后加入糖，搅打至湿性发泡，此时表面不规则气泡消失，转为均匀小气泡，洁白而有光泽，以手指勾起呈细长尖峰且尾巴有弯曲状。将湿性发泡期蛋白改用低速搅拌打发，蛋白无法看出气泡组织，颜色洁白无光泽、以手指勾起呈坚硬尖峰，尾巴部会微微地弯曲，此阶段为干性发泡期，这时即可进行下步操作，如果继续搅打，就会将蛋白打发成为球形凝固状，形态似棉花，无法用来制作蛋糕。

② 全蛋搅打法（热起泡法）　全蛋中加入少量的砂糖充分搅开。分数次加入剩余的砂糖，一边水浴加热一边打发，温度至 40℃左右去掉水浴，继续搅打至具有一定稠度、光洁而细腻的白色泡沫。再慢慢加入其他配料，加入过筛的面粉搅匀。

③ 乳化法　用牛奶、水将乳化剂充分化开，再加入鸡蛋、砂糖等一起快速搅打至浆料呈乳白色细腻的膏状，再慢速搅拌下逐步加入筛过的面粉，混匀即可。也可采用一步调制法，即先将牛奶、水、乳化剂充分化开，再加入其他所有原料一起搅打成光滑的面糊。如制作含奶油的面糊时，可先将蛋和糖一起打发后，在慢速搅拌下缓慢加入熔化的奶油。混匀后再加入面粉搅打均匀即可。

蛋糕乳化剂的使用，是对传统工艺的改进，适用于批量生产，大大缩短了蛋糕生产的时间，产品具有不易发干、保鲜期长、产品细腻、气孔均匀等优点。

(3) 面糊类　面糊类蛋糕主要调制的是油脂面糊，调制方法有三种：糖油法、粉油法和混合法。

① 糖油法　将油脂（奶油、人造奶油等）搅打开，加入过筛的砂糖充分搅打至呈淡黄色蓬松而细腻的膏状，再将全蛋液呈缓慢细流状分数次加入上述油脂和糖的混合物中，每次均需充分均匀搅拌，然后加入过筛的面粉，注意不能结块，搅拌适度，不能形成面筋。最后加入水、牛

奶、果仁等混匀即可。

② 粉油法 将油脂（奶油、人造奶油等）与过筛的面粉（比奶油量稀少）一起搅打成蓬松的膏状，加入砂糖搅拌，再加入剩余过筛的小麦粉，最后分数次加入全蛋液混合成面糊（牛奶、水等液体在加完蛋后加入）。

③ 混合法 又称两步法，就是将糖油法和粉油法相结合的调制方法。将小麦粉过筛等分为两份，一份面粉与油脂（奶油、人造奶油等）、砂糖一起搅打，全蛋液分数次加入搅打，每次均需搅打均匀；另一份小麦粉与发粉、奶粉等过筛混匀再加入，最后加入牛奶、水、果仁等搅拌均匀即可。也有将所有干性原料一起混合过筛，混入油脂中一起搅拌至"面包渣"状为止，另外，将所有湿性原料一起混合，呈细流状加入干性原料与油脂的混合物中，同时不断搅拌至无团块、光滑的浆料为止。

（三）入模

搅拌完成的面糊，依其产品性质的不同，而决定烤模是否必须涂油。例如面糊类及乳沫类中的海绵类蛋糕，由于装模前需先垫入烤模纸，或涂上薄油后再撒少许干粉（面粉），使其焙烤完成后易于脱模处理；而戚风类及乳沫类中的蛋白类则因面糊的密度低，故装模前不可涂油或垫纸，否则产品焙烤后会因热胀冷缩而下陷。

（四）烘烤

熟制是蛋糕制作中最关键的环节之一。常见的熟制方法是烘烤和蒸制。制品内部所含的水分受热蒸发，气泡受热膨胀，淀粉受热糊化，疏松剂受热分解，面筋蛋白质受热变性而凝固、固定，最后蛋糕体积增大，蛋糕内部组织形成多孔洞的瓜瓢状结构，使蛋糕松软且有一定弹性。

蛋糕面糊外表皮层在高温烘烤下，糖类发生美拉德和焦糖化反应，颜色逐渐加深，形成悦目的棕黄褐色，具有令人愉快的蛋糕香味。制品在整个熟制过程中所发生的一系列物理、化学变化，都是通过加热产生的，因此大多数制品特点的形成，主要是炉内高温作用的结果。

蛋糕烤熟程度可以蛋糕表面颜色深浅或蛋糕中心的蛋糊是否粘手为标准。成熟的蛋糕表面一般为均匀的金黄色。若有像蛋糊一样的乳白色，说明并未烤透；蛋糕中的蛋糊仍粘手，说明未烤熟；不粘手，烘烤即可停止。蛋糕烘烤时不宜多次拉出炉门做烘烤状况的判断，以免面糊受热胀冷缩的影响而使面糊下陷。常用的判断方法如下。

① 眼试法 烘烤过程中在面糊中央，已微微收缩下陷，有经验者可以收缩比率判断。

② 触摸法 当眼试法无法正确判断时，可借手指检验触击蛋糕顶部，如有沙沙声及硬挺感，此时应可出炉。

③ 探针法 初学者最佳判断法，此法是取一竹签直接刺入蛋糕中心部位，当竹签拔出时，竹签无生面糊粘住时即可出炉。

（五）冷却、包装

蛋糕经过冷却脱模后，即可进行包装上市了。

三、裱花蛋糕的工艺美术

（一）色彩的形成

物体表面色彩的形成取决于三个方面：光源的照射、物体本身反射一定的色光、环境与空间对物体色彩的影响。

1. 固有色

物体色本身不发光，它是光源色经物体的吸收、反射，反映到视觉中的光色感觉。一般说来，固有色支配和决定着物体的基本色调，如黄梨、红苹果、青菜，在光源色和环境色的相互影响作用下，它们会改变一些自身的色彩，它们不会因光线投射的角度和周围环境而改变自身的基本色调。

2. 光源色

由各种光源发出的光，光波的长短、强弱、比例、性质的不同形成了不同的色光，称为光源色。如普通灯泡的光所含黄色和橙色波长的光比其他波长的光多而呈现黄色，普通荧光灯的光含蓝色波长的光多则呈蓝色。宇宙间由于发光体的千差万别，所形成光源的色彩也各不相同。不同的光源会导致物体产生不同的色彩，相同的景物在不同光源下会出现不同的视觉色彩。

3. 环境色

环境色也叫"条件色"。自然界中任何事物和现象都不是孤立存在的，一切物体色均受到周围环境不同程度的影响。环境色是一个物体受到周围物体反射的颜色影响所引起的物体固有色的变化，是光源色作用在物体表面上而反射的混合色光，所以环境色的产生是与光源的照射分不开的。同光源色和固有色相比，环境色对物体的影响是较小的。

（二）色彩

1. 色彩的种类

色彩可以分为彩色和无彩色两大类。彩色指赤、橙、黄、绿、青、蓝、紫等色；无彩色指黑、白、灰等色。

2. 色彩的三要素

（1）**色相** 色相指色彩的相貌，是区别色彩种类的名称，是指各种色彩所独有的相貌特征，通常是以色彩的名称来体现的，如红、橙、黄、绿、青、紫等。色相是产生色与色之间各种关系的主要因素。红、橙、黄、绿、蓝、紫等每个字都代表一类具体的色相，它们之间的差别就属于色相差别。

（2）**明度** 明度指色彩的明暗程度，对光源色来说可以称为光度；对物体色来说，除了称为明度之外还可称亮度、深浅程度等。明度是全部色彩都具有的同性，任何色彩都可以还原为明度关系来思考（如素描、黑白照片、黑白电视、黑白板画等）。明度关系可以说是指配色的基础，明度最适于表现物体的立体感与空间感。

在彩色系中黄、橙色明度高，蓝、紫色明度低；在无彩色系中白色明度高，黑色明度低。各种色相中加入白色则提高其明度，加入黑色则降低其明度。

（3）**纯度** 纯度是指色彩的纯净程度，也可以指色相感觉明确及鲜灰的程度。因此还有艳度、浓度、彩度、饱和度等说法。纯度最高的色为纯色，越接近纯色纯度就越高，离纯色越远纯度就越低。

3. 色彩的物理性感觉

（1）**冷暖感觉** 不同的色彩往往给人以不同的感觉，因为色彩有冷色、暖色和中性色之分。凡是倾向红、橙、黄的色相，给人以暖的感觉，称暖色；凡是倾向青绿、青蓝、青紫的色相给人以冷的感觉，称冷色。

（2）**色彩的进退和胀缩感觉** 在色相方面，长波长的色相如红、橙、黄给人以前进膨胀的感觉。短波长的色相如蓝、蓝绿、蓝紫有后退、收缩的感觉。一般情况下，明度高而亮的色彩有前进或膨胀的感觉，明度低而黑暗的色彩有后退、收缩的感觉，但也由于背景的变化给人的感觉也产生变化。在纯度方面，高纯度的鲜艳色彩有前进与膨胀的感觉，低纯度的灰浊色彩有后退与收缩的感觉，并为明度的高低所左右。

（3）**色彩的轻重和软硬感觉** 色彩的轻重感和软硬感与明度有关，例如，高明度的色彩易显得轻，明度低的色彩显得重。如果明度相等时，则纯度高的感觉轻，纯度低的感觉重。从色相方面来看，暖色黄、橙、红给人的感觉轻，冷色蓝、蓝绿、蓝紫给人的感觉重。在色彩使用中，感觉重的色彩适宜使用在下方，使用在表现质量感及体重感的部位。

同样，色彩的软硬感觉为：凡感觉轻的色彩给人的感觉均软而有膨胀的感觉。凡是感觉重的色彩，给人的感觉均硬而有收缩的感觉。

（4）**华丽的色彩和朴素的色彩** 每一个色相都具有华丽的或朴素的倾向，纯度高、明度高的色彩在心理上、感觉上为华丽的，明度低、纯度低的色彩给人的感觉是朴素。

（5）**积极的色彩和消极的色彩** 不同的色彩刺激人们，使之产生不同的情绪反射，能使人感觉鼓舞的色彩称为积极兴奋的色彩。而不能使人兴奋，使人消沉或感伤的色彩称为消极性的沉静色彩。影响感情最厉害的是色相，其次是纯度，最后是明度。

（三）裱花蛋糕的创意和构图

蛋糕裱花创意和构图，反映了裱花师在创意思维领域的开发与运用能力。

1. 明确创作意图

创意是指所要表达的创作意图，想要反映什么？想要表达哪些内容？选用什么原料反映？采取何种形式表达？针对这些问题裱花师要深思熟虑、反复推敲，方能确定。裱花师要深刻理解所要表达的内容。

2. 主题鲜明

主题是蛋糕中主要形象，有主就有次，次是陪衬，起着突出主题的作用。主题是作品的灵魂，一个作品应有鲜明的创意主题，它能反映作品的精髓所在。裱花师要对蛋糕裱花的目的、食用者的情感和愿望等情况进行分析，明确创作主题，如祝寿、祝贺乔迁、庆典、迎新年等。

3. 构思精巧

蛋糕的构思是裱花蛋糕装饰艺术创作中的前期准备，是创作前的立意。"构思"，指运用心思，在明确主题后，做出相应的表现形式、合理的色泽搭配、适宜的容器配备等方面的选择。

（1）蛋糕坯子的选择　蛋糕坯分为圆形、方形、异形三种，蛋糕坯的组合形式有单层、双层和多层三种形式。蛋糕形态设计也反映主题的式样，例如，心形代表感情和爱情；卡通形象代表活泼；阿拉伯数字形、字母形则直接表现主题构思。

（2）颜色搭配　裱花时选择的色彩不宜多，也不宜过浓，一般以清淡雅致为好；同时色彩不宜过多，而且主色调与配色调应主次分明、协调。

（3）表现手法　裱花中一般的表现手法有具象形式、抽象形式、卡通形式三种。仿真形式是指按照某一事物的具体形象特征进行克隆模仿；抽象形式是指以某些或某一事物的具体特征进行提炼、概括或夸张的手法创造、总结出新的形象概念；卡通形式介于前两者之间，既有明显的仿真特征，又有某些抽象的表达形式。

（4）线条花纹和图案　在蛋糕裱花时，线条花纹的合理选用与配合，不但能够弥补蛋糕抹面的不足，而且能起到画龙点睛的作用；正确使用花朵、生肖、卡通动物等图案，既可衬托主题，又能达到妙笔生花的效果。

4. 合理布局

布局在美术工艺中又称构图，它是在构思的基础上，对食品造型的整体进行设计。构图包括图案、造型的用料、色彩、形状大小、位置分配等内容的安排和调整，是对裱花蛋糕画面内容、形式和整体的考虑与安排。

（1）构图的要点　按照变化中求统一的构图原则，构图有如下三个要点。

① 蛋糕主题图形的位置。

② 非主题图形的位置以及与主题图形的关系。

③ 蛋糕底形的位置以及与图形的关系。

在三个要点中，第一要点是构图的决定因素，它在蛋糕中的位置决定了蛋糕的样式。

（2）构图的样式　构图的样式分为对称式构图和均衡式构图两大类。

① 对称式构图　主形置于蛋糕表面中心，非主形置于主形两边，起平衡作用，即上下对称、左右对称或四方对称等。对称式构图体现着统一的形式美原理，其特点是端庄、严谨、安定、整齐。如处理不当，又会产生单调与呆板的效果。

② 均衡式构图　均衡式构图是通过对纹样重心的调整，使假设中心线或支点两侧的图案构成因素达到量上的均衡关系。一般将主形置于一边，非主形置于另一边，起平衡作用，达到强调性、层次性、高注目性的效果。其要点是掌握好纹样的重心，使纹样构成取得和谐呼应，达到感觉平稳、变化丰富的效果，但把握不好容易产生紊乱和失衡之感。

另外，有些裱花师把构图的样式分四种，除对称式构图和均衡式构图外，还有放射式和合围式。放射式有力量和运动之感，但把握不好容易产生松散或膨胀之感；合围式有圆满、凝聚之感，但把握不好容易产生紧张或收缩的感觉。

（3）布局中需注意的问题

① 在图案设计中，要运用变化与统一的形式美原理，正确处理好整体与局部的关系，掌握好在变化中求统一和在统一中求变化、局部变化服从整体的构成要求，使图案达到"变中求整"、"平中求奇"，变化与统一完美结合的审美效果。

② 图案内容要疏密适当。疏就是要使图案的某些部分宽敞，留有一定的空间；密就是使图案的某些部分紧凑集中。蛋糕面积有限，构图不可"疏可走马，密不通风"。在图案布局时，既要防止布局松散、零乱，又不能使布局拥挤闭塞，密不透风。只有疏密互相对比，互相映衬，才能使图案收到既变化又统一的效果。

③ 图案的构成要体现出整齐美与节奏美，具有较强的装饰性。在图案的构成中，要精心安排形的起伏、渐变，线的起伏、交错，形象的条理性反复，使纹样能产生优美的节奏与韵律，创作出生动而富有活力的图案。

④ 在裱花蛋糕立体造型中，要注意高与低、大与小拼摆的比例关系等。

（四）裱花图案的基本形式

裱花是裱花蛋糕工艺美术中的重要组成部分，其图案制作是裱花蛋糕图案中的一个主要内容。自然界的景物是繁多的，反映在裱花蛋糕美术中，也是变化无穷的。但这些千变万化的图案中，是有规律可以寻找的，都是根据基本技法变化而来的。

1. 数字与字母构成的图案

西式糕点中图案的基本结构是阿拉伯数字中的"1、2、3、4、5、6"与英文"S、O、C"等字母组合而成的（见图3-5和图3-6）。

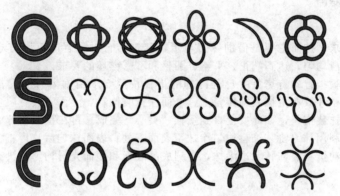

图3-5 英文"S"、"O"、"C"构成的裱花图形

图3-6 部分阿拉伯数字与英文组成的裱花图形

2. "S"形

西式糕点中，组成图案的基本形是阿拉伯数字和部分英文字母，但最基本的是英文字母"S"形，富于变化（见图3-7）。

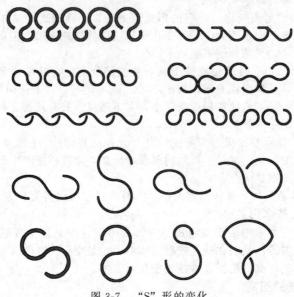

图 3-7 "S"形的变化

四、蛋糕的装饰

(一) 抹面

(1) **抹面的要求** 抹面主要是借助抹刀与蛋糕装饰转台，将装饰料均匀地涂抹在蛋糕的表面，使蛋糕表面光滑均匀，达到端正、平整、圆整和不露糕坯的要求。

(2) **抹面的步骤** 首先将烤好并已经冷却的蛋糕按照要求用锯齿刀剖成若干层，去掉蛋糕屑，将其中一层蛋糕坯放在蛋糕装饰转台上，表面涂抹装饰料，上面又放一层蛋糕，然后在第二层放的蛋糕表面涂抹装饰料，如此反复直到蛋糕"夹心"完成。再在蛋糕顶部涂抹装饰料，边转动蛋糕装饰转台边利用抹刀将装饰料均匀涂抹至表面各处；表面抹匀后，再将多余的装饰料涂抹至蛋糕侧边，边转动蛋糕装饰转台边涂抹，直到成品表面和侧面光滑均匀、没有多余装饰料的模样为止。

(二) 覆盖

(1) **覆盖的要求** 覆盖就是将液体料直接挂淋在蛋糕表面，冷却后凝固、平坦、光滑，不粘手，常用于巧克力蛋糕、糖面蛋糕等。

(2) **覆盖的步骤** 覆盖所用的材料有巧克力、封糖、镜面果胶等。首先将涂好奶油等装饰料的蛋糕送进冰箱冷冻 20min 以上，待奶油等装饰料凝固以后，从冰箱取出蛋糕移至底下垫着烤盘的凉架上，将调制到最佳使用温度的巧克力、封糖或镜面果胶等从蛋糕中央表面倒出，并利用抹刀将分布不均的淋酱涂抹平整，将淋酱完成的蛋糕，再放入冰箱冷藏，待表面的淋酱凝固后，即可将四周修边。

(三) 裱形

(1) **裱花袋裱形** 裱花袋裱形是先用一只手的虎口抵住裱花袋的中间，翻开内侧，另一只手将装饰料装入，不宜装满，装入量为裱花袋体积的 70% 左右，待装好后，翻回裱花袋，同时用手捏紧袋口卷紧，排除袋内的空气，使裱花袋结实硬挺。裱花时，一只手卡住袋子的 1/3 处，另一只手托住裱花袋下方，并以各种角度和速度对着蛋糕，在不遮住视力的条件下挤出袋内材料，以形成各种花样，要求线条和花纹流畅、均匀和光滑。

(2) **纸卷裱形** 纸卷裱形是将装饰料装入用油纸或玻璃纸做好的纸卷内（约为纸卷体积的 60%），上口包紧，根据线条、花纹的大小剪去纸卷的尖部，用拇指、食指和中指捏住纸卷挤料和裱出细线条或细花纹，也可以"写"出各种祝福的文字。

（3）**塑捏** 塑捏是用手工将具有可塑性的材料捏制成形象逼真的动物和花卉等装饰物来装饰裱花蛋糕。

（4）**点缀** 蛋糕基本成形后，把各种不同的可食用再制品（如巧克力饰品等）或干、鲜果品，按照不同造型的需要，摆放在蛋糕表面适当的位置，增加蛋糕的艺术性。

五、裱花蛋糕的外观和感官控制

裱花蛋糕的质量与裱花蛋糕的外观、感官特性、理化指标和微生物指标紧密相关，其中裱花蛋糕的外观和感官特性对消费者的选购有着重要的影响。裱花蛋糕外观、感官特性应符合表 3-5 的规定。

表 3-5　裱花蛋糕的外观、感官特性（GB/T 31059—2014）

项目	传统蛋糕	慕斯蛋糕	乳酪（干酪）蛋糕	复合型蛋糕	其他类
色泽	色泽均匀正常，装饰料色泽正常	色泽均匀正常，装饰料色泽正常	色泽均匀正常，颜色为乳白色或浅黄色	色泽均匀正常，装饰料色泽正常	色泽均匀正常，装饰料色泽正常
形态	完整、不变形、不析水、表面无裂纹	完整、不变形、不析水、表面无裂纹	完整、不变形、不析水、表面无裂纹	完整、不变形、不析水、表面无裂纹	完整、不变形、不析水、表面无裂纹
组织	组织内部蜂窝均匀，有弹性	组织细腻、均匀	细腻均匀、软硬适度	组织细腻、均匀	组织细腻、均匀
口感与口味	糕胚松软，有蛋香味。装饰料符合其应有的风味、无异味	口感细腻凉爽，装饰料符合其应有的风味、无异味	乳香纯正，装饰料符合其应有的风味、无异味	具有该产品应有的口感与口味，装饰料符合其应有的风味、无异味	具有该产品应有的口感与口味，装饰料符合其应有的风味、无异味
杂质	无正常视力可见杂质				

项目四　特色糕点加工技术

 **必备知识**

糕点是以面、油、糖等为主料，配以蛋品、果仁、调味品等辅料，经过调制加工、熟制加工而精制成的食品。

糕点的种类繁多，分类方法较难统一，常将糕点分为两大类：一类是中式糕点（中点），一类是西式糕点（西点）。中式糕点与西式糕点的区别如表 3-6 所示。

表 3-6　中式糕点与西式糕点的区别

项目	中 式 糕 点	西 式 糕 点
原料	以面粉为主，糖、油、蛋、果仁、肉制品为辅	奶、糖、蛋比较多，辅以果酱、可可等，面粉用量较中点低
工艺	制皮、包馅、用模具或切块等工艺较多	夹馅、挤糊、挤花的多；产品熟制后多数还需要美化、装饰
分类	以香、甜、咸为主	突出奶油、糖、蛋的风味

中式糕点按产品特点还可以分成以下几类。

(1) **酥皮类** 用水油面团包入油酥面团制成酥皮，经包馅、成形、烘烤而制成的饼皮分层次的制品。

(2) **酥类** 使用较多的油脂和糖，调制成酥性面团经成形、烘烤而制成的组织不分层次、口感酥松的制品。如京式的核桃酥、苏式的杏红酥等。

(3) **松酥类** 使用较多的油脂，较多的糖（包括砂糖、绵白糖或饴糖），辅以蛋品或乳品等，并加入化学疏松剂，调制成松酥面团，经成形、烘烤而制成的疏松的制品。如京式的冰花酥、苏式的香蕉酥、广式的德庆酥等。

(4) **糖浆皮类** 用糖浆面团制皮，经包馅、成形、烘烤而制成的口感柔软或韧酥的制品。如京式的提浆月饼、苏式的松子枣泥麻饼、广式月饼等。

(5) **水油皮类** 用水油面团制皮，经包馅、成形、烘烤而制成的皮薄馅饱的制品。如福建礼饼、春饼等。

(6) **烘糕类** 以糕粉为主要原料，经拌粉、装模、炖糕、成形、烘烤而制成的口感松脆的糕类制品。如苏式的五香麻糕、广式的淮山鲜奶饼、绍兴香糕等。

(7) **酥层类** 用水油面团包入油酥面团或固体油，经反复压片、折叠、成形、烘烤而制成的具有多层次、口感酥松的制品。如广式的千层酥等。

(8) **油炸类** 在和面成形后，经油炸的均属此类。

(9) **其他类** 其他一些季节性产品，如油茶面、绿豆糕等。

西式糕点按产品特点可分成以下几类。

(1) **奶油清酥类** 是以水皮包油酥，经多次折叠、成形、烘烤而成的制品。这类糕点奶油用量大，外观层次分明，块大体轻，入口酥香，具有浓郁的奶香味。如奶油风轮酥、奶油鸡盒酥等。

(2) **蛋白类** 这类糕点以蛋白、砂糖为主要原料，经低温烘烤制成。制品体轻、美观，丰满大方，入口酥脆，营养价值高。如蛋白蘑菇、蛋白酥等。

(3) **蛋糕类** 这类糕点用蛋量比其他糕点多，由于鸡蛋的胶体性质，经搅打充气后膨胀，烘烤后，绵软有弹性。烘烤后多饰以果酱、奶油、水果等。如瓜仁卷糕、奶油水果糕等。

(4) **奶油混酥类** 也称干点心，是一种不分层次的糕点。配料中奶油、糖的比重较大，故酥性较强。如奶油果酱条、奶油风糖酥等。

(5) **茶酥类** 这类糕点也称小点心、小干点。制品小巧玲珑，相传是喝茶时吃的，多制成酥性，故称茶酥。如奶油浪花酥、奶油小白片等。

(6) **裱花蛋糕** 也称水点心，由胎子和装饰料两部分组成。

(7) **肥面类** 这类是经酵母发酵、加料的高档面包，质地松软，容易消化和吸收。如什锦小面包、炸肉包等。

(8) **其他类** 凡是在加工、熟制方法上，不同于前几种的，均属此类。

糕点也有其他的分类方法，如按产品熟制的方法可分为：烘烤制品、油炸制品、蒸制品、其他制品等。

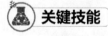 **关键技能**

广式月饼的制作工艺

糖浆皮类糕点是中式糕点的传统产品，其代表产品是月饼。而广式月饼近年来发展极为迅速，它配料考究、皮薄馅多、花色多样、不易破碎、便于携带，不仅受到国内南北方消费者的欢迎，而且在国际市场上也很受欢迎。它品种繁多，品名一般以包馅的主要成分而定，如金腿、莲蓉、豆沙、枣泥、椰蓉、冬蓉等，它的原料极为广泛，如蛋黄、松花蛋、香肠、叉烧、鸡丝、奶粉等。

1. 配方

(1) 皮料配制

每 100kg 成品用面粉	16.5kg	碱水	0.25kg
砂糖	6.5kg	碳酸氢钠	0.1kg
葡萄糖浆	1.5kg	熬糖浆用水	3.5kg
花生油	3.5kg	成品刷面用鸡蛋	2kg

(2) 馅料配制

① 金腿馅料配方

砂糖	17.5kg	大曲酒	0.25kg
花生油	1.5kg	火腿	3kg
糖玫瑰	3kg	香油	0.5kg
五香粉	0.35kg	胡椒粉	0.35kg
熟糯米粉	6kg	精盐	0.13kg
白膘肉	13.5kg	核桃仁	4kg
橄榄	2kg	芝麻仁	4kg
瓜子仁	4kg	瓜条	3kg

② 百果馅料配方

砂糖	19kg	核桃仁	4kg
花生油	3kg	芝麻仁	5kg
糖玫瑰	2kg	瓜条	5kg
熟糯米粉	5kg	橘饼	1kg
白膘肉	15kg	糖钱橘	3kg
橄榄仁	2kg	杏仁	3kg
瓜子仁	4kg		

2. 制作方法

① 将糖先熬成糖浆后，与油、面粉、碱调成有适当筋力的浆皮面团。将面团分成小块反复揉叠，待面团组织紧密柔软后，再擀成小剂待用。

② 广式月饼的馅料以果脯和肉类为主，用擦制法制成，馅中加入适量的调味料和少量米粉，不加熟面，以控制糖分流动。糖和炒米粉保持 10 : 3 的比例，炒米粉不能用得太少，太少容易流动，制品烘烤时出现跑馅现象。广式月饼包馅与其他产品不同，它先将剂坯用手按成中间厚、四周薄的饼状，其面积以能包住馅的 2/3 为宜。然后一手拿起馅团，另一手将皮面置于馅团上，边提边移动，渐渐将剂口收严。再将封口朝上放入印模中，用手按紧、按平，磕入烤盘中。入炉前，表面刷少量蛋液，以增加制品表面光泽。

项目五　膨化食品加工技术

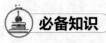 **必备知识**

膨化食品是指以谷物粉、薯粉或淀粉为主料，利用挤压、油炸、砂炒、烘焙等膨化技术加工而成的一大类食品。它具有品种繁多、质地酥脆、味美可口、携带食用方便、营养物质易于消化吸收等特点。由于生产这种膨化食品的设备结构简单、操作容易、设备投资少、收益快，所以发展得非常迅速，并表现出了强大的生命力。

由于用途和设备的不同，膨化食品有以下三种类型：一是用挤压式膨化机，以玉米和薯类为原料生产小食品；二是用挤压式膨化机，以植物蛋白为原料生产组织状蛋白食品（植物肉）；三是以谷物、豆类或薯类为原料，经膨化后制成主食。除了试制出间接加热式膨化机外，还用精粮膨化粉试制成多种膨化食品。膨化食品的种类见表 3-7。

表 3-7　膨化食品的种类

种类	产　品　名　称	种类	产　品　名　称
主食类	烧饼、面包、馒头、煎饼等	油茶类	膨化面茶
军用食品	压缩饼干	小食品类	米花糖、凉糕等
糕点类	桃酥、炉果、八件、酥类糕点月饼、印糕、蛋卷等	冷食类	冰糕、冰棍的填充料

一、膨化的原理

当把粮食置于膨化器以后，随着加温、加压的进行，粮粒中的水分呈过热状态，粮粒本身变得柔软，当达到一定高压而启开膨化器盖时，高压迅速变成常压，这时粮粒内呈过热状态的水分便一下子在瞬间气化而发生"闪蒸"，类似强烈爆炸，水分子可膨胀约 2000 倍，巨大的膨胀压力不仅破坏了粮粒的外部形态，而且也拉断了粮粒内的分子结构，将不溶性长链淀粉切成水溶性短链淀粉、糊精和糖，于是膨化食品中的不溶性物质减少了，水溶性物质增多了。详见表 3-8。

表 3-8　膨化前后食品中水浸出物变化　　　　　　　　　　　　　　 %

种类 成分	玉米		高粱米	
	膨化前	膨化后	膨化前	膨化后
水浸出物	6.35	36.82	2.3	27.32
淀粉	62.36	57.54	68.86	64.04
糊精	0.76	3.24	0.24	1.92
还原糖	0.76	1.18	0.63	0.93

从膨化原理上看现在膨化食品有两大类：一类是压力膨化食品，另一类是常压高温膨化食品。挤压食品属于前者，爆玉米花属于后者。

二、膨化食品的优点

① 改善了口感和风味。粗粮经膨化后，粗硬组织结构受到破坏，再也看不出粗粮的样，吃不出粗粮的味，口感柔软，食味改善、好吃。

② 食用方便。粗粮经膨化后，已成为熟食，可以直接用开水冲食，或制成压缩食品，或稍经加工即可制成多种食品。食用简便、节省时间。只要粮食部门或厂矿、企业、机关、学校供应膨化粉，在家庭或集体食堂就可以加工调制，成为名副其实的方便食品。

③ 营养成分的保存率和消化率高，膨化过程对食品的营养并没有影响，其消化率比未膨化的还要高些。

④ 易于贮存。粮食经膨化，等于进行了一次高温灭菌，膨化粉的水分含量都降低到 10% 以下，这样低的水分，限制了虫、霉滋生，增强了它们在贮存中的稳定性，适于较长期贮存，并宜于制成战备军粮，改善其食用品质。

⑤ 价格便宜。

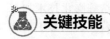

一、挤压食品技术

1. 挤压食品工艺

挤压膨化食品是指将原料经粉碎、混合、调湿，送入螺旋挤压机，物料在挤压机中经高温蒸煮并通过特殊设计的模孔而制得的膨化成形的食品。在实际生产中一般还需将挤压膨化后的食品再经过烘焙或油炸使其进一步脱水和膨松，这既可降低对挤压机的要求，又能降低食品中的水分，赋予食品较好的质构和香味并起到杀菌的作用，还能降低生产成本。挤压膨化食品的工艺流程如下所示：

原料混合 → 预处理 → 挤压蒸煮、膨化、切割 → 烘烤或油炸 → 冷却 → 调味 → 称重、包装 → 成品

2. 操作要点

(1) **原料**　挤压膨化技术使用较广泛，一般玉米粉、米粉、燕麦粉、土豆粉、木薯粉、豆粉等以至纯淀粉或改性淀粉均可。

(2) **预处理**　在挤压前要经过加水或蒸汽处理，为淀粉的水合作用提供一些时间。这个过程对最后产品的成形效果有较大的影响。一般混合后的物料含水量在28%～35%，由混料机完成。

(3) **挤压蒸煮、膨化、切割**　挤压过程是膨化食品的重要加工过程，是膨化食品结构形成、营养成分形成的阶段。食品中主要成分的变化如下。

① 淀粉的变化　挤压食品的原料主要是淀粉。原料在挤压过程中，经过高温高压和高剪切力的作用，淀粉糊化，之后又产生相互间的交联，形成网状的空间结构。该结构在挤出后，由于水分的迅速闪蒸，温度迅速下降从而定型，成为膨化食品结构的骨架，给予产品一定的形状。挤压过程中淀粉主要发生糊化和降解。

② 蛋白质的变化　经挤压之后，蛋白质的总量（以总氮计）有所降低，有部分蛋白质发生降解，使游离氨基酸的含量升高。挤压过程中，赖氨酸损失较明显，蛋氨酸损失也较大。蛋白质经挤压后，由于其结构的变化而易受酶的作用，因而其消化率和利用率得到了提高。虽然蛋白质是挤压食品中主要的营养成分之一，但是它的量也不能过高，高蛋白在挤出过程中物料黏度大，膨化率低，不利于产品的生产。

③ 脂肪的变化　在相同的条件下，挤压食品与其他类型的食品相比往往具有较长的货架期，它的这一特点除了挤压食品的水分含量较低，挤压过程是一个高温高压的过程，对原料的杀菌彻底、原料中的酶破坏彻底之外，与加工过程中脂肪的变化也有很大关系，一般认为，在挤压过程中脂肪与淀粉和蛋白质形成了复合物，复合物的形成对脂肪起到了保护作用，减少了脂肪在产品保存时的氧化程度。因此在一定程度上起到了延长产品货架期的作用。

挤压膨化食品中的脂肪有利于口感的提高，但过高的脂肪含量又会影响膨化率和货架期。所以，为了增加口感，也有后期在产品表面喷涂油脂的做法。

④ 矿物质和维生素的变化　虽然挤压过程中温度较高，但物料在套筒内停留时间较短，属于高温短时操作。物料挤出后，由于水分的闪蒸，温度下降较快。因此，相对其他谷物加工方法来说，挤压膨化过程中矿物质和维生素损失较少。

⑤ 风味物质和色素的变化　挤压过程中风味物质损失最多。所以膨化食品一般都采用在产品表面喷涂风味物质和色素的方法，来调节产品风味和色泽。

(4) **烘烤或油炸**　为便于贮存并获得较好的风味质构，需经烘烤或油炸等处理使水分降低到3%以下。

(5) **包装**　为了保证产品质量，包装要快速、及时。现多采用充入惰性气体包装的方法，以防止油脂氧化、酸败。

二、高温膨化技术

高温膨化技术常应用于间歇生产中，生产工艺较为复杂，生产周期较长，产量也受到一定的限制；但由于这种膨化技术对设备要求不是很高，对于原料的等级要求也不必非常严格，而且还可拓宽一些原料的利用途径，所制得的膨化食品也有其独特的质构风味特征，因而目前仍广泛应用于膨化食品的生产。

项目六 方便面加工技术

 必备知识

随着人们生活节奏的加快，市场需求一类食用简便的食品出现。这就是当今流行的方便食品。方便食品是指食用简便、不需烹调或比普通食品烹调手段简单的一类食品。具体地说，有些不经烹调就可食用，有些只做简单的烹调就能食用。前者如面包，后者如方便面（添加水浸泡或稍加热后方能食用）。

方便食品的种类很多，其中最具代表性的是面食类产品中的方便面。下面就介绍一下方便面的加工工艺。

1958年，日本日清公司经过多年的试验，在一般面条的基础上改进工艺后研制成功了方便面。经过多年的发展，方便面又衍生出了许多种类。时下流行的方便面见表3-9。

表3-9 方便面的种类及特点

分类	种类	特点	备注
制作工艺	油炸方便面	干燥快，淀粉α化程度较高，复水性较好，成品含油量高，成本高，保存期较短	占方便面产量的90%以上，附有油料和调料两种汤料
	热风干燥方便面	干燥慢，淀粉α化程度低，复水性差，成本较低，不易酸败变质，保存期长	附有油料和调料两种汤料
食用风味	中华面	中国传统风味面	有酱油汤面、炒面、炸面、黄酱汤面等
	日风面	日本传统风味面	有酱味粗面、荞麦面、咖喱荞麦面、酱油粗面等
	欧风面	欧洲传统风味面	有西红柿酱面
包装	杯装面	不需要另加碗筷，冲沸水即可食用	附有油料和调料两种汤料
	碗装面	不需要另加碗筷，冲沸水即可食用	附有油料和调料两种汤料
	袋装面	需另加碗筷，冲沸水即可食用	附有油料和调料两种汤料

关键技能

一、方便面生产的工艺流程

原料处理 → 和面 → 静置熟化 → 复合压延 → 切条折花 → 蒸面 → 定量切断 → 干燥 → 冷却、包装、成品

二、方便面生产的操作要点

1. 原料处理

（1）**面粉** 小麦面粉是生产方便面的主要原料，常用的有标准粉和特制粉两种，有时为了调整小麦面粉中的蛋白质含量，还在面粉中加入适量的淀粉或荞麦粉等。

（2）**水** 方便面生产需要软水，硬水会使面筋的弹性降低，使产品在保藏中变色。

（3）**面粉改良剂**

① **食盐** 添加适量的食盐可使面粉吸水加快而且均匀，容易使面团成熟，增强面筋的筋力等，另外还可以抑制发酵和酶的活性。食盐一般要溶于水后加入。

② **食碱** 食碱是方便面生产中不可缺少的辅料，它可以使面条不糊汤，并能使面条呈良好

的微黄色。

③ 增稠剂　增稠剂可增加面条的弹性，常使用的增稠剂有羧甲基纤维素和瓜儿树的树胶等。

(4) 鸡蛋　一般高档的方便面均需添加鸡蛋，添加鸡蛋有增加营养价值、增加面条孔隙、延缓面条中淀粉老化的作用。

2. 和面

和面就是在原料面粉中加入添加剂、水，通过搅拌使之成为面团。面团调制中较重要的是控制好加水量、加盐量、和面时间和温度。加水量一般在 33% 左右，加盐量一般在 1.5%～2%，多了会降低面团的黏性。和面的温度一般控制在 20～25℃，这一温度下有利于面筋形成。搅拌时间也要控制好，时间短了不利面筋形成，时间长了容易造成面筋断裂。

3. 熟化

面团调好后，要在低温下静置一段时间，这就是所谓的熟化。熟化的作用是为了改善面团的黏性、弹性和柔软性。因为通过熟化，面团中的水分会分布得更加均匀，面筋结构会更加细密。

4. 复合压延

熟化后的面团先通过轧辊轧成两条面带，再通过复合机合并为一条面带。这就是复合压延。通过复合压延，可使面带成形，使面带中面筋网络达到均匀分布。

5. 切条折花

切条折花工序是生产方便面的关键技术之一，其基本原理是在切条机（面刀）下方，装有一个精密设计的波浪形成形导箱。经过切条的面条进入导箱后，与导箱的前后壁发生碰撞而遇到抵抗阻力，又由于导箱下部的成形传送带的线速度慢于面条的线速度，从而形成了阻力，使面条在阻力下弯曲折叠成细小的波浪形花纹。

大规模生产中，使用较多的是 V 字形波纹成形机械，其装置如图 3-8 所示。

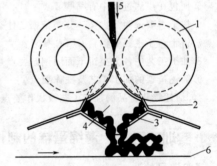

图 3-8　V 字形波纹成形装置
1—切面辊筒；2—面梳；3—波纹成形挡板；
4—分排隔板；5—面片；6—输送带

6. 蒸面

蒸面是利用蒸汽的作用使得淀粉受热糊化和蛋白质变性，面条由生变熟。

(1) 蒸面的作用

① 淀粉的 α 化　当淀粉吸收一定量的水分后，经高温蒸煮尽可能使淀粉 α 化。

② 蛋白质变性　由于蒸煮和油炸所经过的时间非常短，所以尽管温度高，面粉中的蛋白质变性仍是可逆的，复水时仍能保持较大的弹性和延伸性。

③ 使水分稍有增加　通常蒸煮后水分可增加 1.0%～1.5%。

④ 煮熟一定程度　要使面条完全煮熟，常压蒸煮需要较长时间，不适用于实际生产，所以一般只能达到有限的成熟度。

(2) 蒸煮的方法　蒸煮分为高压蒸煮和常压蒸煮两种。

7. 定量切断

面条蒸熟后，由定量切断装置按一定长度切断，为了避免粘连，可在切割前用鼓风机冷却，使面条表面迅速硬结。

8. 干燥

干燥方便面加工的关键步骤，其目的是通过快速脱水，固定 α 化，防止回生，同时固定组织和形状，便于保存。干燥的方法有油炸干燥和热风干燥，前者形成的面块孔隙较多，复水性好，后者属于低温长时干燥，需要较长时间浸泡才能复水。

(1) 油炸干燥　用棕榈油和猪油的混合油，一般各占 50%。油炸时，袋装方便面的油温一般为 150℃ 左右，面条经过连续油炸的时间为 70s 左右；杯装面的油温为 180℃ 左右；提高油温是为了增加面条的膨化程度，提高面条的复水性能。

（2）**热风干燥**　热风干燥是将定量切割的面块放进干燥机链条上的模盒中，在热风隧道中自上而下往复循环进行干燥。其干燥时间随面块的大小、厚薄而异。一般当温度为70～90℃时，以35～45min为宜。干燥时间不足，面块含水量高，容易发生霉变，不利于保存；干燥时间过长，面块脱水过多，易使曲块发黄、脆断和龟裂，增加断头量，增加成本，且能耗量大。

9.冷却包装

冷却的目的是为了便于包装和贮藏，防止变质。方便面的包装有袋装和杯（碗）装两种。袋装一般是外层为玻璃纸，内层为聚乙烯的复合薄膜，密封包装。杯装或碗装是用聚苯乙烯泡沫油料或其他无毒耐热材料制成的，为防止环境污染。发泡期料的应用趋于减少而代之以纸塑复合材料。

 思考题

1.焙烤及膨化食品的主要原辅料有哪些？

2.简述面包制作的工艺流程，有哪些制作要点？

3.面包制作工艺中面团调制的方法有哪些？

4.如何判断面团的发酵终点？

5.面包在烘烤过程中有哪些要点？

6.饼干主要分为几大类，分类依据是什么？

7.饼干对于主要原辅料有哪些要求？

8.加工工艺中各大类饼干面团调制要点是什么？

9.简述蛋糕的加工工艺及操作要点。

10.简述膨化食品的加工工艺及操作要点。

 实训项目一　**海绵蛋糕的制作**

【实训目的】

掌握乳沫类蛋糕制作工艺，熟悉全蛋打法；学会测量面糊密度；了解制作海绵蛋糕原辅料的性质。

【材料与用具】

海绵蛋糕制作原辅料见表3-10，20L搅拌机、电烤炉、烤盘、工模具。

表3-10　海绵蛋糕制作原辅料

材　　料	质量/g	照片说明
蛋白	372	
蛋黄	328	
糖	600	
盐	12	
低筋面粉	400	
色拉油	80	
奶水	80	
蛋糕油	20	
香草水	少许	
合计	2245	

【工艺流程】

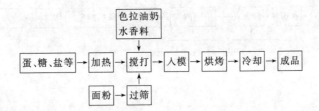

【操作要点】

① 蛋加糖、盐、蛋糕油后隔水加热至 $35 \sim 43℃$，用钢丝搅打器快速打至浓稠，面糊用手指挑起不很快落下，颜色呈乳白色，再改中速搅拌 2min。

② 面粉过筛慢速拌匀于①中，注意搅拌的时间不能太长，防止面筋形成。

③ 色拉油、奶水、香料慢速加入拌匀即可。

④ 平烤盘底部、四周垫纸，面糊倒入后表面刮平，使四周厚薄一致。

⑤ 烘烤：底火 210℃，顶火 180℃。

⑥ 出炉冷却后进行奶油霜饰或做蛋糕卷。

【结果分析】

海绵蛋糕属于乳沫类蛋糕，但又不需要加塔塔粉。海绵蛋糕的口感疏松、细腻，蛋腥味较轻。

【讨论题】

1. 鸡蛋在蛋糕中的作用。

2. 蛋糕油在搅打中的作用。

3. 蛋糕制作设备的使用方法。

 实训项目二 面包的制作

【实训目的】

掌握甜面包配方平衡，了解甜面包制作基本工艺，初步掌握基本整形方式及表面装饰、馅料配制。

【材料与用具】

面包制作的原辅料见表 3-11。面包是以小麦粉为主要原料，添加酵母、水、蔗糖、食盐、鸡蛋、油脂、食品添加剂等辅料，经过面团调制、发酵、整形、烘烤等工序加工而成的。20L 搅拌机、醒发箱、电烤炉、烤箱、工模具。

表 3-11 面包制作的原辅料

材　　料	质量/g	照 片 说 明
高筋面粉	2000	
水	950	
干酵母	40	
食盐	10	
蔗糖	300	
油脂	80	
鸡蛋	200	
改良剂	12	
香精	少许	
合计	3592	

【工艺流程】

原料处理 → 和面 → 静置 → 中间醒发 → 整形 → 最后醒发 → 烘烤 → 冷却 → 成品

静置下方：15～25min　中间醒发下方：27～29℃

【操作要点】

（1）原料处理

① 量取 950mL 水。

② 将鲜鸡蛋打于烧杯中，加入少许蔗糖和水，用打蛋器搅打起泡（体积约增加两倍）。

③ 取出 600mL 水，加入蔗糖并搅拌均匀，取出 50～80mL 水，加入食盐搅匀。

（2）和面　将面包粉、干酵母、改良剂加入和面缸内，搅匀后加入水、糖液、蛋液，中速搅拌 3min。加入盐水、油脂，中速搅拌 5min，再高速搅拌 1min，面团温度应在 28～30℃。

（3）静置　将面团静置 15～25min。

（4）中间醒发　将面团放于温度 27～29℃、相对湿度 70%～75% 的醒发箱内醒发 15min，使面团发酵产气，恢复其柔软性。

（5）整形　将面块分成 50g 每块的面块，搓圆。

（6）最后醒发　将面包坯装盘后放入 35～38℃、相对湿度 80%～85% 的醒发箱中，醒发约 60min。

（7）烘烤　将醒发好的面包坯表面刷少许蛋液或糖液，放入 190～230℃ 的烤箱中烤 12～25min，使表皮金黄，内部成熟。

（8）冷却　取出面包，自然冷却至室温即可。

【结果分析】

此法生产的面包可以包入豆沙或加入其他配料，产品表皮金黄，口感较淡，切面孔隙较大。

【讨论题】

1. 如何判断面团的发酵终点？

2. 醒发箱的使用方法。

3. 如何掌握搓圆技术？

 实训项目三　**甜薄饼的制作**

【实训目的】

掌握甜薄饼的制作工艺，掌握韧性饼干的面团调制方法。

【材料与用具】

甜薄饼制作的原料见表 3-12。20L 搅拌机、压片机、电烤炉、烤盘、工模具。

表 3-12　甜薄饼制作的原料

原　料	用量/kg	原　料	用量/kg
面粉	10	小苏打	0.06～0.08
白砂糖	2.4～3.0	碳酸氢铵	0.1～0.15
转化糖浆	0.2～0.3	焦亚硫酸钠	适量
油脂	1.2～1.6	酵母	0.003～0.004
全脂奶粉	0.2～0.4	饼干松化剂	0.003～0.004
鸡蛋	0.2～0.4	香精	适量
食盐	0.08～0.1		

【工艺流程】

第一次调制面团 → 发酵 → 第二次调制面团 → 静置 → 面片压延 → 成形 → 烘烤 → 喷油 → 冷却 → 包装

【操作要点】

① 第一次调制面团、发酵　第一次调制面团和发酵按中种法生产面包的方法进行。第一次面粉用量为 1/3～1/2，面团温度 30～32℃，发酵时间 6～10h。

② 第二次调制面团、静置　第二次调制面团和静置投料顺序为：将种子面团、余下的面粉、油脂、奶粉、糖投入调粉机，开动搅拌，再加入事先溶解的碳酸氢铵、香精、小苏打。当快要形成面团时，加入配好的焦亚硫酸钠和饼干松化剂溶液。继续搅拌到面团手感柔软、弹性明显降低、手拉可成薄膜时调制完毕，时间 25～30min，面团温度 34～36℃。出料后，面团在面槽中静置 15～20min，进入下道工序。

③ 压延、成形　面团通过 3 对轧辊，逐渐轧薄至厚度为 1～1.2mm 进行辊切成形。印模以有针眼、无花纹或少有凹形花纹，圆形有花边的为好。

④ 烘烤　隧道式网带炉，烤炉末端应设缓冷区，炉温 200～250℃，烘烤时间 6～7min，水分 ≤4.5%。

⑤ 喷油　一般喷棕榈油，油温 50～60℃。双面喷油，油耗 12%～15%，可使用阻油剂降低油耗。油中应添加抗氧化剂。

⑥ 冷却、包装　在冷却带上自然冷却，然后即时包装。

【结果分析】

韧性面团的调制十分重要，它直接影响饼干的质量。后期饼干的冷却不能过快，方法要恰当。

【讨论题】

1.如何判断面团的搅拌终点？

2.压片机的使用方法。

3.饼干的冷却方法。

实训项目四　广式月饼的制作

【实训目的】

了解广式月饼面团的工艺原理和面团调制的方法，了解生产广式月饼的主要原料及其工艺作用，掌握广式月饼制作的工艺流程和操作要点。

【材料与用具】

皮料：特制粉 1kg、糖浆 0.8kg、花生油 0.2kg、枧水适量。

馅料：莲蓉 8kg。

食品搅拌机、远红外线电烤炉、烤盘、台秤、电子秤、面筛、面盆、模具、蛋刷子、手套、塑料袋、封口机。

【工艺流程】

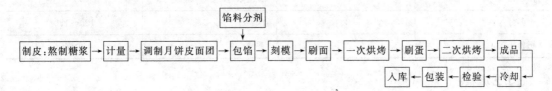

```
                                          馅料分剂
                                             ↓
制皮:熬制糖浆 → 计量 → 调制月饼皮面团 → 包馅 → 刻模 → 刷面 → 一次烘烤 → 刷蛋 → 二次烘烤 → 成品
                                                                                          ↓
                                               入库 ← 包装 ← 检验 ← 冷却
```

【操作要点】

(1) 熬制糖浆　应提前半月以上把糖浆熬好，以便于糖浆的转化。将白砂糖 50kg 放入

17.5kg水中，加热煮5～6min，将柠檬酸40g用少量水溶解后，加入糖浆中，糖浆煮沸后，用文火熬约30min，当糖液温度为110℃时，过滤后备用。

（2）计量　按照配方称取所需原辅料。

（3）调制月饼皮面团　先将糖浆、植物油、枧水混合均匀，然后将面粉逐步拌入，调制到面团软硬均匀、皮面光洁为止，再将面皮分成26g/块。

（4）馅料分剂　将馅料分成83g/块，使每个月饼馅质量占月饼成品的80％。

（5）包馅　把饼皮搓圆，压成中间稍厚边缘薄的圆形饼，然后包馅。包好后将收口朝下，逐个放在操作台上，稍微撒些干粉。

（6）刻模　将包好的饼坯放入单手印模中，剂口朝上，用手掌压实，然后用手拿印模柄轻磕四周，最后敲出月饼，摆入烤盘。应注意每个月饼间隔距离要相等。

（7）刷面　用毛刷刷去表面浮面，刷水或喷水。

（8）烘烤

① 一次烘烤　当炉温上火240℃下火达到210℃时，将月饼生坯送入烘烤。月饼坯定型，上表面微黄色时取出刷蛋。

② 刷蛋　将鸡蛋去壳后，取蛋黄，抽打均匀，将蛋黄液均匀刷在月饼上表面。

③ 二次烘烤　刷蛋后入炉继续烘烤，直到表面金色熟透出炉。

（9）冷却、包装　将烤好的月饼自然冷却，按计量标准装入包装袋。

【实验结果】

（1）感官检验　对所生产月饼品质进行感官分析，参照标准对产品进行打分评定。

（2）理化指标的检验　对所制作月饼的营养成分和化学组分如水分、蛋白质、灰分、糖分等进行分析，对产品质量进行评定。

【讨论题】

针对各自产品所出现的问题进行分析并提出解决方案。

 实训项目五　**酥性饼干的制作**

【实训目的】

了解酥性面团的调制原理和技术，了解生产酥性饼干主要原料及其工艺作用，掌握酥性饼干制作的工艺流程和操作要点。

【材料与用具】

食品搅拌机、远红外线电烤炉、起酥机、烤盘、台秤、面筛、模具、饼干成形机、量杯。酥性饼干的基本原料见表3-13。

表3-13　酥性饼干的基本原料

原　料	质量/g	原　料	质量/g
低筋面粉	500	碳酸氢铵	4
起酥油	50mL	饼干松化剂	0.2
白砂糖	60	香兰素	0.5
小苏打	4	水	120～150
奶粉	20	香精	少许

【工艺流程】

酥性饼干加工的基本工艺流程如下。

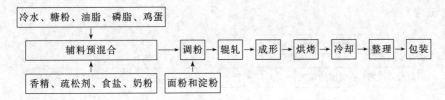

【操作要点】

(1) 面团的调制

① 辅料预混合 将糖、油脂、乳品、蛋品、疏松剂等辅料与适量的水投入调粉机内均匀搅拌形成乳浊液。

② 调粉 将过筛后的小麦粉、淀粉加入调粉机内，调制6~12min，最后加入香精、香料。

(2) 辊轧 面团调制后不需要静置即可轧片。一般以3~7次单向往复辊轧即可，也可采用单向一次辊轧，轧好的面片厚度为2~4mm，较韧性面团的面片厚。

(3) 成形 可采用辊切成形方式进行。

(4) 烘烤 酥性饼坯炉温控制在240~260℃，烘烤3.5~5min，成品含水率为2%~4%。

(5) 冷却 饼干出炉后应及时冷却，使温度降到25~35℃，在夏季、秋季、春季中，可采用自然冷却法。如果加速冷却，可以使用吹风，但空气的流速不宜超过2.5m/s。

(6) 整理、包装 出炉后的装有产品的烤盘要交错码放，以利于冷却。待温度降至室温即包装、装箱、入库。

【实验结果】（质量要求）

(1) 外形 外形完整，花纹清晰，厚薄基本均匀，不收缩、不变形、不起泡、不得有较大或较多的凹底。特殊加工品种表面或中间允许有可食颗粒存在（如椰蓉、芝麻、砂糖、巧克力、燕麦等）。

(2) 色泽 呈棕黄色或金黄色或该品种应有的色泽，色泽基本均匀，表面略带光泽，无白粉，不应有过焦、过白的现象。

(3) 滋味与口感 具有该品种应有的香味，无异味；口感酥松或松脆，不粘牙。

(4) 组织 断面结构呈多孔状，细密，无大孔洞。

【讨论题】

1.酥性面团的调制有哪些注意点？

2.酥性饼干为何会出现凹底？

实训项目六 韧性饼干的制作

【实训目的】

了解韧性面团的调制原理和技术；了解生产韧性饼干的主要原料及其工艺作用；掌握韧性饼干制作的工艺流程和操作要点。

【材料与用具】

食品搅拌机、起酥机、远红外线电烤炉、烤盘、台秤、面筛、模具、压片机、饼干成形机。韧性饼干的基本原料见表3-14。

表3-14 韧性饼干的基本原料

原　料	质量/g	原　料	质量/g
低筋面粉	500	盐	2
起酥油	80mL	香兰素	0.5
白砂糖	80	水	110~130
奶粉	20	香精	少许

【工艺流程】

【操作要点】

（1）面团的调制　先将油脂、糖、乳、蛋等辅料与热水或热糖浆在调粉机中搅拌均匀，再加小麦粉进行面团的调制。如使用改良剂，则应在面团初步形成时（调制10min后）加入。然后在调制过程中分别加入疏松剂与香精，继续调制。前后25min以上，即可调制成韧性面团。

（2）静置　韧性面团调制成熟后，必须静置10min以上，以保持面团性能稳定，才能进行辊轧操作。

（3）辊轧　韧性面团辊轧次数一般需要9～13次，辊轧时多次折叠并旋转90°。通过辊轧工序以后，面团被压制成厚薄均匀、形态平整、表面光滑、质地细腻的面带。

（4）成形　经辊轧工序轧成的面带，经冲印或辊切成形机制成各种形状的饼坯。

（5）烘烤　韧性饼坯在炉温240～260℃烘烤3.5～5min，成品含水率为2％～4％。

（6）冷却　烘烤完毕的饼干，其表面层与中心部位的温度差很大，外表温度高，内部温度低，热量散发迟缓。为了防止饼干出现裂缝与外形收缩，必须冷却后再包装。

【实验结果】（质量要求）

（1）外形　外形完整，花纹清晰或无花纹，一般有针孔，厚薄基本均匀，不收缩，不变形，可以有均匀泡点，不得有较大或较多的凹底。特殊加工品种表面或中间允许有可食颗粒存在（如椰蓉、芝麻、砂糖、巧克力、燕麦等）。

（2）色泽　呈棕黄色、金黄色或该品种应有的色泽，色泽基本均匀，表面有光泽，无白粉，不应有过焦、过白的现象。

（3）滋味与口感　具有该品种应有的香味，无异味；口感松脆细腻，不粘牙。

（4）结构　断面结构有层次或呈多孔状。

【讨论题】

1.韧性面团的调制有哪些注意点？

2.韧性面团的烘烤温度是多少？

3.韧性饼干如何成形？

案例

模块四　肉制品加工技术

通过本模块的学习，使学生了解肉制加工常用辅料及加工特性，掌握冷冻肉、中式香肠、西式香肠、中式火腿、西式火腿的加工技术，并取得相应的资格证书。

1. 深刻理解瘦肉等兽药残留的危害，牢固食品安全意识和行业责任意识。
2. 加强法制学习，熟悉食品相关法律法规，明确遵纪守法是行业、企业发展的根基。

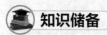 **知识储备**

肉制品加工生产过程中，为了改善和提高肉制品的感官特性及品质，延长肉制品的保存期和便于加工生产，除使用畜禽肉作主要原料外，常需另外添加一些可食性物料，这些物料称为辅料。

肉制品在加工生产过程中所形成的特有性能、风味与口感等，除与原料的种类、质量以及加工工艺有关外，还与食品辅料的使用有着极为重要的关系。因此，正确使用辅料，对提高肉制品的质量和产量，增加肉制品的花色品种，提高其营养价值和商品价值，保障消费者的身体健康有重要的意义。

尽管肉制品加工中常用的辅料种类很多，但大体上可分为三类，即调味料、香辛料和添加剂。

一、调味料

调味料是指为了改善食品的风味，赋予食品特殊味感（咸、甜、酸、苦、鲜、麻、辣等），使食品鲜美可口、增进食欲而添加入食品中的天然或人工合成的物质。

（一）咸味料

1. 食盐

食盐的主要成分是氯化钠，精制食盐中氯化钠的含量在 98% 以上。肉制品加工中一般不用粗盐，因其含有较多的钙、镁、铁的氯化物和硫酸盐等杂质，会影响制品的质量和风味。

食盐具有调味、防腐保鲜、提高保水性和黏着性等重要作用。但食盐能加强脂肪酶的作用和脂肪的氧化（腌肉的脂肪较易氧化变质），且高钠盐食品会导致高血压，新型食盐代用品有待深入研究与开发。

2. 酱油

酱油是我国传统的调味料，优质酱油咸味醇厚、香味浓郁。肉制品加工中宜选用酿造酱油，其浓度不应低于 22°Bé，食盐含量不超过 18%。酱油的作用主要是增鲜增色，改良风味。在中式肉制品中广泛使用，使制品呈美观的酱红色并改善其口味。在香肠等制品中，还有促进发酵成熟的作用。

（二）甜味料

1. 蔗糖

白糖、红糖都是蔗糖，其甜度仅次于果糖（果糖、蔗糖、葡萄糖的甜度比为 4：3：2）。肉制品中添加少量蔗糖可以改善产品的滋味；并能促进胶原蛋白的膨胀和疏松，使肉质松软、色调良好；糖比盐更能迅速、均匀地分布于肉的组织中，增加渗透压，形成乳酸，降低 pH，有保鲜作用。蔗糖添加量在 0.5%～1.5% 为宜。

2. 葡萄糖

葡萄糖为白色晶体或粉末，除可以改善产品的滋味外，还可形成乳酸，有助于胶原蛋白的膨胀和疏松，使制品柔软。葡萄糖的保色作用较好，而蔗糖的保色作用不太稳定。肉品加工中葡萄糖的使用量为 0.3%～0.5%。

3. 饴糖

饴糖由麦芽糖（50%）、葡萄糖（20%）和糊精（30%）组成。味甜爽口，有吸湿性和黏性，在肉品加工中常作为烧烤、酱卤和油炸制品的增色剂和甜味助剂。

（三）酸味料

1. 食醋

食醋以谷类及麸皮等经过发酵酿造而成，含醋酸 3.5% 以上，具有促进食欲，帮助消化，亦有一定的防腐去膻腥作用。食醋为中式糖醋类风味产品的主要调味料，如与糖按一定比例配合，可形成宜人的酸甜味；醋酸还可以与乙醇生成具有香味的醋酸乙酯，故在糖醋制品中添加适量的酒，可使制品具有浓醇酸甜、香气扑鼻的特点。

因醋酸具有挥发性，受热易挥发，故适宜在产品出锅时添加。

2. 柠檬酸及其钠盐

柠檬酸及其钠盐不仅是调味料，国外还作为肉制品的改良剂。如用氢氧化钠和柠檬酸盐等混合液来代替磷酸盐，提高 pH 至中性，也能达到提高肉品持水性、嫩度和出品率的目的。

（四）鲜味剂

1. 谷氨酸钠

谷氨酸钠即"味精"，是食品烹调和肉制品加工中常用的鲜味剂。谷氨酸钠为无色至白色柱状结晶或结晶性粉末，具特有的鲜味，略有甜味或咸味。高温易分解，在 pH5 以下的酸性和强碱性条件下会使鲜味降低。在肉品加工中，一般用量为 0.02%～0.15%。

2. 肌苷酸钠

肌苷酸钠是白色或无色的结晶或结晶性粉末，性质比谷氨酸钠稳定。与 L-谷氨酸钠合用对鲜味有相乘效应。肌苷酸钠具有特殊强烈的鲜味，其鲜味比谷氨酸钠强 10～20 倍。一般与谷氨酸钠、鸟苷酸钠等合用，配制成混合味精，以提高增鲜效果。

3. 鸟苷酸钠

$5'$-鸟苷酸钠为无色至白色结晶或结晶性粉末，是具有很强鲜味的 $5'$-核苷酸类鲜味剂。$5'$-鸟苷酸钠具有特殊香菇鲜味，鲜味程度约为肌苷酸钠的 3 倍以上，与谷氨酸钠合用有很强的相乘效果。

（五）料酒

黄酒和白酒是中式肉制品加工中广泛使用的调味料之一，主要成分是乙醇和少量的脂类，有去腥增香、提味解腻、固色防腐等作用，并能赋予制品特有的醇香味，使制品回味甘美，增加风味特色。黄酒应色黄澄清、味醇，含酒精 12° 以上；白酒应无色透明、味醇。

二、香辛料

（一）香辛料的种类

香辛料又名增香剂，是一类能改善和增强食品香味和滋味的食品添加剂。因其多以植物的果实、花、皮、蕾、叶、茎、根等新鲜、干燥或粉碎状态使用，故称其为天然香辛料。

香辛料的辛味比较强，依其具有辛辣和芳香气味的程度，可分为辛辣性和芳香性香辛料两种。辛辣性香辛料有胡椒、花椒、辣椒、葱、姜、蒜、芥子等；芳香性香辛料主要有丁香、麝香草、豆蔻、茴香、月桂叶等。

香辛料的成分很复杂，应用时必须依据食品种类、所达到的目的的不同而注意科学配用。天然香辛料用量通常为 0.3%～1.0%，也可根据肉的种类或人们的嗜好稍有增减。

（二）香辛料的加工特性及使用

香辛料的作用是赋予产品特有的风味，抑制或矫正不良气味，增进食欲，促进消化。许多香辛料有抗菌、防腐、抗氧化作用，同时还有特殊生理药理作用。常用的香辛料如下。

1. 大茴香

大茴香是木兰科乔木植物的果实，多数为八瓣，故又称八角，果实含精油 2.5％～5％，其中以茴香脑为主（80％～85％）。有独特浓烈的香气，性温，味辛微甜。有去腥和防腐的作用。

2. 小茴香

小茴香系伞形科多年草本植物茴香的种子，含精油 3％～4％，主要成分为茴香脑和茴香醇（占 50％～60％）。气味芳香，是肉制品加工中常用的调香料，有增香调味、防腐除腥的作用。

3. 花椒

花椒为芸香科植物花椒的果实。花椒果皮含辛辣挥发油及花椒油香烃等，辣味主要是山椒素。在肉品加工中，整粒多供腌制品及酱卤汁用，粉末多用于调味和配制五香粉。使用量一般为 0.2％～0.3％。花椒不仅能赋予制品适宜的辛辣味，而且还有杀菌、抑菌等作用。

4. 肉豆蔻

肉豆蔻亦称豆蔻、肉蔻，由肉豆蔻科植物肉蔻果肉干燥而成。皮和仁有特殊浓烈芳香气，味辛略带甜、苦味。有增香去腥的调味功能，暖胃止泻、止吐镇呃等功效，亦有一定抗氧化作用。可用整粒或粉末，肉品加工中常用作卤汁、五香粉等调香料。

5. 桂皮

桂皮系樟科植物肉桂的树皮及茎部表皮经干燥而成。桂皮用作肉类烹饪用调味料，亦是卤汁、五香粉的主要原料之一，能使制品具有良好的香辛味，而且还具有重要的药用价值。

6. 砂仁

砂仁为姜科多年生草本植物的果实，一般除去黑果皮（不去果皮的叫苏砂），具有樟脑油的芳香味。有温脾止呕、化湿顺气和健胃的功效，亦有矫臭去腥、提味增香的作用，是肉制品中重要的调味香料。含有砂仁的制品，食之清香爽口，风味别致。

7. 草果

草果为姜科多年生草本植物的果实，含有精油、苯酮等，味辛辣。可用整粒或粉末。肉制品加工中常用作卤汁、五香粉的调香料，起抑腥调味的作用。

8. 丁香

丁香为桃金娘科植物丁香干燥花蕾及果实，富含挥发香精油，具有特殊的浓烈香味，味辛麻微辣，兼有桂皮香味。对肉类、焙烤制品、色拉调味料等兼有抗氧化、防霉作用，但丁香对亚硝酸盐有消色作用，在使用时应加以注意。

9. 月桂叶

月桂叶系樟科长绿乔木月桂的叶子，有近似玉树油的清香，略有樟脑味，与食物共煮后香味浓郁。肉制品加工中常用作矫味剂、增香料，用于原汁肉类罐头、卤汁、鱼类调味等。

10. 胡椒

胡椒是多年生藤本胡椒科植物的果实，有黑胡椒、白胡椒两种。黑胡椒是球形果实在成熟前采集，经热水短时间浸泡后，不去皮阴干而成；白胡椒是成熟的果实经热水短时间浸泡后去果皮阴干而成。因果皮挥发成分含量较多，故黑胡椒的风味大于白胡椒，但白胡椒的色泽好。

胡椒性辛温，味辣香，具有令人舒适的辛辣芳香，兼有除腥臭、防腐和抗氧化作用。在我国传统的香肠、酱卤、罐头及西式肉制品中广泛应用。使用量一般为 0.2％～0.3％。因其芳香气易于在粉状时挥发出来，故以整粒干燥密闭贮藏为宜，并于食用前始碾成粉。

11. 辣椒

辣椒含有 0.02％～0.03％的辣椒素，具有强烈的辛辣味和香味，除作调味品外，还具有抗氧化和着色作用。

12. 葱

葱属百合科多年生草本植物，有大葱、小（香）葱、洋葱等，具有强烈的葱辣味和刺激性。洋葱煮熟后带甜味。葱可解除腥膻味，促进食欲，并有开胃消食以及杀菌发汗的功能。

13. 蒜

蒜为百合科多年生宿根草本植物大蒜的鳞茎，其主要成分是蒜素，即挥发性的二烯丙基硫化物。因其有强烈的刺激气味和特殊的蒜辣味，以及较强的杀菌能力，故有压腥去膻、增加肉制品蒜香味及刺激胃液分泌、促进食欲和杀菌的功效。

14. 姜

姜属姜科多年生草本植物，主要利用地下膨大的根茎部。姜具有独特强烈的姜辣味和爽快风味。具有去腥调味、促进食欲、开胃驱寒和减腻解毒的功效。在肉品加工中常用于酱卤、红烧罐头等的调香料。

15. 山奈

山奈又称三奈、沙姜，系姜科山奈属多年生木本植物的根状茎，切片晒制而成干片。具有较强烈的香味，有去腥提香、抑菌防腐和调味的作用，亦是卤汁、五香粉的主要原料之一。

16. 白芷

白芷系伞形多年生草本植物的根块，有特殊的香气，味辛。具有去腥作用，是酱卤制品中常用的香料。

17. 陈皮

陈皮为芸香科常绿小乔木植物橘树的干燥果皮，含挥发油，有强烈的芳香气，味辛苦。肉制品加工中常用作卤汁、五香粉等调香料，可增加制品复合香味。

其他常用的香辛料还有鼠尾草、芥末、姜黄、甘草、芫荽、麝香草等。

传统肉制品加工过程中常用由多种香辛料（未粉碎）组成的料包经沸水熬煮出味或同原料肉一起加热使之入味。现代化西式肉制品则多用已配制好的混合性香料粉（如五香粉、麻辣粉、咖喱粉等）直接添加到制品原料中；对于经注射腌制的肉块制品，需使用萃取性单一或混合液体香辛料。这种预制香辛料使用方便、卫生，是今后的发展趋势。

三、添加剂

添加剂是指食品在生产加工和贮藏过程中加入的少量物质。添加这些物质有助于食品品种多样化，改善其色、香、味、形，保持食品的新鲜度和质量，并满足加工工艺过程的需求。肉品加工中经常使用的添加剂有以下几种。

（一）发色剂

1. 硝酸盐（硝酸钾或硝酸钠）

硝酸盐是无色结晶或白色结晶粉末，稍有咸味，易溶于水。将硝酸盐添加到肉制品中：首先硝酸盐在肉中脱氮菌（或还原物质）的作用下，还原成亚硝酸盐；然后与肉中的乳酸产生复分解反应而形成亚硝酸；亚硝酸再分解产生 NO；NO 与肌肉纤维细胞中的肌红蛋白（或血红蛋白）结合而生成稳定的亚硝基（NO）肌红蛋白（或亚硝基血红蛋白）配合物，使肉制品呈现鲜红色，因此把硝酸盐称为发色剂。

在实际生产中，为保证良好的发色效果和抑制腐败菌的生长，一般加硝酸盐腌制是在 $0\sim7{}^{\circ}\!C$ 的低温下进行。

2. 亚硝酸钠

亚硝酸钠是白色或淡黄色结晶粉末，吸湿性强，长期保存必须密封在不透气容器中。亚硝酸钠除了防止肉品腐败、提高保存性之外，还具有改善风味、稳定肉色的特殊功效，此功效比硝酸盐还要强 10 倍，所以在腌制时与硝酸盐混合使用，能缩短腌制时间。但是仅用亚硝酸盐腌制的肉制品，在贮藏期间褪色快，对生产过程长或需要长期存放的制品，最好使用硝酸盐腌制。现在许多国家广泛采用混合盐料。

亚硝酸盐毒性强，用量要严格控制。GB 2760—2014 中对硝酸钠和亚硝酸钠的使用量规定如下。

使用范围：肉类罐头，肉制品。

最大使用量：亚硝酸钠 0.15g/kg。

最大残留量（以亚硝酸钠计）：肉类罐头不得超过 50mg/kg；肉制品不得超过 30mg/kg。

（二）发色助剂

肉制品中常用的发色助剂有抗坏血酸和异抗坏血酸及其钠盐、烟酰胺、葡萄糖、葡萄糖醛内酯等。其助色机理与硝酸盐或亚硝酸盐的发色过程紧密相连。

1. 抗坏血酸、抗坏血酸钠

抗坏血酸即维生素 C，具有很强的还原作用，即使硝酸盐的添加量少也能使肉呈粉红色。但是对热和重金属极不稳定，因此一般使用稳定性较高的钠盐，另外，腌制剂中加入谷氨酸也会增加抗坏血酸的稳定性。肉制品中的使用量为 0.02%～0.05%。

2. 异抗坏血酸、异抗坏血酸钠

异抗坏血酸是抗坏血酸的异构体，其性质与抗坏血酸相似，发色、防止褪色及防止亚硝胺形成的效果，几乎相同。

3. 烟酰胺

腌制液中复合磷酸盐会改变盐水的 pH，这会影响维生素 C 的助色效果。因此往往加维生素 C 的同时加入助色剂烟酰胺。烟酰胺也能形成稳定的烟酰胺肌红蛋白，使肉呈红色，并有促进发色、防止褪色的作用，且烟酰胺对 pH 的变化不敏感。

（三）着色剂

着色剂又称食用色素，指为使食品具有鲜艳而美丽的色泽，改善感官性状以增进食欲而加入的物质。

1. 人工着色剂（化学合成着色剂）

人工着色剂常用的有苋菜红、胭脂红、柠檬黄、日落黄、亮蓝等。人工着色剂在限量范围内使用是安全的，其色泽鲜艳、稳定性好，适于调色和复配。价格低廉是其优点，但安全性仍是问题且无营养价值，因此，在肉制品加工中一般不允许使用。

2. 天然着色剂

天然着色剂是从植物、微生物、动物可食部分用物理方法提取精制而成的。

天然着色剂的开发和应用是当今世界的发展趋势，如在肉制品中应用愈来愈多的焦糖色素、红曲红、高粱红、栀子黄、姜黄色素等。天然着色剂一般价格较高，稳定性稍差，但比人工着色剂安全性高。

（1）焦糖色　焦糖色又称酱色或糖色，外观是红褐色或黑褐色的液体，也有的呈固体状或粉状。焦糖色在肉制品加工中的应用主要是为了增色，补充色调，改善产品外观。常用于扣肉和酱肉的加工。

（2）红曲红　红曲红是以大米为原料，采用红曲霉液体深层发酵工艺和特定的提取技术生产的粉状纯天然食用色素，其工业产品色价高、色调纯正、光热稳定性强、pH 适应范围广、水溶性好，同时具有一定的保健和防腐功效。肉制品中用量为 50～500mg/kg。

（3）高粱红　高粱红以高粱壳为原料，采用生物加工和物理方法制成，有液体制品和固体粉末两种，属水溶性天然色素，对光、热稳定性好，抗氧化能力强，与天然红等水溶性天然色素调配可成紫色、橙色、黄绿色、棕色、咖啡色等多种色调。肉制品中使用量视需要而定。

（四）品质改良剂

1. 磷酸盐

目前多聚磷酸盐已普遍地应用于肉制品中，以改善肉的保水性能。国家规定可用于肉制品的磷酸盐有三种：焦磷酸钠、三聚磷酸钠和六偏磷酸钠。

各种磷酸盐混合使用比单独使用好，混合的比例不同，效果也不同。在肉品加工中，使用量一般为肉重的 0.1%～0.4%，用量过大会导致产品风味恶化、组织粗糙、呈色不良。

磷酸盐溶解性较差，因此在配制腌液时要先将磷酸盐溶解后再加入其他腌制料。由于多聚磷酸盐对金属容器有一定的腐蚀作用，所以所用设备应选用不锈钢材料。此外，使用磷酸盐可能使腌制肉制品表面出现结晶，这是焦磷酸钠形成的。可以通过减少焦磷酸钠的使用量来预防结晶。

2. 淀粉

淀粉在肉制品中的作用主要是增加肉制品的稳定性和保水性；提高肉制品的黏结性和出品率；其良好的吸油性和乳化性可束缚脂肪的流动，缓解脂肪给制品带来的不良影响，改善肉制品的外观和口感。

肉品加工最好使用变性淀粉，它们是由天然淀粉经过化学或酶处理等而使其物理性质发生改变，以适应特定需要而制成的淀粉。变性淀粉不仅能耐热、耐酸碱，还有良好的机械性能，是肉类工业良好的增稠剂和赋形剂，常用于西式肠、午餐肉等罐头、火腿制品。其用量一般为原料的3%～20%。优质肉制品用量较少，且多用玉米淀粉。

3. 大豆分离蛋白

粉末状大豆分离蛋白有良好的保水性。当浓度为12%时，加热的温度超过60℃，黏度就急剧上升，加热至80～90℃时静置、冷却，就会形成光滑的砂状胶质。这种特性，使大豆分离蛋白加入肉组织时，能改善肉的质地，增加肉制品的保水性、保油性和肉粒感，此外，大豆蛋白还有很好的乳化性。

4. 卡拉胶

卡拉胶主要成分为易形成多糖凝胶的半乳糖、脱水半乳糖，多以钙盐、钠盐、铵盐等的形式存在。可保持自身质量10～20倍的水分。在肉馅中添加0.6%时，即可使肉馅保水率从80%提高到88%以上。

卡拉胶是天然胶质中唯一具有蛋白质反应性的胶质。由于卡拉胶能与蛋白质结合，形成巨大的网络结构，可保持制品中的大量水分，减少肉汁的流失，并且具有良好的弹性、韧性。卡拉胶还具有很好的乳化效果，稳定脂肪，表现出很低的离油值，从而提高制品的出品率。另外，卡拉胶能防止盐溶性蛋白及肌动蛋白的损失，抑制鲜味成分的溶出。

5. 酪蛋白

酪蛋白能与肉中的蛋白质结合形成凝胶，从而提高肉的保水性。在肉馅中添加2%时，可提高保水率10%；添加4%时，可提高16%。如与卵蛋白、血浆等并用效果更好。酪蛋白在形成稳定的凝胶时，可吸收自身质量5～10倍的水分。用于肉制品时，可增加制品的黏着性和保水性，改进产品质量，提高出品率。

（五）抗氧化剂

抗氧化剂有油溶性和水溶性两大类。油溶性抗氧化剂能均匀地分布于油脂中，对油脂或含脂肪的食品可以很好地发挥其抗氧化作用。人工合成的油溶性抗氧化剂有丁基羟基茴香醚（BHA）、二丁基羟基甲苯（BHT）、没食子酸丙酯（PG）等；天然的有生育酚（维生素E）混合浓缩物等。水溶性抗氧化剂主要有L-抗坏血酸及其钠盐、异抗坏血酸及其钠盐等；天然的有植物（包括香辛料）提取物如茶多酚、异黄酮类等。多用于对食品的护色（助色剂），防止氧化变色，以及防止因氧化而降低食品的风味和质量等。肉制品在贮藏期间因氧化变色、变味而导致其货架期缩短是肉类工业一个突出的问题，因此高效、廉价、方便、安全的抗氧化剂有待开发。

（六）防腐保鲜剂

防腐保鲜剂分化学防腐剂和天然保鲜剂，防腐保鲜剂经常与其他保鲜技术结合使用。

1. 化学防腐剂

化学防腐剂主要是各种有机酸及其盐类。肉类保鲜中使用的有机酸包括乙酸、甲酸、柠檬酸、乳酸及其钠盐、抗坏血酸、山梨酸及其钾盐、苯甲酸及其钠盐、磷酸盐等。

（1）山梨酸钾　山梨酸钾在肉制品中的应用很广。它能与微生物酶系统中的巯基结合，破坏许多重要酶系，达到抑制微生物增殖和防腐的目的。山梨酸钾在鲜肉保鲜中可单独使用，也可和磷酸盐、乙酸结合使用。

（2）乙酸　1.5%的乙酸就有明显的抑菌效果。在3%范围以内，因乙酸的抑菌作用，减缓了微生物的生长，避免了霉斑引起的肉色变黑变绿。当浓度超过 3％ 时，对肉色有不良作用，这是由酸本身造成的。如采用 3％乙酸＋3％抗坏血酸处理时，由于抗坏血酸的护色作用，肉色可保持得很好。

2. 天然保鲜剂

（1）**茶多酚** 主要成分是儿茶素及其衍生物，它们具有抑制氧化变质的性能。茶多酚对肉品防腐保鲜以三条途径发挥作用：抗脂质氧化、抑菌、除臭味物质。

（2）**香辛料提取物** 许多香辛料中如大蒜中的蒜辣素和蒜氨酸，肉豆蔻所含的肉豆蔻挥发油，肉桂中的挥发油以及丁香中的丁香油等，均具有良好的杀菌、抗菌作用。

四、肠衣

香肠加工过程中，肠衣主要起加工模具和容器的作用。肠衣主要有两大类：天然肠衣和人造肠衣。天然肠衣曾在香肠生产过程中发挥过重要作用，但天然肠衣的流通量和特点不能满足香肠业的快速发展，因此人造肠衣便应运而生。

1. 天然肠衣

天然肠衣也叫动物肠衣，动物从食道到直肠之间的胃肠道、膀胱等都可以用来做肠衣，它具有较好的韧性和坚实性，能够承受一般加工条件所产生的作用力，具有优良的收缩和膨胀性能，可以与包裹的肉料产生基本相同的收缩与膨胀。常用的天然肠衣有牛、羊、猪的小肠、大肠、盲肠、猪直肠，牛食管，牛、猪的膀胱及猪胃等。天然肠衣一般采用干制或腌渍两种方式保藏。干制肠衣在使用前需用温水浸泡，使之变软后再用于加工；盐渍肠衣虽然从理论上讲可直接使用，实际生产时建议在使用前用清水充分浸泡清洗，除去肠衣内外表面的残留污物及降低肠衣含盐量。肠衣规格指的是肠衣灌水后，拢水至最大直径。行业中肠衣一般分为 8 路，一路：24～26mm；二路：26～28mm；三路：28～30mm；四路：30～32mm；五路：32～34mm；六路：34～36mm；七路：36～38mm；八路：38～40mm。

2. 人造肠衣

人造肠衣一般分为再生胶原蛋白肠衣（胶质肠衣）、纤维素肠衣、塑料肠衣和玻璃纸肠衣。与天然肠衣相比，人造肠衣可实现工业化、规格化生产，易于充填，加工方便。

（1）**再生胶原蛋白肠衣** 用动物肉皮提炼出的胶质（主要是胶原蛋白）制成。这种肠衣虽然比较厚，但物理性能较好，具有动物天然肠衣的特性以及清洁和规格一致性的特点。这类肠衣的抗胀能力相对较弱。小口径肠衣可直接食用，用于生产鲜香肠或其他小灌肠；大口径肠衣在使用时不可食用，一般用于风干香肠等产品的生产，所得产品经剥除肠衣、二次包装之后上市销售。

（2）**纤维素肠衣** 用棉籽脱下的棉绒和木浆制成。纤维素肠衣具有均一性好、强度高、清洁和易加工的特点，并且可以直接进行印刷和染色，使产品具有诱人的外观。

纤维素肠衣根据直径大小可分为小口径纤维素肠衣和大口径纤维素肠衣两种。小口径纤维素肠衣一般用于制作熏烤成串的无衣灌肠及小灌肠。大口径肠衣在物性上与小口径肠衣相同，一般用于腌肉和熏肉的成型，该种肠衣比较坚实，不易在加工中破裂，使用前需要用水浸泡，使灌装时肠衣易舒展和饱满，一般产品为圆柱形，两端呈半球形。

（3）**塑料肠衣** 一般用聚偏二氯乙烯薄膜制成，该类肠衣的耐热性好，并且具有较大的抗压强度，可以进行高温杀菌生产高温肉制品。其优良的热收缩性，使产品热处理后外形饱满。塑料肠衣还具有很好的印刷性能和呈现多种色泽，满足不同产品的需求。塑料肠衣的气密性好，对延长产品保质期有利，但不适合烟熏。

（4）**玻璃纸肠衣** 玻璃纸肠衣是一种再生胶质纤维素薄膜，纸质柔软而有弹性。用于生产玻璃纸的纤维素为晶状体并呈纵行平行排列，因此这种材料的纵向抗拉强度较大，但横向抗拉强度较小，容易撕裂。为了增加抗拉性和韧性，玻璃纸加工过程中需进行塑化处理使其含有甘油，因此具有较大吸水性，在潮湿环境下水蒸气透过量高。这种材料的肠衣不透油、气密性好、易印刷，经层合处理，可显著提高强度。

项目一　冷鲜肉加工技术

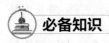 **必备知识**

在欧美、日本等发达国家，早在 20 世纪二三十年代就开始推广冷鲜肉，在其目前消费的生鲜肉中，冷鲜肉已占到 90％左右，丹麦、澳大利亚等国冷鲜肉大量出口国际市场。我国是世界上生猪养殖与猪肉消费最多的国家，随着居民消费水平的提高、屠宰加工技术的进步、物流运输的畅通、营销设施的完善，冷鲜肉在城市的销售比重迅速增加，加强冷鲜肉的加工与管理势在必行。

一、冷鲜肉的概念

猪肉分为热鲜肉、冷鲜肉与冷冻肉。

热鲜肉 38℃～常温，冷鲜肉 0～4℃，冷冻肉－15℃。

冷鲜肉又叫冷却肉或冷链鲜肉，是指严格执行兽医检疫制度，对屠宰后的畜胴体迅速进行冷却处理，使胴体温度（以后腿肉中心为测量点）在 24h 内降为 0～4℃，并在后续加工、流通和销售过程中始终保持 0～4℃的生鲜肉。

二、冷鲜肉的特点

1. 安全系数高

冷鲜肉从原料检疫、屠宰、快冷分割到剔骨、包装、运输、贮藏、销售的全过程始终处于严格监控下，防止发生可能的污染。屠宰后，产品一直保持在 0～4℃的低温下，这一方式，不仅大大降低了初始菌数，而且由于一直处于低温下，其卫生品质显著提高。

2. 营养价值高

冷鲜肉则遵循肉类生物化学基本规律，在适宜温度下，使胴体有序完成了尸僵、解僵、软化和成熟这一过程，肌肉蛋白质正常降解，肌肉排酸软化，嫩度明显提高，非常有利于人体的消化吸收。且因其未经冻结，食用前无须解冻，不会产生营养流失，克服了冻结肉的这一营养缺陷。

除此之外，低温还减缓了冷鲜肉中脂质的氧化速度，减少了醛、酮等小分子异味物的生成，并防止其对人体健康的不利影响。

3. 感官舒适性高

冷鲜肉在规定的保质期内色泽鲜艳，肌红蛋白不会褐变，此与热鲜肉无异，且肉质更为柔软。因其在低温下逐渐成熟，某些化学成分和降解形成的多种小分子化合物的积累，使冷鲜肉的风味明显改善。

冷鲜肉的售价之所以比热鲜肉和冷冻肉高，原因是生产过程中要经过多道严格工序，需要消耗很多的能源，成本较高。

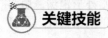 **关键技能**

一、冷鲜肉加工工艺

（一）冷链的构成

冷鲜肉的生产、贮存、运输、销售环节是一个完整的冷藏链（简称冷链）。冷链是冷鲜肉生产的必备前提条件。

冷链由生产环节中的 0～4℃预冷库、冷藏库、恒温分割包装车间，运输环节的冷藏车，销售环节的冷藏库、冷藏柜等构成。

（二）工艺流程

生猪选购 → 暂养 → 屠宰 → $\overset{冷却库清洗消毒降温}{冲洗胴体 → 胴体消毒}$ → 胴体进库 → 预冷却胴体 → 分割加工 → 晾肉上架

销售 ← 运输 ← 入成品冷藏库（冷鲜肉） ← 测温包装 ← 进库冷却 ←

（三）操作要点

1. 生猪选购

以优质瘦肉型猪为好，其胴体瘦肉多，肥膘少，便于加工为冷鲜白条肉、红条肉，也减少分割中肥膘类加工的工作量，提高产品出品率与加工效率。

宰前应停食 12～24h，并保证猪的饮水（屠宰前 3h 停止），还须将生猪冲洗干净，减少加工过程中的菌体污染。

2. 生猪屠宰

严格控制屠宰过程中对猪胴体的污染，特别是猪粪、毛、血、渣的污染。从击晕开始至胴体分解结束，整个屠宰过程应控制在 45min 内，从放血开始到内脏取出应在 30min 内完成，宰后胴体立即进入冷却间。

猪放血后应设洗猪机，对胴体表体清洗；下烫池前，应用海绵块塞住肛门，以减少粪便流出所产生的污染。屠宰烫池易对胴体产生污染（刺口、皮肤、脚圈叉裆口及粪便），且烫池水温对冷鲜肉质亦将产生一定影响，因此应注意烫池水的卫生与温度。

3. 冷却

（1）二段式冷却　宰后胴体 ⟶ 快速冷却间 ⟶ 恒温冷却间 ⟶ 冷却后胴体

① 快速冷却间　进料前库温 −15～−10℃并恒温 10min，每米轨道挂放猪胴体 3 个（两轨道之间胴体品字排列），进料时间 ≤1h/间，冷风机风速 2.0m/s，相对湿度 92%～95%，进料后库温 −10～−8℃，冷却时间 3～4h，胴体冷却后平均温度 <12℃。

② 恒温冷却间　进料前库温 −2～−1℃，进料后库温 0～4℃，冷风机风速 1.5～2.0m/s，相对湿度 90%～92%，冷却时间 >12h，胴体冷却后平均温度 2～4℃，胴体冷却总损耗 1.6%。

③ 速冻隧道　锁气室通过时间 5min，室温 −15℃，空气平均流速 2m/s；第一部分通过时间 45min，室温 −18℃，空气平均流速 2m/s；第二部分通过时间 65min，室温 −10℃，空气平均流速 2m/s。

经速冷隧道 115min 冷却后，胴体平均温度降到 8～10℃，胴体表面温度为 −1～0℃，再经 0～4℃冷却间冷却 12h，使整个胴体温度为 2～4℃，整个过程胴体冷却总损耗在 1.2%～1.4%。

（2）一段式冷却

宰后胴体 $\overset{}{⟶}$ 预冷库1 $\overset{分割后产品}{⟶}$ 预冷库2 $\overset{包装后产品}{⟶}$ 冷藏库

一段式冷却的相关指标见表 4-1。

表 4-1　一段式冷却相关指标

项　　目	预冷库 1	预冷库 2	冷藏库
间数	2	3	2
每间面积/m²	180	90	180
初始库温/℃	−2	−2～0	0～2
进货结束时库温/℃	4	2～4	0～4
末时库温/℃	0～4	0～4	0～4
风速/(m/s)	1.5～2.0	1.5	0.5
相对湿度/%	95～98	90～95	85～90
胴体初始平均温度/℃	38～40	15～20	4～7
冷却时间/h	2～4	4～6	12
胴体冷却后平均温度/℃	15～25	4～7	2～4

一段式冷却便于分割，缩短生产时间，节省生产成本与投资，但产品质量不如二段式冷却。二段式冷却较之一段式冷却，更有利于抑制微生物的生长，产品质量高，胴体冷却损耗小；但同时存在一些弊端，如不便分割，生产时间长、生产效率低、冷却库投资大、生产成本高。

4. 分割与包装

（1）分割包装设备用具

① 简易分割线　采用分割三段锯、不锈钢分割台分割产品，在工序之间靠人工传递。优点：投资省；缺点：污染严重，劳动强度大，电锯操作不安全，不利于冷鲜肉生产中的品质保证。

② 自动分割线　根据生产量由 3～5 条自动传输线组成，每条自动线可分为单层、双层或三层，操作台在分割自动线两旁安置不锈钢操作台，台板采用食品用无毒尼龙板。优点：减少了分割肉生产中的污染，便于清洗消毒，提高生产效率，保证了分割肉的品质，降低了劳动强度；缺点是投资大。

③ 晾肉架车　分割后产品应平摊放在晾肉架车上，晾架时要求肉无叠压，进行预冷或进入包装（指冷分割产品）。晾肉架车一般采用六层六轮，不锈钢制作，每层上有不锈钢筛网，载肉量在 500kg 以内。

（2）分割包装时间控制　分割车间主要是对胴体进行按部位分割、去脂、剔骨，其产品在分割车间的加工与停留时间应控制在 30min 内，以终止酶的活性。

冷却至 4～7℃ 的分割产品，在包装车间时应尽快完成包装，并及时进入冷藏库贮存（0～4℃）。一般方法设计时包装间紧邻分割后预冷间，将放在晾肉架车上冷却好的分割产品（500kg 左右）一车推入包装车间包装完毕后，再由预冷间中推出下一车包装，以免积压回温。

（3）包装

① 真空包装　按每袋净重 5kg 左右分割产品（或以自然块重），用尼龙袋或聚乙烯袋抽去空气，真空包装，真空度大于 0.095MPa。

② 充气包装　充气包装产品每盒净重在 0.5kg 左右，包装底盒采用聚氯乙烯与聚乙烯双层共挤片材吸塑成形，盖膜采用尼龙与聚乙烯复合薄膜，真空度大于 0.095MPa，充气所使用的混合气体为 60% O_2、20% CO_2 和 20% N_2。

③ 托盘保鲜膜　托盘保鲜膜产品每盘净重为 0.2～0.5kg，包装材料托盘采用聚丙烯片材制作，盖膜选用聚氯乙烯自粘膜。

5. 冷藏

冷藏库温 0～4℃，并保持温度稳定。产品进库后，按生产日期与发货地摆放，不同产品应有标识和记录并定时测温。冷藏库应定期清洗消毒。

6. 运输

运输车辆采用机械冷藏车，冷鲜肉出冷藏库最好设有专用的密闭运输通道，直接采用门对门方式上车，装货前先做好货物装运顺序，原则是同类产品先生产的先发货，一车要送几地的，最先到达地的货物，最后上车，以便卸车。进肉前应先将车辆清洗消毒，装货前先制冷，使车内温度降至 10℃ 以下，装货时应继续制冷，整车上货最好在 60min 内结束，关好车门后迅速使车内温度降至 0～4℃。运输途中注意观察温度变化情况，以控制产品升温。

红条肉、白条肉、带膘白条肉采用带挂钩的冷藏车。胴体挂在车厢内，挂钩与叉档均为不锈钢制作。如没有挂钩的冷藏车，可采用工字钢与钢管做框，不锈钢条做钩的活动架，放置于车厢内。胴体最好套有白布袋或薄膜袋，以减少污染与干耗。

7. 市场销售

一般情况下冷鲜肉从生产到消费，在 0～4℃ 下保质期为 7 天。因此，冷鲜肉产销是一个严密的组织过程，应以销定产，并做好各环节的计划安排。

大超市应设 0～4℃ 冷藏库，产品到后应及时入库。冷藏库应注意温度稳定，定期清洗消毒与维护。连锁专卖店应根据城区位置设置总店，并建小型冷藏间，附近分店由总店配送。

冷鲜肉必须在冷柜中销售，以保证产品品质。冷鲜肉运抵商店后，必须立即上柜，并将冷柜温度严格控制在 0～4℃，产品如果温度变化过大，极易渗出血水，且影响保质期。

二、冷鲜肉品质管理

(一) 冷鲜肉品质要求

合格与不合格的冷鲜肉，单从外表上很难区分，两者仅在颜色、气味、弹性、黏度上有细微差别，只有加工成菜后才能明显感觉到不同：合格的冷鲜肉更嫩，熬出的汤清亮醇香。

1. 感观指标

① 色泽　肌肉鲜红均匀，脂肪乳白色，有光泽。
② 组织　纤维清晰，富有弹性。
③ 黏度　外表湿润，不粘手。
④ 气味　具有鲜猪肉固有的气味，无异味。
⑤ 肉汤　澄清透明，脂肪团聚于表面。

2. 理化指标

冷鲜肉理化指标要求详见表 4-2。

表 4-2　理化指标

项　目	指　标	项　目	指　标
挥发性盐基氮/(mg/100g)	≤15	锌(以 Zn 计)/(mg/kg)	≤100
汞(以 Hg 计)/(mg/kg)	≤0.05	铜(以 Cu 计)/(mg/kg)	≤10
砷(以 As 计)/(mg/kg)	≤0.5	氟(以 F 计)/(mg/kg)	≤2.0
铅(以 Pb 计)/(mg/kg)	≤0.5	铬(以 Cr 计)/(mg/kg)	≤1.0
镉(以 Cd 计)/(mg/kg)	≤0.1	亚硝酸盐/(mg/kg)	≤3.0

3. 微生物指标

pH 值：$5.8 \sim 6.2$；细菌总数：$10^3 \sim 10^4$ 个/cm^3；沙门菌、致泻大肠杆菌：不得检出。

(二) 温度管理

产销各环节对室内温度、设施要求见表 4-3。

表 4-3　产销各环节对室内温度、设施要求

设　施	室内温度要求	设施要求	设　施	室内温度要求	设施要求
收购饲养	常温		包装车间	10～12℃	带制冷装置
屠宰车间	常温		冷藏车	0～4℃	带制冷装置
屠宰副产间	常温		市场销售(冷藏间、冷柜)	0～4℃	带制冷装置
分割车间	10～12℃	带制冷装置	消费者贮存(冰箱)	0～4℃	带制冷装置
分割副产间	10～12℃	带制冷装置			

(三) 时间管理

冷鲜猪肉从屠宰到市场一般保质期为 7 天，因此对产销各环节应有严格的时间控制（见表 4-4）。

表 4-4　产销各环节的时间控制

环　节	时　间	备　注
活畜进厂待宰	24h	如猪多,可在 72h 内,但应注意饮水及饲料补充
屠宰分割及厂内冷却	24h	
冷藏运输	12h	
市场销售(冷藏间、冷柜)	48h	最好是控制在 24h 内
消费者贮存(冰箱)	72h	

项目二　中式香肠加工技术

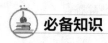

必备知识

　　香肠类制品是世界上 3 大肉类制品（香肠、火腿、培根）之一，属于灌制品的一类。灌制品的分类方法很多，人们习惯把中国传统方法生产的产品叫中式香肠（也称作腊肠、香肠）；而把国外传入的方法生产的产品叫灌肠。

　　中式香肠俗称腊肠，是指以肉类为主要原料，经切、绞成丁，配以辅料，灌入动物肠衣经发酵、成熟干制而成的肉制品，是我国肉类制品中品种最多的一大类产品。

　　中式香肠中广东腊肠是其代表。它是以猪肉为主要原料，经切碎或绞碎成丁，用食盐、硝酸盐、白糖、曲酒、酱油等辅料腌制后，充填入天然肠衣中，经晾晒、风干或烘烤等工艺而制成的一类生干肠制品。食用前需熟加工。我国比较著名的中式香肠还有武汉香肠、川味香肠、哈尔滨风干肠等。由于原材料配制和产地不同，风味及命名不尽一致，但生产方法大致相同。

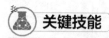

关键技能

一、中式香肠加工工艺

（一）工艺流程

天然肠衣准备

原料选择 → 修整 → 配料 → 拌馅、腌制 → 灌制 → 排气 → 捆线结扎 → 漂洗 → 晾晒或烘烤 → 成品

（二）操作要点

1. 原料选择

　　（1）原料肉的选择　腊肠的原料肉以猪肉为主，选择新鲜的，最好是不经过排酸成熟的肉，因为成熟肉或不新鲜的肉黏着力和颜色较差。瘦肉一般以腿臀肉为最好；肥膘以背膘为最好，尽量不用组织松软的肥肉膘。加工其他肉制品切割下来的碎肉亦可作原料。

　　（2）肠衣的选择　肠衣分人造肠衣和天然肠衣两大类。天然肠衣是由猪、牛、羊的大肠、小肠和牛的盲肠加工制成的。按照肠衣口径大小，猪肠衣一般分为 8 路，制作腊肠一般采用 2～4 路猪肠衣。中式香肠一般选择 7 路肠衣，天然肠衣直径不一，厚薄不均，对灌肠的规格和形状有一定的影响。人造肠衣包括可食性肠衣和非可食性肠衣，可食性肠衣如胶原蛋白肠衣，非可食性肠衣如纤维素肠衣、塑料肠衣。人造肠衣具有卫生、损耗少、价格低、没有尺寸偏差等优点。中式香肠多采用动物肠衣和胶原蛋白肠衣。

2. 修整

　　原料肉经过修整，去掉骨头和皮，剔除筋腱、淋巴以及血肉、碎骨等。瘦肉用绞肉机以 0.4～1.0cm 的筛板绞碎，肥肉切成 0.6～1.0cm^3 大小的肉丁。若选冻肉，瘦肉解冻至中心温度 $-2℃$ 左右，用 8～12mm 孔板绞制，要求刀具锋利，绞制所得瘦肉颗粒成形、均匀。肥肉丁切好后用 35℃ 温水漂洗，以除去浮油及杂质，然后用冷水冲洗、冷却彻底，捞入筛内，沥干水分待用，这样可以防止烘烤时出油和变黄。肥瘦肉要分别存放。

3. 配料

　　各地有所不同，仅介绍如下几种。

　　广式腊肠（单位：kg）：瘦肉 70、肥肉 30、精盐 2.2、砂糖 7.6、白酒（50°）2.5、白酱油

5、硝酸钠 0.05。

　　哈尔滨风干肠（单位：kg）：瘦肉 75、肥肉 25、食盐 2.5、酱油 1.5、白糖 1.5、白酒 0.5、硝石 0.1、苏砂 0.018、大茴香 0.01、豆蔻 0.017、小茴香 0.01、桂皮粉 0.018、白芷 0.018、丁香 0.01。

　　川味腊肠（单位：kg）：瘦肉 80、肥肉 20、精盐 3.0、白糖 1.0、酱油 3.0、曲酒 1.0、硝酸钠 0.005、花椒 0.1、混合香料 0.15（大茴香 0.015、山奈 0.015、桂皮 0.045、甘草 0.03、荜拨 0.045）。

4. 拌馅、腌制

　　（1）瘦肉拌料、腌制　先加入原料肉，再加入适量水（约 10%～20%）搅拌，以使原料肉与辅料混合均匀，肉馅滑润、致密；加入配料中的糖、盐（一大半）、香辛料、味精、曲酒，充分搅拌；最后加入剩余盐和硝酸盐混合物搅拌 1～2min（硝酸盐不能和香辛料一起加入，防止生成亚硝胺致癌物质）。送入 4～10℃ 的冷却间腌制 1～2h。

　　（2）瘦肉、肥丁拌料　加入清洗好的肥丁和瘦肉搅拌均匀，约 0.5～1min 即可。拌料时不可过分翻拌，防止肉馅成糊状。既要混合均匀，又要缩短混拌时间，保持瘦肉丁和肥膘丁清晰分明。

5. 天然肠衣准备

　　干制肠衣应先用温水浸泡使其变软，再沥干水分；盐渍肠衣应反复清洗，洗去内外污物，最后用温水灌洗，把水挤干后使用。肠衣用量，每 100kg 肉馅约用 200～300m 干肠衣，盐渍用肠衣 1～2kg。

6. 灌制

　　将肠衣套在灌肠机漏斗上，使肉馅均匀地灌入肠衣。灌肠应注意肠体的饱满度，填充程度不能过紧或过松。太紧会破肠，太松不易贮藏，并尽量避免产生气泡。

7. 排气

　　用排气针扎刺湿肠，排出内部空气，也使干燥时肠肉水分易于蒸发。刺孔以每 1～1.5cm 刺一针为宜。刺孔过少达不到目的，而孔过多或过粗易使油脂渗出，甚至肉馅漏出。

8. 捆线结扎

　　按品种、规格要求每隔 10～20cm 用线绳结扎分节。具体长度依品种规格不同而异：生产枣肠时，每隔 2～2.5cm 用线绳捆扎分节，挤出多余的肉馅，使之成枣形；广式香肠每 28cm 用麻线结扎，再从中点用丝草或白色棉线绳结扎，干后从丝草处剪断，即成对状。

9. 漂洗

　　将湿肠用 35℃ 左右的清水漂洗一次，除去表面污物，然后依次分别挂在竹竿上，以便晾晒、烘烤。

　　如果成品香肠外衣留有白色盐花，是由于肠内容物（肉馅或料液）从肠里漏出来以后没有漂洗干净造成的。

10. 晾晒或烘烤

　　在家庭传统制作中，将悬挂好的湿肠放在日光下暴晒 2～3 天。在日晒过程中，有胀气处应针刺排气。在通风处晾挂 10～15 天即为成品。晾晒时肠与肠之间保持一定距离，以利通风透光。要避免烈日暴晒出油而影响品质。晾挂时间根据天气灵活掌握，冬季 12 天左右，夏季 7～10 天等。

　　在工业生产中，采用烘烤法。烘烤温度 45～55℃，48h 左右。烘烤时注意肠与肠之间的距离，以防粘连。前期分步骤分阶段控制好温度、湿度，尤其是要使烘炉环境相对湿度与肠体相对湿度保持比较稳定的湿度差（一般烘房的相对湿度比肠的水分活度值低 4 个百分点），防止因湿差大、温差大而引起腊肠表皮起壳；后期及时降温，防止出油。成品率 60%～70%。

　　烘烤时应注意烘烤温度和时间，勤于观察，以保证产品质量。温度过高脂肪易熔化，同时瘦肉也会烤熟，这不仅降低了成品率，而且色泽变暗；温度过低又难以干燥，易引起发酵变质。因此必须注意温度的控制。烘烤时间应根据气候和肠的粗细而定。

二、中式香肠质量控制

1. 感官指标

肠衣干燥且紧贴肉馅，无黏液及霉点，坚实或有弹性，切面肉馅有光泽，肌肉灰红色至玫瑰红色，脂肪白色或微带红色，具有香肠固有的风味。

2. 理化指标

水分≤25%，食盐≤9%，酸价≤4mg/kg（以 KOH 计），亚硝酸盐≤30mg/kg（以 $NaNO_2$ 计）。

项目三　西式香肠加工技术

 必备知识

西式香肠又称灌肠，是以畜禽肉为原料，经腌制（或不腌制）、斩拌或绞碎使肉成为块状、丁状或肉糜状态，再配上其他辅料，经搅拌或滚揉后灌入天然肠衣或人造肠衣内经烘烤、熟制和熏烟等工艺而制成的熟制灌肠制品或不经腌制和熟制加工而成的需冷藏的生鲜肠。其具体名称多与产地有关，如意大利肠、法兰克福肠、维也纳肠、波兰肠、哈尔滨肠等。

西式香肠制品是世界上产量最高、品种最多的肉制品。

西式香肠的种类及特点

西式香肠传入我国已有近百年的历史。西式香肠可以提高原料的利用率和产品得率，而且食用方便、营养丰富，便于携带和运输，是非常受欢迎的肉类制品。

西式香肠分类方法很多，其中美国的分类较具代表性，它将香肠制品分为生鲜香肠、生熏肠、熟熏肠、干制和半干制香肠四大类。

1. 生鲜香肠

原料肉（主要是新鲜猪肉，有时添加适量牛肉）不经腌制，绞碎后加入香辛料和调味料充入肠衣内而成。这类肠制品需在冷藏条件下贮存，食用前需经加热处理，如意大利鲜香肠、德国生产的 Bratwurst 香肠等。目前国内这类香肠制品的生产量很少。

2. 生熏肠

这类制品可以采用腌制或未经腌制的原料，加工工艺中要经过烟熏处理但不进行熟制加工，消费者在食用前要进行熟制处理。

3. 熟熏肠

经过腌制的原料肉，绞碎、斩拌后充入肠衣，再经熟制、烟熏处理而成。我国这种香肠的生产量最大。

4. 干制和半干制香肠

干制香肠起源于欧洲的南部，属意大利发酵香肠，主要由猪肉制成，不经熏制或煮制。其定义为：经过细菌的发酵作用，使肠馅的 pH 达到 5.3 以下，然后干燥除去 20%～50% 的水分，使产品中水分与蛋白质的比例不超过 2.3∶1 的肠制品。

半干制香肠最早起源于北欧，属德国发酵香肠，它含有猪肉和牛肉，采用传统的熏制和蒸煮技术制成。其定义为：绞碎的肉，在微生物的作用下，pH 达到 5.3 以下，在热处理和烟熏过程中（一般均经烟熏处理）除去 15% 的水分，使产品中水分与蛋白质的比例不超过 3.7∶1 的肠制品。

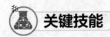 **关键技能**

一、西式香肠一般加工工艺

(一) 工艺流程

原料肉的选择与初加工 → 腌制 → 绞碎 → 斩拌 → 灌制 → 烘烤 → 熟制 → 烟熏、冷却

(二) 操作要点

1. 原料肉的选择与初加工

生产西式香肠的原料范围很广,主要有猪肉和牛肉,另外羊肉、兔肉、禽肉、鱼肉及其内脏均可作为香肠的原料。生产香肠所用的原料肉必须是健康的,并经兽医检验确认是新鲜卫生的。肥肉只能用猪的脂肪,瘦肉经修整,剔去碎骨、污物、筋腱及结缔组织膜,使其成为纯精肉,然后按肌肉组织的自然块形分开,并切成长条或肉块备用。

2. 腌制

腌制的目的是使原料肉呈现均匀的粉红色,使肉含有一定量的食盐以保证产品具有适宜的咸味,同时提高制品的保水性和风味。根据不同产品的配方将瘦肉加混合盐混合均匀,送入 (2 ± 2) ℃的冷库中腌制 24～72h。肥膘只加食盐进行脆制。原料肉腌制结束的标志是瘦猪肉呈现均匀粉红色,结实而富有弹性。

混合盐中通常食盐占原料肉重的 2%～3%,亚硝酸钠占 0.025%～0.05%,抗坏血酸占 0.03%～0.05%。

3. 绞碎

将腌制好的原料精肉和肥膘分别通过不同筛孔直径的绞肉机绞碎。绞肉时投料量不宜过大,否则会造成肉温上升,对肉的黏着性产生不良影响。

4. 斩拌

为了使肌肉纤维蛋白形成凝胶和溶胶状态,使脂肪均匀分布在蛋白质的水化系统中,提高肉馅的黏度和弹性,通常要用斩拌机对肉进行斩拌。

斩拌操作是乳化肠加工过程中一个非常重要的工序,斩拌操作控制得好与坏,直接影响产品品质。斩拌时,首先将瘦肉放入斩拌机内,并均匀铺开,然后开动斩拌机,继而加入(冰)水(加入量为原料肉的 30%～40%),以利于斩拌。加(冰)水后,最初肉会失去黏性,变成分散的细粒子状,但不久黏着性就会不断增强,最终形成一个整体,然后再添加调料和香辛料,最后添加脂肪。在添加脂肪时,要一点一点地添加,使脂肪均匀分布。斩拌时,斩刀的高速旋转,肉料的升温是不可避免的,但过度升温会使肌肉蛋白质变性,降低其工艺特性,因此斩拌过程中应添加冰屑以降温。以猪肉、牛肉为原料肉时,斩拌的最终温度不应高于 16℃,以鸡肉为原料时斩拌的最终温度不得高于 12℃,整个斩拌操作控制在 6～8min。

原料经过斩拌后,从理论上讲激活了肌原纤维蛋白,使之结构改变,减少表面油脂,使成品具有鲜嫩细腻、极易消化吸收的特点,得率也大大提高。

5. 灌制

灌制又称充填,是将斩拌好的肉馅用灌肠机充入肠衣内的操作。灌制时应做到肉馅紧密而无间隙,防止装得过紧或过松。过松会造成肠馅脱节或不饱满,在成品中有空隙或空洞;过紧则会在蒸煮时使肠衣胀破。如不是真空连续灌肠机灌制,应及时针刺放气。

灌制所用的肠衣多为 PVDC 肠衣、尼龙肠衣、纤维素肠衣等。选用真空定量灌肠系统可提高制品质量和工作效率。灌好后的香肠每隔一定的距离打结(卡)后,悬挂在烘烤架上,用清水冲去表面的油污,然后送入烘烤房进行烘烤。

6. 烘烤

烘烤是用动物肠衣灌制香肠的必要加工工序,其目的是使肠衣表面干燥,增加肠衣机械强度和稳定性,使肉馅色泽红润,驱除肠衣的异味。传统的方法是用未完全燃烧的木材的烟火来烤,

目前用烟熏炉烘烤是由空气加热器循环的热空气进行烘烤的。

一般烘烤的温度为 70℃ 左右，烘烤时间依香肠的直径而异，约为 60min 左右。烘好的灌肠表面干燥光滑，无油流，肠衣半透明，肉色红润。

7. 熟制

目前国内应用的煮制方法有两种：一种是蒸汽煮制，适于大型企业；另一种为水浴煮制，适于中小型企业。无论哪种煮制方法，均要求煮制温度为 80～85℃，煮制结束时肠制品的中心温度达到 72～75℃。感官鉴定方法是用手轻捏肠体，挺直有弹性，肉馅切面平滑有光泽者表示煮熟，反之则未熟。

8. 烟熏、冷却

烟熏主要是赋予制品以特有的烟熏风味，改善制品的色泽，并通过脱水作用和熏烟成分的杀菌作用增强制品的保藏性。

烟熏的温度和时间依产品的种类、产品的直径和消费者的嗜好而定。一般用三用炉烟熏，烟熏温度为 50～70℃，时间为 2～6h。

熏制完成后，用冷水喷淋肠体 10～20min，使肠坯温度快速降至室温，然后送入 0～7℃ 的冷库内，冷却至库温，贴标签再进行包装即为成品。

二、西式香肠质量控制

按照国家标准 GB 10279—2017 规定如下。

1. 感官指标

色泽红棕色，肠衣饱满有光泽，结构紧密有弹性，香气浓郁，口味纯正，口感脆嫩。无正常视力可见杂质。

2. 理化指标

蛋白质≥14g/100g，脂肪≤35g/100g。

3. 微生物指标

菌落总数（cfu/g）n＝5，c＝2，m＝10^4，M＝10^5；大肠菌群（cfu/g）n＝5，c＝2，m＝10，M＝10^2；致病菌不得检出。

项目四　中式火腿加工技术

 必备知识

中式火腿是我国著名的传统腌腊制品，因产地、加工方法和调料不同而分为三种：南腿，以金华火腿（浙江）为正宗；北腿，以如皋火腿（江苏）为正宗；云腿，以宣威火腿（云南）为正宗。

中式火腿是用猪的前后腿肉经腌制、发酵等工序加工而成的一种腌腊制品。中式火腿皮薄肉嫩、爪细、肉质红白鲜艳，肌肉呈玫瑰红色，具有独特的腌制风味，虽肥瘦兼具，但食而不腻，易于保藏。

 关键技能

一、金华火腿加工技术

金华火腿产于浙江省金华地区诸县。金华火腿皮色黄亮，肉色似火，以色、香、味、形"四绝"为消费者所称誉。

（一）工艺流程

原料选择 → 截腿坯 → 修整 → 腌制 → 洗晒 → 整形 → 发酵鲜化 → 修整 → 保藏 → 成品

（二）操作要点

1. 原料选择

选择饲养期短、肉质细嫩、皮薄、瘦肉多、腿心饱满的金华"两头乌"猪的鲜后腿，以腿坯重 5.5～6.0kg 为好。要求宰后 24h 以内的鲜腿，放血完全，肌肉鲜红，皮色白润，脚爪纤细，小腿细长。

2. 截腿坯

从倒数 2～3 腰椎间横劈断椎骨，使刀锋稍向前倾，垂直切断腰部。

3. 修整

刮净腿皮上和脚趾间的细毛、黑皮、污垢等；用刀削平腿部趾骨、股关节和脊椎骨；用皮刀从臀部起弧形割除过多的皮和皮下脂肪，弧形割去腿前侧过多的皮肉，切割方向应顺着肌纤维的方向进行。修后的腿面应光滑、平整，腿坯形似竹叶，左右对称。用手指挤出股骨前后及盆腔壁三个血管中的积血——鲜腿雏形即已形成。

4. 腌制

腌制火腿的最适宜温度应是腿温不低于 0℃，室温不高于 8℃。

根据不同气温，恰当地控制时间、加盐数量、翻倒次数是加工火腿技术的关键。在正常气温条件下，金华火腿在腌制过程中共上盐与翻倒 7 次。上盐主要是前三次，其余四次是根据火腿大小、气温差异和不同部位而控制盐量。根据金华火腿厂的经验，总用盐量约占腿重的 9%～10%。

每次擦盐的数量及时间：第一次用盐量占总用盐量的 15%～20%，将鲜腿露出的全部肉面上均匀地撒上一薄层盐，上盐后若气温超过 20℃，表面食盐在 12h 左右就溶化，必须立即补充擦盐；第二次上盐在第一次上盐 24h 后进行，加盐的数量最多，约占总用盐量的 50%～60%；第三次上盐在第二次上盐 3 天后进行，根据火腿大小及余盐情况控制用盐量，火腿较大、脂肪层较厚、余盐少者可适当增加盐量，一般在 15% 左右；第四次上盐在第三次上盐 4～5 天后，用盐量少，约占总用盐量的 5%；当第五、六次上盐时，火腿已腌制 10～15 天，此时火腿大部分已腌透，只是脊椎骨下部肌肉处还要敷盐少许，火腿肌肉颜色由暗红色变成鲜红色，小腿部变得坚硬呈橘黄色；大腿坯可进行第七次上盐。在翻倒几次后，约经 30～35 天即可结束腌制，一般质量在 6～10kg 的大火腿需腌制 40 天左右或更长一些时间。

5. 洗晒和整形

（1）浸泡和洗刷 将腌好的火腿放入清水中浸泡一定时间，目的是减少肉表面过多的盐分和污物，使火腿的含盐量适宜。10℃ 左右浸泡约 10h。浸泡后即进行洗刷，肉面的肌纤维由于洗刷而呈绒毛状，可防止晾晒时水分蒸发和内部盐分向外部的扩散，从而防止火腿表面出现盐霜。

（2）第二次浸泡 水温 5～10℃，时间 4h 左右。如果火腿浸泡后肌肉颜色发暗，说明火腿含盐量小，浸泡时间需相应缩短；如浸泡后肌肉颜色发白且坚实，说明火腿含盐量大，浸泡时间需相应延长；如用流水浸泡，则应适当缩短时间。

（3）晾晒和整形 浸泡洗刷后的火腿吊挂晾晒 3～4h 即可开始整形。整形可分为三个工序：一是在大腿部用两手从腿的两侧往腿心部用力挤压，使腿心饱满成橄榄形；二是使小腿部正直，膝踝处无皱纹；三是在脚爪部，用刀将脚爪修成镰刀形。通过整形使火腿外形美观，而且使肌肉经排气后更加紧缩，有利于贮藏发酵。整形之后继续晾晒，并不断修割整形，直到形状基本固定、美观为止。气温在 10℃ 左右时晾晒 3～4 天，使皮晒成红亮出油、内外坚实，这是最好的晾晒程度。

6. 发酵鲜化

经过腌制、洗晒和整形等工序的火腿，在外形、颜色、气味、坚实度等方面尚没有达到应有的要求，特别是没有产生火腿特有的芳香味，与一般咸肉相似。发酵鲜化就是将火腿贮藏一定时间，促使肌肉中的蛋白质、脂肪等发酵分解，产生特殊的风味物质，使肉色、肉味和香气更加诱人。将晾晒好的火腿吊挂发酵3~4个月，至肉面上逐渐长出绿、白、黑、黄色霉菌时即完成发酵。如毛霉生长较少，则表示时间不够。

7. 修整

发酵完成后，腿部肌肉干燥而收缩，腿骨外露。为使腿形美观，要进一步修整，达到腿正直、两旁对称均匀、腿身成竹叶形的要求。

8. 保藏

经发酵修整的火腿可落架，用火腿滴下的原油涂抹腿面，使腿表面滋润油亮，即成新腿，然后将腿肉向上，腿皮向下堆叠，一周左右调换一次。如堆叠过夏的火腿就称为陈腿，风味更佳，此时火腿质量约为鲜腿重的70％。火腿可用真空包装，于20℃下可保存3~6个月。

（三）质量标准

按照地理标志产品标准GB/T 19088—2008规定如下。

1. 感官指标

竹叶形，皮薄，脚直，皮面平整，色黄亮，无毛，无红疤、无损伤、无虫蛀、无鼠咬，油头小，无裂缝，刀工光洁，式样美观，皮面印章清楚。

2. 理化指标

盐分≤11％，过氧化值（以脂肪计）≤0.25g/100g。

二、宣威火腿加工技术

宣威火腿产于云南省宣威地区，特点是腿肥大，形如琵琶，故有"琵琶腿"之称，其颜色鲜艳，香味浓郁，回味香甜。

（一）工艺流程

选料 → 修整 → 腌制 → 发酵 → 堆放

（二）操作要点

1. 选料

选用云南乌蒙山至金沙江一带出产的乌金猪的鲜腿为原料。原料腿要求新鲜、干净，且皮薄、腿心饱满，无淤血和伤残斑疤。

2. 修整

鲜腿修整与火腿成品的外形和质量密切相关。修腿时应去掉血污，挤出血管中的残血，刮净残毛，边缘修割整齐，成为火腿的坯形。

3. 腌制

一般采用干腌法腌制，选用云南省的甲灶盐和磨黑盐为腌制用盐，用量为鲜腿质量的7％。腌制前将盐磨细，分三次将盐涂擦在腿肉和腿皮上，每次用盐量分别为鲜腿重的2.5％、3.0％和1.5％。在第一次用盐后间隔24h后再第二次上盐，每隔3天上盐一次。涂擦时先擦脚爪和后腿部位，然后擦腿皮，最后擦腿肉面，使其盐分能均匀地分散于腿中。一般腌制时间为15~20天。

4. 发酵

经腌制后的猪腿于一定温度和湿度条件下，进一步发生一系列生物化学变化，使其腿中部分营养成分发生分解，产生更多的风味物质。发酵时要求场地清洁、干燥、通风良好。挂腿时相互保持一定距离，不发生接触，以利于发酵微生物的生长，促进发酵，最终达到发酵的目的。

发酵后的火腿即为成品，宣威火腿的成品率为76％左右。

5. 堆放

火腿发酵完毕，即可从悬挂架上取下，并按大、中、小火腿堆叠在腿床上，一般堆叠不超过15只。大腿堆叠时腿肉向上，腿皮向下，然后每隔5~7天上下翻堆，同时检查火腿的品质。

（三）质量标准

按照地理标志产品标准GB/T 18537—2008规定如下。

1. 感官指标

形如琵琶状，肌肉切面呈深玫瑰色或桃红色，脂肪切面呈白色或微红色，有光泽，致密而结实，切面平整，具有火腿特有的香味。

2. 理化指标

亚硝酸盐（以 $NaNO_2$ 计）$\leqslant 4mg/kg$。

项目五　西式火腿加工技术

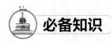 **必备知识**

一、西式火腿的种类及特点

西式火腿一般由猪肉加工而成，因与我国传统中式火腿的形状、加工工艺、风味等有很大不同，习惯上称其为西式火腿。西式火腿包括带骨火腿、去骨火腿、里脊火腿、成形火腿及目前在我国市场上畅销的可在常温下保藏的肉糜火腿肠等。这些火腿虽加工工艺各有不同，但其腌制都是以食盐为主要原料，而其他调味料用量甚少，故又将西式火腿称为盐水火腿。

西式火腿中除带骨火腿为半成品，在食用前需熟制外，其他种类的火腿均为可直接食用的熟制品。其产品色泽鲜艳、肉质细嫩、口味鲜美、出品率高，且适于大规模机械化生产，产品标准化程度高。因此，近几年西式火腿成为肉品加工业中深受欢迎的产品。

二、成形火腿的加工原理

成形火腿是以精瘦肉为主要原料，经腌制提取盐溶性蛋白，经机械嫩化和滚揉破坏肌肉组织结构，装模成形后蒸煮而成。成形火腿的最大特点是：良好的成形性、切片性，适宜的弹性，鲜嫩的口感和高出品率。

使肉块、肉粒或肉糜加工后黏结为一体的黏结力来源于两个方面：一方面是经过腌制尽可能促使肌肉组织中的盐溶性蛋白溶出；另一方面是在加工过程中加入适量的添加剂，如卡拉胶、植物蛋白、淀粉及改性淀粉。经滚揉后肉中的盐溶性蛋白及其他辅料均匀地包裹在肉块、肉粒表面并填充于其间；经加热变性后则将肉块、肉粒紧紧地黏在一起，并使产品富有弹性和良好的切片性。

成形火腿经机械切割嫩化处理及滚揉过程中的摔打撕拉，使肌纤维彼此之间变得疏松，再加之选料的精良和高的含水量，保证了成形火腿的鲜嫩特点。

肌肉中盐溶性蛋白的提取、复合磷酸盐的加入、pH 值的改变以及肌纤维间的疏松状都有利于提高成形火腿的保水性，因而提高了出品率。

因此，经过腌制、嫩化、滚揉等工艺处理，再加上适宜的添加剂，从而保证了成形火腿的独特风格和高质量。

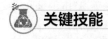 **关键技能**

一、带骨火腿加工技术

带骨火腿是将猪前后腿肉经盐腌后加以烟熏以增加其保藏性，同时赋予香味而制成的生肉制品。带骨火腿有长形火腿和短形火腿两种。因其生产周期较长，成品较大，且为半成品，不易机械化生产，生产量及需求量较少。

1. 工艺流程

原料选择 → 整形 → 去血 → 腌制 → 浸水 → 干燥 → 烟熏 → 冷却、包装

2. 操作要点

(1) **原料选择** 长形火腿是自腰椎留1～2节将后大腿切下,并自小腿处切断;短形火腿则自趾骨中间并包括荐骨的一部分切开,并自小腿上端切断。

(2) **整形** 带骨火腿整形时要除去多余脂肪,修平切口使其整齐丰满。

(3) **去血** 去血是指在盐腌之前先加适量食盐、硝酸盐,利用其渗透作用进行脱水以除去肌肉中的血水,改善色泽和风味,增加防腐性和肌肉的黏着力。

取肉重3%～5%的食盐与0.2%～0.3%的硝酸盐,混合均匀后涂布在肉的表面,堆叠在略倾斜的操作台上,上部加压,在2～4℃下放置1～3天,使其排除血水。

(4) **腌制** 腌制有干腌、湿腌和盐水注射法。

① 干腌法 干腌法是在肉块表面擦以食盐、硝酸盐、亚硝酸盐、蔗糖等的混合腌料,利用肉中所含50%～80%的水分使混合盐溶解而发挥作用。按原料肉质量,一般用食盐3%～6%,硝酸钠0.2%～0.25%,亚硝酸钠0.03%,砂糖1%～3%,调味料0.3%～1.0%。调味料常用的有月桂叶、胡椒等。盐糖之间的比例不仅影响成品风味,而且对质地、嫩度等都有显著影响。

腌制时将腌料分1～3次涂擦于肉上,堆于5℃左右的腌制室内尽量压紧,但高度不应超过1m。每3～5天倒垛一次。腌制时间随肉块大小和腌制温度及配料比例不同而异。小型火腿5～7天;5kg以上较大火腿需20天左右;10kg以上需40天左右。大块肉最好分3次上盐,每5～7天涂一次盐。腌制温度较低,用盐量较少时可适当延长腌制时间。

② 湿腌法

a.腌制液的配制 腌制液的配比对风味、质地等影响很大,特别是盐糖比随消费者嗜好不同而异,不同风味的腌制液质量配比见表4-5。

表 4-5 腌制液的质量配比

辅　　料	湿　　腌		注　　射
	甜　味　式	咸　味　式	
水	100	100	100
食盐	15～20	21～25	24
硝石	0.1～0.5	0.1～0.5	0.1
亚硝酸盐	0.05～0.08	0.05～0.08	0.1
砂糖	2～7	0.5～1.0	2.5
香辛料	0.3～1.0	0.3～1.0	0.3～1.0
化学调味品	—	—	0.2～0.5

配制腌制液时,先将香辛料装袋后和亚硝酸盐以外的辅料溶于水中煮沸过滤,待配制液冷却到常温后再加入亚硝酸盐以免分解。为了提高肉的保水性,腌制液中可加入适量的多聚磷酸盐,还可以加入约0.3%的抗坏血酸钠以改善成品色泽。有时为制作上等制品,在腌制时可适量加入葡萄酒、白兰地、威士忌等。

b.腌制方法 将洗净的去血肉块堆叠于腌制槽中,并将预冷至2～3℃的腌制液,按肉重的1/2量加入,使肉全部浸泡在腌制液中,在2～3℃的腌制间中进行腌制。一般腌制5天左右。如腌制时间较长,需5～7天翻检一次,检查有无异味,保证腌制均匀。

③ 盐水注射法 无论是干腌法还是湿腌法,所需腌制时间较长,且盐水渗入大块肉的中心较为困难,常导致肉块中心与骨关节周围可能有细菌繁殖,使腌肉中心酸败。湿腌时还会导致肉中盐溶性蛋白等营养成分的损失。注射法是用专用的盐水注射机把已配好的腌制液,通过针头注射到肉中而进行腌制的方法。注射带骨肉时,在针头上装有弹簧装置。与滚揉机配合使用,腌制时间可缩短至12～24h,这种腌制方法不仅能大大缩短腌制时间,且可通过注射前后称重严格控制盐水注射量,保证产品质量的稳定性。

(5) **浸水** 用干腌法或湿腌法腌制的肉块,其表面与内部食盐浓度不一致,需在10倍的5～10℃的清水中浸泡以调整盐度。浸泡时间随水温、盐度及肉块大小而异。一般1kg肉浸泡1～2h,若是流水则数十分钟即可。浸泡时间过短,咸味重且成品有盐结晶析出;浸泡时间过长,则成品质量下降,且易腐败变质。采用盐水注射法腌制的肉无需经浸水处理。

（6）**干燥** 干燥的目的是使肉块表面形成多孔状以利于烟熏。经浸水去盐后的原料肉，悬吊于烟熏室中，在30℃下保持2～4h至表面呈红褐色，且略有收缩时为止。

（7）**烟熏** 带骨火腿一般用冷熏法。烟熏时温度保持在30～33℃，放置1～2昼夜至表面呈淡褐色时则芳香味最好。烟熏过度则色泽变暗，品质变差。

（8）**冷却、包装** 烟熏结束后，自烟熏室取出，冷却至室温后，转入冷库冷却至中心温度5℃左右，擦净表面后，用塑料薄膜或玻璃纸等包装后即可入库。

3. 质量标准

上等成品要求外观匀称、厚薄适度、表面光滑、断面色泽均匀、肉质纹路较细，具有特殊的芳香味。

二、成形火腿加工技术

猪的前后腿肉及肩部、腰部肉除用于加工高档的带骨、去骨及里脊火腿外，还可添加其他部位的肉或其他畜禽肉，经腌制后加入辅料，装入包装袋或容器中成形、水煮后制成成形火腿（又称压缩火腿）。

1. 工艺流程

原料肉选择及处理 → 嫩化 → 盐水注射（切块 → 湿腌）→ 腌制、滚揉 → 添加辅料 → 绞碎或斩拌 →

成品 ← 检验 ← 冷却 ← 蒸煮（高压灭菌）← 装模 ←

2. 操作要点

（1）**原料肉选择** 最好选用背肌、腿肉。但在实际生产中也常用生产带骨和去骨火腿时剔下的碎肉以及其他畜禽、鱼肉（如牛、马、兔、鸡、鲔鱼等肉）。适量的牛肉可使成品色泽鲜艳，且牛肉蛋白的黏着力强，特别适宜作成形火腿中的肉糜黏着肉使用。不管采用哪种原料肉，都必须新鲜，否则黏着力下降，影响成品质量。

（2）**原料肉处理** 原料肉经剔骨、剥皮、去脂肪后，还要去除筋腱、肌膜等结缔组织。为了增加制品的香味，可根据原料肉黏着力的强弱，酌加10%～30%的猪脂肪。将肥瘦肉分开，然后用温水短时间浸泡漂洗后，沥干备腌。

成品切片时常发现凡有筋腱、肌膜及肥膘处最易松散。因筋腱、肌膜属结缔组织，保水性很差，其蛋白在腌制滚揉时难以被提取，表面不易形成胶凝蛋白，故蒸煮时难以凝结成形，切片性更差。因此在原料肉处理时应切除筋腱及肌膜。肥膘在腌制时不易吸收盐水，胶凝蛋白也难以在其表面附着，肉块间难以黏结。因此要控制肥膘的加入量，并在装模时尽可能使肥膘在其外周。

原料处理过程中环境温度不应超过10℃。

（3）**嫩化** 所谓嫩化，是利用嫩化机在肉的表面切开许多15mm左右深的刀痕。肉内部的筋腱组织被切开，肌束、筋腱结构的完整性遭到破坏，使得加热而造成的筋腱组织收缩不致影响产品的黏着性。同时肉的表面积增加，不仅能促进腌制剂发挥作用，还能促使肌肉纤维组织中的蛋白质在滚揉时释放出来，增加肉的黏着性。

（4）**腌制** 肉块较小时一般采用湿腌法，肉块较大时可采用盐水注射法。

① 湿腌法 在低于10℃条件下，腌制48h左右，增加产品黏着力。腌制液中的主要成分为水、食盐、硝酸盐、亚硝酸盐、磷酸盐、抗坏血酸、大豆分离蛋白、淀粉等。其中盐与糖在腌制液中的含量取决于消费者的口味，而硝酸盐、亚硝酸盐、磷酸盐、抗坏血酸等添加剂的量取决于食品法的规定。磷酸盐的使用量一般为肉重的0.1%～0.4%，用量过大会导致产品风味恶化，组织粗糙，呈色不良。大豆分离蛋白的添加量最好控制在5%左右。

在西欧，各种成分在最终产品中的含量在下列范围内变化：盐2.0%～2.5%，糖1.0%～2.0%，磷酸盐≤0.5%。

② 盐水配制及注射 盐水要求在注射前24h时配制以便于充分溶解。配制好的盐水应保存在7℃以下的冷却间内，以防温度上升。盐水配制时各成分的加入顺序非常重要，先将磷酸盐用70℃左右的热水完全溶解，再加入盐、硝，搅溶后再加香料、糖、维生素C等。先溶解磷酸盐，是因为磷酸盐与盐、硝等成分混合，其溶解性降低，溶解后易形成沉淀。

盐水注射量一般用质量分数表示，例如，20％的注射量则表示每100kg原料肉需注射盐水20kg。

(5) **滚揉**　为了加速腌制，改善肉制品的质量，原料肉与腌制液混合后或经盐水注射后，就进入滚揉机。滚揉的目的是通过翻动碰撞使肌肉纤维变得疏松，加速盐水的扩散和均匀分布，缩短腌制时间；促使肉中盐溶性蛋白的提取，改进成品的黏着性和组织状况；使肉块表面破裂，增强肉的吸水能力，因而提高了产品的嫩度和多汁性。

根据滚揉的方式，滚揉可分为连续式滚揉和间歇式滚揉。连续式滚揉是指将注射盐水后的肉块送入滚揉机中连续滚揉40～100min，然后在冷库中腌制的方法（这种方式通常在灌装前还要进行一次滚揉）；间歇式滚揉是指在整个腌制期内定期定时开机滚揉的方法。现多采用间歇式滚揉。因为在滚揉过程中，由于摩擦作用会导致肉温升高，间歇式滚揉每次有效滚揉时间较短而间歇时间较长，肉温变化较小；同时在间歇期可使提取的蛋白均匀附着，从而避免在肉块表面局部形成泡沫而导致成品结构松散，质地不良。

滚揉是成形火腿生产中最关键的工序之一，滚揉不足或滚揉过度，都会直接影响产品的切片性、出品率、口感和颜色。一般盐水注射量在25％的情况下，需要一个16h的滚揉程序：在1h中，滚揉20min，间歇40min，即在16h内，滚揉时间为5h左右。在实际生产中，滚揉程序随盐水注射量、原辅料的质量以及温度等因素而适当调整。

滚揉时应将环境温度控制在6～8℃。温度过高微生物易生长繁殖；温度过低生化反应速度减缓，达不到预期的腌制和滚揉目的。

为增加风味，须加入适量调味料及香辛料。在实际生产中，可将调味料加入腌制液中，也可在腌制滚揉过程中加入。在滚揉过程中还可以添加3％～5％的玉米淀粉。

腌制、滚揉结束后原料肉应色泽鲜艳，肉块发黏。若生产肉粒或肉糜火腿，腌制、滚揉结束后还需进行绞碎或斩拌。

(6) **装模**　目前装模的方式有手工装模和机械装模两种。手工装模不易排除空气和压紧，成品中易出现空洞、缺角等缺陷，切片性及外观较差。机械装模分真空和非真空装模，前者是在真空状态下将原料装填入模，肉块黏着紧密，且排除了空气，减少了肉块间的气泡，因此可减少蒸煮损失，延长保存期。

(7) **烟熏**　只有用动物肠衣灌装的火腿才经烟熏。在烟熏室或三用炉内以50℃熏30～60min。

(8) **蒸煮**　有汽蒸和水煮两种蒸煮方式。水煮时可用高压蒸汽釜或水浴槽。汽蒸多用三用炉。使用高压蒸汽釜蒸煮火腿，121～127℃ 30～60min，具体工艺参数取决于火腿大小。用这种方法蒸煮的火腿时间短、色泽好，且可以在常温下保藏。常压蒸煮时一般用水浴槽低温杀菌，将水温控制在75～80℃，使火腿中心温度达到65℃并保持30min即可，一般需要2～5h。一般1kg火腿约水煮1.5～2.0h，大火腿约煮5～6h。

(9) **冷却**　蒸煮结束后要迅速使中心温度降至45℃，再放入2℃冷库中冷却12h左右，使火腿中心温度降至5℃左右。

项目六　酱卤制品加工技术

 必备知识

酱卤制品是中国典型的传统熟肉制品，其主要特点是原料肉经预煮后，再用香辛料和调味料加水煮制而成。酱卤制品成品都是熟肉制品，产品酥软，风味浓郁，但不适宜贮藏。酱卤制品几乎在我国各地均有生产，根据地区不同，风土人情特点，形成了许多独特品种，有的已成为地方特色，如苏州的酱汁肉、北京月盛斋的酱牛肉、河南的道口烧鸡等。

由于酱卤制品风味独特，即做即食，特别是随着包装与加工技术的发展，酱卤制品小包装方便食品应运而生，目前，已基本上解决了酱卤制品防腐保鲜的问题，酱卤制品系列方便肉制品已进入商品市场，走向千家万户，深受消费者的喜爱。

一、酱卤制品种类

酱卤制品是肉加调味料和香辛料，以水为介质，加热煮制而成的熟肉类制品。一般将其分为三类：白煮肉类、酱卤肉类和糟肉类。

白煮肉类可视为是酱卤肉类的未经酱制或卤制的一个特例；糟肉则是用酒糟或陈年香糟代替酱汁或卤汁加工的一类产品。

二、酱卤制品特点

1. 白煮肉类

原料肉经（或未经）腌制后，在水（盐水）中煮制而成的熟肉类制品。白煮肉类的主要特点是制作简单、操作方便，仅用少量食盐，基本不加其他配料，最大限度地保持了原料肉固有的色泽和鲜味，外表洁白，皮肉酥润，肥而不腻。白煮肉类以冷食为主，吃时切成片，蘸以少量酱油、芝麻油、葱花、姜丝、香醋等调味。其代表品种有白斩鸡、盐水鸭、白切猪肚、白切肉等。

2. 酱卤肉类

肉在水中加食盐或酱油等调味料和香辛料一起煮制而成的一类熟肉类制品。酱卤肉类是酱卤制品中品种最多的一类熟肉制品，根据其风味特点，还可分为五种：酱制（红烧或五香）、酱汁制品、蜜汁制品、糖醋制品和卤制品。其主要制作工艺大同小异，只是在具体操作方法和配料的数量上有所不同。

酱卤肉类的主要特点是成品色泽鲜艳、味美、鲜嫩，并且由于重大料、重酱卤，煮制时间长，制品外部都粘有较浓的酱汁或糖汁。因此，制品具有肉烂皮酥、浓郁的酱香味及糖香味等特色。产品的色泽和风味主要取决于调味料和香辛料。酱卤肉类主要有苏州酱汁肉、卤肉、道口烧鸡、德州扒鸡、糖醋排骨、蜜汁蹄膀等。

3. 糟肉类

原料肉经白煮后，再用"香糟"糟制的冷食熟肉类制品。其主要特点是保持原料固有的色泽和曲酒香气，胶冻白净，清凉鲜嫩，风味独特。但糟肉类由于需要冷藏保存，食用时又需添加冻汁，故较难保存，携带不便。糟肉类有糟肉、糟鸡、糟鹅等。

关键技能

一、白煮肉类制品加工技术

1. 南京盐水鸭

南京盐水鸭是江苏省南京市著名传统特产，至今已有 400 多年历史。南京盐水鸭的特点是鸭体表皮洁白、鸭肉细嫩、口味鲜美、营养丰富，具有香、酥、嫩和鲜的特点。南京盐水鸭可常年加工生产。

（1）工艺流程

选料 → 腌制 → 煮制 → 冷却 → 包装

（2）操作要点

① 选料　选用新鲜优质鸭子为原料，一般活鸭重为 2kg 左右，鸭体丰满，肥瘦适度。将其宰杀、去毛、去内脏等，然后清洗干净。

② 腌制　先干腌，即用食盐和八角粉炒制的盐，涂擦鸭体内外表面，用盐量约为 6%，涂擦后堆码腌制 2~4h。然后抠卤，再行复卤 2~4h 即可出缸。复卤即用老卤腌制，老卤即加生姜、葱、八角蒸煮加入过饱和盐水的腌制卤。

③ 煮制　在水中加入生姜、八角和葱，煮沸 30min，然后将腌制鸭放入水中，保持水温为

80～85℃，加热处理 60～120min。在煮制过程中，始终维持温度在 90℃左右，否则，温度过高会导致脂肪熔化，肉质变老，失去鲜嫩特色。煮制可应用自动化连续生产线加工。

④ 冷却、包装　煮制完毕，静置冷却，然后真空包装，也可冷却后直接鲜销。

2. 上海白切肉

上海白切肉是一种家常菜肴，其特点是肥肉呈白色，瘦肉微红色，肉香清淡，皮薄肉嫩，肥而不腻，易切片成形。

（1）工艺流程

选料 → 腌制 → 煮制 → 冷却 → 保藏

（2）操作要点

① 选料　选择新鲜健康，肥瘦适度的优质猪肉。

② 腌制　按肉重计，用食盐 12％和硝酸钠 0.04％配制成腌制剂，然后将其揉擦于肉坯表面，放入腌制池中，腌制 5～7 天，在腌制过程中翻动数次，以便腌制均匀。

③ 煮制　将腌制好的肉块放入锅中，加入清水、葱 2％、姜 0.5％、黄酒 1％，煮沸 1h 后，即可出锅。

④ 冷却、保藏　煮熟的肉冷却后可鲜销，也可于 4℃冷藏。

二、酱卤肉类制品加工技术

1. 苏州酱汁肉

苏州酱汁肉又名五香酱肉，是江苏省苏州市著名特产，苏州酱汁肉的生产始于清代，历史悠久，享有盛名。产品具有酱香浓郁、色泽鲜艳、肥而不腻、入口化渣等特点，适于常年生产。

（1）工艺流程

原料选择 → 整形 → 煮制 → 酱制 → 制卤 → 冷却 → 包装

（2）酱制调味配方（以鲜肉 100kg 计）　精盐 3.5kg、白糖 1.5kg、曲酒 0.5kg、酱油 2.0kg、鲜姜 0.5kg、香辛料 0.2kg

（3）操作要点

① 原料选择与整形　取太湖猪带皮五花肉（肋条肉）作为加工原料，要求新鲜、优质、外形美观。切成宽约 4cm 的肉条，长度不限，俗称抽条子。之后切成 4cm³ 的块状，尽量做到 1kg 切 20 块，排骨部分 1kg 14 块左右。

② 煮制　将原料肉置于煮制容器中，按肉水比为 1∶2 加水，放入包扎好的香辛料纱布袋，用大火煮沸 1～2h。在煮制过程中，应随时撇去汤面浮油。

③ 酱制　按调味配方（用糖量为总糖量的 4/5）先制备酱制液或卤制液，以肉水比为 1∶1 加水煮制 2h，另添加核苷酸（I＋G）0.01％过滤即成。将制备好的酱卤制液于煮锅中，然后加入预煮好的肉，再用中火焖煮 2～4h 至肉色为深樱桃红色、汤将干、肉已酥烂时即可出锅。

④ 制卤　酱汁肉的质量关键在于制卤，食用时还要在肉上浇卤汁。质量好的卤汁应黏稠、细腻、流汁而不带颗粒，使肉色鲜艳，具有以甜为主、甜中带咸的特点。卤汁的制法是将留在锅中的酱汁再加入剩下的 1/5 白糖，用小火煎熬，待汤汁逐渐成稠状即可。出售时应在酱肉上浇上卤汁。

⑤ 冷却、包装　可鲜销，也可先静置冷却，然后真空包装，可置冷藏条件下保存。

2. 道口烧鸡

道口烧鸡产于河南省滑县道口镇，开创于清朝顺治十八年，至今已有 300 多年历史。道口烧鸡不仅造型美观、色泽鲜艳、黄里带红，而且味香独特、肉嫩易嚼、余味绵长。

（1）工艺流程

选料 → 宰杀造型 → 上色油炸 → 卤制 → 保藏

（2）卤汁配方（以 100 只鸡计）　砂仁 15g、丁香 3g、肉桂 90g、陈皮 30g、肉豆蔻 15g、草果 30g、生姜 90g、食盐 2～3kg、亚硝酸钠 15～18g。

（3）操作要点

① 选料 选择鸡龄在 6～24 个月，活重为 1.5～2kg 的鸡，要求鸡的胸腹长宽，两腿肥壮，健康无病。

② 宰杀造型 按一般家禽屠宰方式宰杀，去内脏、爪及肛门。取高粱秆一截撑开鸡腹，将两侧大腿插入腹下三角处，两翅交叉插入鸡口腔内，使鸡体成为两头尖的半圆形。造型完毕，及时浸泡在清水中 1～2h，然后取出滤干。

③ 上色油炸 用饴糖水或焦糖液涂布鸡体全身，然后置于 150～180℃ 植物油中，油炸 1min 左右，待鸡体表面呈金黄色时取出。注意控制油温，温度达不到时，鸡体上色不佳。

④ 卤制 先按配方配制卤汁，将鸡置于卤汁中，淹没，加热煮沸 2～3h，具体时间视季节、鸡龄、体重等因素而定，煮熟后立即出锅。

⑤ 保藏 将卤制好的鸡静置冷却，既可鲜销，也可真空包装冷藏。若经高温高压杀菌，可长期保藏。

三、糟肉类制品加工技术

1. 南京糟鸡

（1）工艺流程

选料 → 烧煮 → 配料 → 糟制 → 保藏

（2）操作要点

① 选料 本品选用新鲜健康仔鸡为原料，一般活重为 1～1.5kg。

② 烧煮 先在鸡内外表抹盐，腌渍 2h，然后将其放于沸水中煮制 15～30min，出锅用清水洗净。

③ 配料 每 100kg 鸡，加香糟 5kg、绍酒 1.5kg、精盐 0.4kg、味精 0.1kg、生姜 0.1kg、香葱 1kg。

④ 糟制 将配料混合均匀，于锅中加清水熬制过滤制成糟汁。将煮制好的鸡置糟钵中，浸入糟汁，糟制 4～6h 即为成品。

⑤ 保藏 糟鸡一般为鲜销，在 4℃ 条件下可适当保存。

2. 苏州糟鹅

苏州糟鹅是苏州著名的风味制品，以闻名全国的太湖白鹅为原料制成。皮白肉嫩，香气浓郁，风味鲜美，独具特色。

（1）工艺流程

选料 → 烧煮 → 配料 → 糟制 → 保藏

（2）操作要点

① 选料 选择 1.5～2kg 太湖鹅，要求新鲜健康。宰杀、放血、去毛、去内脏后洗净。

② 烧煮 将白条鹅放入清水中浸泡 1h，然后置于沸水中煮沸 40～50min，撇去血污，冷却待用。

③ 配料 按 100kg 鹅计，陈年香糟 2.5kg、黄酒 3kg、曲酒 0.2kg、花椒 0.02kg、葱 1.5kg、生姜 0.2kg、食盐 0.5kg、味精 0.1kg、五香粉 0.05kg。

④ 糟制 先按配料混合煮制成糟汁。用糟汁浸渍煮制好的鹅，一般糟制 4～6h 即可。食用时可将缸内糟汁浇在糟好的鹅块上。

⑤ 保藏 将糟鹅置于 4℃ 保藏，也可鲜销。

项目七 培根加工技术

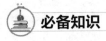 **必备知识**

"培根"（Bacon），其原意是烟熏肋条肉（即方肉）或烟熏咸背脊肉。其风味除带有适口的咸

味之外，还具有浓郁的烟熏香味。培根外皮油润呈金黄色，皮质坚硬，瘦肉呈深棕色，切开后肉色鲜艳。

培根有大培根（也称丹麦式培根）、排培根和奶培根三种，制作工艺相近。

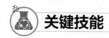 **关键技能**

一、培根加工的工艺流程

选料 → 初步整形 → 腌制 → 浸泡 → 清洗 → 剔骨、修刮、再整形 → 烟熏

二、培根加工的操作要点

（一）选料
选择经兽医卫生部门检验合格的中等肥度猪，经屠宰后吊挂预冷。

1.选料部位

大培根坯料取自整片带皮猪胴体（白条肉）的中段，即前端从第三肋骨处斩断，后端从荐尾椎之间斩断，再割除奶脯。

排培根和奶培根各带皮和去皮两种。前端从白条肉第五根肋骨处斩断，后端从最后两节荐椎处斩断，去掉奶脯，再沿距背脊 13～14cm 处分斩为两部分，上为排培根坯料，下为奶培根坯料。

2.膘厚标准

大培根最厚处以 3.5～4.0cm 为宜；排培根最厚处以 2.5～3.0cm 为宜；奶培根最厚处约 2.5cm。

（二）初步整形
修整坯料，使四边基本各成直线，整齐划一，并修去腰肌和横膈膜。

（三）腌制
腌制室温度保持在 0～4℃。

1.干腌

将食盐（加 1‰ NaNO$_3$）撒在肉坯表面，用手揉搓，使其分散均匀。大培根肉坯用盐约 200g，排培根和奶培根约 100g，然后堆叠，腌制 20～24h。

2.湿腌

用 16～17°Bé（其中每 100kg 腌制液中含 NaNO$_3$ 70g）的盐液浸泡干腌后的肉坯，盐液用量约为肉质量的 1/3。湿腌时间与肉块厚薄和温度有关，一般为 2 周左右。在湿腌期需翻缸 3～4 次。其目的是改变肉块受压部位，并松动肌肉组织，以加快盐硝的渗透和发色，使咸度均匀。

（四）浸泡、清洗
将腌制好的肉坯用 25℃ 左右清水浸泡 30～60min，目的是使肉坯温度升高，肉质还软，表面油污溶解，便于清洗、修刮、剔骨和整形，避免熏干后表面产生"盐花"，提高产品的美观性。

（五）剔骨、修刮、再整形
培根的剔骨要求很高，只允许用刀尖划破骨表的骨膜，然后用手将骨轻轻扳出。刀尖不得刺破肌肉，否则生水侵入而不耐保藏。修刮是刮尽残毛和皮上的油腻。因腌制、堆压使肉坯形状改变，故要再次整形使肉的四边成直线。至此，便可穿绳、吊挂、沥水，6～8h 后即可进行烟熏。

（六）烟熏
用硬质木先预热烟熏室。待室内平均温度升至 65～75℃ 后，加入木屑，挂进肉坯。烟熏室温度一般保持在 60～70℃，烟熏时间约 8h 左右。烟熏结束后自然冷却即为成品。出品率约 83%。

项目八　干制品加工技术

必备知识

干肉制品或称肉脱水干制品，是肉经过预加工后再脱水干制而成的一类熟肉制品。干制是一种古老的肉类保藏方法，现代肉干制品的加工，主要目的不再是为了保藏，而是加工成肉制品满足消费者的各种喜好。肉品经过干制后，水分含量低，产品耐贮藏；体积小、质量轻，便于运输和携带；蛋白质含量高，富有营养。此外，传统的肉干制品风味浓郁，回味悠长，因此肉干制品是深受大众喜爱的休闲方便食品。

一、干制的原理

干制既是一种保存手段，又是一种加工方法。肉品干制的基本原理是，通过脱去肉品中的一部分水，抑制了微生物的活动和酶的活力，从而达到加工出新颖产品或延长贮藏时间的目的。

水分是微生物生长发育所必需的营养物质，每一种微生物生长，都有所需的最低水分活度值。一般鲜肉和煮制后鲜肉制品的水分活度在 0.99 左右，香肠类在 0.93～0.97，牛肉干在 0.90左右。而霉菌需要的水分活度为 0.80 以上，酵母菌为 0.88 以上，细菌生长为 0.91～0.99，也就是说，肉与肉制品中大多数微生物都只有在较高水分活度条件下才能生长。因此，通过干制降低水分活度就可以抑制肉制品中大多数微生物的生长。

但是必须指出，一般干燥条件下，并不能完全致死肉制品中的微生物，只能抑制其活动。若以后环境适宜，微生物仍会继续生长繁殖。因此，肉类在干制时一方面要进行适当的干燥处理，减少制品中各类微生物数量；另一方面在干制后要采用合适的包装方法和包装材料，以达到防潮、防污染的目的。

二、干制方法及影响因素

1. 常压干燥

肉制品的常压干燥过程包括恒速干燥和降速干燥两个阶段。

在恒速干燥阶段，肉块内部水分扩散的速率要大于或等于表面蒸发速度，此时水分的蒸发在肉块表面进行，蒸发速度由蒸汽穿过周围空气膜的扩散速率所控制，其干燥速度取决于周围热空气与肉块之间的温度差。在恒速干燥阶段将除去肉中绝大部分的游离水。

当肉块中水分的扩散速率不能再使表面水分保持饱和状态时，水分扩散速率便成为干燥速度的控制因素。此时，肉块温度上升，表面开始硬化，进入降速干燥阶段。该阶段包括两个阶段：水分移动开始稍感困难阶段为第一降速干燥阶段，以后大部分成为胶状水的移动则进入第二降速干燥阶段。

肉品进行常压干燥时，内部水分扩散的速率影响很大。干燥温度过高，恒速干燥阶段缩短，很快进入降速干燥阶段，但干燥速度反而下降。因为在恒速干燥阶段，水分蒸发速度快，肉块的温度较低，加热对肉质的影响较小。但进入降速干燥阶段，表面蒸发速度大于内部水分扩散速率，致使肉块温度升高，极大地影响肉的品质，且表面形成硬膜，使内部水分扩散困难，降低了干燥速率，导致肉块中内部水分含量过高，使肉制品在贮藏期间腐败变质。故确定干燥工艺参数时要加以注意：在干燥初期，水分含量高，可适当提高干燥温度；随着水分减少应及时降低干燥温度。在完成恒速干燥阶段后，采用回潮后再行干燥的工艺效果良好。

除了干燥温度外，湿度、通风量、肉块的大小、摊铺厚度等都影响干燥速度。

常压干燥时温度较高，且内部水分移动，易与组织酶作用，常导致成品品质变劣，挥发性芳香成分逸失等缺陷。但干燥肉制品特有的风味也在此过程中形成。

2. 微波干燥

用蒸汽、电热、红外线烘干肉制品时,耗能大,易造成外焦内湿现象。利用新型微波技术则可有效解决以上问题。微波是电磁波的一个频段,频率范围为 300MHz～3000GHz,在透过被干燥食品时,食品中的极性分子(水、糖、盐)随着微波极性变化而以极高频率振动,产生摩擦热,从而使被干燥食品内外部同时升温,迅速放出水分,达到干燥的目的。这种效应在微波一旦接触到肉块时就会在肉块内外同时产生,无需热传导、辐射、对流,故干燥速度快,且肉块内外受热均匀,表面不易焦煳。但微波干燥存在设备投资费用较高,干肉制品的特征性风味和色泽不明显等缺陷。

3. 减压干燥

食品置于真空中,随真空度的不同,在适当温度下,其所含水分蒸发或升华。肉品的减压干燥有真空干燥和冻结干燥两种。

(1) **真空干燥** 真空干燥是指肉块在未达结冰温度的真空状态(减压)下加速水分的蒸发而进行干燥。真空干燥的初期与常压干燥相同,存在着水分的内部扩散和表面蒸发。但在整个干燥过程中,则主要为内部扩散与内部蒸发共同进行干燥。因此,与常压干燥相比,干燥时间缩短,表面硬化现象减小。真空干燥常采用的真空度为 533～6666Pa,干燥中品温低于 70℃。真空干燥虽使水分在较低温度下蒸发干燥,但因蒸发而使芳香成分的逸失及轻微的热变性在所难免。

(2) **冻结干燥** 冻结干燥是指将肉块冻结后,在真空状态下使肉块中的水升华而进行干燥。这种干燥方法对色、味、香、形几乎无任何不良影响,是现代最理想的干燥方法。

冻结干燥是将肉块急速冷冻至 −40～−30℃,将其置于可保持真空度 13～133Pa 的干燥室中,因冰的升华而进行的干燥。冰的升华速度,由干燥室的真空度及升华所需要而给予的热量所决定。另外肉块的大小、薄厚均有影响。冻结干燥法虽需加热,但并不需要高温,只供给升华潜热以缩短其干燥时间即可。冻结干燥后的肉块组织为多孔质,未形成水不浸透性层,且其含水量少,故能迅速吸水复原,是方便面等速食食品的理想辅料。同理,在保藏过程中也非常容易吸水,且其多孔质与空气接触面积增大,在贮藏期间易被氧化变质,特别是脂肪含量高时更是如此。

 关键技能

干肉制品主要有肉干、肉松、肉脯三大类。

一、肉干的加工技术

肉干是以精选瘦肉为原料,经煮制、复煮、干制等工艺加工而成的肉干制品。肉干可以按原料、风味、形状、产地等进行分类。按原料分有牛肉干、猪肉干、羊肉干、兔肉干、鱼肉干等;按风味分五香、咖喱、麻辣、孜然等;按形状分有片、条、粒、丁状等。现就肉干的一般加工方法介绍如下。

1. 工艺流程

原料选择 → 预处理 → 预煮与成形 → 复煮 → 脱水 → 冷却、包装 → 检验 → 成品

2. 操作要点

(1) **原料选择** 肉干多选用健康、育肥的牛肉为原料,选择新鲜的后腿及前腿瘦肉最佳,因为腿部肉蛋白质含量高,脂肪含量少,肉质好。

(2) **预处理** 将选好的原料肉剔骨、去脂肪、筋腱、淋巴、血管等不宜加工的部分,然后切成 500g 左右大小的肉块,并用清水漂洗以除去血水、污物,沥干后备用。

(3) **预煮与成形** 将切好的肉块投入到沸水中预煮 1h 左右,汤中亦可加入 1.5% 的精盐、

1%~2%的生姜及少许桂皮、大料等。预煮的目的是通过煮制进一步挤出血水，并使肉块变硬以便切坯。水温保持在 90℃以上，同时不断去除液面的浮沫，待肉块切开呈粉红色后即可捞出冷凉（汤汁过滤待用），然后按产品的规格要求切成一定的形状。

(4) 复煮 取一部分预煮汤汁（约为肉重的 40%~50%），加入配料（不溶解的辅料装袋），煮沸，将半成品倒入锅内，用小火煮制，并不时轻轻翻动，待汤汁基本收干，即可起锅沥干。配料因风味的不同而异（表 4-6）。

表 4-6 肉干加工配方

名 称	用量/kg			名 称	用量/kg		
	五香风味	麻辣风味	咖喱风味		五香风味	麻辣风味	咖喱风味
瘦肉	100	100	100	混合香料（茴香、丁香、桂皮、陈皮、甘草等）	1.55	0.2	—
酱油	4.75	4	3.1				
黄酒	0.75	0.5	2	辣椒粉	—	1.5	—
食盐	2.85	3.5	3	花椒粉	0.15	0.8	—
白糖	4.5	2	12	胡椒粉	—	0.2	—
生姜	0.5	0.5	—	咖喱粉	—	—	0.5
味精	—	0.1	—	菜油	—	5	—

(5) 脱水 肉干常用的脱水方法有以下两种。

① 烘烤法 将沥干后的肉品平铺在不锈钢网盘上，放入烘房或烘箱，温度前期控制在 80~90℃，后期 50~60℃，烘烤 4~6h 即可。为了均匀干燥，防止烤焦，在烘烤的过程中应及时地进行翻动。

② 油炸法 先将肉切条后，用 2/3 的辅料（其中白糖、味精、酒后放）与肉条拌匀，腌渍10~20min 后，投入 135~150℃的菜油锅中油炸。炸到肉块呈微黄色后，捞出并滤净油，再将酒、白糖、味精和剩余的 1/3 辅料混入拌匀即可。

在实际生产中，亦可先烘干再上油衣。例如四川的麻辣牛肉干在烘干后再用菜油或麻油炸酥起锅。

(6) 冷却、包装 肉干烘好后，应冷却至室温，未经冷却直接进行包装，在包装容器的内表面易产生蒸汽的冷凝水，使肉片表面湿度增加，不利保藏。包装以复合膜为好，尽量选用阻气、阻湿性能好的材料，如 PET/Al/PE 等膜，或采用真空包装，成品无需冷藏。

二、肉松的加工技术

肉松是我国著名的特产。肉松可以按原料进行分类，有猪肉松、牛肉松、鸡肉松、鱼肉松等，也可以按形状分为绒状肉松和粉状（球状）肉松。猪肉松是大众最喜爱的一类产品，以太仓肉松和福建肉松最为著名，太仓肉松属于绒状肉松，福建肉松属于粉状肉松。

1. 工艺流程

原料选择 → 预处理 → 煮制 → 炒压 → 炒松 → 擦松 → 冷却 → 包装

2. 操作要点

(1) 原料选择 肉松加工选用健康家畜的新鲜精瘦肉为原料。

(2) 预处理 符合要求的原料肉，先剔除骨、皮、脂肪、筋腱、淋巴、血管等不宜加工的部分，注意结缔组织的剔除一定要彻底，否则加热过程中胶原蛋白水解会导致成品黏结成团块而不能呈良好的蓬松状。然后顺着肌肉的纤维纹路方向（以免成品中短绒过多）切成 3cm 左右宽的肉条，清洗干净，沥水备用。

(3) 煮制 先把肉放入锅内，加入与肉等量的水，煮沸，按配方加入香料（用纱布包好），继续煮制约 2~3h。肉不能煮得过烂，否则成品绒丝短碎。在煮制的过程中，不断翻动并去浮油。

煮制时的配料无固定的标准，肉松加工配方见表 4-7。

表 4-7 肉松加工基本配方

名 称	用量/kg			名 称	用量/kg		
	太仓肉松	福建肉松	江南肉松		太仓肉松	福建肉松	江南肉松
猪瘦肉	50	50	50	生姜	0.5	0.5	0.5
食盐	1.5	—	1.1	八角	0.25	—	0.06
黄酒	1	1	2	猪油	—	7.5	—
酱油	17.5	3	5.5	桂皮	—	0.1	—
白糖	1	5	1.5	鲜葱	—	0.5	—
味精	0.1~0.2	0.075		红曲	—	适量	—

(4) **炒压** 肉块煮烂后，改用中火，加入酱油、酒，一边炒一边压碎肉块。然后加入白糖、味精，减小火力，收干肉汤，用小火炒压肉丝至肌纤维松散。

(5) **炒松** 在炒松阶段，主要目的是为了炒干水分并炒出颜色和香气。炒松时，由于肉松中糖较多，容易塌底起焦，要注意掌握炒松时的火力，由灰棕色炒至金黄色，成为具有特殊香味的肉松为止。

(6) **擦松** 擦松的主要目的是为了将炒好的松更加蓬松，它是一个机械作用过程，比较容易控制，一般用机械（擦松机）来完成操作。

如果要加工福建肉松，则将上述肉松放入锅内，煮制翻炒，待 80% 的绒状肉松成为酥脆的粉状时过筛，除掉大颗粒，将筛出的粉状肉松坯置入锅内，倒入已经加热熔化的猪油，然后不断翻炒成球状的团粒，即为福建肉松。

三、肉脯的加工技术

肉脯是一种制作考究，美味可口，耐贮藏和便于运输的熟肉制品。我国加工肉脯已经有 60 多年的历史。传统的肉脯是以大块的肌肉为原料，经过冷冻、切片、脂制、烘烤、压片、切片、检验、包装等工艺加工制成，原料选择局限于猪、牛、羊肉，产品品种少。因此，充分利用肉类资源，开发肉脯新产品成为重要的课题之一。

近几年开始重组肉脯的研究，重组肉脯原料来源广泛，营养价值高，成本低，产品入口化渣，质量优良。同时也可以应用现代连续化机械生产，它是肉脯发展的重要方向。现就重组肉脯的加工新工艺介绍如下。

1. 工艺流程

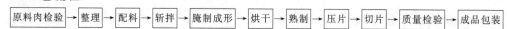

原料肉检验 → 整理 → 配料 → 斩拌 → 腌制成形 → 烘干 → 熟制 → 压片 → 切片 → 质量检验 → 成品包装

2. 操作要点

(1) **原料肉检验** 在非疫区选购健康新鲜的畜禽后腿肉，屠宰剔骨后，必须经过检验，达到一级鲜度标准的畜禽肉才能用于肉脯生产。

(2) **整理** 对符合要求的原料肉，先剔去剩余的碎骨、皮下脂肪、筋膜肌腱、淋巴、血污等，清洗干净，然后切成 3~5cm³ 的小块备用。

(3) **配料** 辅料有白糖、鱼露、鸡蛋、亚硝酸钠、味精、五香粉、胡椒粉等。按照原辅料的配比称重后，某些辅料如亚硝酸钠等需先行溶解或处理，才能在斩拌或搅拌时加入到原料肉中去。

(4) **斩拌** 整理后的原料肉，应采用斩拌机尽快斩拌成肉糜，在斩拌的过程中加入各种配料，并加适量的水。斩拌肉糜要细腻，原辅料混合要均匀。

(5) **腌制成形** 斩拌后的肉糜需先置于 10℃ 以下腌制 1~2h，以便各种辅料渗透到肉组织中去。成形时先将肉铺成薄层，然后再用其他器具将薄层均匀抹平，薄层的厚度一般为 2mm 左右。太厚，不利于水分的蒸发和烘烤，太薄则不易成形。

(6) **烘干** 将成形的肉糜迅速送入已经升温至 65~70℃ 的烘箱或烘房中，烘制 2.5~3h。烘制温度最初可适当升高至 75℃ 以加快脱水的速度，同时提高肉片的温度，避免微生物的大量繁殖。烘制设备以烘箱或烘房为好，使用其他设备要能保证温度的稳定，避免温度的大幅波动。待大部分水分蒸发，能顺利揭开肉片时，即可揭片翻边，进一步进行烘烤。等烘烤至肉片的水分含量降到18％～20％时，结束烘烤，取出肉片，自然冷却。

（7）**熟制** 将第一次烘烤成的半成品送入120～150℃的远红外高温烘烤炉或高温烘烤箱内，进行高温烘烤2～5min。半成品经过高温预热、蒸发收缩、升温出油直到成熟，烧烤成熟的肉片呈棕黄色或棕红色，成熟后应立即从高温炉中取出，不然很容易焦煳。出炉后肉片尽快用压平机压平，使肉片平整。烘烤后的肉片水分含量不得超过13％～15％。

（8）**切片** 根据产品规格的要求，将大块的肉片切成小片。切片尺寸根据销售及包装要求而定，如可以切成8cm×12cm或4cm×6cm的小片，1kg 60～65片或120～130片。

（9）**成品包装** 将切好的肉片放在无菌的冷却室内冷却1～2h。冷却室的空气经过净化及消毒杀菌处理。冷凉的肉片采用真空包装，也可以采用听装。

项目九　肉类罐头制品加工技术

 必备知识

肉类罐头是指以畜禽肉为原料，调制后装入包装容器中，经排气、密封、杀菌、冷却等工艺加工而成的一类食品。因其经过高温处理杀菌，破坏肉中的酶，杀灭了绝大多数微生物，同时也隔绝了罐内外空气的交换，防止外界微生物再次入侵。因此，肉类罐头能够长期贮存，并能在一定期限内基本保持肉品的色、香、味。

肉类罐头制品易于运输、携带和保藏，食用方便，并能调节市场供应，加工不受季节影响，是深受广大消费者欢迎的一种方便食品。在国外，肉类罐头已成为人们的日常食品。

一、肉类罐头的种类

根据加工及调味方法不同，肉类罐头可分为以下几类。

1. 清蒸类罐头

原料经初步加工后，不经烹调而直接装罐制成的罐头。它的特点是最大限度地保持各种肉类的特有风味，如原汁猪肉、清蒸牛肉、白切鸡罐头等。

2. 调味类罐头

原料肉经过整理、预煮和油炸、烹调后装罐，加入调味汁液而制成的罐头。这类罐头按烹调的方法及加入汁液的不同，可分为红烧、五香、豉汁、咖喱、茄汁等类别。它的特点是具有原料和配料特有的风味和香味，色泽较一致，块形整齐，如红烧扣肉、咖喱牛肉、茄汁兔肉罐头等。调味类罐头是肉类罐头品种中数量最多的一种。

3. 腌制类罐头

将原料肉整理，用食盐、硝酸盐、白糖等辅料配制而成的混合盐进行腌制后，再经过加工制成的罐头。这类产品具有鲜艳的红色和较高的保水性，如午餐肉、咸牛肉、猪肉火腿罐头等。

4. 熏肉类罐头

处理后的原料经腌制、烟熏后制成的罐头，有鲜明的烟熏味，如烟熏肋条、西式火腿罐头等。

5. 香肠类罐头

肉腌制后再加入各种辅料，经斩拌制成肉糜，然后装入肠衣，经烟熏、预煮再装罐制成的罐头。

二、罐头容器的选用和处理

罐头容器是保证罐内食品质量的重要因素，因此，必须具备以下条件：对人体无毒害作用；具有良好的密封性和耐腐蚀性；具有一定的机械强度；适用于工业化生产；另外，还应质量轻、体积适宜、开启取食方便。目前，我国常用的肉类罐头容器有金属罐、玻璃罐和软包装袋等。

1. 金属罐

金属罐一般是用镀锡的薄钢板制成的，俗称马口铁。镀锡薄钢板是耐腐蚀较强的材料，但仍会与内容物及空气接触后发生缓慢变化，为了防止罐壁与所盛装食品发生反应而引起不良变化，常在薄板内壁涂上一层涂料，使食品与薄板不直接接触。目前，常用的涂料有酚醛树脂、环氧树脂等。

金属罐装罐前要进行清洗消毒。先用热水冲刷，然后用蒸汽蒸煮 30～60min。为了防止罐内壁的腐蚀，有时还需进行钝化处理，即将空罐放在由重铬酸钠和烧碱配成的化学溶液中做短时浸泡，使镀锡层氧化成锡薄膜，从而达到钝化的目的，防止内容物与铁、锡发生反应。钝化处理后再进行清洗。

2. 玻璃罐

玻璃罐的规格很多，目前肉类罐头大多使用矮圆形大口罐，容量为 500mL。玻璃罐化学性质稳定，和肉料不发生作用，有利于保持内容物的卫生安全。但它抗机械性能差，易破碎，对冷热骤变稳定性差，如杀菌时快速升温和降温中容易破碎，故其应用受到一定限制。

玻璃罐要求无色透明、气泡较少、厚薄均匀、质地坚实。玻璃罐使用前也要清洗消毒，特别是回收的旧玻璃罐，会污染较多污垢及病菌，必须彻底清洗消毒。先用 2％～3％的氢氧化钠溶液浸泡 5～10min，温度保持在 40～50℃，清除油渍污垢效果好；也可用纯碱溶液消毒或放在沸水中烫洗。用碱液消毒的玻璃罐取出后应用热水反复清洗干净。

3. 软包装袋

用软包装袋做成的产品又称为软包装罐头，是目前发展的热点。软包装袋一般用复合薄膜制成，常由三层材料黏合在一起构成。外层是聚酯，中间层是铝箔，内层是聚丙烯或聚乙烯，层间以黏合剂粘在一起。与常规的罐装容器相比，软包装袋具有质量轻、体积小、传热快、安全卫生性好、外形美观、易携带、耗能低等特点。但不宜于生产带骨、有汤汁和坚硬制品。

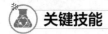 **关键技能**

一、肉类罐头制品加工技术

尽管肉类罐头的种类很多，但其加工工艺基本相同。

1. 工艺流程

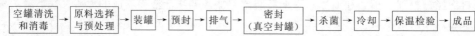

空罐清洗和消毒 → 原料选择与预处理 → 装罐 → 预封 → 排气 → 密封（真空封罐） → 杀菌 → 冷却 → 保温检验 → 成品

2. 操作要点

（1）原料选择与预处理

① 原料选择　原料应选用符合卫生标准的鲜肉或冷冻肉。肌肉深层温度不应超过 4℃，夏天不应超过 6℃。

② 原料预处理　畜肉的预处理包括洗涤、剔骨、去皮（或不去骨皮）、去淋巴及切除不宜加工的地方，并除净表面油污、毛及其他杂质。原料剔骨前应用清水洗涤，除尽表面污物，然后分段。猪半胴体分为前、后腿及肋条三段；牛半胴体沿第 13 根肋骨处横截成前腿和后腿两段；羊肉一般不分段，通常为整片或整只剔骨。分段后的肉分别剔除脊椎骨、肋骨、腿骨及全部硬骨和软骨，剔骨时应注意肉的完整，避免碎肉及碎骨渣。若要留料，如排骨、圆蹄、扣肉等原料，则在剔骨前或后按部位选取切下留存。

禽肉则先逐只将毛拔干净，然后切去头、割除翅尖、两爪，除去内脏及肛门等。去骨家禽拆骨时，将整只家禽用小刀割断颈皮，然后将胸肉划开，拆开胸骨，割断腿骨筋，再将整块肉从颈沿背部往后拆下，注意不要把肉拆碎和防止骨头拆断，最后拆去腿骨。

③ 原料的预煮和油炸　肉罐头的原料经处理后，按各产品加工要求，有的要腌制，有的要预煮和油炸。预煮和油炸是调味类罐头加工的主要环节。

a.预煮 预煮前按制品的要求，切成大小不等的块形。预煮时一般将原料投入沸水中煮制20～40min，要求达到原料中心无血水为止。加水量以淹没肉块为准，一般为肉重的1.5倍。经预煮的原料，其蛋白质受热后逐渐凝固，肌肉组织紧密变硬，便于切块。同时，肌肉脱水后对成品的固形物量提供了保证。此外，预煮处理能杀灭肌肉上的部分微生物，有助于提高杀菌效果。

b.油炸 原料预煮后即可油炸。经过油炸，产品脱水上色，增加产品风味。油炸方法一般采用开口锅放入植物油加热，然后根据锅的容量将原料分批放入锅内进行油炸，油炸温度为160～180℃。油炸时间根据原料的组织密度、形状、肉块大小、油温和成品质量要求等而有所不同，一般为3～10min，油炸后肉类失重约28%～38%。大部分产品在油炸前都要上稀糖液，经油炸后，其表面成金黄色或酱红色。

(2) 装罐 原料经预煮和油炸后，要迅速装罐密封。原汁、清蒸类及生装产品，主要是控制好肥瘦、大小及部位搭配、汤汁和猪皮粒的加量，以保证固形物的含量达到要求。装罐时，要保证规定的质量和块数。装罐前食品需先进行定量，定量必须准确，同时还必须留有适当的顶隙（即罐中内容物的顶点到盖底的间隙）。顶隙的作用在于防止高温杀菌时，内容物膨胀使压力增大而造成罐的永久性膨胀和损坏罐头的严密性。顶隙一般的标准在6.4～9.6mm。还要保持内容物和罐口的清洁，严防混入异物，并注意排列上的整齐美观。

目前，装罐多用自动或半自动式装罐机，速度快，称量准确，节省人力，但小规模生产和某些特殊品种仍需要人工装罐。

(3) 预封 预封是指某些产品在进行加热排气之前，或进入某种类型的真空封罐机前，所进行的一道卷封工序。即将罐盖与罐筒边缘稍稍弯曲勾连，使罐盖在排气或抽气过程中不致脱落，并避免排气箱盖上的蒸汽、冷凝水落入罐内。同时还可防止罐头由排气箱送至封罐机时顶隙温度的降低。

但在生产玻璃罐装食品时，不必进行预封。

(4) 排气 排气是指罐头在密封的同时，将罐内部分空气排除掉，使罐内产生部分真空状态的措施。

① 排气目的

a.防止内容物，特别是维生素、色素及风味物质氧化变质。

b.防止或减轻罐头高温杀菌时发生变形或损坏。

c.防止或抑制罐内残留的好氧菌和霉菌的繁殖。

d.防止或减轻贮藏过程中罐内壁的腐蚀。

② 排气方法 排气方法的选择需根据原料的种类、性质、机械设备等决定。主要排气方法有以下几种。

a.热装排气 将待装食品加热到沸点，迅速装入已洗净和杀菌的空罐中，趁热加盖密封，冷却后罐内即形成一定的真空度。

b.连续加热排气 将经过预封的罐头，由输送装置送入排气箱内（其中有90～98℃的蒸汽加热装置），经3～15min后从箱内送出，随用封罐机密封。罐头厂广泛采用链带式或齿盘式排气箱（排气温度和时间，可由阀门和变速箱调节）。链带式排气箱结构简单，造价低廉，适用于多种罐型。

c.机械排气 机械排气在大规模生产罐头时都使用真空封罐机，抽真空与封罐同时在密闭状态下进行。抽真空采用水杯式真空泵，封罐后真空度为46.65～59.99kPa。目前，我国大多数工厂采用此法。

(5) 封罐 封罐即为排气后的罐头用封口机将罐头密封住，使其形成真空状态，以达到长期贮藏的目的。封罐所用的机械称为封罐机。根据各种产品的要求，选择不同的封罐机。按构造和性能可将封罐机分为手扳封罐机、半自动封罐机、自动封罐机、真空封罐机和蒸汽喷射排气封罐机。

由于罐藏容器的种类不同，密封的方法也各不相同。

① 马口铁罐的密封 其密封与空罐的封底原理、方法和技术要求基本相同。目前罐头厂常用的封罐机有半自动封罐机、自动封罐机、真空封罐机和蒸汽喷射排气封罐机等。

② 玻璃罐的密封　玻璃罐的密封是依靠马口铁皮和密封垫圈紧压在玻璃罐口而成的。目前其密封方法有卷边密封法、旋转式密封法等。

③ 软罐头的密封　软罐头的密封必须使两层复合塑料薄膜边缘内层相互紧密结合或熔合在一起，达到完全密封的要求。一般采用真空包装机进行热熔密封。

（6）杀菌

① 杀菌目的　罐头杀菌的目的是杀死食品中所污染的致病菌、产毒菌、腐败菌，并破坏食物中的酶，使食品贮藏一段时间而不变质。在杀菌的同时，又要求较好地保持食品的形态、色泽、风味和营养价值。

② 杀菌方法　肉类罐头属于低酸性食品，细菌芽孢有很强的耐热性。因此，常采用加压蒸汽杀菌法，杀菌温度控制在112～121℃。杀菌过程可划分为升温、恒温、降温三个阶段，其中包括温度、时间、反压3个主要因素。不同罐头制品杀菌工艺条件不同，温度、时间和反压控制亦不同。

杀菌规程用杀菌式表示：$\dfrac{T_1-T_2-T_3}{t}P$

式中　T_1——使杀菌锅内温度和压力升高到杀菌温度需要的时间，min；

　　　T_2——杀菌锅内应保持恒定的杀菌温度的时间，min；

　　　T_3——杀菌完毕使杀菌锅内温度降低和使压力降至常压所需的时间，min；

　　　t——规定的杀菌温度，℃；

　　　P——反压，即加热杀菌或冷却过程中杀菌锅内需要增加的压力。

杀菌式的数据是根据罐内可能污染细菌的耐热性和罐头的传热特性值经过计算后，再通过空罐试验确定的。正确的杀菌工艺条件应恰好能将罐内细菌全部杀死和使酶钝化，保证贮藏安全，同时，又能保证食品原有的品质不发生大的变化。

目前，我国大部分工厂均采用静置间歇的立式或卧式杀菌锅，罐头在锅内静止不动，始终固定在某一位置，通入一定压力的蒸汽，排除锅内空气及冷凝水后，使杀菌器内的温度升至112～121℃进行杀菌。为提高杀菌效果，现常采用旋转搅拌式灭菌器。这种方法改变了过去罐头在灭菌器内静置的方式，加快了罐内中心温度的上升，杀菌温度也提高到121～127℃，缩短了杀菌时间。

（7）冷却　罐头杀菌后，罐内食品仍保持很高的温度，应立即进行冷却。罐头冷却不当，则会导致食品中维生素损失及制品色、香、味的恶化，组织结构也会受到影响。同时还会使嗜热性细菌生长繁殖，加速罐头容器腐蚀。杀菌后冷却速度越快，对食品的质量影响越小，但要防止在迅速降温时可能发生的爆罐或变形现象。

冷却的方法，按冷却时的位置，可分为锅内冷却和锅外冷却；按冷溶剂介质，可分为水冷却和空气冷却。空气冷却速度极其缓慢，除特殊要求外很少应用。水冷却法是肉类罐头生产中使用最普遍的方法，其又分为喷水冷却和浸水冷却，喷冷方法较好。对于玻璃罐和扁平面、体积大的罐形，宜采用反压冷却，可防止容器变形或跳盖爆破，特别是玻璃罐。冷却速度不能过快，一般用热水或温水分段冷却（每次温度不超过25℃），最后用冷水冷却。冷却必须充分，如未冷却立即入库，产品色泽变深，影响风味。肉罐头冷却到38～40℃时，即可认为完成冷却工序，这时利用罐体散发的余热将罐外附着的少量水分自然蒸发掉，可防止生锈。

反压冷却操作：杀菌完毕在降温降压前，首先关闭一切泄气旋塞，打开压缩空气阀，使杀菌锅内的压力稍高于杀菌压力，关闭蒸汽阀，再缓慢地打开冷却水阀。当冷却水进锅时，必须继续补充压缩空气，维持锅内压力较杀菌压力高0.21～0.28kgf/cm²（20.6～27.5kPa）。随着冷却水的注入，锅内压力逐步上升，这时应稍打开排气阀。当锅内冷却水快满时，根据不同产品维持一段反压时间，并继续注入冷却水至锅内水满时，打开排气阀，适当调节冷却水阀和排水阀，继续保持一定的压力至罐头冷却到38～40℃时，关闭进水阀，排出锅内的冷却水，在压力表降至0时，打开锅盖取出罐头。

（8）检验与贮藏

① 检验　罐头在杀菌冷却后必须进行检验，以衡量是否符合标准和卫生要求，确定成品的

质量和等级。目前，我国规定肉类罐头制品主要的检验项目如下。

a.外观检查　观察和记载罐头外形有无机械损伤、裂缝、漏气、锈蚀等情况，两端底盖有无膨胀。正常罐头内部呈真空状态，因此底盖都向内凹入。

b.保温检查　将肉品罐头放入保温间，在40℃左右下保温7昼夜。如果杀菌不充分或其他原因有细菌残留在罐内时，一遇适当温度就会繁殖起来，使罐头膨胀变质。

c.敲音检查　用打检棒敲击，根据声音的清浊判断质量。一般质量好的罐头敲音清脆，质量差的发浊音。

d.真空度的测定　正常的罐头一般应具有4～5MPa的真空度。

e.开罐检查　食品重量和质量检查、罐内马口铁皮的检查、化学成分检查及微生物检查等。

② 贮藏　罐头经检验合格后，在出厂前，一般还要涂擦、粘贴商标和装箱。罐头贮藏的适宜温度为0～10℃，不能高于30℃，也不要低于0℃。贮藏间相对湿度应在75％左右，并避免与吸湿的或易腐败的物质放在一起，防止罐头生锈。

二、原汁猪肉罐头加工技术

原汁猪肉罐头最大限度地保持了原料肉特有的色泽和风味，产品清淡，食之不腻。

1. 工艺流程

原料肉的处理 → 切块 → 制猪皮粒 → 拌料 → 装罐 → 排气和密封 → 杀菌和冷却 → 成品

2. 原辅料配方

以猪肉100kg计，食盐0.85kg、白胡椒粉0.05kg、猪皮粒4～5kg。

3. 操作要点

(1) 原料肉的处理　除去毛污、皮、碎油，剔去骨，控制肥膘厚度为1～1.5cm，拆骨时必须保持肋条肉和腿部肉块的完整，除去颈部刀口肉、奶脯肉及粗筋腱等组织。将前腿肉、肋条肉、后腿肉分开放置。

(2) 切块　将猪肉切成3.5～5cm³的小方块，大小要均匀，每块重50～70g。

(3) 制猪皮粒　取新鲜的猪背部皮，清洗干净后，用力刮去皮下脂肪及皮面污垢，然后切成宽2cm、长5～7cm的条，放在-5～-2℃条件下冻结2h，取出用绞肉机绞碎，绞板孔2～3mm，绞碎后置冷库中备用。这种猪皮粒装罐后可完全熔化。

(4) 拌料　不同部位的肉分别与辅料拌匀，以便装罐搭配。

(5) 装罐　内径99mm、外高62mm的铁罐，装肥瘦搭配均匀的猪肉5～7块，约360g，猪皮粒37g。罐内肥肉和熔化油含量不要超过净重的30%。装好的罐均需过秤，以保证符合规格标准和产品质量的一致。

(6) 排气和密封　热力排气时罐内中心温度不低于65℃，抽气密封时真空度约70.65kPa左右。

(7) 杀菌和冷却　密封后的罐头应尽快杀菌，停放时间一般不超过40min。

杀菌式为：15min-60min-20min/121℃ 或 15min-70min-反压冷却（反压1.5kgf/cm²，即147.1kPa)/121℃

杀菌后立即冷却至40℃左右。

4. 原汁猪肉罐头的国家标准（QB/T 2787—2006）

(1) 感官要求

① 色泽　肉色正常，在加热状态下，汤汁呈淡黄色至淡褐色，允许稍有沉淀。

② 滋味、气味　具有原汁猪肉罐头应有的滋味及气味，无异味。

③ 组织形态　肉质软硬适度，每罐装5～7块，块形大小大致均匀，允许添称小块不超过2块。

(2) 理化指标

① 净重　应符合中国工业标准中有关净重的要求，每批产品平均净重应不低于标明质量。

② 固形物 应符合中国工业标准中有关固形物含量的要求，每批产品平均固形物量应不低于规定重。优级品和一级品肥膘肉加熔化油的量平均不超过净重的 30％，合格品不超过 35％。

③ 氯化钠含量 0.65％～1.2％。

④ 卫生指标 应符合 GB 13100 的要求。

(3) 微生物指标 应符合罐头食品商业无菌要求。

项目十 其他肉制品加工技术

 必备知识

油炸是利用油脂在较高温度下对食品进行热加工的过程。油炸作为食品熟制和干制的一种加工工艺由来已久，是最古老的烹调方法之一。

一、炸肉制品的概念及特点

油炸肉制品是指经过加工调味或挂糊后的肉（包括生原料、成品、熟制品）或只经干制的生原料，以食用油为加热介质，经过高温炸制或浇淋而制成的熟肉类制品。

油炸制品在高温作用下可以快速致熟；营养成分最大限度地保持在食品内不易流失；赋予食品特有的香、嫩、酥、松、脆，色泽金黄等特点；经高温灭菌可短时间贮存；油炸设备简单，制作简便。

二、油炸的方法

油炸的方法，根据原料肉不同可分为炸排骨、炸肉丸、炸肉干、油淋鸡等；根据成品的质感、风味不同可分为清炸、干炸、软炸、酥炸、松炸、卷包炸、脆炸、纸包炸等；也可根据油炸时的油温不同分为温油炸、热油炸、旺油炸、高压油炸。

油炸的技术性较强，油炸过程中火候的大小、油温的高低、时间的长短，都需掌握得当，否则会造成制品不熟、不脆或过焦、过老等情况。油炸使用的油锅大小，主要根据产量而定，不宜过大。油锅中的油，一般放到七成即可，不宜放满。油的品种，可选择植物油或动物油。原料入锅应掌握分批、小量的原则，在油炸过程中，须用漏勺推动原料避免下沉，粘贴锅底，烧焦发黑。

 关键技能

一、油炸肉制品加工技术

1. 炸乳鸽

炸乳鸽是广东的著名特产，成品为整只乳鸽。其营养丰富，是宴会上的名贵佳肴。

(1) 工艺流程

原料选择与整理 → 浸烫 → 挂蜜汁 → 淋油 → 成品

(2) 原辅料配方 以乳鸽 10 只（约 6kg）计，食盐 0.5kg、清水 5kg、淀粉 50g，蜜糖适量。

(3) 操作要点

① 原料选择与整理 选用 2 月龄内，体重在 550～650g 的乳鸽。将乳鸽宰杀后去净毛，开腹取出内脏，洗净并沥干水分。

② 浸烫 取食盐和清水放入锅内煮沸，将鸽坯放入微开的盐水锅内浸烫至熟。捞出挂起，沥干乳鸽表皮和体内的水分。

③ 挂蜜汁　用 500g 水将淀粉和蜜糖调匀后，均匀涂在鸽体上，然后用铁钩挂起晾干。

④ 淋油。晾干后用旺油反复淋乳鸽全身，至鸽皮色泽呈金黄色为止，然后沥油晾凉即为成品。

(4) 质量标准　成品皮色金黄，肉质香酥松脆，味鲜美，鸽体完整，皮不破、不裂。

2. 油淋鸡

油淋鸡为湖南特产，它是由挂炉烤鸭演变而来的，根据挂炉烤鸭的原理，以旺油浇淋鸡体加热制熟，故而得名。

(1) 工艺流程

原料的选择与整理 → 支撑、烫皮 → 打糖 → 烘烤 → 油淋 → 成品

(2) 原辅料配方　母仔鸡 10 只（约 10～12kg），饴糖、植物油适量。

(3) 加工方法

① 原料的选择与整理　选用当年的肥嫩母仔鸡，体重在 1～1.2kg 为宜。宰前停食供水 12～24h。宰杀、去毛、洗净，在右翅肋下切一个 2～3cm 长的小口，取出全部内脏，从肘关节处切除翅尖，从跗关节处切除脚爪，漂洗干净后沥干。

② 支撑、烫皮　取一根长约 6cm 的秸秆或竹片，从翼下开口处插入胸腔，将胸背撑起。投入沸水锅内至鸡皮缩平，取出，用布把鸡身抹干。

③ 打糖　用 1∶2 的饴糖水，擦于鸡体表面，涂擦要均匀一致。

④ 烘烤　将打糖后的鸡用铁钩挂稳，然后用长约 5cm 的竹签分别将两翅撑开，木塞塞紧肛门，颈部挽成圆圈。送入烘房或烘箱悬挂烘烤，温度控制在 65℃ 左右，待鸡体烘到表皮起皱纹时取出。

⑤ 油淋　将植物油加热至 190℃ 左右，左手持挂鸡铁钩将鸡提起，右手拿大勺，把鸡置于油锅上方，用勺舀油，反复淋烫鸡体，先淋烫胸部和后腿，再淋烫背部和头颈部，肉厚处多淋烫几勺油，约淋烫 8～10min，待鸡皮金黄油亮时即可出锅。离锅后取下撑翅竹签和肛门内木塞观察一下，若从肛门流出清水，表明鸡肉已熟透，即为成品。若流出浑浊水，表明尚未熟透，仍需继续淋烫，直至达到成品要求为止。

食用油淋鸡时，需调配佐料蘸食。

(4) 质量标准　成品皮色金黄，鸡体完整，腿皮不缩，有皱纹，无花斑，皮脆肉嫩，香酥鲜美。

二、烧烤肉制品加工技术

烧烤肉制品是原料肉经预处理、腌制、烤制等工序加工而成的一类熟肉制品。烧烤制品色泽诱人、香味浓郁、咸味适中、皮脆肉嫩，是深受欢迎的特色肉制品。我国传统的烧烤制品如北京烤鸭、广东脆皮乳猪、叉烧肉、盐焗鸡、叫化鸡等久负盛名，有的早已享誉海内外。

1. 叉烧肉

叉烧肉是南方风味的肉制品，起源于广东，一般称为广式叉烧肉。产品呈深红略带黑色，块形整齐，软硬适中，香甜可口，多食不腻。

(1) 工艺流程

原料选择与整理 → 腌制 → 烤制 → 包装 → 保藏

(2) 配料　以猪肉 100kg 计，精盐 2kg、酱油 5kg、白糖 6.5kg、五香粉 250g、桂皮粉 500g、砂仁粉 200g、绍兴酒 2kg、姜 1kg、饴糖或液体葡萄糖 5kg、硝酸钠 50g。

(3) 操作要点

① 原料选择与整理　叉烧肉一般选用猪腿部肉或肋部肉中叫"夹心肉"的部分，这部分的肉以瘦肉为主，中间略夹一些肥的脂肪层，肉质特别好（若有硬筋，要剔去），而且烧制过程中脂肪层熔化，令叉烧肉口感更鲜美。

原料肉经去皮、拆骨后，用 M 形刀法将肉切成宽 3cm、厚 1.5cm、长 35～40cm 的长条，然后用刀背拍松，以便入味。用温水洗净，沥干备用。

② 腌制　先将调味料（糖液和绍兴酒除外）在拌料容器中搅拌均匀，然后把肉坯倒入容器中拌匀。腌制过程中每隔 2h 搅拌 1 次，使肉条充分吸收配料。低温腌制 6h 后，再加入绍兴酒，充分搅拌，混合均匀后，将肉条穿在铁排环上，每排穿 10 条左右，适度晾干。

③ 烤制　先将烤炉烧热，把穿好的肉条排环挂入炉内进行烤制。烤制时炉温保持在 270℃ 左右，烘烤 15min 后打开炉盖，转动排环，调换肉面方向，继续烤制 15min，再将炉温调至 220℃ 左右烘烤 15min。

烘烤完毕，从炉中取出肉条，稍冷后在饴糖或葡萄糖溶液内浸没片刻，取出再放进炉内烤制约 3min 即为成品。

2. 北京烤鸭

北京烤鸭历史悠久，是北京著名的特产，它以色泽红艳，肉质细嫩，味道醇厚，肥而不腻的特色，被誉为"天下美味"而驰名中外。

烤鸭家族中最辉煌的要算是全聚德了，是它确立了烤鸭家族的北京形象大使地位。全聚德采取的是挂炉烤法，不给鸭子开膛。只在鸭子身上开个小洞，把内脏拿出来，然后往鸭肚子里面灌开水，再把小洞系上后挂在火上烤。这方法既不让鸭子因被烤而失水又可以让鸭子的皮胀开不被烤软，烤出的鸭子皮很薄很脆，是烤鸭最好吃的部分。挂炉有炉孔无炉门，以枣木、梨木等果木为燃料，用明火。果木烧制时，无烟、底火旺，燃烧时间长。鸭子入炉后，要用挑杆有规律地调换鸭子的位置，以便鸭子受热均匀，周身都能烤到。烤出的鸭子外观饱满，颜色呈枣红色，皮层酥脆，外焦里嫩，并带有一股果木的清香，细品起来，滋味更加美妙。严格地说，只有这种烤法才叫北京烤鸭。

(1) 工艺流程

选料 → 宰杀造型 → 涮膛烫皮 → 浇挂糖色 → 打色 → 烤制 → 包装 → 保藏

(2) 操作要点

① 选料　北京烤鸭要求必须是经过填肥的北京鸭，饲养期在 55～65 日龄，活重在 2.5kg 以上的为佳。

② 宰杀造型　采用切断三管法宰杀放血，烫毛用 55～60℃ 水，烫 3min 左右，烫毛、煺毛操作要轻而快，毛煺得干净又不伤皮肤。剥离颈部食道周围的结缔组织，打开气门，向鸭体皮下脂肪与结缔组织之间充气，使鸭体保持膨大壮实的外形。然后在鸭翅下开一小口，取出全部内脏，掏膛时动作要快，内脏完整不碎，断去鸭翅和鸭脚，用 8～10cm 长的秫秸（去穗高粱秆）由切口塞入膛内充实体腔，使鸭体造型美观。

③ 涮膛烫皮　通过腋下切口用清水（水温 4～8℃）反复冲洗胸腹腔，把鸭腔、鸭颈、鸭嘴洗涮干净，将回头肠及腔内的软组织取出，鸭皮无血污。拿钩钩住鸭胸部上端 4～5cm 外的颈椎骨（右侧下钩，左侧穿出），提起鸭坯用 100℃ 的沸水淋烫表皮，使表皮的蛋白质凝固，减少烤制时脂肪的流出，并达到烤制后表皮酥脆的目的。淋烫时，第一勺水要先烫刀口处，使鸭皮紧缩，防止跑气，然后再烫其他部位。一般情况下，用 3～4 勺沸水即能把鸭坯烫好。

④ 浇挂糖色　浇挂糖色的目的是改善烤制后鸭体表面的色泽，同时增加表皮的酥脆性和适口性。浇挂糖色的方法与烫皮相似，将鸭体用饴糖沸水浇烫，先淋两肩，后淋两侧，从上至下浇烫 3～4 次，然后用糖水浇淋鸭身。糖水由饴糖与水按 1:(6～7) 配制，在锅内熬成棕红色即可。

鸭坯经过上色后，先挂在阴凉通风处进行表面干燥。

⑤ 灌汤打色　用塞子将鸭子肛门堵住，将开水由颈部刀口处向体腔灌入 100℃ 汤水 70～100mL，称为灌汤。目的是使鸭坯进炉烤制时能激烈气化，通过外烤内蒸，使产品具有外脆内嫩的特色。为了弥补挂糖色时的不均匀，鸭坯灌汤后，要淋 2～3 勺糖水，称为打色。

⑥ 挂炉烤制　北京烤鸭选用的木材以枣木为最好，其次为桃、杏、梨木。木材点燃后，炉温升至 200℃ 以上时，便可以烤鸭了。鸭坯进炉后，先挂在炉膛前梁上，使鸭体右侧刀口向火，让炉温首先进入体腔，促进体腔内的汤水气化，使鸭肉快熟。等右侧鸭坯烤至橘黄色时，再使左

侧向火，烤至与右侧同色为止。然后旋转鸭体，烘烤胸部、下肢等部位。反复烘烤，直至鸭体全身呈枣红色并熟透为止。

烤鸭的温度是关键，一般炉温控制在 $250\sim300℃$。炉温过高，会造成表皮焦煳，皮下脂肪大量流失，皮下形成空洞，失去烤鸭的特色；炉温过低，会造成鸭皮收缩，胸部下陷，鸭肉不熟等缺陷，影响烤鸭的食用价值和外观品质。

整个烘烤的时间一般为 $30\sim40min$，体型大的约需 $40\sim50min$。烤制也可以根据鸭子出炉时腔内颜色判断烤制的熟度，汤为粉红色时，说明鸭子 7～8 分熟；浅白色汤时，为 9～10 分熟；汤为乳白色时，说明烤过火了。

鸭子出炉后，马上刷一层香油，增加鸭皮的光亮度。烤鸭皮质松脆，肉嫩鲜酥，体表焦黄，香气四溢，肥而不腻，是传统肉制品中的精品。

三、腌腊肉制品加工技术

腌腊肉制品以其悠久的历史和独特的风味而成为中国传统肉制品的典型代表，其加工技术是将腌制和干制技术有机地结合在一起，从而提高了肉的成品率，加深了肉的色泽，改善了肉的风味，提高了肉制品的贮藏稳定性，达到了较好的防腐保质效果。

腌腊肉制品是以畜禽肉类为主要原料，经食盐、酱料、硝酸盐或亚硝酸盐、糖或调味香料等腌制后，再经清洗造型、晾晒风干或烘烤干燥等工艺加工而成的一类生肉制品。在腌腊肉制品加工过程中，理化及微生物的共同作用直接影响着产品的色泽、风味和组织状态，各种添加剂也发挥不同的功能特性。腌腊肉制品的关键加工环节是腌制和干燥（风干或烘烤），它们直接关系着腌腊肉制品的产品特性和品质。

1. 腊肉

腊肉是以鲜肉为原料，经腌制、烘烤而成的肉制品。因其多在中国农历腊月加工，故名腊肉。由于各地饮食消费习惯不同，产品的品种和风味也各具特色。按产地分有广式腊肉（广东）、川味腊肉（四川）和三湘腊肉（湖南）等。广式腊肉的特点是选料严格、制作精细、色泽鲜艳、咸甜爽口、川味腊肉色泽鲜明、皮黄肉红、脂肪乳白、腊香浓郁、咸鲜绵长；三湘腊肉皮呈酱紫色、瘦肉棕红、肥肉淡黄、肉质透明、味香利口、食而不腻。另外，也有的以牛、羊肉为原料，加工腊牛肉和腊羊肉。各地加工腊肉的方法大同小异，原理基本相同。下面仅以广式腊肉加工技术作简单介绍。

(1) 工艺流程

原料选择 → 剔骨、切肉条 → 腌制 → 烘烤或熏制 → 包装 → 保藏

(2) 腌液配料　以肉重 100kg 计，精盐 1.88kg、白砂糖 3.75kg、曲酒 1.56kg、白酱油 6.25kg、麻油 1.5kg、硝酸钠 125g。

(3) 操作要点

① 原料选择　精选肥瘦层次分明的去骨五花肉或其他部位的新鲜猪肉，一般肥瘦比例为 5：5 或 4：6。修刮净皮上的残毛及污垢。

② 剔骨、切肉条　剔除硬骨或软骨，切成长方体形肉条，肉条长 $38\sim42cm$，宽 $2\sim5cm$，厚 $1.3\sim1.8cm$，重 $200\sim250g$。将肉条浸泡在 30℃ 左右的清水中漂洗 $1\sim2min$，以除去肉条表面的油污，取出沥干水分。在肉条一端用尖刀穿一小孔，系绳吊挂。

③ 腌制　一般采用干腌法和湿腌法腌制。按腌液配方用 10% 清水溶解配料，倒入容器中，然后放入肉条，搅拌均匀，使每根肉条均与腌液充分接触。每隔 30min 搅拌翻动 1 次，于 20℃ 下腌制 $4\sim6h$，腌制温度越低，腌制时间越长。待配料完全被吸收后，取出肉条，沥干水分。

④ 烘烤或熏制　腊肉因肥膘肉较多，烘烤或熏制温度不宜过高，一般将温度控制在 $45\sim55℃$，但温度也不宜太低，以免水分蒸发不足，烘房内温度要求均一。烘烤时间为 $1\sim3$ 天，可根据皮、肉颜色判断，烘烤结束时应皮干，瘦肉呈玫瑰红色，肥肉透明或呈乳白色。熏烤常用木炭、锯木粉、瓜子壳、糠壳和板栗壳等作为烟熏燃料，在不完全燃烧条件下进行熏制，使肉制品

具有独特的腊香。

⑤ 包装与保藏 冷却后的肉条即为腊肉成品。传统腊肉用防潮蜡纸包装,现多采用真空包装,即可在 20℃下保存 3～6 个月。

2. 板鸭

板鸭又称"贡鸭",是健康鸭经宰杀、去毛、去内脏和腌制加工而成的一种禽肉的腌腊制品。因腌制加工的季节不同,将板鸭分为两种:一是春板鸭,二是腊板鸭。前者从立春至清明,即由农历一月至二月底加工的板鸭。后者从小雪至立春,即由农历 10 月底至 12 月底加工的板鸭。如今,加工板鸭的季节性逐渐消失,许多板鸭生产企业根据市场需求,已常年加工板鸭。我国板鸭驰名中外,如南京板鸭、重庆白市驿板鸭、南安板鸭等。其中南京板鸭最负盛名,特点是外观体肥、肉红、皮白、骨绿,食用时鲜、香、酥、嫩,余味回甜。下面以南京板鸭为例,说明其加工工艺。

(1) 工艺流程

选鸭催肥 → 宰前断食 → 宰杀放血 → 浸烫、煺毛 → 摘取内脏 → 清膛水浸 → 擦盐干腌 → 制备盐卤 ┐
晾挂 ← 滴卤叠坯 ← 卤制 ┘

(2) 操作要点

① 选鸭催肥 选体重在 1.75kg 以上的活鸭作原料。宰杀前要用稻谷(或糠)饲养 15～20 天催肥,使其膘肥、肉嫩、皮肤洁白。经稻谷催肥的鸭脂肪熔点高,在温度高的情况下也不容易滴油、发哈,是板鸭的上品。

② 宰前断食 对育肥好的鸭子宰前 12～24h 停止喂食,只给饮水。

③ 宰杀放血 传统上采用口腔或颈部宰杀法。用电击昏(60～70V)后宰杀利于放血。

④ 浸烫、煺毛 鸭屠宰之后,立即用 60～65℃热水烫毛,烫毛时间为 30～60s,烫好立即煺毛。浸烫、煺毛必须在宰杀后 5min 内进行。

⑤ 摘取内脏 在翅和腿的中间关节处把两翅和两腿切除。去内脏时在右翅下开一个 5～8cm 长月牙形开口,取出食管嗉囊及全部内脏并进行检验,合格者方能加工板鸭。

⑥ 清膛水浸 清膛后将鸭体浸入冷水中浸泡 3h 左右,以浸除体内余血,使鸭体肌肉洁白。

⑦ 擦盐干腌 沥干水分,将鸭体人字骨压扁。擦盐要遍及鸭体内外,特别注意大腿、颈部切口处,鸭口腔和胸部肌肉等部分,充分抹透。一般 2kg 的光鸭用食盐 125g 左右。擦盐后叠放在缸中腌制 20h 左右即可。

⑧ 制备盐卤 卤由食盐水和调料配制而成。因使用次数多少和时间长短的不同而有新卤和老卤之分。

新卤的制法:每 50kg 盐加大料 150g,在热锅上炒至没有水蒸气为止。每 50kg 水中加炒盐约 35kg,放入锅中煮沸成盐的饱和溶液,澄清过滤后倒入腌制缸中。卤缸中要加入调料,一般每 100kg 放入生姜 50g、大料 15g、葱 75g,以增加卤香味。冷却后即为新卤。腌过鸭的新卤煮过 2～3 次以上即为老卤。

注意盐卤腌 4～5 次后需重新煮沸,煮沸时可加适量盐,以保持咸度,同时要清除污物,澄清冷却待用。

⑨ 卤制 将鸭体放入卤缸中卤制称为"复卤"。复卤时,用老卤灌满鸭体腔,反复多次,最后灌满老卤后置于腌缸中,并保持鸭子被完全淹没,腌制 16～24h,腌制时间据腌制温度和鸭子大小而定。

⑩ 滴卤叠坯 将取出的鸭体挂起,滴净水分。然后放入缸中,背向下,腹向上,右掌与左掌相互叠起,放在鸭的胸部,使劲向下压,使鸭成为扁形,盘叠约 2～4 天。这一工序称为"叠坯"。叠坯的目的在于使鸭体外形美观,同时,使鸭子内部通气。

⑪ 晾挂 叠坯后,将鸭体由缸中提出,用清水洗净、擦干,然后进行整形,用手将颈部、胸腹部和双腿理开,挂在阴凉通风处晾干。在胸部加盖印章即为成品。

加工制成南京板鸭后,可进行真空包装,低温(10℃以下)下可保存 3～6 个月。

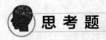

思 考 题

1. 了解肉制品的主要原辅料及其作用。

2. 简述冷鲜肉的概念与特点。

3. 简述冷鲜肉的加工工艺及操作要点。

4. 对比中、西式香肠的加工工艺，找出其异同点。

5. 简述中式火腿的加工工艺及操作要点。

6. 简述西式火腿的特点及加工工艺。

7. 简述酱卤制品的种类及特点。

8. 培根的定义是什么？它是按照什么依据分类的？

9. 肉类罐头有哪些类型？

　实训项目一　成形火腿加工

【实训目的】

了解成形火腿的颜料配比，掌握成形火腿的加工工艺流程。

【配方】

肉 5kg、三聚磷酸钠 20g、食盐 140g、维生素 C 2.0g、白糖 100g、$NaNO_3$ 0.2g、味精 10g、水 1250g。

（注意：先将 200mL 水加热至 70℃，最后加入三聚磷酸钠搅拌溶解。）

【工艺流程】

原料肉选择处理 → 嫩化、滚揉 → 腌制 → 拌馅、装模 → 煮制 → 冷却脱模 → 成品

【操作要点】

（1）原料肉选择处理　选猪后腿肉和里脊肉，去皮、去骨、去筋腱、肥瘦分开，分别切成 150～200g 的长条状（肥条稍小），肥瘦比为 1:9。

（2）嫩化、滚揉　在腌制过程中，为促进腌制剂渗入肌肉组织中，需人工方法辅助。嫩化即为在垂直于肌肉纤维的方向上切 1cm 深，目的是破坏肌纤维，增加肌肉的表面积，从而提高制品的发色效果和保水性。滚揉是通过翻动碰撞，使肌纤维变得疏松，加速腌制剂的渗入。

（3）腌制　加入保水剂、发色剂、发色助剂等物质，采用湿腌法，在低于 10℃ 条件下，腌制 48h，增加产品黏着力。

（4）拌馅、装模　在腌制均匀的肉中加入适量淀粉，大豆蛋白及调味料，充分混合均匀后，装入模具中。

（5）煮制　高温加热会使肌纤维过度收缩，故为保证制品的嫩度，一般控制参数如下：加热至 92℃，80～85℃ 保温 2～2.5h。

（6）冷却脱模　把成品冷却至 0～4℃ 下即可从模具中取出。

　实训项目二　牛肉脯加工

【实训目的】

了解牛肉脯加工配比，掌握牛肉脯加工的加工工艺流程。

【配方】

肉 5kg、糖 750g、食盐 100g、酱油 100mL、味精 20g、胡椒粉 14g、姜粉 12g、白酒 50mL、$NaNO_3$ 1.5g、三聚磷酸钠 10g。

（顺序：先加固体 → 50mL 水＋三聚磷酸钠溶解液 → 白酒）

【工艺流程】

原料肉的选择处理 → 切片 → 腌制 → 铺筛 → 烘烤 → 焙烤 → 压平 → 切割 → 包装

【操作要点】

（1）原料肉的选择处理　本产品需用瘦肉，故选择瘦肉率高的牛肉作为原料，牛肉要严格去脂、去筋骨后，切成 0.5kg 左右的块。

（2）切片　用切片机切肉为 0.5cm 厚的肉片后称重。

（3）腌制　加入调味料、发色剂、发色助剂和品质改良剂等，采用干腌法腌制 40～50min。（后加鸡蛋 2 个）。

（4）铺筛　本步骤是形成制品特殊质地的主要途径，把腌制好的肉片铺于筛网上，要铺置均匀，肉片之间彼此靠溶出的蛋白质相互粘连。

（5）烘烤　在 80～85℃ 烘箱中烘烤 2～2.5h，可除去水分，使制品熟化。

（6）焙烤　升高烘箱温度至 130～150℃，焙烤 10min 左右后，可使制品进一步熟化，外观油润，产生焙烤风味。

（7）压平、切割、包装　为保证产品外形，需用重物把焙烤好的肉坯压平，经过切割，满足一定尺寸后，即可进行包装，干制品极易吸湿回潮，进行包装时对包装材料、包装方法的选择非常重要。

 实训项目三　**腊牛肉加工**

【实训目的】

了解腊牛肉的原料配比，掌握腊牛肉的加工工艺流程。

【配方】

配方 1　肉 5kg、水 2.5kg、食盐 100g、$NaNO_3$ 1g。

配方 2　肉 5kg、小茴香 14g、桂皮 6g、花椒 6g、草果 15g、大茴香 15g、生姜 6g、食盐 150g。

【工艺流程】

原料肉选择处理 → 腌制 → 熟制 → 包装

【操作要点】

（1）原料肉选择处理　把牛肉去除脂肪、筋骨，切至 500g 左右块状（保持质量）。

（2）腌制　加入发色剂、发色助剂等，采用湿腌法，在 10℃ 以下腌制 48h 以上。

（3）熟制　腌制好的肉直接水煮熟制，为使制品形成良好风味，熟制时应加入适量香辛料，煮制 3h 左右即可。

（4）包装　由于实验室的包装设备及材料质地有限，熟制的腊牛肉需包装后于 0～4℃ 下贮藏。

 实训项目四　**烧鸡加工**

【实训目的】

了解烧鸡的原料配比，掌握烧鸡的加工工艺流程。

【配方】

150kg 鸡，桂皮、白芷各 100g，八角 80g，酱油 3.2L，花椒、陈皮、草果、草豆蔻、肉豆蔻、小茴香各 40g，盐 3.5kg。

【工艺流程】

选鸡 → 宰杀 → 开膛 → 造型 → 油炸 → 煮制

【操作要点】

（1）选鸡　由于本工艺的热处理时间较长，故原料鸡选用肉质较老的产蛋鸡。

（2）宰杀 直接切断鸡的食管、气管及血管，要求刀口越小越好，鸡宰杀后立即去毛并清洗干净（水温 70～80℃）。

（3）开膛 在鸡的下腹部竖开一刀，要求刀口尽量小，取出腹腔中的所有内脏后清洗、称重（抹盐：3.5kg/300kg 鸡）。

（4）造型 不拘形式，但原则要使鸡的结构紧凑，体积越小越好［后用蜂蜜挂色，蜂蜜：水＝4：1（体积比）］。

（5）油炸 把鸡置于油锅中，炸至亮黄色（油温 150～180℃）。

（6）煮制 与传统中草药相结合，加入调味料既可形成特殊风味，又对人体有滋补作用，煮制 4～5h。

 实训项目五 灌肠加工

【实训目的】

了解灌肠的原料配比，掌握灌肠的加工工艺流程。

【配方】

（1）西式 肉 5kg、玉米淀粉 500g、大豆蛋白 250g、白胡椒粉 17g、味精 15g、姜粉 17g、水 1kg、硝酸钠少量。

（2）麻辣 肉 5kg、淀粉 500g、大豆蛋白 250g、辣椒粉 22g、花椒粉 15g、五香粉 10g、味精 15g、水 1kg、硝酸钠少量。

【工艺流程】

原料肉选择与处理 → 绞肉腌制 → 灌肠 → 熟制 → 成品

【操作要点】

（1）原料肉选择与处理 要求低，选择猪臀腿肉，去皮，去骨及筋腱等结缔组织。控制肥瘦比为 3：7 或 4：6。

（2）绞肉腌制 在肉中加入腌制剂混匀后，即用绞肉机把肉绞为肉粒状，在低于 10℃ 条件下腌制 48h。

（4）灌肠 直接用灌肠机把肉馅灌入塑料肠衣中，要求尽量灌装紧密，不得有气体混入，灌装完毕用打卡机打结。

（5）熟制 先加热至 90℃，保温 80～85℃，煮制 40～50min。

（6）成品 熟制后的成品在 0～4℃ 下冷藏，产品特点为口感细腻，嫩度好，出品率高。

实训项目六 麻辣猪肉干加工

【实训目的】

了解麻辣猪肉干的原料配比，掌握麻辣猪肉干的加工工艺流程。

【配方】

配方 1 猪瘦肉 50kg、食盐 750g、白酒 250g、五香粉 50g、酱油 15kg、大葱 500g、鲜姜 250g。

配方 2 猪 50kg、白糖 0.75～1kg、酱油 0.5kg、味精 50g、花椒面 150g、辣椒面 1～1.25kg、芝麻面 150g、芝麻油 500g、植物油适量。

【工艺流程】

原料肉选择与处理 → 煮制 → 油炸

【操作要点】

（1）原料肉选择与处理 选用新鲜猪前、后腿的瘦肉，去除皮、骨、脂肪和筋膜等，冲洗干净后切成 0.5kg 左右的肉块。

（2）煮制　将大葱挽成结，姜拍碎，把肉块与葱、姜一块放入清水锅中煮制 1h 左右，出锅摊凉，顺肉块的肌纤维切成长约 5cm、宽约 1cm 的肉条，然后加入食盐、白酒、五香粉、酱油等，拌和均匀，腌制 30～60min 使之入味。

（3）油炸　将植物油倒入锅内，用量以能淹浸肉条为原则，将油加热到 140℃左右，把已入味的肉条，倒入锅内油炸，不停地翻动，等水响声过后，发出油炸干响声时，即用漏勺把肉条捞出锅，待热气散发后，将白糖、味精和酱油搅拌均匀后倒入肉条中拌和均匀，晾凉。取炸肉条后的热植物油 2kg，加入辣椒面拌成辣椒油，再依次把热辣椒油、花椒面、芝麻油、芝麻面等放入凉后的肉条中，拌和均匀即成成品。

案例

模块五　乳制品加工技术

学习目标

　　通过本模块的学习，使学生了解乳制品加工的现状，掌握巴氏杀菌乳、UHT 灭菌乳、酸乳、冰淇淋及乳粉的加工技术，并取得相应的职业资格证书。

思政与职业素养目标

　　1. 深刻认识三聚氰胺的危害，明确食品企业的诚信事关国民健康、国家安全，牢固食品安全意识和行业责任意识。
　　2. 深刻领会三聚氰胺事件对国产乳业的巨大影响，树立专业使命感、责任感和紧迫感。
　　3. 加强法制学习，熟悉食品相关法律法规，强化法制观念。

知识储备

　　在人类众多的动植物食品中，乳占有特殊的地位。它不仅是人类（也包括所有哺乳动物）出生后在生命的最初阶段赖以生存、发育的唯一食品，也是其他人群平衡膳食中的重要组成部分，具有营养、能量、免疫调节等多种功能。乳及乳制品被誉为"最接近于完善的食品"，具有极高的营养价值。乳品行业是改善国民营养、增强民族体质的朝阳产业，其发展可带动饲料、机械、包装、运输以及商业等相关产业的发展。

　　乳是哺乳动物产犊（羔）后由乳腺分泌出的一种具有胶体特性、均匀的生物学胶体。含有幼小机体生长、发育所需的全部营养物质。其色泽呈白色或微黄色，不透明，味微甜并具备特有的香气。乳具有极高的消化吸收率。

　　牛乳的化学成分超过 100 种，主要由水、脂肪、蛋白质、乳糖、盐类、维生素、酶类等组成。正常牛一年的泌乳期可持续 300 天左右，涸乳期 60～65 天，整个泌乳期可产乳 5000L 左右，个别良种达 10000L。泌乳期长短及产奶量的多少，会因乳牛品种、个体健康状况、乳牛年龄及饲养管理情况而不同，同时也影响牛乳的化学成分。所以要选择优良牛种，进行科学饲养、管理。

一、乳的组成

　　乳是哺乳动物出生后短时间内唯一的食物。其中含有水分、蛋白质、脂肪、糖类、无机盐、维生素、酶、免疫体、气体及动物所需的各种微量成分。乳是多种物质组成的混合物。乳中各物质相互组成分散体系，其连续相是水，分散相有乳糖、盐类、蛋白质、脂肪等。由于分散相种类繁多，分散度差异很大，所以乳是一个十分复杂的分散体系。

　　正常牛乳各种成分的含量大致是稳定的。但受乳牛的品种、个体、泌乳期、饲料、季节、气温、挤奶情况及健康状况等因素的影响而有差异。其中变化最大的是脂肪，其次是蛋白质，乳糖及灰分的含量比较稳定。因此在收购鲜乳时往往用脂肪作标准。同时一些乳制品的质量标准也往往突出脂肪含量。但牛乳的营养价值和质量的好坏，更主要取决于总乳固体。

二、牛乳的化学成分

1. 乳蛋白质

　　乳蛋白质是乳中最有价值的成分。其含量比较稳定，约在 3.4% 左右。乳蛋白质是乳中的主要含氮物质，包括酪蛋白及乳清蛋白，还有少量的脂肪球膜蛋白。乳蛋白质的组成因动物的种类而有所不同。

（1）**酪蛋白**　在20℃调节脱脂乳的pH值至4.6时沉淀的一类蛋白质，称为酪蛋白。占乳蛋白总量的80%~82%。酪蛋白属于结合蛋白质，由α_s-酪蛋白、κ-酪蛋白、β-酪蛋白和γ-酪蛋白组成，是典型的含磷蛋白。

① 存在形式　乳中的酪蛋白与钙结合生成酪蛋白酸钙，再与胶体状磷酸钙结合形成酪蛋白酸钙-磷酸钙复合物，以微粒的形式存在于牛乳中。其胶体微粒直径在10~300nm变化，一般在40~160nm占大多数。此外酪蛋白微胶粒中还有镁等物质。

酪蛋白酸钙-磷酸钙复合物微胶粒大致呈球形。胶粒内部是由β-酪蛋白的丝构成网，其中附着α_s-酪蛋白，外表由κ-酪蛋白覆盖，并结合有胶体的磷酸钙。κ-酪蛋白覆盖层对胶体起保护作用，使牛乳中的酪蛋白酸钙-磷酸钙复合物微胶粒能保持相对稳定的胶体悬浮状态。

② 化学性质　乳中酪蛋白酸盐-磷酸盐粒子与乳浆之间保持一种不稳定的平衡。酪蛋白在溶液中主要由其本身的电荷来保持稳定状态，与钙镁二价离子牢固地结合，因而对周围的离子环境的变化非常敏感。

a.酪蛋白的酸凝固　牛乳在微生物作用下产酸，会使酪蛋白凝固。主要是乳糖在微生物的作用下生成乳酸，pH下降到酪蛋白的等电点，出现絮状沉淀。如果发酵是杂菌共同作用的结果，产物杂异，产品不能食用。如果利用纯的乳酸菌发酵牛乳，可用于生产酸乳及其他发酵乳制品。

在乳中加盐酸、硫酸、醋酸、乳酸等酸，调节pH值，使加入的酸与酪蛋白酸钙-磷酸钙起作用，用来制造干酪素。而加入的酸与白蛋白和球蛋白不起作用，留在乳清液中。如果加酸不足，钙没有完全分离，在酪蛋白中还包含一部分钙盐，干酪素的灰分高。硫酸也能沉淀乳中的酪蛋白，但硫酸钙不易溶解，也使干酪素的灰分增加，即生产有灰干酪素。工业上一般用盐酸，生产无灰干酪素。

b.酪蛋白的凝乳酶凝固　牛乳在皱胃酶或其他凝乳酶的作用下，稳定体系被破坏而凝固成凝块。由于凝乳酶使酪蛋白胶粒表面κ-酪蛋白层溶解，胶粒内部的α_s-酪蛋白和β-酪蛋白失去胶体保护作用，变为副酪蛋白，在钙的存在下形成不溶性凝块。工业上生产的干酪素就是此种酪蛋白，它含有较高的灰分。凝乳酶在奶酪的加工中，具有重要的意义。

c.酪蛋白的醇凝固　新鲜牛乳的pH值为6.6。当牛乳酸度升高，加入醇类（乙醇）时，酪蛋白更易凝固。原因是胶粒表面的水化层被脱水，胶粒表面的κ-酪蛋白变得不稳定，胶粒内的α_s-酪蛋白和β-酪蛋白受周围环境钙离子的影响就会凝集。因而可以用不同浓度的乙醇溶液与等量的鲜乳混合验收原料乳，以判断其新鲜度。

（2）**乳清蛋白**　用酸使脱脂乳中的酪蛋白沉淀后，将沉淀分离除去，剩下的液体就是乳清。乳清蛋白就是指溶解于乳清中的蛋白质，占乳蛋白质的18%~20%。若将乳清蛋白加热，则乳清中含有的热凝固性乳清蛋白凝固，而热稳定性乳清蛋白仍残留在乳清中。

① 热不稳定的乳清蛋白　调节乳清pH值至4.6时，煮沸20min，发生沉淀的一类蛋白质为热不稳定的乳清蛋白。约占乳清蛋白的81%。包括乳白蛋白和乳球蛋白两类。

② 对热稳定的乳清蛋白　乳清液在pH值为4.6~4.7时，煮沸20min，不沉淀的蛋白质属于对热稳定的乳清蛋白，主要为蛋白胨，约占乳清蛋白的19%。

乳清蛋白与酪蛋白不同，其粒子分散度高，水合力强，在乳中呈典型的高分子溶液状态，甚至在等电点时仍能保持其分散状态。乳清是生产干酪或干酪素的副产物，随着超滤、反渗透、电渗析等技术的发展，对乳清进行处理，用其调整牛乳中的蛋白质种类，可使其构成接近母乳。

（3）**脂肪球膜蛋白**　脂肪球膜蛋白是吸附于脂肪球表面的蛋白质与酶的混合物，可以用洗涤的方法将其分离出来。在细菌性酶的作用下，脂肪球膜蛋白可被分解，这是奶油在贮藏时风味变劣的原因之一。

2.乳脂肪

乳脂肪主要以中性脂肪形态存在于乳中，是牛乳的主要成分之一，含量一般为3%~5%，对牛乳风味起着重要的作用。

乳脂肪以脂肪球的形式分散于乳中。乳脂肪球的大小依乳牛的品种、个体、健康状况、泌乳期、饲料及挤乳情况等因素而异，通常直径为$0.1~10\mu m$，其中以$0.3\mu m$左右者居多。1mL牛乳中有20亿~40亿个脂肪球。脂肪球的大小对乳制品加工的意义在于：脂肪球的直径越大，上浮的速度就越快，故大脂肪球含量多的牛乳，容易分离出稀奶油，当脂肪球的直径接近 1 nm 时，脂肪球基本不上浮。

乳脂肪球在显微镜下观察为圆球形或椭圆球形，表面被一层 5～10nm 厚的膜所覆盖，称为脂肪球膜。脂肪球膜主要由蛋白质、磷脂、甘油三酯、胆固醇、维生素 A、金属及一些酶类构成，同时还有盐类和少量结合水。由于脂肪球含有磷脂与蛋白质形成的脂蛋白配合物，使脂肪球能稳定地存在于乳中。磷脂是极性分子，其疏水基朝向脂肪球的中心，与甘油三酯结合形成膜的内层，磷脂的亲水基向外朝向乳浆，连着具有强大亲水基的蛋白质，构成了膜的外层，脂肪球膜的结构见图 5-1。

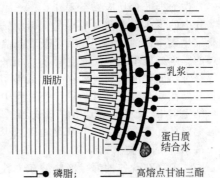

图 5-1　脂肪球膜的结构

脂肪球膜具有保持乳浊液稳定的作用，即使脂肪球上浮分层，仍能保持着脂肪球的分散状态。在机械搅拌或化学物质作用下，脂肪球膜遭到破坏后，脂肪球才会互相聚结在一起。因此，可以利用这一原理生产奶油和测定乳的含脂率。

乳脂肪的脂肪酸组成受饲料、营养、环境、季节等因素的影响。一般夏季放牧期间乳脂肪中不饱和脂肪酸含量升高，而冬季舍饲期不饱和脂肪酸含量降低，所以夏季加工的奶油其熔点比较低。乳脂肪的不饱和脂肪酸主要是油酸，占不饱和脂肪酸总量的 70％左右。

3. 乳糖

乳中糖类的 99.8％以上是乳糖，还有极少量的葡萄糖、果糖、半乳糖等。乳糖是哺乳动物乳汁中特有的糖类。牛乳中含有约 4.7％的乳糖。乳糖的甜味比蔗糖弱，其甜度约为蔗糖的 1/6 左右。

乳糖是婴儿很适宜的糖类。乳糖水解后所产生的半乳糖是形成脑神经中重要成分（糖脂质）的主要来源。一部分乳糖在大肠中，在肠内乳酸菌的作用下，使乳糖形成乳酸而抑制其他有害细菌的繁殖。所以具有调节肠道菌群平衡的作用。乳糖对钙的代谢也有密切的关系。

一般动物在出生后消化道内分解乳糖的酶最多，其后趋于减少。一部分人随着年龄的增长，消化道内呈现缺乏乳糖酶的现象，饮用牛乳后出现呕吐、腹胀、腹泻等症状，称为"乳糖不耐症"或"乳糖不适应症"。乳糖不耐症的原因是由于肠道内没有分解乳糖的乳糖酶，乳糖直接进入大肠后，使大肠的渗透压增高，大肠黏膜把水分吸收至大肠中去，由于大肠中细菌的繁殖而产生乳酸和 CO_2，使 pH 值降至 6.5 以下，从而刺激大肠引起腹痛等症状。

在乳品加工中利用乳糖酶，将乳中乳糖分解为葡萄糖和半乳糖；或利用乳酸菌将乳糖转化为乳酸，可预防乳糖不耐症。

4. 乳中的无机物

牛乳中的无机物含量为 0.35％～1.21％，平均为 0.7％左右。含量随饲料、个体健康状态等条件而异。牛乳中的无机物大部分与有机酸或无机酸结合成盐类。其中钠、钾、氯大部分电离成离子，呈溶解状态存在。钙、镁小部分呈离子状态，大部分与酪蛋白、磷酸、柠檬酸结合成胶体状态。磷是酪蛋白、磷脂及有机磷酸酯的成分。

牛乳中的无机盐含量虽然很少，但对乳品加工特别是对乳的热稳定性起着重要的作用。牛乳中的盐类平衡，特别是钙离子、镁离子等阳离子与磷酸根离子、柠檬酸根离子等阴离子之间的平衡，对牛乳的稳定性具有非常重要的意义。当受季节、饲料、生理或病理等因素的影响，牛乳发生不正常凝固时，往往是由于钙离子、镁离子过剩，盐类的平衡被打破的缘故。

牛乳中的钙的含量较人乳多 3～4 倍。因此牛乳在婴儿胃内所形成的蛋白凝块相对于人乳而言比较坚硬，不易消化。牛乳中铁的含量为 10～90μg/mL，较人乳少，故人工哺育幼儿时应补充铁。

5. 乳中的维生素

牛乳中含有几乎所有已知的维生素，特别是维生素 B_2 的含量很丰富。但维生素 D 的含量不高。若作为婴儿食品应进行强化。

乳中的维生素主要从乳牛的饲料中转移而来。因此，为了生产含维生素丰富的牛乳，必须多喂含维生素丰富的饲料。同时乳及乳制品中的维生素往往受到乳牛的饲养管理、杀菌及其他加工处理的影响。维生素 D、维生素 B_2、烟酸对热是稳定的，在热处理中不会受到损失。其他的维生素等都有不同程度的损失。在生产发酵乳时由于微生物能合成维生素，可使一些维生素含量增高。例如在酸凝乳、牛乳酒等生产过程中，能使维生素 A、维生素 B_1、维生素 B_2 增加。

维生素 B_1 及维生素 C 等在日光照射下会受到破坏，所以用褐色避光容器包装乳与乳制品，并避免在日光直射的条件下贮存，以减少维生素的损失。

6. 乳中的酶类

牛乳中存在着各种酶。这些酶在牛乳的加工处理上，或者乳制品的保存上，以及对评定乳的品质方面都有重大影响。乳中的酶类有两个来源：一是来自乳腺；二是来源于微生物的代谢产物。乳中的酶类主要为水解酶类和氧化还原酶类。

(1) 水解酶类

① 脂酶　脂酶能将脂肪分解为甘油及脂肪酸。牛乳中的脂酶有两种，一种是吸附于脂肪球膜间的膜脂酶，在末乳、乳房炎乳等异常乳中常出现。另一种是存在于脱脂乳中的大部分与酪蛋白相结合的乳浆脂酶。通过均质、搅拌、加温等处理，乳浆脂酶被激活并为脂肪球所吸附，会促使脂肪分解。对常乳来说，影响较大的通常是乳浆脂酶。它除了来自乳腺外，微生物污染也是重要来源。

乳脂肪在脂酶的作用下分解产生游离脂肪酸，从而带来脂肪分解的酸败气味。脂酶的最适 pH 值为 $9.0 \sim 9.2$，钝化温度至少 80℃。为抑制脂酶的活性，在奶油生产中，一般用不低于 $80 \sim 90℃$ 的高温或超高温处理。另外加工过程也能使脂酶增加作用机会，故均质后应及时进行杀菌处理。要避免使用末乳、乳房炎乳等异常乳，并尽量减少微生物污染。

② 磷酸酶　磷酸酶能水解复杂的磷酸酯，是牛乳中原有的酶。牛乳的磷酸酶主要是碱性磷酸酶，也有少量的酸性磷酸酶。

碱性磷酸酶经 62.8℃ 30min 或 72℃ 15s 加热后钝化。可利用这种性质来检验低温巴氏杀菌处理的消毒牛乳杀菌是否彻底。即使消毒乳中混入 0.5％ 的生乳亦能被检出，这就是磷酸酶试验。

③ 蛋白酶　牛乳中含有非细菌性的蛋白酶，其作用类似于胰蛋白酶，存在于脱脂乳部分。在等电点时与酪蛋白酶在贮藏中复活，对 β-酪蛋白有特异作用。

细菌性的蛋白酶使蛋白质水解后形成蛋白胨、多肽及氨基酸，是干酪成熟的主要原因。蛋白酶多属细菌性的，其中有乳酸菌形成的蛋白酶，在乳特别是在干酪中具有特别重要的意义。

蛋白酶具有很强的耐热性，加热至 80℃，10min 时被钝化。最适 pH 值为 8.0，能使蛋白质凝固。

(2) 氧化还原酶类

① 过氧化氢酶　牛乳中加入 H_2O_2 则游离出分子态氧，这是过氧化氢酶作用的结果。

牛乳中的过氧化氢酶主要来自白细胞的细胞成分，特别在初乳和乳房炎乳中含量较多。所以利用对过氧化氢酶的测定可判断牛乳是否为乳房炎乳和其他异常乳。此即过氧化氢酶试验。过氧化氢酶经 75℃ 20min 可全部钝化。

② 过氧化物酶　过氧化物酶能促使过氧化氢分解产生活泼的新生态氧，而使多元酚、芳香胺及某些无机化合物氧化。

乳中的过氧化物酶主要来自白细胞的细胞成分。其数量与细菌无关。过氧化物酶最适 pH 值为 6.8，最适温度为 25℃。牛乳经 85℃ 10s 加热杀菌处理后，过氧化物酶即钝化。因此可通过测定过氧化物酶的活性来判断乳是否经过热处理及热处理的程度。生产消毒乳时，过氧化物酶试验可以作为一个检验项目。

但过氧化物酶已钝化的杀菌合格乳装瓶后如不立即冷藏，在 20℃ 以上温度存放时，会再恢复活力。此外，酸败乳中过氧化物酶活力会钝化，故对这种乳不能因过氧化物酶检验呈阴性，就认为该乳是新鲜乳。

③ **还原酶**　还原酶不是乳中固有的酶，是由挤乳后进入乳中的微生物代谢产生的。还原酶能使甲基蓝还原为无色。乳中还原酶的量与微生物污染程度成正比。因此，可通过还原酶试验来判断乳的新鲜度。

7. 乳中的其他成分

除上述各类物质外，乳中还含有少量的有机酸、气体、色素、免疫体、细胞成分、风味物质及激素等。

(1) 有机酸　乳中主要的有机酸是柠檬酸，此外还有微量的乳酸、丙酮酸及马尿酸等。在酸败乳及发酵乳中，乳酸的含量由于乳酸菌的作用而增高。在乳酸菌的作用下，发酵乳或干酪中的马尿酸可转化成苯甲酸。

牛乳中柠檬酸的平均含量约为 0.18%，以盐类状态存在。除了酪蛋白胶粒成分中的柠檬酸盐外，还存在着离子状态的、分子态的柠檬酸盐，主要是柠檬酸钙。柠檬酸对牛乳的热稳定性、冷冻牛乳的稳定性均起重要的作用。同时柠檬酸还是乳制品的芳香成分——丁二酮的前体。

(2) 细胞成分　乳中所含细胞成分是白细胞和一些乳房分泌组织的上皮细胞，也有一些红细胞。牛乳中的细胞数是乳房健康状况的一般标志。也可作为衡量牛乳卫生品质的指标之一。一般正常乳中细胞数不超过 50 万个/mL，平均为 26 万个/mL。根据细胞数量和菌群，可进行乳房炎的判断。

(3) 气体　牛乳初出时，100mL 乳中大约有 7mL 气体，其中主要是 CO_2，其次是氮气和氧气。在贮存和处理过程中，CO_2 因逸散而减少，而氧、氮因与大气接触而增多。氧的存在将导致维生素的氧化与脂肪的变质，所以牛乳应尽量在密闭容器及管路内输送、贮存及处理，特别要避免在敞口的容器内加热。

三、牛乳的物理性质

1. 乳的色泽

新鲜牛乳一般呈乳白色或稍呈淡黄色。乳白色是乳的基本色调，这是酪蛋白胶粒及脂肪球对光不规则反射的结果。脂溶性胡萝卜素和叶黄素使乳略带黄色。水溶性的核黄素使乳清呈荧光性绿色。

2. 乳的滋味与气味

乳的滋味与气味的主要构成成分是乳中的挥发性脂肪酸及其他挥发性物质。牛乳特有的香味随温度的高低而有差异，即乳经加热后香味强烈，冷却后即减弱。牛乳除了原有的香味之外，很容易吸收外界的各种气味。

3. 乳的相对密度

乳的相对密度常用的有两种。一种是 d_{15}^{15} 和 d_4^{20}。正常乳的 d_{15}^{15} 平均为 1.032。另一种是 d_4^{20}。正常乳 d_4^{20} 平均为 1.030。同温度下，d_{15}^{15} 和 d_4^{20} 的绝对值相差基微。乳品生产中常以 0.002 的差数进行换算。

牛乳的相对密度通常用乳稠计来测定，相对密度是检验牛乳质量的重要指标。

4. 乳的热学性质

(1) 冰点　牛乳冰点的平均值为 $-0.55 \sim -0.53℃$。

酸败乳冰点会下降。另外贮藏与杀菌条件对冰点也有影响，所以测定冰点必须要求是对酸度在 20°T 以内的新鲜乳。

(2) 沸点　牛乳的沸点在 101325Pa(1atm) 下约为 100.55℃。乳在浓缩过程中沸点继续上升，浓缩到原容积的一半时，沸点约上升到 101.05℃。

5. 乳的酸度

乳蛋白质是两性电解质，正常的新鲜乳也具有两性反应，但乳蛋白质分子中含有较多的酸性氨基酸和自由的羧基，而且受磷酸盐等酸性物质的影响，乳是偏酸性的。

(1) 乳的滴定酸度及其 pH 值　乳的酸度有多种表示形式，乳品工业中称的酸度，是以标准碱溶液用滴定的方法测定的滴定酸度。滴定酸度有多种测定方法和表示形式。我国滴定酸度用吉尔涅尔度（°T）或乳酸度（乳酸%）来表示。

吉尔涅尔度（°T）是以酚酞为指示剂，中和100mL乳消耗0.1mol/L氢氧化钠溶液的体积（mL）表示。如消耗18mL即为18°T。正常新鲜牛乳的滴定酸度约为14～20°T，一般为16～18°T。

正常新鲜牛乳的滴定酸度用乳酸度表示时约为0.13%～0.18%，一般为0.15%～0.16%。

从酸的含义出发，酸度可以用氢离子浓度指数（pH值）来表示。pH值可称为离子酸度或活性酸度。正常新鲜牛乳的pH值为6.4～6.8，而以pH值6.5～6.7居多。一般酸败乳或初乳pH值在6.4以下，乳房炎乳或低酸度乳pH值在6.8以上。

由于牛乳是一个缓冲体系，因此其pH值与滴定酸度并没有对应的关系。

(2) 乳中酸度的来源　牛乳酸度分自然酸度和发酵酸度。

刚挤出的新鲜乳的酸度可称为自然酸度或固有酸度。自然酸度来源于乳中固有的各种酸性物质，如蛋白质、柠檬酸盐、磷酸盐、二氧化碳等。鲜乳的自然酸度为16～18°T。

发酵酸度源于微生物繁殖分解乳糖产生的酸度。自然酸度和发酵酸度之和称为总酸度。一般条件下，乳品工业所测定的酸度就是总酸度。

乳的酸度越高，对热的稳定性就越低。

四、乳中的微生物

牛乳是乳制品加工的主要原料，富含多种营养素，是营养价值很高的食品，同时也是微生物生长的良好培养基。常见乳中的微生物有细菌、酵母菌、霉菌和病毒等。其中，细菌是最常见并在数量和种类上占优势的一类微生物。

1. 微生物的来源

从健康的乳牛乳房刚挤下的牛乳微生物含量极少。但微生物可以从原料乳、加工过程、成品贮藏、消费等各个环节对乳及乳制品造成污染。在适当的条件下，微生物迅速增殖，使牛乳酸败、变质，失去营养价值。从而降低乳及乳制品的品质。因此，需要了解微生物的来源，控制微生物的污染，提高乳及乳制品的质量。

(1) 内源性污染　内源性污染是指污染微生物来自于牛体内部，即牛体乳腺患病或污染有菌体，泌乳牛体患有某种全身性传染病或局部感染而使病原体通过泌乳排出到乳中造成的污染。如布氏杆菌、结核杆菌、口蹄疫病毒等病原体。

乳牛的乳房内不是无菌状态。即使是健康的乳牛，其乳房内的乳汁中含有细菌500～1000个/mL。许多细菌可通过乳头管栖生于乳池下部，这些细菌从乳头端部侵入乳房，由于细菌本身的繁殖和乳房的物理蠕动而进入乳房内部。正常情况下，随着挤乳的进行，乳中细菌含量逐渐减少。所以在挤乳时最初挤出的乳应单独存放，另行处理。

(2) 外源性污染　外源性污染主要指奶牛体表、空气、挤乳器具及挤奶员工等环节造成的污染。

① 牛体的污染　牛舍空气、垫草、尘土以及本身的排泄物中的细菌大量附着在乳房的周围，当挤乳时侵入牛乳中。所以在挤乳时，应用温水严格清洗乳房和腹部，并用清洁的毛巾擦干。

② 空气的污染　牛舍内的空气含有很多的细菌，挤乳及收乳过程中，鲜乳若暴露于空气中，受空气中微生物污染的机会就会增加。现代化的挤乳站采用机械化挤乳，管道封闭运输，可减少来自于空气的污染。

③ 挤乳器具的污染　挤乳时所用的桶、挤乳机，过滤布、洗乳房用布等，如果不事先进行清洗杀菌，通过这些器具也会使鲜乳受到污染。所以器具的杀菌，对防止微生物的污染有重要意义。

乳品的加工应尽可能采用自动化封闭系统，使鲜乳进入加工系统后，不与外界接触，从而减少微生物的污染机会。

④ 工作人员的污染　操作工人的手、工作服不清洁，都会将微生物带入乳液中；如果工作人员是病原菌的携带者，会将病原菌传播到乳液中，造成更大的危害。所以，要定期对工作人员进行卫生检查。

2.微生物的种类及性质

牛乳在健康的乳房中就已有某些细菌存在，加上在挤乳和处理过程中外界微生物不断侵入，所以乳中微生物的种类很多。

（1）乳中的病原菌

① 葡萄球菌　金黄色葡萄球菌在挤乳操作时易落入牛乳中引起污染。通过适当的方法清洁乳牛体表和挤乳设备，及时冷却刚挤的牛乳，控制其生长和产生毒素。

② 大肠杆菌　大肠杆菌常被作为粪便污染的指标菌。大多数大肠杆菌在正常情况下不致病，只有在特定条件下或一些少数的致病性大肠杆菌导致大肠杆菌病。该菌在原料乳和鲜乳制品中是值得重视的一种病原菌。

③ 沙门菌属　牛乳及乳制品中沙门菌通常来自患有沙门菌病的乳牛粪便排泄物、乳头或被污染的乳房清水以及人为操作过程。

④ 李斯特菌　牛乳中污染的李斯特菌主要来自于被带菌乳牛粪便污染的挤乳设备或劣质青贮饲料以及不清洁用水等。

⑤ 布氏杆菌　在鲜乳中存在，并导致布鲁菌病的主要有流产布鲁菌和马耳他布鲁菌。

⑥ 芽孢杆菌属　炭疽芽孢杆菌为食草动物炭疽病的病原体，通常通过发病的动物和动物产品传染。

（2）乳中常见的乳酸菌　乳酸菌不是细菌分类学上的名称，是对能够分解乳糖产生乳酸的细菌的惯用叫法。是对乳与乳制品最为重要而且也是检出率最高的菌群。

① 链球菌属　链球菌在乳品工业中多为重要的菌种，能使碳水化合物发酵生成乳酸，除乳酸外几乎不产生其他副产物，系同型发酵的菌属。

a.嗜热链球菌　广泛存在于乳与乳制品中，是瑞士干酪等发酵剂中采用的菌种，另外也可利用该菌种作为酸奶的发酵剂菌株。该菌最适生长环境是在牛乳中，是典型的牛乳细菌。其中有些菌株在乳中能够生成荚膜和黏性物质，能增加酸牛乳的黏度，常用于高黏度搅拌型酸乳或凝固型酸乳的生产。

b.牛链球菌　一般存在于乳牛的消化器官以及粪便中，会污染牛乳。因其是耐热性菌，因此在用杀菌乳制造的干酪成熟过程中常常存在。

c.乳酸链球菌　是在乳制品制造中最为重要的有用菌之一，乳链球菌和乳脂链球菌是其代表性的菌种。乳链球菌在乳与乳制品中广为存在，生乳的检出率可达33％，是牛乳细菌中检出率最高的菌。在各种干酪、发酵奶油的发酵剂中经常使用。

乳脂链球菌是一种较乳链球菌还小的菌，与乳链球菌同样作为干酪及奶油非常重要的发酵剂。

d.酿脓链球菌　酿脓链球菌为溶血性链球菌中的代表。为动物体的化脓部位以及患乳房炎的乳房污染菌。可污染牛乳，成为败血症、猩红热、化脓症等疾病的原因，是高危险的致病菌。但其在低温杀菌条件下即可被杀死，故只要彻底实行消毒杀菌则是无危险的。

e.其他一些链球菌　乳房链球菌存在于乳牛口腔、皮肤、乳头等部位，可以引起乳房炎，在乳房炎乳中发现，溶血性不显著。停乳链球菌和无乳链球菌也都是乳房炎原因菌，但对人体不构成致病性。

② 肠球菌属　肠球菌被认为是食品的污染指标之一，与大肠菌受同等重视。其代表为粪肠球菌，属肠球菌中的一种。粪肠球菌在乳与乳制品中常常出现，对原料乳有害，但在干酪的生产中可被用作发酵剂，在成熟过程中有用。

③ 明串珠菌属　肠膜明串珠菌在牛乳中产酸能力较弱，产香性能不好，可用于干酪和发酵奶油生产。葡聚糖明串珠菌在牛乳中常出现，具有芳香风味生成能力。乳脂明串珠菌常用于干酪以及发酵奶油的发酵剂中产生芳香风味物质，是与肠膜明串珠菌相似的菌种，与乳脂链球菌的共生力很强，常常用这两种菌制备混合发酵剂。

④ 乳酸杆菌　乳酸杆菌为生成乳酸的杆状菌总称。

a.嗜酸乳杆菌　多用于制备发酵乳制品的发酵剂。嗜酸菌乳就是用此菌制成的一种发酵乳，具有整肠作用，对一些有害菌有明显的抑制作用。

b.保加利亚乳杆菌 该菌在牛乳中有很强的产酸能力，对牛乳形成强的酸凝固，能分解酪蛋白，形成氨基酸，并可使牛乳及稀奶油变稠。通常可与嗜热链球菌一同制成复合菌种，也可单独使用。

c.干酪乳杆菌 干酪乳杆菌广泛存在于生乳中，多用于各种干酪制造，是干酪成熟过程中必要的菌种。

⑤ 双歧杆菌 其典型的特征是有分叉的杆菌。可用于婴儿营养配方奶粉、酸奶制造等。是人体肠道内典型的有益细菌，它的生长繁殖贯穿在人的整个生命历程中。双歧杆菌在厌氧环境下生长繁殖产生大量乳酸，降低系统 pH 值而迅速使肠道菌群发生变化，抑制和杀死肠道病原菌，可使肠道内菌群保持正常平衡。

（3）乳中常见的嗜冷菌 嗜冷菌是指在低于 7℃ 时可以生长繁殖的细菌，虽然其理想的生长温度为 20~30℃，但在冷藏温度下仍可生长。当原料乳中细菌总数超过 5.0×10^5 cfu/mL 时，嗜冷菌就会产生热稳定性蛋白酶及脂肪酶等，影响最终产品的质量。乳中最常见的嗜冷菌主要是假单胞菌。还有微球菌和色杆菌等。

（4）乳中常见的酵母菌 在牛乳及其制品中，酵母菌通常不能很好地生长繁殖。酵母菌多数是在产品包装贮藏过程造成二次污染时进入乳制品的，其结果是使乳制品发生变质，引起胀包、絮状沉淀及异常气味等。

酵母菌也被用于生产一些乳制品，如在表面成熟的软质和半硬质干酪以及传统的发酵乳制品，如开菲尔乳和马乳酒等。酵母菌在这些制品中主要是发酵糖类形成乙醇和二氧化碳，对产品芳香气味的形成有一定的作用。假丝酵母属用于开菲尔乳的制造和酒精发酵。圆酵母属能发酵乳糖。污染这种酵母的乳和乳制品可产生酵母味道，并能使干酪和炼乳罐头膨胀。

（5）乳中的霉菌 牛乳及乳制品中存在的霉菌主要有根霉、毛霉、曲霉、青霉、串珠霉等，大多数（如污染于奶油、干酪表面的霉菌）属于有害菌。与乳品有关的主要有白地霉、毛霉及根霉属等，如生产卡门培尔干酪、罗奎福特干酪和青纹干酪时需要依靠霉菌。

（6）放线菌 放线菌属中与乳品有关的主要有牛型放线菌，此菌生长在牛的口腔和乳房，随后转入牛乳中。链霉菌属中与乳品有关的主要是干酪链霉菌，属胨化菌，能使蛋白质分解导致腐败变质。

（7）乳中的噬菌体 当乳制品发酵剂受噬菌体污染后，就会导致发酵的失败，是干酪、酸乳生产中必须注意的问题。在乳品工业上重要的噬菌体主要是乳酸菌噬菌体。具有代表性的有乳酸链球菌噬菌体、乳脂链球菌噬菌体和嗜热链球菌噬菌体。

3.鲜乳在存放期间微生物的变化

刚挤出的鲜乳中含细菌量较多，特别是前几把乳中细菌数很高，但随着牛乳的不断被挤出，乳中细菌含量逐渐减少。然而，挤出的牛乳在进入奶槽车或贮奶罐时经过了多次的转运，期间又会因接触相关设备、人员手及暴露在空气而多次污染。同时在此过程中没有及时冷却还会导致细菌大量污染。鲜乳中细菌数量为 1 万~10 万个/mL，运到工厂时可升到 10 万~100 万个/mL。在不同条件下牛乳中微生物的变化规律是不同的，主要取决于其中含有的微生物种类和牛乳固有的性质。

（1）牛乳在室温贮存时微生物的变化 新鲜牛乳在杀菌前期都有一定数量、种类不同的微生物存在，如果放置在室温（10~21℃）下，乳液会因微生物的活动而逐渐变质。室温下微生物的生长过程可分为抑制期、乳酸链球菌期、乳酸杆菌期、真菌期和胨化菌期这几个阶段。具体变化情况见图 5-2。

（2）牛乳在冷藏中微生物的变化 牛乳挤出后应在 30min 内快速冷却到 0~4℃，并转入具有冷却和良好保温性能的保温缸内贮存。在冷藏条件下，鲜乳中适合于室温下繁殖的微生物生长被抑制；而嗜冷菌却能生长，但生长速度非常缓慢。

冷藏乳的变质主要在于乳液中的蛋白质和脂肪的分解。多数假单胞杆菌属中的细菌均具有产生脂肪酶的特性，这些脂肪酶在低温下活性非常强并具有耐热性，即使在加热消毒后的乳液中，还残留脂肪酶活性。而低温条件下促使蛋白分解胨化的细菌主要为产碱杆菌属和假单胞杆菌属。

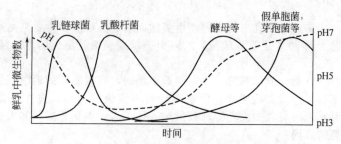

图 5-2　牛乳在室温下贮存期间微生物的变化情况

4. 乳中微生物的防治措施

提高生鲜乳的质量，首先要杜绝或控制微生物对牛乳的污染。对生鲜乳中微生物的控制，应采取以下措施：

① 贯彻实施乳牛兽医保健工作和检疫制度；
② 建立牛舍环境及牛体卫生管理制度；
③ 加强挤乳及贮乳设备的卫生管理；
④ 对挤乳操作的卫生严格要求。

五、异常乳

从用作加工原料的角度来看，天然乳基本上可分为常乳和异常乳两类。常乳是指乳牛产犊 7 天后至干奶期之前所产的乳。常乳的成分及性质趋于稳定，为乳制品的加工原料乳。

在泌乳期，由于生理、病理或其他因素的影响，乳的成分与性质发生变化，这种发生变化的乳称为异常乳。一般情况下异常乳不适宜加工使用。

异常乳可分为生理异常乳、化学异常乳和微生物污染乳、病理异常乳等几大类。

1. 生理异常乳

生理异常乳包括初乳和末乳。

(1) 初乳　牛产犊后 7 天内分泌的乳，称为初乳。初乳呈显著的黄色，黏稠而有特殊的气味，乳固体含量高，其中蛋白质特别是对热不稳定的乳清蛋白含量高，而乳糖含量较低。初乳含有丰富的维生素，尤其富含维生素 A 和维生素 D，而且含有较多的免疫球蛋白，为幼儿生长所必需。但初乳对热的稳定性差，加热时容易凝固，因此，不能用作乳制品的加工原料。

(2) 末乳　干奶期前 1 周左右所产的乳称为末乳或老乳。

末乳的成分除脂肪外，其他物质的含量均较常乳高。带有苦而微咸的味道，含脂酶多，常有脂肪氧化味。细菌数增多，因此也不适宜用作加工原料。

2. 化学异常乳

(1) 低成分乳　低成分乳是由于乳牛品种、饲养管理、营养配比、高温多湿及病理的影响而形成的乳固体含量过低的牛乳。主要从加强育种改良及饲养管理等方面来加以改善。

(2) 低酸度酒精阳性乳　即滴定酸度合格（16°T 以下）而酒精试验不合格（呈阳性）的异常乳。由于代谢障碍、气候剧变、喂饲不当等复杂的原因，引起盐类平衡或胶体系统的不稳定，可能是低酸度酒精阳性乳的原因。

(3) 异物混杂乳　异物混杂乳中含有随摄食饲料而经机体转移到乳中的污染物质，或含有有意识或无意识地掺杂到乳中的物质。因此异物混杂乳可分为偶然混入、人为混入和经牛机体的污染三类。人为混入的异常乳，部颁标准规定禁止使用。而混入抗生素和农药的异常乳，有害身体健康和影响乳制品生产，必须加以重视。

3. 微生物污染乳

由于挤乳前后的污染、不及时冷却和器具的洗涤杀菌不完全等原因，使鲜乳被微生物污染，鲜乳中的细菌数大幅度增加，以致不能用作加工乳制品的原料，这种被微生物污染产生异常变化的乳称为微生物污染乳。

4. 病理异常乳

(1) 乳房炎乳 乳房炎是在乳房组织内产生炎症而引起的疾病，主要是由细菌引起的。引起乳房炎的主要病原菌大约 60% 是葡萄球菌，20% 为链球菌。患乳房炎的乳牛泌乳量大约会减少 10%~20%。

乳房炎乳不适宜作乳制品的原料乳。用以制造干酪时，皱胃酶凝固迟缓，生成凝块过软，制出的干酪风味色泽不良；用以制造奶油，使奶油具有不愉快的臭味，搅拌困难；用以制造炼乳时，热稳定性差。引起乳房炎乳的无乳链球菌虽对人体无害，但葡萄球菌和大肠杆菌，均可成为食物中毒或消化障碍的原因。

(2) 其他病牛乳 主要是患口蹄疫、布氏杆菌病等乳牛所产的乳，乳的质量变化大致与乳房炎乳类似。另外，患酮体过剩、肝功能障碍、繁殖障碍等乳牛，易分泌酒精阳性乳。

项目一　原料乳的验收和预处理

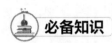 **必备知识**

原料乳送到工厂后，必须根据指标规定，及时进行质量检验，按质论价分别处理。

原料乳的质量标准

我国《食品安全国家标准　生乳》（GB 19301—2010）中对感官指标、理化指标及微生物指标有明确的规定，该标准适用于生乳，不适用于即食生乳。

1. 感官指标

正常生乳感官应符合表 5-1 规定的要求。

表 5-1　生乳的感官指标

项　目	要　求
色泽	呈乳白色或微黄色
滋味、气味	具有乳固有的香味，无异味
组织形态	呈均匀一致液体，无凝块，无沉淀，无正常视力可见异物

2. 理化指标

正常生乳理化指标应符合表 5-2 规定的要求。

表 5-2　生乳的理化指标

项　目		指　标
冰点[①②]/(℃)		−0.560~−0.500
相对密度/(20℃/4℃)	≥	1.027
蛋白质/(g/100g)	≥	2.8
脂肪/(g/100g)	≥	3.1
杂质度/(g/100g)	≤	4.0
非脂乳固体/(g/100g)	≥	8.1
酸度/°T		
牛乳[②]		12~18
羊乳		6~13

[①] 挤出 3h 后检测；
[②] 仅适用于荷斯坦奶牛。

3. 细菌指标

正常生乳菌落总数应$\leqslant 2 \times 10^6$ cfu/g（mL）。

此外，许多乳品收购单位还规定有下述情况之一者不得收购：①产犊前15天内的末乳和产犊后7天内的初乳；②牛乳颜色有变化呈红色、绿色或显著黄色者；③牛乳中有肉眼可见杂质者；④牛乳中有凝块或絮状沉淀者；⑤牛乳中有畜舍味、苦味、霉味、臭味、涩味、煮沸味及其他异味者；⑥用抗生素或其他对牛乳有影响的药物治疗期间，母牛所产的乳和停药后3天内的乳；⑦添加有防腐剂、抗生素和其他任何有碍食品卫生的乳；⑧酸度超过20°T的乳。

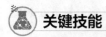 **关键技能**

一、原料乳的验收

1. 原料乳的收集与运输

牛乳是从奶牛场或奶站用奶桶或奶槽车送到乳品厂进行加工的。

奶桶一般采用不锈钢或铝合金制造，容量40～50L。要求桶身有足够的强度，耐酸碱；内壁光滑，便于清洗；桶盖与桶身结合紧密，保证运输途中无泄漏。

奶槽由不锈钢制成，其容量为5～10t。内外壁之间有保温材料，以避免运输途中乳温上升。奶泵室内有离心泵、流量计、输乳管等。在收乳时，奶槽车可开到贮乳间。将输乳管与牛乳冷却罐的出口阀相连。流量计和奶泵自动记录收乳的数量（也可根据奶槽的液位来计算收乳量）。

2. 原料乳的检验

在牛场或奶站对原料乳的质量作一般评价，到达乳品厂后通过若干试验对乳的成分和卫生质量进行测定。

（1）**取样**　原料乳的取样一般由乳品厂检验中心的指定人员进行，奶车押运人员监督。取样前应在奶槽内连续打靶20次上下，均匀后取样，并记录奶槽车押运员、罐号、时间，同时检查奶槽车的卫生。

（2）**感官检验**　鲜乳的感官检验主要是进行嗅觉、味觉、外观、尘埃等的鉴定。

正常鲜乳为乳白色或微带黄色，不得含有肉眼可见的异物，不得有红、绿等异色。不能有苦、涩、咸的滋味和饲料、青贮、霉等异味。

（3）**理化检验**

① **相对密度**　相对密度常作为评定鲜乳成分是否正常的一个指标，正常鲜乳的d_4^{20}在1.028～1.032。但不能只凭这一项来判断，必须再结合脂肪、风味的检验，来判断鲜乳是否经过脱脂或是否加水。

常用牛乳密度计（乳稠计）来测定乳的相对密度。乳稠计有15℃/15℃乳稠计和20℃/4℃乳稠计两种规格。在d_{15}^{15}乳稠计上有15～45的刻度，测定范围为1.015～1.045。其测定的标准温度为15℃。若其刻度为15，相当于d_{15}^{15}为1.015。d_4^{20}乳稠计测定的标准温度为20℃。在同温度下，d_{15}^{15}和d_4^{20}的绝对值相差很小，后者较前者低0.002，生产中常以0.002差数进行换算。即

$$d_{15}^{15} = d_4^{20} + 0.002$$

测定乳样的温度并非必须是标准温度，在10～25℃均可测定。另外，温度对相对密度测定值影响较大。根据乳稠计规格的不同，采用不同的校正方法。用乳稠计d_{15}^{15}测定后，其刻度值可查相对密度换算表进行换算，得出15℃时的相对密度。用d_4^{20}乳稠计时，每升高1℃，乳稠计的刻度值降低0.2；每下降1℃则乳稠计的刻度升高0.2，这是由于热胀冷缩的缘故。可按如下公式来校正因温度差异造成的测定误差。

$$乳的相对密度 = 1 + \frac{乳稠计刻度读数 + (乳样温度 - 标准温度) \times 0.2}{1000}$$

② **酒精试验**　新鲜牛乳对酒精的作用表现出相对稳定；而不新鲜的牛乳，其中蛋白质胶粒已呈不稳定状态，当受到酒精的脱水作用时，则加速其聚沉。此法可检验出鲜乳的酸度，以及盐

类平衡不良乳、初乳、末乳及因细菌作用而产生凝乳酶的乳和乳房炎乳等。

酒精试验与酒精浓度有关，一般以一定浓度（体积分数）的中性酒精与原料乳等量混合摇匀，无絮片的牛乳为酒精试验阴性，表示其酸度较低；而出现絮片的牛乳为酒精试验阳性乳，表示其酸度较高。

③ 滴定酸度　正常牛乳的酸度随乳牛的品种、饲料、挤乳和泌乳期的不同而略有差异，但一般在 $16\sim18°T$。如果牛乳挤出后放置时间过长，由于微生物的作用，会使乳的酸度升高。如果乳牛患乳房炎，可使牛乳酸度降低。因此，测定乳的酸度可判定乳的新鲜程度。

④ 煮沸试验　牛乳的酸度越高，其稳定性越差。在加热的条件下高酸度易产生乳蛋白质的凝固。因此，用煮沸试验来验证原料乳中蛋白质的稳定性，判断其酸度高低，测定原料乳在超高温杀菌中的稳定性。

⑤ 乳成分的测定　近年来随着分析仪器的发展，乳品检测方法出现了很多高效率的检验仪器。如采用光学法来测定乳脂肪、乳蛋白、乳糖及总干物质，并已开发使用各种微波仪器。

（4）卫生检验　我国原料乳的生产现场的检验以感官检验为主，辅以部分理化检验，一般不做微生物检验。但在加工以前，或原料乳量大而对其质量有疑问者，可定量采样后，在实验室中进一步检验其他理化指标及细菌总数和体细胞数，以确定原料乳的质量和等级。如果是加工发酵制品的原料乳，必须做抗生素检查。

① 细菌检查　细菌检查方法很多，有美蓝还原实验、稀释倾注平板法、直接镜检等方法。

a.美蓝还原实验　美蓝还原实验是用来判断原料乳新鲜程度的一种色素还原实验。新鲜乳加入美蓝后染为蓝色，如乳中污染有大量微生物，则产生还原酶使颜色逐渐变淡，直至无色。通过测定颜色变化速度，可以间接地推断出鲜奶中的细菌数。

b.稀释倾注平板法　平板培养计数是取样稀释后，接种于琼脂培养基上，培养 24h 后计数，测定样品的细菌总数。该法测定样品中的活菌数，需要时间较长。

c.直接镜检法（费里德法）　利用显微镜直接观察确定鲜乳中微生物数量的一种方法。取一定量的乳样，在载玻片上涂抹一定的面积，经过干燥、染色，镜检观察细菌数，根据显微镜视野面积，推断出鲜乳中的细菌总数，而非活菌数。

直接镜检比平板培养法更能迅速判断结果，通过观察细菌的形态，还能推断细菌数增多的原因。

② 细胞数检验　正常乳中的体细胞，多数来源于上皮组织的单核细胞，如有明显的多核细胞出现，可判断为异常乳，常用的方法有直接镜检法（同细菌检验）或加利福尼亚细胞数测定法（GMT 法）。

③ 抗生素残留量检验　牧场用抗生素治疗乳牛的各种疾病，特别是乳房炎，有时用抗生素直接注射乳房部位进行治疗。经抗生素治疗过的乳牛，其乳中在一定时期内仍残存抗生素。对抗生素有过敏体质的人饮用该乳后，会发生过敏反应，也会使某些菌株对抗生素产生耐药性。我国规定乳牛最后一次使用抗生素后 5 天内的乳不得收购。

二、原料乳的净化、冷却与贮藏

1. 过滤与净化

原料乳过滤与净化的目的是除去乳中的机械杂质并减少微生物的数量。

（1）过滤　在收购乳时，为了防止粪屑、牧草、毛、蚊蝇等昆虫带来的污染，挤下的牛乳必须用清洁的纱布进行过滤。凡是将乳从一个地方送到另一个地方，从一个工序到另一个工序，或者由一个容器转移到另一个容器时，都应该进行过滤。

过滤的方法很多，可在收奶槽上安装一个不锈钢金属丝制的过滤网，并在网上加多层纱布进行粗滤；也可采用管道过滤器或在管道的出口装一个过滤布袋。进一步过滤还可使用双联过滤器。

（2）净化　为了达到最高的纯净度，除去难以用一般的过滤方法除去的极为微小的机械杂质和细菌细胞，一般采用离心净乳机净化。离心净乳就是利用乳在分离钵内受强大离心力的作用，将大量的机械杂质留在分离钵内壁上，而乳被净化。

离心净乳机（图 5-3）由一组装在转鼓内的圆锥形碟片组成，依靠电机驱动，碟片高速旋转，牛乳在离心力作用下到达圆盘的边缘，牛乳中的杂质、尘土及一些体细胞等不溶性物质因密度较大，被甩到污泥室，从而达到净乳的目的。

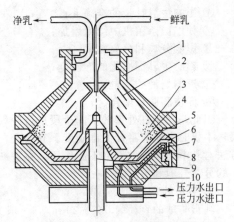

图 5-3　离心净乳机的结构原理
1—转鼓；2—碟片；3—环形间隙；4—活动底；
5—密封圈；6—压力水室；7—压力水管道；
8—阀门；9—转轴；10—转鼓底

2. 冷却

净化后的乳最好直接加工，短期贮藏时必须及时进行冷却，以保持乳的新鲜度。

通过冷却，来抑制乳中微生物的繁殖。同时还具有防止脂肪上浮、水分蒸发及风味物质的挥发、避免吸收异味等作用。我国国家标准规定，验收合格乳应迅速冷却至 4～6℃，贮存期间不得超过 10℃。

冷却的方法有水池冷却、浸没式冷却器冷却和板式热交换器冷却。目前许多乳品厂及奶站都用板式热交换器对乳进行冷却。用冷盐水作冷溶剂时，可使乳温迅速降到 4℃ 左右。

3. 贮存

为了保证工厂连续生产的需要，必须有一定的原料乳贮存量。一般工厂总的贮乳量应不少于 1 天的处理量。生产中冷却后的乳贮存在贮奶罐（缸）内。贮奶罐一般采用不锈钢材料制成。贮罐要求保温性能良好，一般乳经过 24h 贮存后，乳温上升不得超过 2～3℃。

三、原料乳的预处理

1. 牛乳的标准化

为使产品符合规格要求，乳制品中脂肪与非脂乳固体含量要求保持一定的比例。调整原料乳中脂肪与非脂乳固体的比例关系，使其比值符合制品的要求。该调整过程称为原料乳的标准化。

如果原料乳中脂肪含量不足时，应添加稀奶油或除去部分脱脂乳；当原料乳中脂肪含量过高时，可添加脱脂乳或提取部分稀奶油。

标准化时，应该先了解即将标准化的原料乳的脂肪和非脂乳固体的含量，以及用于标准化的稀奶油或脱脂乳的脂肪和非脂乳固体的含量，作为标准化的依据。标准化工作是在贮乳罐的原料乳中进行或在标准化机中连续进行的。

设：原料乳的含脂率为 $p\%$，脱脂乳或稀奶油的含脂率为 $q\%$，标准化乳的含脂率为 $r\%$，原料乳数量为 x kg，脱脂乳或稀奶油的数量为 y kg（$y>0$ 为添加，$y<0$ 为提取）。

对脂肪进行物料衡算，则形成下列关系式：

$$px+qy=r(x+y)$$

$$\frac{x}{y}=\frac{r-q}{p-r}$$

式中，若 $p>r$、$q<r$（或 $q>r$），表示需要添加脱脂乳（或提取部分稀奶油）；若 $p<r$、$q>r$（或 $q<r$），表示需要添加稀奶油（或除去部分脱脂乳）。

现代化的乳制品大生产常采用直接标准化的方法。其主要特点是：快速、稳定、精确，与分离机联合运作，单位时间内处理量大。将牛乳加热至 55～65℃，按预设的脂肪含量分离出脱脂乳和稀奶油，并根据最终产品的脂肪含量，由设备自动控制回流到脱脂乳中的稀奶油的流量，多余的稀奶油流向稀奶油巴氏杀菌机。

2. 牛乳的脱气

牛乳刚刚挤出后约含 5.5%～7.0% 的气体。经过贮存、运输和收购后，一般气体含量在 10% 以上。这些气体对牛乳加工后的破坏作用主要有：

① 影响牛乳计量的准确度；
② 使巴氏杀菌机中结垢增加；
③ 影响分离和分离效率；
④ 影响牛乳标准化的准确度；
⑤ 影响奶油的产量；
⑥ 促使脂肪球聚合。

因此，在牛乳处理的不同阶段进行脱气十分必要。首先，在奶槽车上安装脱气设备，以避免泵送牛奶时影响流量计的准确度。其次，在乳品厂收奶间流量计之前安装脱气设备。但上述两种方法对乳中细小分散气泡不起作用。在进一步处理牛乳的过程中，应使用真空脱气罐，以除去细小的分散气泡和溶解氧。

3. 牛乳的均质

乳脂肪球的直径为 $0.1\sim20\mu m$，一般为 $2\sim5\mu m$。由于脂肪球容易出现聚集和脂肪上浮等现象，严重影响乳制品的质量。因此，一般乳品加工中多采用均质操作。

均质是指在机械处理条件下将乳中大的脂肪球破碎成小的脂肪球，并均匀一致地分散在乳中的过程。经过均质，脂肪球可控制在 $1\mu m$ 左右，脂肪球的表面积增大，浮力下降。乳可长时间保持不分层，不易形成稀奶油层。同时，均质后乳脂肪球直径减小，利于消化吸收。

在均质过程中，脂肪球膜受到破坏，但乳浆中的表面活性物质（如蛋白质、磷脂等）在破碎的脂肪球外层会形成新的脂肪球膜。牛乳均质后脂肪球数目增加，增强了光线在牛乳中的折射和反射的机会，使得均质化乳的颜色比均质前更白。而且均质化乳的风味有所改善，具有新鲜牛乳的芳香气味。

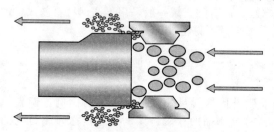

图 5-4 乳通过均质阀的情况

目前，乳品生产中多数采用高压均质机。均质的压力一般为 $10\sim20$MPa（一级 $17\sim20$MPa，二级 $3.5\sim5$MPa）。均质温度为 $55\sim80$℃。乳通过均质阀的情况见图 5-4。

项目二　巴氏杀菌乳加工技术

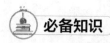 **必备知识**

一、液态乳概念

液态乳指液态的原料乳经过不同的热处理，包装后即可供应给消费者的乳制品。

二、液态乳分类

1. 按杀菌方法分类

① 巴氏杀菌乳（市乳、消毒乳）；
② 超巴氏杀菌乳；
③ 超高温灭菌乳；
④ 罐装高压灭菌乳。

2. 按营养成分分类

(1) 纯牛乳 以生鲜牛乳为原料，不添加任何其他原料制成的产品，保持牛乳原有的营养成分。

（2）**调味乳** 以生鲜牛乳为原料，同时添加其他调味成分，如巧克力、咖啡、各种谷物成分等制成的产品，产品的风味与纯乳有较大不同，该类产品一般含有 80％以上的乳成分。

（3）**营养强化乳** 在生鲜牛乳的基础上，添加其他营养成分，如维生素、矿物质等对人体健康有益的营养物质而制成的乳制品。

（4）**含乳饮料** 以新鲜牛乳为主要原料（含乳 30％以上），加入水与适量的辅料如可可、咖啡、果汁和蔗糖等物质，并进行调色调香，经有效杀菌制成，具有相应风味的乳饮料。根据国家标准规定，含乳饮料中的蛋白质及脂肪含量均应大于 1％。

（5）**再制乳** 以乳粉、奶油等为原料，加水还原而制成的与鲜乳组成、特性相似的乳制品。我国规定，再制乳必须在产品包装上予以标注。

关键技能

巴氏杀菌乳加工技术

主要是指用新鲜的优质原料乳，经过离心净乳、标准化、均质、杀菌和冷却，以液体状态灌装，直接供给消费者饮用的商品乳。包装容器通常是玻璃瓶、塑料瓶、塑料袋和纸盒。我国主要使用塑料袋。

1. 工艺流程

原料乳的验收 → 预处理 → 预热均质 → 杀菌 → 冷却 → 灌装 → 成品

2. 工艺技术及控制要求

（1）**原料乳的验收和预处理、预热均质** 前已讲述，这里不再赘述。

（2）**杀菌** 巴氏杀菌的目的：一是杀死引起人类疾病的所有微生物，使之完全没有致病菌；二是尽可能地破坏致病微生物、能影响产品味道和保存期的微生物、其他成分如酶类，以保证产品的质量。

牛乳进行巴氏杀菌的方法如下。

① 低温长时间杀菌法（LTLT） 又称保持式杀菌法。加热杀菌条件为 62～65℃ 30min。该法可充分杀灭病原菌，不产生加热臭，对维生素和其他营养素破坏较少。设备是带有搅拌装置的冷热缸。冷热缸在加热或冷却时均需较长的时间，一般为 15～30min，故在杀菌保持时间前后加热或冷却时，最好配合板式热交换器。

② 高温短时间杀菌法（HTST） 其杀菌条件为 72～75℃ 15～20s 或 80～85℃ 10～20s。HTST 杀菌多采用板式杀菌器。

HTST 杀菌与 LTLT 杀菌相比，有以下优点：处理量大；可以连续杀菌，处理过程几乎全部自动化；牛乳在全封闭的装置内流动，微生物污染机会少；对牛乳品质影响小。可采用 CIP 清洗系统进行清洗。

③ 超巴氏杀菌 目的是延长保质期，其杀菌条件为 125～138℃ 2～4s。

（3）**冷却** 杀菌后的牛乳应尽快冷却至 4℃，冷却速度越快越好。采用板式换热器杀菌的牛乳，在板式换热器的换热段，与刚输入的在 10℃ 以下的原料乳进行热交换，再用冰水冷却到 4℃。

（4）**灌装** 灌装的目的是便于分送和销售。

巴氏杀菌乳的包装形式主要有玻璃瓶、聚乙烯塑料瓶、塑料袋和复合塑纸袋、纸盒等。目前我国广泛使用的是塑料袋、玻璃瓶、塑料瓶。

（5）**贮存和分销** 巴氏杀菌产品的特点决定其在贮存和分销过程中，必须保持冷链的连续性。

除温度外，在巴氏杀菌产品的贮存和销售中还应注意：小心轻放，避免产品与硬物质碰撞；远离具有强烈气味的物质；避光；防止和避免高温；避免产品强烈振动。

项目三　UHT 灭菌乳加工技术

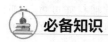**必备知识**

　　灭菌乳可分为保持灭菌乳和超高温灭菌乳。保持灭菌乳是指物料在密封容器内被加热到至少110℃，保持 15～40min，经冷却后制成的产品。为进一步改善产品的感官质量，现广泛采用二段式灭菌即二次灭菌方法生产保持灭菌乳。所谓二次灭菌，就是将牛乳先经过超高温瞬时处理之后再灌装、封合，然后在高压灭菌釜内进行保持灭菌。因为先进行了高温瞬时处理，保持灭菌的条件就可相对较温和，从而提高了产品的感官质量。超高温灭菌乳是指物料在连续流动的状态下通过热交换器加热，经135℃以上不少于 1s 的超高温瞬时灭菌（以完全破坏其中可以生长的微生物和芽孢）以达到商业无菌水平，然后在无菌状态下灌装于无菌包装容器中的产品。超高温灭菌（UHT）的出现，大大改善了灭菌乳的特性，不仅使产品的色泽和风味得到了改善，而且提高了产品的营养价值。

　　灭菌乳并非指产品绝对无菌，而是指产品达到商业无菌状态，即不含危害公共健康的致病菌和毒素；不含任何在产品贮存运输及销售期间能繁殖的微生物；在产品有效期内保持质量稳定和良好的商业价值，不变质。

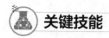**关键技能**

一、UHT 灭菌乳加工的工艺流程

原料乳的验收 → 预处理 → 超高温灭菌 → 无菌平衡贮罐 → 无菌灌装 → 灭菌乳

二、UHT 灭菌乳加工的操作要点及质量控制

1. 原料乳的验收

　　乳蛋白的热稳定性对灭菌乳的加工相当重要，因为它直接影响到 UHT 系统的连续运转时间和灭菌情况。可通过酒精试验测定乳蛋白的热稳定性，一般具有良好热稳定性的牛乳至少要通过75％酒精试验。

2. 预处理

　　灭菌乳加工中的预处理，即净乳、冷却、贮乳、标准化等技术要求同巴氏杀菌乳。

3. 超高温灭菌

　　UHT 乳加热方式，有直接加热式、板式间接加热式和管式间接加热式几种。

　　(1) 板式加热系统　超高温灭菌板式加热系统应能承受较高的内压。所以系统中的垫圈必须能耐高温和高压，其造价比低温板式换热系统昂贵。垫圈材料的选择要使其与不锈钢板的黏合性越小越好，这样能防止垫圈与板片之间发生黏合，从而便于拆卸和更换。

　　每片传热面上制造多个突起的接触点，起到板片中间的相互机械支撑作用，同时形成流体的通道，增加流体的湍动性和整个片组的强度。防止热交换器系统内的高压导致不锈钢板片的变形和弯曲。

　　图 5-5 所示为以板式热交换器为基础的流程图。约 4℃的原料乳由贮存缸泵送至超高温灭菌系统的平衡槽 1，由此经供料泵 2 送至板式热交换器的热回收段。在此段中，产品被已经 UHT 处理过的乳加热至约 75℃，同时，超高温灭菌乳被冷却。预热后的产品随即在 18～25MPa 的压力下均质。

　　预热均质的产品到板式热交换器的加热段被加热至137℃，加热介质为一封闭的热水循环，

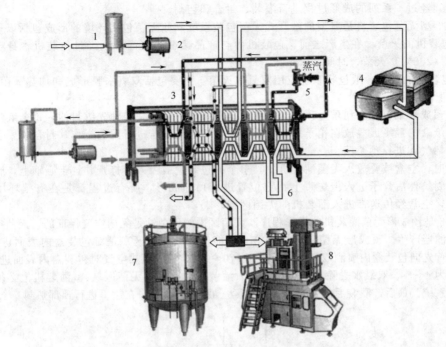

图 5-5 以板式热交换器为基础的流程图

1—平衡槽；2—供料泵；3—板式换热器；4—均质机；5—蒸汽喷射阀；
6—保持管；7—无菌罐；8—无菌罐装机

通过蒸汽喷射头 5 将蒸汽喷入循环水中控制温度。加热后，产品流经保温管 6，保温管尺寸大小保证保温时间为 4s。

最后，冷却分成两段进行热回收：首先与循环热水换热，随后与进入系统的冷产品换热，离开热回收段后，产品直接连续流至无菌包装机或流至一个无菌缸作中间贮存。

生产中若出现温度下降，产品会流回夹套缸，设备中充满水。在重新开始生产之前，设备必须经清洗和灭菌。

（2）管式热交换器 超高温系统的管式热交换器包括两种类型，即中心套管式热交换器和壳管式热交换器。

中心套管式热交换器是将 2 个或 3 个不锈钢管以同心的形式套在一起，管壁之间留有一定的空隙。通常情况下，套管以螺旋形式盘绕起来安装于圆柱形的筒内，这样有利于保持卫生和形成机械保护。生产时，产品在中心管内流动，加热或冷却介质在管间流动。在热量回收时，产品也在管间流动。

4. 无菌灌装

经过超高温灭菌及冷却后的灭菌乳，应立即进行无菌包装。无菌灌装系统是生产 UHT 产品所不可缺少的。无菌灌装是指用蒸汽、热风或化学试剂将包装材料灭菌后，再以蒸汽、热风或无菌空气等形成正压环境，在防止细菌污染的条件下进行的灭菌乳灌装。

高温灭菌工艺大致与巴氏杀菌工艺相近，主要区别如下。

① 超高温灭菌前要对所有设备进行预灭菌，超高温灭菌热处理要求更严、强度更大。

② 工艺流程中可使用无菌罐。

③ 最后采用无菌灌装。

无菌灌装系统形式多样。纸包装系统主要分为两种类型：包装过程中成形和预成形。包装所用的材料通常为内外覆以聚乙烯的纸板，它能有效阻挡液体的渗透，并能良好地进行内、外表面的封合。为了延长产品的保质期，包装材料中要增加一层氧气屏障，通常要复合一层很薄的铝箔。

（1）纸卷成形包装（利乐砖）系统 是目前使用最广泛的包装系统。包装材料由纸卷连续供给包装机，经过一系列的成形过程进行灌装、封合和切割。

利乐 3 型无菌包装机是典型的敞开式无菌包装系统。此无菌包装环境的形成包括以下两步。

① 包装机的灭菌　在生产之前，包装机内与产品接触的表面必须经过包装机本身产生的无菌热空气（280℃）灭菌，时间 30min。

② 包装纸的灭菌　纸包装系统应用双氧水灭菌。主要包括双氧水膜形成和加热灭菌（110～115℃）两个步骤。

(2) 预成形纸包装（利乐屋顶包）系统　这种系统中纸盒是经预先纵封的，每个纸盒上压有折痕线。纸盒一般平展叠放在箱子里，可直接装入包装机。若进行无菌操作，封合前要不断向盒内喷入乙烯气体进行预杀菌。

生产时，空盒被叠放入无菌灌装机中，单个的包装盒被吸入，打开并置于心轴上，底部首先成形并热封。然后盒子进入传送带上特定位置进行顶部成形，所有过程都是在有菌环境下进行的。之后，空盒经传送带进入灌装机的无菌区域。

图 5-6 是预成形无菌灌装机的操作程序。无菌区内的无菌性是无菌空气保证的，无菌空气由无菌空气过滤器产生。预成形无菌灌装机的第一功能区域（无菌区）是对包装盒内表面进行灭菌。灭菌时，首先向包装盒内喷洒双氧水膜，再用 170～200℃ 的无菌热空气对包装盒内表面进行干燥，时间一般为 4～8s。双氧水去除后，包装盒进入灌装区域（第二无菌区域）。灌装机上必须装有能排泡沫的系统。最后，灌装后的纸盒进入封合区（最终无菌区），在这里进行顶部热封。

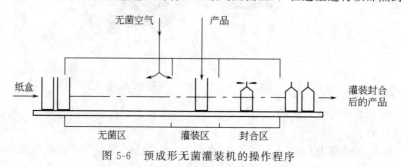

图 5-6　预成形无菌灌装机的操作程序

项目四　酸乳加工技术

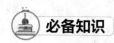 **必备知识**

一、酸乳概念与分类

酸乳是指以牛乳为原料，添加适量的砂糖经巴氏杀菌后冷却，在加入纯乳酸菌发酵剂经保温发酵而制得的凝乳状产品。成品中必须含有大量的、相应的活性微生物。

1. 按成品的组织状态分

(1) 凝固型酸乳　又称酸凝乳。是指酸乳发酵在零售容器中进行的酸乳制品。其凝块均匀一致，呈连续的半固体状态。

(2) 搅拌型酸乳　指杀菌乳在发酵罐中发酵，并在包装之前冷却，打碎凝块，呈低黏度而均匀一致的产品。在搅拌型酸乳的加工过程中，打碎凝块后，往往根据配方的要求加入一定量的果酱或果料等配料，产品呈均匀的稠浆状。

2. 按成品的口味分类

(1) 天然纯酸乳　也称淡酸乳，即不添加蔗糖和风味料。通常在销售容器中发酵，酸味较强，具有酸乳特有的风味。

(2) 加糖酸乳　产品由原料乳和糖加入菌种发酵而成。

（3）**调味酸乳** 添加巧克力、咖啡、水果等人工香精，大多添加蔗糖而成。

（4）**果料酸乳** 由原料乳与糖、果料混合发酵而成。

二、酸乳的营养价值与人体健康

1. 营养价值

（1）**促进乳糖的消化吸收，克服乳糖不耐症** 乳中乳糖在乳酸菌细菌酶的作用下，先水解成半乳糖及葡萄糖，最终分解成乳酸。乳酸菌发酵消耗部分乳糖，一般有 $20\%\sim30\%$ 的乳糖能够发酵，从而降低了乳糖的含量，使乳糖不耐症得到缓解。

（2）**促进乳中蛋白质、脂肪的消化** 乳的发酵是乳的几种成分的"预消化"。乳酸菌产生蛋白水解酶，在发酵过程中把一部分蛋白质水解为易消化的肽和氨基酸。从而使酸乳中的蛋白质更易被机体所利用。另外，乳酸发酵中产生的乳酸等使酪蛋白凝结的凝乳块变得细小，其在肠道中释放速度慢、稳定。因而使蛋白质与消化酶的接触面积变大，使蛋白质分解酶在肠道中充分发挥作用。酸乳中有 1% 的蛋白质被水解为游离氨基酸，是牛奶的 5 倍。

酸乳在加工过程中，乳经过均质化处理，使牛乳脂肪球变得细小。乳中有部分脂肪水解成易于消化的脂肪酸。因此在发酵过程中不仅产生少量的游离脂肪酸，脂肪的结构也发生改变而易被消化，从而使酸乳的代谢效果比牛乳大大提高。

（3）**促进人体对钙的吸收** 乳品是钙的良好来源。发酵后原料乳中的钙被转化为水溶形式。除维生素 D 外，酸乳含有促进人体对钙吸收的因素——钙与磷的适宜比例、维生素 D、乳糖、赖氨酸等。所以酸乳是钙密度和可利用率最高的食品。

（4）**维生素含量增加** 在发酵过程中，乳酸菌可以合成维生素。如维生素 B_1、维生素 B_2、维生素 B_6、维生素 B_{12}、烟酸、叶酸等。其合成量因菌种而异。双歧杆菌产生的量最多。

2. 医疗保健功效

（1）**调节人体肠道中微生物的菌群平衡** 摄取酸乳由于摄入活菌，有的菌株产生许多抗菌物质，抑制多种致病菌在人体的增殖。同时，乳酸菌在肠道中营造一种不利于致病菌增殖的酸性环境，协调人体肠道中菌群的平衡。

（2）**分解毒素，防癌抗癌** 几乎所有的乳酸杆菌都具有分解亚硝胺为无毒物质的效果。另外一些可产生致癌毒素的肠内菌所分泌的酶也能因饮用发酵乳而使其活性降低。许多研究还证明了乳酸菌可以激活人体免疫监视系统，使巨噬细胞、淋巴细胞增加，从而破坏癌细胞的活性。

（3）**降低胆固醇** 牛乳中的胆固醇经乳酸菌发酵后，含量大大降低。且活性乳酸菌在人体内也具有抑制胆固醇合成的能力。

（4）**其他保健功效** 酸乳还可以预防白内障的形成，预防老年人心血管疾病（如动脉硬化等）也有一定的效果。

三、发酵剂

1. 发酵剂的定义及作用

（1）**发酵剂** 指为制作酸乳所调制的特定的微生物培养物。制作酸乳之前必须首先调制发酵剂，而且发酵剂的优劣与产品的质量好坏有极为密切的关系。

（2）**发酵剂的作用**

① **乳酸发酵** 是使用发酵剂的主要目的。由于乳酸菌的发酵，使乳糖转变为乳酸，pH 降低，发生凝固，形成酸味，防止杂菌污染。

② **产生风味** 柠檬酸在微生物作用下，分解生成丁二酮、羟丁酮、丁醇等化合物和微量挥发酸、酒精、乙醛等，使酸乳具有典型的酸味。

③ **降解蛋白质、脂肪** 乳中部分蛋白质、脂肪分解，更易消化吸收。

2. 酸乳发酵剂菌种的构成

发酵剂菌种的构成随产品的不同而异。有时可单独使用一种菌种，有时将两种菌种按一定比例混合使用。用于发酵乳生产的乳酸菌主要有：乳杆菌属、链球菌属、双歧杆菌和明串珠菌等。

使用单一发酵剂的口感往往较差。两种或两种以上的发酵剂混合使用能产生良好的效果。此外混合发酵剂还可缩短发酵时间。一般酸乳所采用的菌种是保加利亚乳杆菌和嗜热链球菌的混合物。这种混合物在 40～50℃乳中发酵 2～3h 即可达到所需的凝乳状态与酸度。而上述任何一种单一菌株发酵时间都在 10h 以上。混合发酵剂菌种中保加利亚乳杆菌和嗜热链球菌的适宜配比为 1：1。若选用保加利亚乳杆菌和乳酸链球菌的混合物，其适宜配比为 1：4。

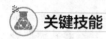 **关键技能**

一、发酵剂的制备（图 5-7）

1. 菌种的活化与保存

从菌种保存单位购买的菌种纯培养物，又称商品发酵剂。受保存和运输的影响，活力减弱，在使用前需反复接种，以恢复其活力。

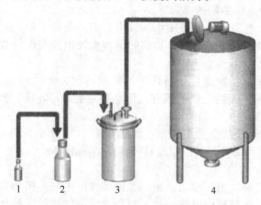

图 5-7　发酵剂的活化和扩大培养步骤
1—商品发酵剂；2—母发酵剂；
3—中间发酵剂；4—生产发酵剂

接种时，对于粉末状发酵剂，将瓶口用火焰充分灭菌后，用灭菌铂耳取出少量，移入预先准备好的培养基中；液态发酵剂菌种，将试管口用火焰灭菌后打开棉塞。用灭菌吸管从试管内吸取 2%～3%菌种纯培养物，立即移入已灭菌的培养基中。稍加摇匀，塞好棉塞。根据采用菌种的特性，调好温度培养。当培养的菌种凝固后，取出 2%～3%，再按上述方法移入培养基中，如此反复数次。待菌种充分活化后（凝固时间、产酸力等特性符合菌种要求），即可用于接种母发酵剂。

培养好的纯培养物，若暂时不用，应将菌种试管保存于 0～5℃冰箱内，每隔 1～2 周移植一次，以保持菌种活力。在正式生产使用时，仍需进行活化处理。

2. 母发酵剂的调制

取新鲜脱脂乳 100～300mL 装入经干热灭菌（170℃ 1～2h）的母发酵剂容器中，以 121℃高压灭菌 15～20min 或采用 30min 连续 3 天间歇灭菌。灭菌后迅速冷却至发酵剂最适宜生长的温度，用灭菌吸管吸取母发酵剂培养基 2%～3%的纯培养物接种，放入培养箱，按所需温度进行培养。凝固后再移植于另外的培养基中，反复接种 2～3 次，用于调制工作发酵剂。

3. 工作发酵剂（生产发酵剂）的调制

取实际生产量的 2%～3%的脱脂乳，装入经灭菌的容器中，以 90℃ 60min 或 100℃ 30min 杀菌后冷却至 25℃。然后无菌操作添加 2%～3%母发酵剂，充分搅拌均匀，在所需温度下进行保温培养。达到所需的酸度和凝固状态后即可取出用于生产或贮存于冷藏库中待用。

母发酵剂、中间发酵剂和工作发酵剂的生产工艺流程如下：

$$\boxed{\text{脱脂乳、鲜乳}} \rightarrow \boxed{\text{加热灭菌}} \rightarrow \boxed{\text{冷却}} \rightarrow \underset{\uparrow \boxed{\text{发酵剂菌种}}}{\boxed{\text{接种}}} \rightarrow \boxed{\text{培养}} \rightarrow \boxed{\text{冷却}} \rightarrow \boxed{\text{贮藏}}$$

4. 发酵剂的质量控制

（1）发酵剂的质量要求　乳酸菌发酵剂的质量，必须符合下列各项要求。

① 凝块　硬度适当，均匀而细腻，富有弹性，组织均匀一致，表面无变色、龟裂、气泡及乳清分离现象。

② 风味　具有优良的酸味和风味，不得有腐败味、苦味、饲料味及酵母味等。

③ 质地　凝块粉碎后，质地均匀，细腻滑润，略带黏性，不含块状物。

按上述方法操作后，在规定时间内凝固，无延长凝固现象。活力测定时（酸度、感官、挥发酸、滋味）符合规定标准。

(2) 发酵剂的质量检查 发酵剂的质量直接关系到成品质量，必须实行严格的检查制度。常用的检查方法如下。

① 感官检查 首先观察发酵剂的质地、组织状况、色泽及乳清析出情况。其次触摸检查凝块的硬度、弹性及黏度。最后品尝酸味是否正常及有无异味。

② 化学性质检查 主要检查滴定酸度，以 $90 \sim 110°T$ 或 $0.8\% \sim 1\%$（乳酸度）为宜。

③ 细菌检查 包括测定总菌数、活菌数和杂菌总数、大肠菌群。

④ 发酵剂活力测定 发酵剂的活力可以利用乳酸菌的繁殖产酸和色素还原等现象来评定。常用的活力测定方法如下。

a.酸度测定 向灭菌脱脂乳中加入 3% 的发酵剂，在 $37.8°C$ 的温箱中培养 $3.5h$。然后测定其酸度。酸度达 0.8% 以上认为较好。

b.刃天青还原试验 在 $9mL$ 脱脂乳中加入 $1mL$ 的发酵剂和 0.005% 的刃天青溶液 $1mL$，在 $36.7°C$ 的温箱中培养 $35min$ 以上，完全褪色则表示活力良好。

二、酸乳加工技术

1. 凝固型酸乳

乳中接种乳酸菌后分装在容器中，乳酸菌利用乳糖产生乳酸等有机酸，使乳的 pH 降低，至酪蛋白的等电点附近，使酪蛋白沉淀凝聚，在容器中成为凝胶状态，这种产品称为凝固型酸乳。在发酵培养及运送、冷却、贮藏过程中，须使半成品、成品保持静止不受振动。凝固型酸乳的生产线见图 5-8。

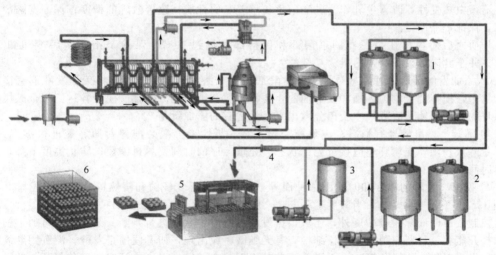

图 5-8 凝固型酸乳的生产线
1—生产发酵剂罐；2—缓冲罐；3—香精罐；4—混合器；5—包装机；6—培养

(1) 工艺流程

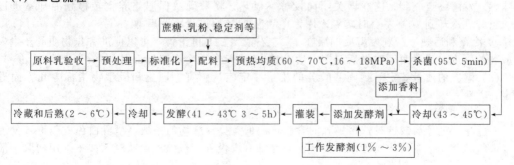

(2) 工艺技术及控制要求

① 原料乳验收　原料乳在入厂时除按规定进行密度测定和酒精试验外，还应有以下几方面的要求。

a.鲜乳中总乳固体≥11.5％，其中非脂乳固体≥8.5％。否则会影响发酵时蛋白质的胶凝作用。

b.不得使用含有抗生素或残留有效氯等杀菌剂的鲜乳。

② 配料　为提高固形物含量，可添加脱脂乳粉，并可配入果料、蔬菜等营养风味辅料。

a.加糖　加糖的目的是提高酸乳的甜味，也可提高黏度，有利于酸乳的凝固。将原料乳加热到50℃左右，加入5％～8％的砂糖，继续升温至65℃。用原料乳将糖溶解后用泵循环通过过滤器进行过滤。

b.乳粉、脱脂乳、炼乳的加入　加入它们可提高固形物含量。乳粉、脱脂乳、炼乳等在投料前，须经过感官评定和理化指标检验。当不采用鲜乳作原料乳而采用脱脂乳制作脱脂酸乳时，脱脂乳可直接进入标准化罐中，按上所述进行加糖处理。

c.稳定剂　稳定剂可选择使用明胶、果胶、琼脂、藻酸丙二醇酯等。使用量为0.3％～0.5％。稳定剂添加前须先充分吸水软化，然后可与糖或糖溶液混合，在搅拌状态下均匀混入原料中。

③ 预热均质

a.预热　物料通过泵进入杀菌器，预热至55～65℃，再送入均质机，可提高均质效果。

b.均质　均质处理可使原料充分混匀，粒子变小，有利于提高酸乳的稳定性和稠度，并使酸乳质地细腻，口感良好。物料在均质机中于15～20MPa压力下均质，再返回杀菌器杀菌。

④ 杀菌和冷却　杀菌的目的是杀死混合料中的微生物；使乳中酶的活力钝化和抑菌物失活；使乳清蛋白热变性，改善牛乳作为乳酸菌生长培养基的性能；改善酸乳的稠度；保证发酵剂正常发酵，保证产品质量。

均质之后的物料在杀菌器的杀菌部和保持部加热到90℃，保持5min，然后冷却到43～45℃。并于此时加入香料，用量为0.2％左右。

⑤ 添加发酵剂　通过计量泵将工作发酵剂连续地添加到物料中，或将工作发酵剂直接添加到物料中，搅拌混合均匀。添加发酵剂前，要将发酵剂进行充分搅拌，使凝乳达到完全破坏的程度，目的是使菌体从凝乳块中游离分散出来。最适宜的添加量是2％～3％。

⑥ 灌装　酸乳容器有瓷罐、玻璃瓶、塑料杯、纸制盒。灌装前要对瓶、盖进行蒸汽灭菌。要尽量降低顶隙，充填环境应接近无菌状态。充填工序的时间要尽量缩短，防止温度下降，延长培养时间。

⑦ 发酵　发酵的温度和时间因菌种而异，用保加利亚乳杆菌和嗜热链球菌混合发酵时，常采用43～45℃培养3～4h。当酸度达到65～70°T时，可从发酵室取出。

控制发酵时间除检查酸度外，还可根据发酵乳的组织状态进行判断。组织状态可通过抽样观察，打开瓶盖，将瓶口稍倾斜，仔细检查有无细微凝粒出现，如有便停止发酵，没有则继续培养发酵。发酵时应注意避免振动，否则会影响其组织状态；发酵温度应恒定，避免忽高忽低。

⑧ 冷却　冷却的目的是迅速而有效地抑制乳酸菌的生长，降低酶的活性，防止产酸过度；稳定酸乳的组织状态，降低乳清析出速度；延长酸乳的保存期限；使酸乳产生一种食后清凉可口的味感。发酵终点一到，应立即关闭向发酵室供热，将酸乳从保温培养室转移到冷却室进行冷却。当酸乳冷却到10℃左右时转入冷库，在品温2～7℃进行冷藏后熟。

⑨ 冷藏和后熟　酸乳发酵凝固后在4℃左右贮藏24h再出售，可以促进香味物质的产生，改善酸乳的硬度，这段时间叫做后熟期（后发酵）。一般最大冷藏期为1周。

(3) 酸乳的质量鉴定　凝固型酸乳的质量鉴定应从感官、理化和微生物指标等几方面进行评定。

① 感官指标

a.色泽　色泽与制造时选用牛乳的含脂量高低有关，应均匀一致，呈乳白色或稍带微黄色。

b.组织状态　凝块均匀细腻，无气泡，允许有少量乳清析出。形状凝固如玉。用勺取一部分放到手上，凝立而不坍。

c.滋味和气味　具有纯酸乳发酵剂制成的酸乳特有的气味和滋味。打开瓶盖，一股天然乳脂香气扑鼻而来。香味的浓淡与酸乳的含脂量有关，全脂乳制作的酸乳，香味较浓。成品应无酒精发酵味、霉味和其他外来的不良气味。

② 理化指标

a.全脂酸乳的脂肪含量≥3.00%；

b.总乳固体含量≥11.50%；

c.适宜酸度为 70～110°T；

d.蔗糖含量≥5.00%；

e.汞含量 0.01mg/kg。

③ 微生物指标　大肠菌群含量≤90 个/100mL，致病菌不得检出。

2. 搅拌型酸乳

搅拌型酸乳是在凝固型酸乳基础上发展起来的一种发酵乳制品，又称为液体酸乳或软酸乳。其发酵过程是在发酵罐中进行的，当乳达到规定酸度后，将酸乳凝块搅碎，加入一定量的调味料（多为果料和香料）后，分装而成。这类制品同酸凝乳的最大区别是先发酵后灌装。产品经搅拌成粥糊状，黏度较大，多用软包装，保质期相对较长，携带方便，风味独特。制造这种酸乳的前段工序与酸凝乳基本一致。

(1) 工艺流程

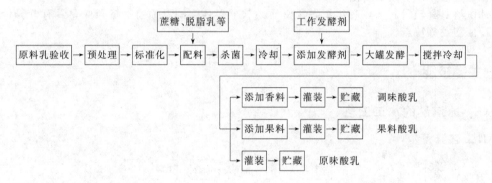

(2) 工艺技术及控制要求

① 原料乳的验收、预处理、标准化、预热均质、杀菌、发酵、冷却　与凝固型酸乳的要求一致。

② 发酵　将接种了工作发酵剂的乳在发酵罐中保温培养，利用发酵罐周围夹层里的热溶剂来维持一定的温度，热溶剂的温度可随培养的要求而变动。发酵罐装有温度计和 pH 计来指示温度和酸度。当酸度达到一定数值后，pH 计可传出信号。在 41～43℃进行培养，经 2～3h，乳在罐中形成凝乳。

③ 搅拌冷却　当罐中酸乳达到发酵终点，应快速降温并且适度搅拌凝乳，用泵将酸乳送入冷却器，冷却温度根据需要而定。一般冷却到 20～30℃。

冷却可采用片式冷却器、管式冷却器、表面刮板式热交换器、冷却缸（槽）等冷却。

搅拌是一个破坏凝乳的过程。原来凝胶中分散着水，搅拌之后，变成了水中分散着凝胶。使酸乳的黏度大大增加。搅拌的方式有机械搅拌和手工搅拌。机械搅拌可采用宽叶搅拌机、锚式搅拌机或涡轮搅拌机。宽叶搅拌机有大的表面积，每分钟缓慢地转动 1～2 次，搅动 4～8min。操作可控制为低速短时间做缓慢的搅拌，也可采用具有一定时间间隔的搅拌方法以获得均匀的搅拌凝乳。

在搅拌过程中可添加草莓、菠萝、橘子果酱或果料而制成相应的果料酸奶。或者添加香料而制成调味酸奶。

④ 灌装　果蔬、果酱和各类型的调香物质等可在酸乳自缓冲罐到包装机的输送过程中加入，

通过一台变速的计量泵连续加入到酸乳中。果蔬混合装置固定在生产线上，计量泵与酸乳给料泵同步运转，保证酸乳与果蔬混合均匀。酸乳可根据需要，确定包装量和包装形式及灌装机。

项目五　冰淇淋加工技术

 **必备知识**

冰淇淋的种类与组成

冰淇淋是以饮用水、甜味剂、乳品、蛋品、食用油脂等为主要原料，加入适量的香料、着色剂、稳定剂、乳化剂等食品添加剂，经混合、灭菌、均质、老化、凝冻等工艺而制成的体积膨胀的冷冻饮品。

冰淇淋的种类很多，加之制造技术的进步，目前已能制出多姿多彩、风味各异的冰淇淋，其分类如下。

按冰淇淋中脂肪含量，可分为高脂型冰淇淋、中脂型冰淇淋、低脂型冰淇淋。

按硬度分有硬质冰淇淋和软质冰淇淋。硬质冰淇淋是经硬化置于冰柜内的冰淇淋，软质冰淇淋在制造过程中没有最后硬化。

冰淇淋具有轻滑而细腻的组织，紧密而柔软的形体、醇厚而持久的风味，具有营养价值丰富、冷凉甜美等特点。

 关键技能

一、冰淇淋的加工工艺

1. 工艺流程

原料乳预处理 → 配料 → 混合 → 杀菌 → 均质
↓
成品冷藏 ← 硬化 ← 灌装、成形 ← 凝冻 ← 老化 ← 冷却

2. 工艺技术及控制要求

（1）原辅料预处理

原辅料的种类很多，性状各异，在配料之前要根据它们的物理性质进行预处理。

① 鲜牛乳　使用之前，用 120 目尼龙或金属绸过滤除杂或进行离心分离。

② 乳粉　使用混料机或高速剪切缸，将乳粉加温水溶解，也可先均质使乳粉分散更均匀。

③ 奶油　检查其表面有无杂质。若无杂质再用刀切成小块，加入杀菌缸。

④ 稳定剂、蔗糖　稳定剂与其质量 5～10 倍的蔗糖混合，再溶解于 80～90℃的软化水中。

⑤ 液体甜味剂　先用 5 倍左右的水稀释、均匀，再经 100 目尼龙或金属绸过滤。

⑥ 蛋制品　鲜蛋可与鲜乳一起混合，过滤后均质使用；冰蛋要加热融化后使用。

⑦ 果汁　果汁在使用之前需搅匀或均质处理。

（2）原料的配比与计算

① 配比原则　先制定质量标准，充分考虑脂肪与非脂乳固体成分的比例、总乳固体含量、糖的种类和数量、乳化剂和稳定剂的选择与数量等。在冰淇淋混合料原料选择和配方计算时，还需考虑原料的成本和对成品质量的影响。例如，为适当降低成本，在一般奶油或奶油冰淇淋中可以采用部分优质氢化植物油代替奶油。

② 配方的计算　冰淇淋配方成分见表 5-3 和表 5-4，现要配 100kg 混合料，求各种原料的需要量。

表 5-3 配料成分

成 分 名 称	含量/%	成 分 名 称	含量/%
脂肪	14	糖	14
非脂乳固体	10	乳化稳定剂	0.5

先计算糖和乳化稳定剂的用量

$$0.14\% \times 100 = 14 \text{ (kg)}$$
$$0.5\% \times 100 = 0.5 \text{ (kg)}$$

表 5-4 原料成分

原料名称	配方成分	含量/%	原料名称	配方成分	含量/%
稀奶油	脂肪	30	脱脂乳粉	总乳固体	96
	非脂乳固体	5.9	糖	蔗糖	100
脱脂乳	总乳固体	9.0	乳化稳定剂		100

再计算稀奶油的需要量

$$14\% \times 100 \div 30\% \approx 46.67 \text{ (kg)}$$

最后计算脱脂乳、脱脂乳粉的需要量

设脱脂乳、脱脂乳粉的需要量为 A、B。

$$A + B + 46.67 + 14 + 0.5 = 100$$
$$0.059 \times 46.67 + 0.09A + 0.96B = 10$$

解上述二元一次方程得

脱脂乳需要量　　　　　　　　　$A = 34.52$ (kg)
脱脂乳粉需要量　　　　　　　　$B = 4.31$ (kg)

(3) 原料的混合 各种原料的配合比例确定后，即可进行混合。混合原料的配制可在杀菌缸内进行，杀菌缸应具有杀菌、搅拌和冷却功能。一般使用夹层锅。

混合要求如下。

① 混合顺序宜从浓度低的液体原料（如牛乳等）开始，其次为炼乳、稀奶油等液体原料，再次为砂糖、乳粉、乳化剂、稳定剂等固体原料，最后以水作容量调整。

② 混合溶解的温度通常为 40～50℃。

③ 使用淀粉时，先用 8～10 倍的水或牛乳调匀，通过 100 目筛过滤，在搅拌条件下徐徐加入混合料中。

④ 使用鸡蛋时，可与 1:4 的水或牛乳搅拌混合。或者先将蛋白与蛋黄分开，蛋黄与少量牛乳混合后加入蔗糖，充分搅拌混合均匀，然后将充分起泡的蛋白加入，最后再将剩余的混合料加入，充分混合。

使用鸡蛋时，杀菌温度需慢慢上升，最好采用 80℃ 15s 的杀菌制度。如温度上升过急，处理时间过久，易使蛋白凝成絮状。

⑤ 香料需在陈化（老化）过程结束后进行凝冻时加入。

⑥ 使用果汁时，需在凝冻操作中途加入，否则由于果汁中的有机酸易使酪蛋白凝固而使组织不良。

(4) 杀菌 杀菌不仅可以杀灭有害微生物，并可使制品组织均匀，气味划一。混合料的杀菌可在配料缸内进行，通常多采用 85～90℃ 5min；若使用板式换热器，杀菌条件为 90～95℃ 20s。杀菌时应将各种原料进行搅拌，充分混合。

(5) 均质 混合原料经均质后，黏度增加，冻结搅拌时容易混入气泡使容积增大，使膨胀率增加，组织滑润，并能防止脂肪的分离。冰淇淋混合料均质一般采用二次高压均质。以 65～75℃最适宜。压力以第一段 13～17MPa，第二段 3～4MPa。

(6) 冷却与老化（成熟） 混合料均质后，通过板式换热器冷却至 0～4℃，并在此温度保持

4～24h。这一操作即称老化。经过陈化（老化）可促进脂肪、蛋白质和稳定剂的水合作用。稳定剂充分吸收水分，料液黏度增加，有利于搅拌时膨胀率的提高。

（7）**凝冻** 凝冻是将混合料在凝冻机的强制搅拌下进行冷冻，使空气以极微小的气泡状态均匀分布于全部混合料中，一部分水成为冰的微结晶的过程。凝冻并非完全冻结（20%～40%的水分冻结），而是成半冻结状态，当搅拌器激烈搅拌时，混合料中即进入适当的空气，而使容积增加 1 倍左右。同时使混合料均匀，组织细腻；既获得适当的膨胀率又提高了稳定性。

凝冻机包括间歇式和连续式两种。间歇式凝冻机的凝冻时间为 5～20min，冰淇淋的出料温度－5～－3℃。连续式凝冻机进出料是连续的，冰淇淋的出料温度－6～－4℃，其空气的混入是靠泵自行调节的。连续式凝冻机必须经常检查膨胀率，从而控制恰当的进出量以及混入的空气量。

冰淇淋的体积要比混合料大，体积的增加可用膨胀率来表示。

膨胀率以 80%～100% 为宜，过低，冰淇淋风味过浓，在口中溶解不良、组织粗硬。过高则变成海绵状组织，气泡大，保形性和保存性不佳，在口中溶解很快，风味平淡。

$$膨胀率 = \frac{混合料的质量 - 同容积冰淇淋的质量}{同容积冰淇淋的质量} \times 100\%$$

$$= \frac{制出冰淇淋的容积 - 混合料容积}{混合料容积} \times 100\%$$

（8）**灌装、成形**

① 灌装 凝冻后的冰淇淋，装入容器不经硬化者，称为软质冰淇淋。装入容器并经硬化者，称为硬质冰淇淋。

冰淇淋可包装于杯中、蛋卷或其他容器中，其中填入不同风味的冰淇淋或用坚果、果料和巧克力等装饰的冰淇淋。离开机器之前包装被加盖，随后通过速冻隧道，在其中最终冷冻到－20℃进行硬化。冰淇淋的形状和包装类型多种多样，有盒装的、插棒的，还有蛋卷锥式的。

② 成形 冰淇淋为半流体状物质，其最终成形是在成形设备上完成的。成形大多在以最终冰淇淋产品的形状命名的灌装机中完成，如锥形冰淇淋灌装机、纸杯冰淇淋灌装机、双色（或三色）冰淇淋灌装机。成形分为浇模成形、挤压成形和灌装成形三大类。

（9）**硬化** 由凝冻机放出的冰淇淋呈半冻结状，组织柔软，有一定的流动性。灌入包装容器或模具中，在－25～－40℃的条件下进行速冻，保持适当硬度，此过程称为硬化。速冻硬化的目的是固定冰淇淋的组织状态，完成冰淇淋中极细小冰结晶形成的过程，使组织保持适当的硬度，保证冰淇淋的质量，以便于销售和运输。

（10）**贮藏** 硬化后的冰淇淋，移于冷藏库中冷藏。冷藏温度以－20℃为宜。

二、冰淇淋的质量控制

1. 配料的质量控制

采用每两周化验一次的制度。保证所有的配料符合相关的卫生标准。脂肪含量的变动不得超过 2%，总固形物的变动不得超过 1%。

2. 成品的质量控制

所生产的每种产品的质量应每周检查一次，检查范围包括口味、坚硬度、质地、色泽、外观及包装。

（1）**风味** 牛乳、稀奶油、炼乳酸度过高或混合料杀菌不充分以及在冻结之前放置太久，会造成细菌繁殖，形成冰淇淋的酸败味。牛乳若带有不清洁味、饲料味、脂肪氧化味或脂肪分解味，以及炼乳、乳粉加热过度造成焦臭味等，也会造成风味劣化。

（2）**组织状态** 影响组织状态的主要因素有混合原料的组成及生产工艺条件，混合料配合不当，均质压力不当，凝冻缓慢、凝冻机刮刀口较钝，进入凝冻机的混合料温度过高、硬化速度缓慢、冷藏温度忽高忽低等，均可能使冰淇淋产生组织粗糙的缺陷。

（3）**形体** 形体主要指保形性。提高总乳固体的含量和稳定剂的用量，或降低制品的膨胀率有利于提高冰淇淋的保形性。但保形性过强则制品融化缓慢，口感过于黏稠。降低总乳固体的含量和稳定剂的用量，或不适当提高制品膨化率，则形体脆弱，保形性较差。混合料黏度太低、膨胀率调整不当、有较大的气泡分散在混合料中，则冰淇淋融化后会形成细小凝块以及产生泡沫现象。

（4）收缩　冰淇淋收缩现象是一个重要的工艺问题。其主要原因如下。

① 膨胀率过高　膨胀率过高，相对降低了固体和液体的组分，从而降低了冰淇淋的黏度。硬化后的冰淇淋移入冷藏库时，冰淇淋内的气体容易逸出，使冰淇淋体积收缩变小。

② 蛋白质稳定性差　蛋白质稳定性差，易使冰淇淋组织缺乏弹性，容易排泄出水分，引起收缩现象。

③ 糖含量过高　含糖量过高，冻结点降低，使冰淇淋的凝冻时间延长，微细结构遭到破坏，形成大量的细小气泡。气泡越小，压力越大，更易逸出，使冰淇淋体积收缩。

项目六　乳粉加工技术

 **必备知识**

乳粉的种类与组成

乳粉使用新鲜牛乳，或以新鲜牛乳为主要原料，配以其他食物原料，经杀菌、浓缩、干燥等工艺过程而制得的粉末状产品。由于产品含水量低，因而耐藏性大大提高，减少了运输量，更有利于调节地区间供应的不平衡。因而，乳粉在我国的乳制品结构中仍然占据着重要的位置。

1. 全脂乳粉

全脂乳粉为新鲜牛乳经标准化、杀菌、浓缩、干燥而制得的粉末状产品。根据是否加糖又分为全脂淡乳粉和全脂甜乳粉。

2. 脱脂乳粉

脱脂乳粉为将新鲜牛乳经预热、离心分离获得脱脂乳，再经杀菌、浓缩、干燥而制得的粉末状产品。因为脂肪含量少，保藏性较前一种要好。

3. 配制乳粉

配制乳粉为在牛乳中添加目标消费对象所需的各种营养素，经杀菌、浓缩、干燥而制成的粉末状产品，如婴儿配方乳粉、中小学生乳粉和老年乳粉等。

4. 特殊配制乳粉

特殊配制乳粉为将牛乳的成分按照特殊人群营养需求进行调整，然后经杀菌、浓缩、干燥而制成的粉末状产品。如降糖乳粉、降血脂乳粉和高钙助长乳粉等。

5. 速溶乳粉

速溶乳粉为在制造乳粉过程中采取特殊的造粒工艺或喷涂卵磷脂而制成的溶解性、冲调性极好的粉末状产品。

6. 稀奶油粉

稀奶油粉为用稀奶油干燥而成的粉末状物。含脂量高，易氧化。

7. 乳清粉

将生产干酪排出的乳清经脱盐、杀菌、浓缩、干燥而制成的粉末状产品。

8. 酪乳粉

由酪乳干制成的粉末状产品。其含有较多的卵磷脂。

乳粉的主要种类和组成见表 5-5。

表 5-5　乳粉的主要种类和组成（质量分数）　　　　　　　%

种　类	水分	脂肪	蛋白质	乳糖	灰分	乳酸
全脂乳粉	2.00	27.00	26.50	38.00	6.05	
脱脂乳粉	3.23	0.88	36.89	50.52	8.15	0.14
调制乳粉	2.60	20.00	19.00	54.00	4.40	
特殊调制乳粉	2.50	26.00	13.00	56.00	3.20	
脱盐乳清粉	3.00	1.00	15.00	78.00	2.90	0.10
稀奶油粉	0.66	65.15	13.42	17.86	2.91	

 关键技能

一、全脂乳粉加工技术

1. 工艺流程

全脂乳粉和全脂加糖乳粉一般用喷雾干燥法制得，其流程如下。

2. 工艺技术及控制要求

（1）原料乳的标准化

① 生产全脂乳粉、加糖乳粉、脱脂乳粉及其他乳制品时，必须对原料乳进行标准化。即必须使标准化乳中的脂肪与非脂乳固体之比等于产品中脂肪与非脂乳固体之比。

② 生产加糖乳粉及其他乳制品时，必须按照标准化乳的乳固体含量计算加糖量，使其符合该产品的要求。

添加的蔗糖须符合国家标准 GB/T 317—2018 优级或一级品规格，应干燥洁白、有光泽，无任何异味、臭味，蔗糖含量不少于 99.65%，还原糖含量不多于 0.1%，水分含量不多于 0.07%，灰分含量不多于 0.1%，加糖时现多采用牛乳直接化糖，这样会减轻浓缩负担，有利于节约能源。

生产加糖乳粉的加糖方法，有以下三种。

a. 预热杀菌时加糖。

b. 将蔗糖粉碎后灭菌，然后与干燥完了的乳粉混合、装罐。

c. 预热杀菌时加一部分糖，装罐前再加一部分糖。

采用哪一种方式，视蔗糖质量、燃料成本及工厂的设备条件而定。后加糖获得的乳粉相对密度较大，成品乳粉的体积较小，可节省包装费，但产品中含糖的均匀性不理想，二次污染的机会大。前期加糖使产品的含糖均匀一致，溶解度较好，但产品的吸湿性较大。一般蔗糖含量在20% 以下者，宜采用 a 法和 b 法。因蔗糖有热熔性，在喷雾干燥塔中流动性差，易粘壁和形成团块。所以当蔗糖含量超过 20% 时，宜采用 b 法或 c 法。带有流化床干燥的设备，以采用 b 法为宜。

（2）**预热杀菌**　牛乳经过预热杀菌利于保藏。现在大多采用高温短时间杀菌或超高温瞬时杀菌法。设备上使用板式或管式杀菌器，采用 80～85℃ 30s 或 95℃ 20s 的杀菌条件，或采用 120～135℃ 2～4s 的超高温瞬时杀菌。

（3）**浓缩**　牛乳属于热敏性物料，浓缩宜采用真空浓缩。经浓缩后的喷雾干燥的乳粉，颗粒比较粗大，具有良好的流动性、分散性、可湿性和冲溶性，乳粉的色泽也较好。真空浓缩大大降低了乳粉颗粒内部的空气含量，颗粒致密坚实，不仅有利于乳粉的保藏，而且利于包装。

浓缩的程度一般为原料乳体积的 1/4，这时牛乳的浓度为 12～16°Bé（50℃），乳固体含量为 40%～50%，相对密度为 1.089～1.100。

浓缩设备，小型工厂多用单效真空浓缩罐，较大规模的工厂多采用双效或三效以上的真空蒸发器，其中以降膜式带热压泵者使用最多，个别有用片式蒸发器的。

（4）喷雾干燥　浓奶温度在 45～50℃，可立即进行喷雾干燥。被广泛使用的喷雾干燥方法有压力喷雾和离心喷雾两种方法。

① **喷雾干燥原理**　喷雾干燥的原理是向干燥室中鼓入热空气（130～180℃，有的装置达200℃以上），同时将浓奶借压力或高速离心力的作用，通过喷雾器（或雾化器）喷成雾状的直径为 10～100μm 的微细乳滴。这些微细乳滴显著地增大了表面积，与热风接触，瞬间可将乳滴中的大量水分除去，乳滴变为乳粉降落在干燥室的底部。

鼓入干燥塔的热风温度虽然很高，但由于雾化后大量微细乳滴中水分瞬间（0.01～0.04s）被蒸发除去，气化潜热很大，因此乳滴乃至乳粉颗粒受热温度不会超过 60℃，蛋白质不会因受热而明显变性，所以复水后的乳粉，其风味、色泽、溶解度与鲜乳大体相似。

② **喷雾干燥工艺流程**（图 5-9）　微细乳滴干燥成粉末后，沉降在干燥塔底部，通过出粉装置连续卸出，经冷却、过筛后贮存。水蒸气被热风带走，从干燥器排风口排出。与空气混在一起的一些小的、轻的乳粉颗粒经过一个或多个旋风分离器的分离后，再混回到包装乳粉中。而除去乳粉的空气由风机排出。

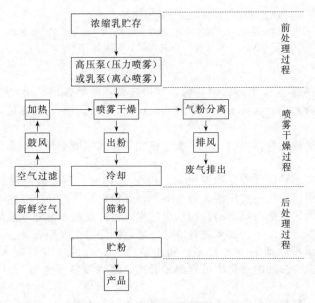

图 5-9　喷雾干燥工艺流程

③ **喷雾干燥装置**　通常压力喷雾使用并流卧式或立式干燥机，离心喷雾只能使用立式干燥机。

近年来，常采用二段干燥机和多段干燥机。即在干燥初期，通过热空气将乳滴中的绝大多数水分瞬间除去。当水分降至 5%～8% 时，从干燥塔卸出，进入流化床，即进入干燥后期。乳粉在流化床上停留的时间较长，直至达到水分要求为止。二段干燥机和多段干燥机可降低干燥塔的高度和容积，提高热效率，节约基本建设费用和运转费用（图 5-10）。

雾化干燥塔的主要部分为雾化器。理想的雾化器应能将浓乳稳定地雾化成均匀的乳滴，并能散布于干燥塔的有效空间，而不喷到塔壁上，还能与其他喷雾条件相配合，喷出符合质量要求的产品。雾化器的形式有压力喷雾雾化器和离心喷雾雾化器。

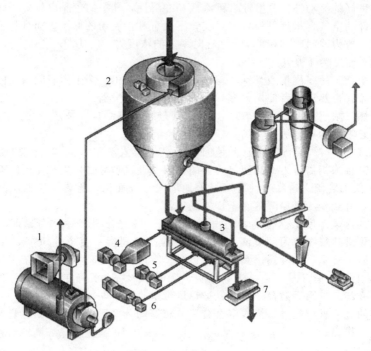

图 5-10　乳粉的二段喷雾干燥生产工艺流程

1—间接加热器；2—干燥室；3—振动流化床；4—流化床空气加热器；

5—流化床冷却气；6—流化床除湿冷却气；7—过滤筛

（5）冷却与筛粉

① 出粉、冷却　喷雾干燥中形成的乳粉，尽快连续不断地排出干燥室外，以免受热时间过长，特别对于全脂乳粉来说，会使游离脂肪酸含量增加，不但影响乳粉质量，而且在保藏中也容易引起氧化变质。

卧式干燥室采用螺旋输粉器出粉，而平底或锥底的立式圆塔干燥室则都采用气流输粉或流化床式冷却床出粉。

气流输粉方式，其输粉的优点是速度快，大约在 5s 内就可将喷雾室内的乳粉送走，同时在输粉管中进行冷却。但因为气流速度快，约 20m/s，乳粉在导管内易受摩擦而产生多量的微细粉尘，致使乳粉颗粒不均匀；筛粉筛出的微粉量也过多，不好处理；另外气流冷却的效率不高，使乳粉中的脂肪仍处于其熔点之上。如果先将空气冷却，则经济上又不合算。

目前采用流化床出粉冷却的方式较多，利用经冷却处理的空气的吹入，可将乳粉冷却到18℃。微粉的生成量减少。同时流化床可将细粉分离，送入喷雾干燥塔，与刚雾化的乳滴接触，形成较大的粉粒。

无流化床设备时，可将乳粉收集于粉箱中，过夜冷却。冷却后，过 20～30 目筛后即可包装。

② 贮粉　贮粉的原因：一是可以集中包装时间（安排 1 个班白天包装）；二是可以适当提高乳粉表观密度，一般贮粉 24h 后密度可提高 15%，有利于装罐。但是贮粉仓应有良好的条件，应防止吸潮、结块和二次污染。如果流化床冷却的乳粉达到了包装的要求，可进行包装。

（6）包装　全脂乳粉采用马口铁罐抽真空充氮包装，即将乳粉称量、装罐、预封后送入回转式自动真空充氮封罐机内，在 83.99～85.32kPa 下，通入纯度为 99% 的氮气，达到 6.8～20.58kPa 的压力后进行封罐。真空充氮包装的乳粉，保质期可达 3 年以上。

短期内销售的产品，多采用聚乙烯塑料复合铝箔袋包装。基本上可避免光线、水分和气体的渗入。

包装规格大小不等，其中以 454g 最多。食品加工原料用的乳粉，通常用马口铁罐 12.5kg 包装，或用聚乙烯薄膜袋包装后套三层牛皮纸的 25kg 包装。

包装间最好配置空气调温调湿装置，使室温保持在 20～25℃，相对湿度保持在 75% 以下。

3. 全脂乳粉的质量控制

（1）**脂肪分解味（酸败味）**　由于乳中解脂酶的作用，使乳粉中脂肪水解而产生游离的挥发性脂肪酸。为防止这种现象，必须严格控制原料乳的微生物数量，同时杀菌时将脂肪分解酶彻底灭活。

（2）**氧化味（哈喇味）**　不饱和脂肪酸氧化产生氧化味的主要因素是空气、光线、重金属（特别是铜）、过氧化物酶和乳粉中的水分及游离脂肪酸含量。

（3）**棕色化**　水分在 5% 以上的乳粉贮藏时会发生羰-氨反应，产生棕色化，温度高则加速这一反应。

（4）**吸潮**　乳粉中的乳糖呈无水的非结晶的玻璃态，易吸潮。当乳糖吸水后使蛋白质彼此黏结而使乳粉结块，因此应保存在密闭的容器中。

（5）**细菌引起的变质**　乳粉打开包后会逐渐吸收水分，当水分超过 5% 以上时，细菌开始繁殖，使乳粉变质。所以乳粉开包后不应放置过久。

二、脱脂乳粉加工技术

以脱脂乳为原料，经杀菌、浓缩、喷雾干燥而制成的乳粉即脱脂乳粉。因含脂率低（不超过 1.25%），所以耐保藏，不易氧化变质。该产品一般多用作食品工业原料，如制饼干、糕点、面包、冰淇淋及脱脂鲜干酪等。目前速溶脱脂乳粉因使用十分方便，广受消费者的欢迎，该乳粉是食品工业中一项非常重要的蛋白质来源。

脱脂乳粉加工的工艺流程如下。

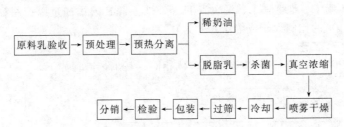

脱脂乳粉的生产工艺流程与全脂乳粉一样，凡生产奶油或乳粉的工厂都能生产脱脂乳粉。脱脂乳粉均采用大包装，用聚乙烯塑料薄膜袋包装，外面再用三层牛皮纸袋套装封口。

三、调制乳粉加工技术

调制乳粉是 20 世纪 50 年代发展起来的一种乳制品。调制乳粉是指针对不同人的营养需要，在鲜乳或乳粉中添加各种营养素经加工干燥而成的乳制品。调制乳粉的种类包括婴儿乳粉、中老年乳粉及其他特殊人群需要的乳粉。最初调制乳粉主要是针对婴儿营养需要，在乳中添加某些必要的营养成分经加工制成的。初期为加糖乳粉，后来发展成为模拟人乳的营养组成，通过添加或提取牛乳中的某些成分，使其组成在数量上和质量上都接近人乳，制成特殊调制乳粉，即所谓"母乳化"乳粉。母乳化乳粉又称婴儿乳粉。近年来，随着社会经济的发展和科学技术的进步，又涌现出许多具有生理调节功能和疗效作用的调制乳粉，即所谓功能性乳粉。

1. 婴儿乳粉的特性

母乳是婴儿最好的营养品，牛乳被认为是人乳的最好代用品。但牛乳的营养组成与人乳有所不同，牛乳中蛋白质和灰分量比人乳多，而乳糖则较少。用牛乳喂养婴儿会发生种种营养障碍，很难满足婴儿的生长发育需要。因此，需要将牛乳中的各种成分进行调整，使之接近于母乳，并加工成方便食用的粉状产品。

2. 婴儿乳粉营养成分调整

（1）**蛋白质的调整**　牛乳蛋白质含量高，为人乳的 5 倍，且酪蛋白与乳清蛋白的比例为

5：1，人乳接近1：1。因此，人乳的蛋白质在婴儿胃中形成凝块细小易消化，牛乳凝块大易导致婴儿消化不良，故必须加以调整。调整方法如下。

① 加脱盐的干酪乳清，增加乳清蛋白量，调整酪蛋白与乳清蛋白近于人乳比例。

② 用蛋白分解酶对乳中酪蛋白进行分解。

（2）脂肪的调整　牛乳和人乳的脂肪含量无大差别，但构成油脂的脂肪酸含量不同，牛乳脂肪中饱和脂肪酸多，不饱和脂肪酸少，尤以亚油酸、亚麻酸类的必需脂肪酸少（为脂肪酸总量的2.2％，人乳的12.8％）。所以牛乳脂肪的吸收率比人乳脂肪低20％以上。调整方法如下。

① 强化亚油酸，以提高乳脂肪的消化率，强化量达脂肪酸总量的13％。

② 改善乳脂肪的结构。

③ 改善脂肪的分子排列。

以上可通过加植物脂肪解决，如精制玉米油、大豆油等。

（3）糖类的调整　牛乳和人乳中的糖类绝大部分是乳糖，但牛乳中乳含量比人乳少得多，且主要是α型，人乳主要是β型。β型乳糖对双歧杆菌的生长繁殖有刺激作用，抑制大肠杆菌的生长繁殖；α型则能促进大肠杆菌的生长。人乳中乳糖/蛋白质约为6.5，而牛乳约为1.5。

（4）矿物质的调整　牛乳中矿物质含量相当于人乳的3.5倍，这会增加婴儿的肾脏负担。通常用大量添加脱盐乳清粉的办法加以稀释。但需要补加铁等微量元素，并且控制$Ca/P=1.2\sim2.0$，$K/Na=2.88$左右为宜。

（5）维生素的调整　婴儿乳粉应充分强化维生素，特别是叶酸和维生素C，它们对芳香族氨基酸的代谢起辅酶作用，婴儿乳粉一般添加的维生素为维生素A、维生素B_1、维生素B_6、维生素B_{12}、叶酸、维生素C、维生素D、维生素E等。维生素E的添加量以控制维生素E（mg）和多不饱和脂肪酸（g）的比例大于或等于0.8为宜。

3. 婴儿乳粉生产工艺

婴儿乳粉生产工艺与一般乳粉生产工艺大体相同，其工艺流程如下。

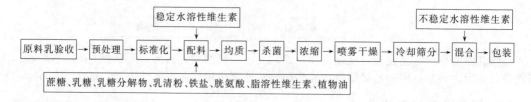

四、速溶乳粉加工技术

速溶乳粉是以某种特殊工艺制得的乳粉。用水冲调复原，能迅速溶解，不结团，即使在冷水中也能速溶。这种乳粉颗粒粗大、均匀、干粉不会飞扬。其所含的乳糖呈水合结晶态，在保藏期间不易吸湿结块。

喷雾干燥法生产速溶乳粉，有再润湿法（二段法）和直通法（一段法）之分。再润湿法是以喷雾干燥制得的乳粉为基粉，于再湿润干燥器中，通过湿空气或乳液雾滴使其附聚成团粒，再进行干燥、冷却制成乳粉。直通法不需预先制成基粉，而是在喷雾干燥塔下部连接一组直通式速溶乳粉瞬间形成机，连续地在流化床中进行附聚、干燥、冷却制成乳粉。

目前市场上的速溶乳粉主要有全脂速溶乳粉和脱脂速溶乳粉两种。在生产中包括以下两个关键环节。

① 附聚采用高浓度、低压力、大孔径喷头、低转盘转速，可以使乳粉颗粒较大，经附聚后得到颗粒直径更大和颗粒分布频率在一定范围内的乳粉，从而改善乳粉的下沉性。

② 全脂速溶乳粉可喷涂卵磷脂。卵磷脂是一种两性物质，既亲水又亲油，从而可以改善乳粉颗粒的可湿性、分散性，使乳粉的速溶性大大提高。

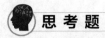 **思考题**

1. 牛乳中有哪几种蛋白质？
2. 简述巴氏杀菌乳的加工工艺流程。
3. 冰淇淋生产中凝冻的主要目的是什么？
4. 冰淇淋的质量标准有哪些？
5. 喷雾干燥的原理是什么？
6. 简述全脂乳粉的质量标准与控制。
7. 滴定酸度测定的原理是什么？

 实训项目一　牛乳新鲜度检验

【酒精试验】

（一）实训目的

掌握酒精试验的原理和方法，了解测定酒精稳定性的实际意义。

（二）实训原理

一定浓度的酒精能使高于一定酸度的牛乳蛋白质产生沉淀。乳中蛋白质遇到同一浓度的酒精，其凝固现象与乳的酸度成正比，即凝固现象越明显，酸度越大。乳蛋白质遇到浓度高的酒精，易于凝固。

乳中酪蛋白胶粒带有负电荷，酪蛋白胶粒具有亲水性，在胶粒周围形成结合水层。所以酪蛋白在乳中以稳定的胶体存在。当乳中酸度增高时，酪蛋白胶粒带有的负电荷被 H^+ 中和。同时，酒精具有脱水作用，浓度越大，脱水作用越强。酪蛋白胶粒周围结合水层易被酒精脱水而发生凝固。

（三）材料与用具

1mL、2mL 吸管，10mL 玻璃试管，68%、70%、72%的酒精。

（四）操作步骤

① 取试管 3 只，编号（1号、2号、3号），分别加入同一乳样 1～2mL。

② 3 只试管分别注入等量的 68%、70%、72%的酒精，混合摇匀。

③ 观察有无絮片出现，确定乳的酸度。不出现絮片的牛乳为酒精试验阴性，表示其酸度较低；而出现絮片的牛乳为酒精试验阳性，表示其酸度较高（表5-6）。

表 5-6　酒精浓度与酸度关系

酒精浓度/%	不出现絮片的酸度
68	20°T 以下
70	19°T 以下
72	18°T 以下

注：实验温度以 20℃ 为标准。

【滴定酸度的测定】

（一）实训目的

掌握测定酸度的原理和方法，了解测定酸度的实际意义。

（二）实训原理

乳挤出后在存放过程中，由于微生物活动，分解乳糖产生乳酸，而使乳的酸度升高。测定乳的酸度，可判断乳是否新鲜。

乳的滴定酸度常用吉尔涅尔度（°T）和乳酸度（乳酸%）表示。

吉尔涅尔度（°T）是以中和 100mL 乳中的酸，消耗 0.1mol/L NaOH 的体积（mL）表示。乳酸度（乳酸%）是指乳中乳酸的质量分数。

（三）材料与用具

（1）仪器　25mL 碱式滴定管、滴定架、150mL 三角瓶、10mL 吸管。

（2）试剂　0.5％酚酞指示剂、0.1mol/L NaOH 标准溶液。

（四）操作步骤

精确吸取 10mL 乳样，注入 150mL 三角瓶中，加入 20mL 新煮沸冷却后的蒸馏水，再加 1～2 滴酚酞指示剂，混匀。用已标定的 0.1mol/L NaOH 标准溶液滴定至粉红色，并在半分钟内不褪色为止。记录所消耗的 NaOH 的体积（mL）。

（五）结果计算

$$酸度（°T）=\frac{10 \times V \times c}{0.1000}$$

式中　V——样品消耗 0.1mol/L NaOH 标准溶液的体积，mL；

$\quad\quad c$——实际标定的 0.1mol/L NaOH 标准溶液的浓度，mol/L；

$\quad$0.1000——消耗 0.1mol/L 的 NaOH 的体积，mL。

$$乳酸度＝酸度（°T）\times 0.009 \times 100\％$$

式中　0.009——乳酸换算系数，即 1mL 0.1mol/L NaOH 相当于 0.009g 乳酸。

 实训项目二　乳的成分测定

【实训目的】

利用牛乳红外分析仪测定牛乳的主要成分。

【实训原理】

牛乳红外分析仪是一种能够在半自动情况下，同时测定牛乳中蛋白质、脂肪、乳糖和水分的仪器。将乳样加热到 40℃，经仪器泵吸入，在样品池中恒温、均化，使乳中蛋白质等物质均匀一致。由于各组分在红外线光谱区中各自有独特的吸收波长，当红外光束通过不同的滤光片和样品溶液时，其余波长的红外线能由球面镜聚集到测定仪上，通过电子转换和计算参比值及样品值的对比，直接显示出各组分的含量。

【材料与用具】

（1）仪器　牛乳红外分析仪。

（2）试剂　洗涤剂 0.01％氘重水、1％乙酸溶液、牛乳防腐剂、重铬酸钾（1mL 试样加入 0.6mg）、2.5％丙酸钙溶液。

【操作步骤】

① 将仪器恒温调试校正零点，调节搅拌器和吸管的位置。

② 吸定量乳样于 40℃水浴槽加热，混合均匀。

③ 进样。当样品溶液完成测试循环，仪表相继显示蛋白质、脂肪、乳糖和水分的质量分数，并以两次测量结果为最终结果。

④ 样品测试完毕，用洗涤剂以同样方法对仪器进行清洗。

【注意事项】

① 使用前必须进行调试。

② 更换样品时，需擦净样品吸入管。

③ 样品中各组分必须先由经典标准方法进行测定，然后用红外分析仪测定，以经典标准方法的测定结果校正仪器分析测定结果，最终以仪器结果为准。

 实训项目三　酸乳的制作

【实训目的】

通过训练掌握凝固型酸乳和搅拌型酸乳的制作技术。

【实训原理】

乳中接种乳酸菌发酵剂，乳酸菌发酵乳中乳糖产生乳酸，当 pH 值达到酪蛋白的等电点时，酪蛋白胶粒凝聚形成具有网状结构的凝乳状产品。

【材料与用具】

（一）仪器设备

恒温箱、冰箱、电炉、电子秤、玻璃瓶、杀菌锅、温度计。

（二）原辅材料

鲜牛乳（或全脂奶粉）、脱脂乳粉、白砂糖、乳酸菌等。

【操作步骤】

（一）发酵剂的制备

1. 培养基制备

用脱脂乳粉制备 10％～12％的复原脱脂乳，用试管或三角瓶分装，置于高压灭菌器中，121℃ 15min 灭菌。

2. 发酵剂的活化与扩培

将灭菌后的脱脂乳冷却到 43℃，按照无菌操作的要求按 2％～4％比例在脱脂乳中加入母发酵剂（或中间发酵剂），在恒温培养箱中 42℃培养至脱脂乳凝固，取出后置于 4℃冰箱中保存。

（二）凝固型酸乳的制作

① 用鲜乳或用乳粉制作 10％～12％的复原乳，鲜乳或乳粉要求质量高、无抗生素和防腐剂。

② 将原料乳（或复原乳）加热到 50～60℃，加入 6％～9％的糖和 0.1％～0.5％的稳定剂，混合均匀。

③ 用均质机在 16～18MPa 压力下对原料乳进行均质。

④ 均质后乳在 90～95℃ 5min 条件下杀菌。

⑤ 杀菌乳冷却至 43～45℃，按 2％～4％接种发酵剂，发酵剂需搅拌均匀后再加入，加入发酵剂的同时进行充分搅拌，使之均匀。

⑥ 将接种后的乳装入销售容器后封口，在 42℃发酵 3～4h。

⑦ 乳凝固后将酸乳瓶置于 4℃左右冰箱中保存 24h。

（三）搅拌型酸乳的制作

① 与凝固型酸乳的①～⑤步骤相同。

② 原料乳接种后，直接在发酵罐中发酵，维持 42℃发酵 3～4h，直至乳凝固，pH 达到 4.2～4.5 时，打开发酵罐中的搅拌器搅拌均匀并冷却至 10℃，同时添加香精或果料。

③ 搅拌均匀后的凝乳灌装到容器中，放入 4℃左右冰箱中保存 24h。

【注意事项】

① 制备发酵剂应严格执行无菌操作，防止杂菌污染影响发酵质量。

② 发酵结束后应迅速降低发酵乳的温度，防止产酸过度，影响产品口感。

实训项目四　酸乳饮料的制作

【实训目的】

掌握酸乳饮料的制作原理；学习酸乳饮料的基本加工操作。

【材料与用具】

设备：恒温箱、冰箱、电炉、电子秤、玻璃瓶、杀菌锅、温度计。

原辅材料：酸乳 30％～40％、糖 11％、果胶 0.4％、果汁 6％、20％乳酸 0.23％、香精 0.15％、水 52％。

【操作步骤】

① 牛乳过滤、预热、均质、杀菌、接种与发酵、冷却（操作同酸乳制作）。

② 根据配方将稳定剂、糖混匀后，溶解于 50～60℃的软水中，待冷却到 20℃后与一定量的

酸乳混合并搅拌均匀，同时加入果汁。

③ 配制浓度为 20% 的溶液（乳酸：柠檬酸＝1：2），在强烈搅拌下缓慢加入酸乳，直至 pH 达到 4.0～4.2，同时加入香精。

④ 将配好的酸乳预热到 60～70℃，于 20MPa 下进行均质。

⑤ 将酸乳饮料灌装于包装容器内，并于 85～90℃下杀菌 20～30min。

⑥ 杀菌后将包装容器进行冷却。

【注意事项】

① 加酸时在高速搅拌下缓慢加入，防止局部酸度过高造成蛋白质变性。

② 保证正确的均质温度和压力，使稳定剂发挥作用。

 实训项目五　冰淇淋的制作

【实训目的】

通过实验初步掌握冰淇淋生产工艺。

【材料与用具】

（1）设备　杀菌锅、均质机、冰淇淋机、冷藏箱。

（2）原辅材料　牛奶 500g、奶油 25g、砂糖 150g、蛋黄 100g、香草香精适量。

【操作步骤】

① 把砂糖加入蛋黄中混合搅打均匀。

② 将煮沸的牛奶渐渐倾入糖和蛋黄的混合液中，充分搅打均匀。

③ 微微加热使温度保持在 70～75℃。

④ 用细目筛过滤。

⑤ 用实验均质机均质，直至滑润并有一定稠度为止。

⑥ 进入冰淇淋机冻结。冻结后即可食用，或装入容器放在冰箱中硬化 24h。

案例

模块六　水产品加工技术

通过本模块学习，使学生了解水产品的加工现状，掌握水产品保活保鲜技术、水产调味、干制品加工、水产罐头加工、水产腌熏制品加工、海藻食品加工、鱼糜制品等的加工技术。

思政与职业素养目标

1. 学习海洋资源相关法律法规和国家政策，在重视海洋资源开发的同时，更要注重资源保护。
2. 学习环保知识和法规，增强环保意识，领悟保护自然、保护环境就是保护食品之源。

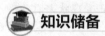 **知识储备**

水产品加工是指鱼虾贝类原料经加工生产出符合食品营养学和营养生理学要求的，多品种、多花样的方便食品和保健食品。它是渔业生产活动的延伸和拓展，是渔业产业化经营链中的重要一环。它不仅可提高资源的有效利用率，还可直接促进产品的销售，并带动其他相关行业（如贮存、运输、保鲜、包装、物流等）的发展，是提高水产品综合效益和附加值的重要途径。大力发展水产加工业，是我国进行经济结构调整和产业结构升级的需要，对促进农业增效、农民增收和农村经济的发展具有重要意义。目前我国正致力于开发海洋经济、发展海洋经济、建设海洋经济强国，发展水产加工业是关键之处。

目前，我国水产品总产量占到世界的1/3以上，已连续16年名列世界第一，且水产品人均占有量超过了世界平均水平。"吃鱼难，鱼价贵"早已成为历史，取而代之的是"卖鱼难，鱼价低"，水产品季节性、地区性过剩现象严重，部分地区出现"压塘压库"现象，这些情况一直制约着水产业的发展，迫切要求加快水产加工业的发展。而且，随着我国捕捞产量的"负增长"，水产品总量继续增长幅度有限，在这种情况下，提高水产加工率和加工水平，就成了增加水产业整体经济效益、促进产业升级的必由之路。

一、水产品加工的现状

我国水产品加工方式多样，历史悠久，可分为传统工艺与现代工艺两种。传统加工主要指腌制、干制、熏制、糟制及天然发酵等。随着我国国民经济的发展、科学技术的进步以及国外先进生产设备和加工技术的引进，我国水产品加工技术、方法和手段已发生了根本性的改变，水产加工品的技术含量与经济附加值均有了较大提高，已形成了一大批包括鱼糜制品加工、紫菜加工、烤鳗加工、罐装和软包装加工、干制品加工、冷冻制品加工和保鲜水产品加工在内的现代化水产品加工企业，成为我国水产行业迅猛发展并与国际市场接轨的主要动力和纽带。目前，我国水产加工业的整体实力明显提高，加工技术水平不断上升，质量卫生意识大大增强，一批"龙头"加工企业与名牌相继涌现，品种结构合理，产品多样，并已成为水产品出口的主导产品。

二、我国水产品加工业存在的问题

1. 加工比例和科技含量较低，已成渔业发展"瓶颈"

由于水产品加工业是一门应用性学科，国家长期以来一直忽略了对水产品加工业的投入，尤其是基础理论的研究。目前加工比例约35%，与发达国家的60%～90%相比，差距较大。此外，冷冻品、干制品和烟熏制品约占75%，可见我国目前水产品加工仍以粗加工为主。淡水水产资源占全国渔业资源的42%，而加工比例仅占8%，产品科技含量较低，低值淡水鱼得不到高附加值的提升。

2. 水产品加工技术装备较落后

近 20 年来，我国水产加工设备包括鱼粉生产、冷冻鱼糜和鱼糜制品生产、烤鳗和裙带菜加工线、螺旋式速冻机等大部分都依赖进口，而国内的研发力量相对比较薄弱。进入 21 世纪后，主要是引进、消化和模仿生产一批设备，但质量尚不够稳定，自主开发能力欠缺，而这一产业对提高加工水平和技术起到至关重要的作用，发展潜力很大。

3. 水产品标准与法规体系尚不健全

我国水产品加工标准、法规建设滞后，国际采标率相对较低，关键原因是水产品危害因子的检验方法和检测手段尚不完善，尤其是抗生素、农药残留、重金属检测方法和手段上严重落后于发达国家，因而对相应的指标和基础数据的掌握不全面，从而造成标准法规建设滞后，受制于发达国家。

4. 水产品加工企业通过质量认证的比例较低

我国有 8200 多家水产品加工厂，通过食品安全管理体系认证的企业只有 6.4％，与日本和泰国 80％以上企业的通过率相比存在较大的差距。质量管理相对薄弱，因而先后出现了虾的氯霉素事件，烤鳗的亚硝酸汞和噁诺沙星，南美白对虾的呋喃唑酮，水发水产品的甲醛、敌百虫和磷酸盐等问题，不仅影响产品的出口创汇，而且严重危害人体的健康与安全。

5. 海洋药物研究体系不尽完善

海洋药物的研究是一项涉及多学科、跨行业的系统工程。从目前海洋药物研究现状来看，一方面人才缺乏，尤其是药物学、医学方面的人才，学科综合研究能力薄弱；另一方面由于药物研究投入大、周期长、成本高、风险大的缘故，各部门都不敢贸然投入，导致新药开发滞后。与国际先进水平相比，还存在相当差距，技术体系尚不完善，筛选系统尚不健全，基础研究缺乏深度。目前仅有 5 种海洋药物获批准上市，其他大部分都停留在保健品行列。

三、水产品加工的发展趋势

1. 加工设备自动化，加工技术高新化

国外发达国家十分注重产业设备的研究和更新。随着技术的进步，微胶囊技术、高效浓缩发酵技术、膜分离技术、微波技术、超高压技术、超微粉碎技术、超临界流体萃取技术、膨化与挤压技术、基因工程等高新技术正在不断扩大在水产品加工业中的应用。

2. 加工利用生态化

国外发达国家十分重视从环保和资源循环利用的角度引导产业发展，因此，企业在发展过程中始终考虑如何更有效地利用资源，达到"生态加工"的目的，使水产资源转化成高附加值产品，也是目前水产品加工业发展的主要走势之一。

3. 海洋生物资源利用优先化

海洋药物与保健食品是当前海洋生物技术高科技产品，欧洲、日本、美国等近年十分重视对这一产业的研究开发。美国不断加大对海洋生物资源研究的投入，专门设立了海洋生物工程研究基金，数千种海洋生物进行了各种生物活性物质的筛选，取得了一些重大进展。因此，从海洋（淡水）生物中发现、提取生理活性物质是未来研究开发的热点。

4. 科研经费的投入良性化

在一些技术领先的发达国家，政府和企业十分重视对产业科技研发的投入，企业利润 5％～15％投入到研发中去（而在国内调查显示，我国只有少数大型企业有 2％～3％的比例投入，其他企业则几乎无投入），目前已基本形成了科技研发—产业化—利润回报—再投入的良性循环。

项目一　水产品保活保鲜技术

 必备知识

中国水产资源丰富，水产品种类繁多。水产品具有低脂肪、高蛋白的特点，是合理膳食结构中不可缺少的重要组分，已成为人们摄取动物性蛋白质的重要来源，并且鱼、虾、蟹等水产品肉

质鲜美，风味独特，常有"河鲜"、"海鲜"之美称，深受广大消费者的青睐，而随着人们生活水平的不断提高，鲜活水产品市场无论是在品种、价格、供销体系等诸多方面都发生了巨大的变化，从目前国内外市场看，鲜度较好的水产品不仅畅销，且价格看好，而鲜度较差的恰恰相反，由此可见，不论是优质水产品还是低价水产品，鲜度是最主要的品质指标，是决定其价格的主要因素。因为水产品容易腐败变质，所以必须加强水产品的保活和保鲜。

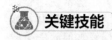 **关键技能**

一、水产品保活技术

水产品保活的目的是使其不死亡或少死亡，因此必须维持或者接近其赖以生存的自然环境，或者通过一系列的措施降低其新陈代谢活动。在保活过程中，必须注意水产品的状况、生活温度和湿度、操作方法、氧气的供应、毒性代谢产物的积累和排泄等重要因素的影响。

1. 低温保活

低温保活可分为冷冻麻醉保活和降低温度保活两种。

① 冷冻麻醉保活是利用低温将水产品麻醉，在整个运输保藏过程中使水产品处于休眠状态。

② 降低温度保活是通过低温将水产品的新陈代谢降到最低水平，使水产品的活动、耗氧、体液分泌均大为减弱，使水质不易变质，从而提高水产品的成活率，保持水产品的活体状态。

2. 药物保活

药物保活技术是在水体中加入一定浓度的化学药品，这些化学药品进入鱼体后能强制改变鱼体的生理状态，使鱼体进入休眠状态，对外界反应迟钝，行动缓慢，活动量减少，体内代谢强度相应降低。从而减少总耗氧量和水体的代谢废弃物总量，使鱼类在有限的存活空间中能存活得更久。之后只要将鱼类放入清水中，就可很快复苏恢复正常活动。

目前常用的活鱼运输药物有乙醚、乙醇、巴比妥钠、碳酸氢钠等。

3. 充氧保活

充氧一般可以延长水产品的存活时间，水产品的装运密度和耗氧量成正比。主要的供氧方法有淋浴法、充气法和化学增氧法。

4. 模拟保活

依据水产品的生态环境和活动情况，在一些装置中模拟自然环境进行保活。在日本，保活装置研究广泛。日本三菱重工公司专门研制了一种新的装置，在该装置中设置了一个容量为 $5m^3$ 的回流型水槽，并根据鱼的种类而安装了水流调节装置、水温自动控制装置、供氧系统以及高性能海水生物净化设备，使其尽可能接近于天然的环境条件，从而解决了大批量、长时间和远距离运输活鱼的难题。使用这种装置，即使是最难运输的沙丁鱼，其成活率也可达 100%。

二、水产品保鲜技术

应用于水产品的保鲜技术主要有低温保鲜、化学方法保鲜、辐照保鲜等。

1. 低温保鲜

目前低温保鲜大致有以下几种方式，但不管使用哪种方式，鱼体最好都要进行预处理，如去内脏、去鳃、去鳞等，去除对微生物生长有利的营养、水分丰富的不可食部分。存放时尽量避免堆压、散装或日晒雨淋。一般来说，低温保鲜只能短时间保持鱼体的新鲜度，不能长期贮藏，水产品低温保藏时间见表 6-1。

表 6-1 水产品低温保藏时间

分　类	保藏温度/℃	保藏时间/天	分　类	保藏温度/℃	保藏时间/天
冷却	2 以上	1～2	微冻	−3～−5	7～15
冷藏	1～−1	2～4	冷藏	−5～−18	15～30
过冷却	−1～−3	5～7	低温冷藏	−18 以下	30 以上

(1) **冷空气保鲜法** 这是最简单的一种低温保鲜法，即在冷却室内创造一定的条件，使鱼货的环境温度保持在 0～5℃。这种保鲜法适用陆上水产加工厂，在加工前利用冷风或冷却排管使冷却室温度下降而达到短时间保鲜的目的。

(2) **冰鲜法** 有些地方海、陆产大批量鱼货捕获后，由于捕获地条件简陋，最常见的是采用加冰方法来保持鱼体的鲜度。这种方法简单易行，短时间保鲜效果较好。基本操作是按照层鱼层冰的方法将鱼堆放在木桶或塑料箱（最好为保温塑料箱）里。冰块体积不能太大，通常使用碎冰或大冰屑，也有用冷冻厂生产的块冰、管冰、片冰和颗粒冰。堆好后在最上面铺上一层较厚的冰层，并盖好桶（箱）盖，迅速运至加工厂。有些地方还用冰加入淡水进行鱼货保鲜，但此法会造成鱼体在水中浸泡膨胀，并使鱼体表褪色。

(3) **微冻保鲜法** 微冻保鲜是将水产品的温度降至略低于其细胞汁液的冻结点，并在该温度下进行保藏的一种保鲜方法。在低于冰点的 −3～−1℃ 体内的部分水分发生冻结，鱼体细胞组织的浓度增加，这些情况对有害微生物的生长很不利，有些不能适应的细菌开始死亡，而大部分嗜冷菌的活动受到抑制，几乎无法繁殖。因此能使鱼体在较长时间内保持鲜度而不会腐败变质。因此，在该温度的保鲜效果比 0℃ 要增加两倍多，由于保鲜期明显延长，使微冻保鲜法在食品保存中得到了广泛的应用。

(4) **气调低温保鲜法** 当鱼体在同样低温条件下，如果周围气体不是空气而是某些惰性气体时，其保鲜效果会大大提高。这是由于在惰性气体（如二氧化碳、氮气等）中，水产品中的微生物繁殖受到了抑制，再配合以低温时，其腐败速率可大为降低。这种保鲜方法的优点是鱼体在保持其原有的色泽、形态和质地方面比其他低温保鲜法都好得多。此法在国外已得到推广，我国在水果、蔬菜、粮食、禽蛋等食品上应用较多。近年来，我国水产专家用不同比例的氮气或二氧化碳和空气混合，在 2～5℃ 的温度下保藏淡水鱼，也取得了较好的效果。

2. 化学方法保鲜

化学方法保鲜是借助各种药物的杀菌或抑菌作用，单独或与其他保鲜方法相结合的保鲜方法。从食品安全方面考虑，天然的防腐保鲜剂取代化学合成品是一种必然的趋势。目前常用的天然保鲜剂有甲壳素、多肽化合物 Nisin、异抗坏血酸（钠）、发酵法丙酸、芽孢杆菌多肽、溶菌酶等，这些物质均对微生物病原菌有抑制作用。

3. 辐照保鲜

食品辐照保鲜是第二次世界大战后和平利用原子能的标志，是继传统的保鲜贮藏方法之后又一发展较快的新技术和方法。用 ^{60}Co 的 γ 射线和高能电子束（4MeV）对水产品进行照射杀菌，可延长其贮藏时间。

项目二　水产调味料、干制品加工技术

 **必备知识**

一、水产调味料

水产调味料是以水产品为原料，采用抽出、分解、加热，有时也采用发酵、浓缩、干燥及造粒等手段来制造的调味料。它含有氨基酸、多肽、糖、有机酸及核酸关联物等，这些物质都是存在于肉类、天然鱼贝类或蔬菜等天然食品中的呈味成分。

近年来，人们对食品的要求由鲜味型向风味型、香味型发展，不仅要求色、香、味俱佳，还要求调味品具有营养、保健、天然和多样等功效。即"人们倾向于喜欢天然原物风味"，对天然调味料的需求量越来越大。伴随着以方便食品为代表的加工食品发展和现代化生活所要求的新食品品种的开发，天然调味料更显示了它的重要性。

1. 水产调味料的原料

用于生产水产调味料的原料很多，例如，软体动物扇贝、牡蛎、蛤仔、乌贼等。其中牡蛎煮汁调制品"蚝油"是我国传统水产天然调味料，名扬海内外。目前，我国水产加工厂的副产品典型的如各种贝类煮汁，已有部分被利用制成调味汁，用于模拟蟹肉等产品的调味。

甲壳类也是一种重要的原料，虾、蟹类煮汁经浓缩制成的天然调味料，在家庭、食品加工等方面有着广泛应用。此外，海水硬骨鱼类的加工中，尤其是罐头制品生产中的煮汁，也是一个重要资源。海藻类、棘皮类如海胆及鳖均是生产水产天然调味料的良好来源。

2. 水产调味品的分类

水产调味品分类各异，但按照其制造方法主要可分为以下几类，详见图6-1。

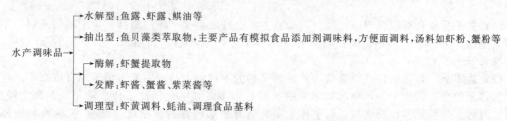

图 6-1　水产调味品的分类

二、水产干制品

1. 水产品干燥的方法

主要有两种，一种为天然干燥，另一种为人工干燥。

(1) 天然干燥法　天然干燥法是我国渔民自古以来传统的保藏水产品的干燥法。一般选择天然的空旷场地，将水产品平摊在帘席或挂在木、竹架上，利用日光和自然通风来进行干燥。其特点是方法简单、操作简便、生产费用低、能就地加工，但是由于其受天然条件的限制，而且卫生条件较差，干燥效果往往不理想，干制品的质量也会因此而大打折扣。

(2) 人工干燥法　随着科学技术的快速发展，对干制品的品质及品种的要求日益提高，依靠天气的天然干燥法显然无法满足人们的需求。因而人们开始采用各种人工干燥法来加工水产干制品。人工干燥法主要有以下几种。

① 烘干　利用煤、木炭、煤气、电等热源将水产品加热烘烤，使其熟制并干燥。这种方法干燥速度很快，但不适用生干品。

② 热风、冷风干燥　让水产品在加热到一定温度或不加热甚至冷却的流动空气中进行干燥的方法，称为热风干燥和冷风干燥法。此法是最常见的水产品干制法，在生产中得到广泛的应用。一般使用隧道式干燥、洞道式热风干燥和带式干燥等几种形式。通风干燥法可利用电、煤、煤气等热源加热空气，通过制冷装置冷却空气，再利用鼓风设备使风在水产品表层循环流动，以此来带走水分。

③ 真空干燥　真空干燥法是将水产品放在密闭的容器中，用真空泵将容器内空气抽出，同时在外部缓慢加热。加热的目的是当抽真空时，物料表层水分蒸发，减掉15%的水分后，会因减压发生蒸发冷却而冻结，从而阻止继续蒸发。真空干燥速度很快，产品质量也较好，复水后的组织可接近于原料的原有状态。但其设备的成本很高，除高档产品外，在我国很少使用。

④ 远红外及微波干燥　这是近几年发展的新技术。远红外干燥是利用远红外辐射器发出的远红外光波被加热物体吸收，并直接转变为高热能而达到加热干燥的目的。微波加热干燥的过程，是利用微波、电磁波能和物料中的水分相互作用，水分子发生转动引起共振，吸收而产生热量的过程。由于微波加热是分子加热，因此它可保证物料在同一截面上由内到外的温度同时均匀上升，而达到均匀快速干燥的效果。远红外及微波干燥都具有高效快干、节约能源、烘道占地面积小、制品干燥质量好等优点，所以应用逐步广泛，发展很快。

⑤ 冷冻干燥 指食品经超低温冷冻后，在低温（通常也是低压）下使冻结的物料中的水分升华为蒸汽而得到的脱水干制品。由于低温状态下封闭在干燥室中的物料中的水冻结成冰，如干燥室迅速抽成真空，压力迅速下降，冰会从固态直接瞬时升华变为水蒸气并被抽出，食品中的水分快速地减少。这样使食品中原有的营养及活性成分处于最小的破坏分解程度。冷冻干燥的食品复水性很好，复水后的冻干食品可最大限度地保持新鲜食品原有的色、香、味、形。此外，冻干食品体积较小，运输和贮藏均很方便，因此它远远优于其他的干燥方法。但此法的缺点是成本费用较高。

2. 干制品的种类

水产干制品的种类很多，大体可分为生干品、煮干品、盐干品、调味干制品、膨化食品几大类。

（1）生干品 是指原料不经盐渍、调味或煮熟处理而直接干燥的制品。生干品的原料，不宜采用大型的，大多是体积小、肉质薄、易于迅速干燥的水产品，如墨鱼、鱿鱼、小杂鱼虾、紫菜、海带等。

（2）盐干品 是指先将鲜鱼腌咸，然后再干燥的一种加工品，一般多用于不宜或来不及进行生干和熟干的鱼类的加工。可制成盐干品的鱼类有很多，其中包括沙丁鱼、鲐鱼、黄鱼、鳗鱼、鲥鱼、河豚、带鱼及各种淡水鱼，可整体盐干，剥开腹部或背后腌制成"鱼鲞"。通常经过原料处理、水洗、腌咸、穿刺（或整形）、去盐、干燥等工序。

（3）煮干品 煮干品是用新鲜原料经煮熟后进行干燥的制品。煮干品是比盐干品更进一步的加工方法。由于经过煮熟过程，制品在贮藏中不易变质，更易长期保藏，同时口味也较盐干品好。煮干品在南方潮湿地区干制加工中占有重要地位。煮干品的品种也很多，如鱼干、虾米、虾皮、海蛎干、干贝、鱼翅、海参干等。

（4）调味干制品 是指原料经调味料拌和或浸渍后干燥的制品，也可以是先将原料干燥至半干后浸调味料再干燥的。

调味干制品的原料一般可用中上层鱼类、海产软体动物或鲜销不太受欢迎的低值鱼类，如鲨鱼、小杂鱼、绿鳍马面鱼等。主要品种有五香烤鱼、香甜鱿（墨）鱼干、调味海带、龙虾片等。

调味干制品有一定的保藏性，产品大部分可直接食用，携带方便，是一种价廉物美、营养丰富的产品。

（5）冻干水产品 冻干食品是指经超低温冷冻后，在超低温通常也是低压下，物料中的冰升华为水蒸气而得到的脱水干制品。其优点是冻干食品瞬间快速地超低温去除物料中的水分，使食品原有的蛋白、脂肪、维生素及其他各种营养成分和活性成分处于最小破坏分解程度。由于其容易复水，复水后的冻干食品可最大限度地保留新鲜食品原有的色、香、味、形，因此远远优于传统的热风干燥、喷雾干燥和真空干燥等食品脱水方式。就运输和贮存费用而言，冻干食品优于速冻食品和罐装食品。它的缺点是加工成本较高。我国冻干食品发展起步较晚，但近几年发展很快，许多冻干食品如蜂王浆冻干粉、甲鱼冻干粉等很受消费者欢迎。

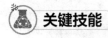 **关键技能**

一、水产调味品的加工工艺

以牡蛎调味品（蚝油、海鲜汤料）为例，利用鲜牡蛎或其在加工过程中的副产品牡蛎汁液，可制取传统调味汁、蚝油及海鲜汤料粉，其加工工艺如下。

1. 加工工艺流程

原料处理 → 酶解 → 过滤 → 浓缩
→ 调配 → 过滤 → 装瓶 → 灭菌 → 蚝油
→ 喷雾干燥 → 加辅料 → 过筛 → 包装 → 海鲜汤料

2. 主要工序

(1) **原料处理**　将牡蛎壳除去，将肉清洗磨碎，或者采用加工牡蛎干时煮的汁液作为原料。

(2) **酶解**　将原料调节 pH7～8，加入适量中性蛋白酶，在 50℃下恒温酶解 1～2h。加热到 90℃并保持 10～20min，此工序称为"杀活"，意思是将酶杀灭，以防酶解过度，同时可去掉原料中部分腥味。

(3) **过滤**　过滤分两次进行，第一次用 40 目筛粗滤，去掉破壳及其他杂质。第二次用 200 目筛精滤，分离出尚未被酶解的细碎肉屑。

(4) **浓缩**　滤液放入锅中煮沸浓缩（或采用减压浓缩法），至液体氨基酸态氮含量为每 100mL 0.1g 左右为止。

(5) **以上滤液可制成两种产品**

① **蚝油**　在滤液中加入其他辅料搅拌均匀并精滤 1 次，然后装瓶、灭菌。辅料配方如下：

浓缩蚝汁	5%	浓缩毛蚶汁	1%
调味液	25%～30%	增稠剂	0.2%～0.5%
水解液	15%	增香剂	0.00625%～0.0125%
砂糖	20%～25%	黄酒	1%
酱油	5%	白醋	0.5%
味精	0.3%～0.5%	增鲜剂	0.025%～0.05%
防腐剂	0.1%	食盐	7%～10%
变性淀粉	1%～3%	其余为水	

② **海鲜汤料**　将滤液通过喷雾干燥得到粉末，然后加入辅料拌匀并过筛后包装即得成品，此汤料可配在方便面中，也可单独包装出售。汤料配方如下：

牡蛎粉	16g	生姜粉	2g
精盐	5.8g	大蒜粉	2g
砂糖	8g	胡椒粉	2g
味精	10g	干葱粉	2g

二、干制品的加工工艺

以香甜鱿（墨）鱼干为例。

1. 加工工艺流程

原料处理 → 发泡 → 调味 → 干燥 → 焙烤 → 撕条 → 包装

2. 主要工序

(1) **原料处理**　选用条重 100g 以上的冰鲜或冷冻的墨鱼（冻墨鱼先用流水解冻），用流水洗净，去头、内脏、海螵蛸、皮，然后将墨鱼片再次冲洗干净，注意不要弄破墨囊。如墨囊已破，要另行冲洗，直至将墨汁全部洗净。

(2) **发泡**　将洗净的墨鱼片用双氧水（过氧化氢）溶液浸泡约 3h（100kg 水加入双氧水 2.5L 混合而成，可浸泡墨鱼片 100kg）使之渗透到肌肉组织内部，肌肉松软呈孔状。浸泡过程中要勤翻动，待捏紧墨鱼片产生明显凹印时取出，在流动清水中漂洗 20min，要充分洗净双氧水。

(3) **调味**　将沥干水分的鱼片放在配制好的调味液中浸渍 10h，墨鱼片与调味液的比例为 2∶1。

(4) **干燥**　浸渍后的墨鱼片取出沥干，然后按大小分级，分别平摊在网片上烘制。平摊时鱼背朝上，烘房温度 70～80℃，约 2h，烘至墨鱼不粘手、不发硬为度。大约每 100kg 墨鱼片烘至 45kg 左右。

(5) **焙烤、撕条**　将烘至半干的墨鱼片在远红外烘烤炉中焙烤至鱼体呈浅褐色。焙烤后的墨鱼干略有收缩，发泡成微孔状，具有弹性，将其撕成 2～3mm 的条，或切成墨鱼干条，即为成品。

项目三　水产罐头加工技术

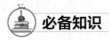 **必备知识**

水产罐头制品是将水产品经过预处理后装入密封容器中，再经加热灭菌、冷却后的产品。水产罐头制品有较长的保藏性、较好的口味、便于携带、食用方便等优点，是受消费者欢迎的产品。

水产罐头加工原理是：将经初加工的水产品置于经排气密封的容器内，经过高温加热处理，杀灭水产品中的大部分微生物以及使酶的活性受到破坏。同时，由于隔绝空气，防止外界的污染和空气的氧化，所以使水产品得以长期保藏。

关键技能

罐头食品加工方法很多，基本工艺大致如下：

原料处理 → 原料初加工 → 装罐 → 排气 → 密封 → 杀菌和冷却 → 保温检查 → 检验 → 包装和贮藏

一、原料处理

水产罐头的原料必须是非常新鲜的。冷冻品则采用空气解冻和水解冻方法解冻。一般的水产品原料经过解冻、清洗，剔除不可食部分，分级、分档次后，都需要进行盐渍。盐渍的目的是为了均匀地调整食品咸淡度，同时也帮助食品整形，利用盐液的渗透脱水作用，使鱼肉组织变得坚实些，以便于预热处理或装罐。盐渍后一般要求食品的含盐量在 $1\%\sim2.5\%$。

二、原料初加工

原料盐渍后，通常需要进行预加工处理，处理方法有油炸、预煮或烟熏等。其主要目的是进一步去除原料中的水分，并使蛋白质产生热变性，制品定型，组织紧密坚实，不易变形或破碎。同时脱水后调味料较易渗透进原料内部，有利于食物风味内外的均匀一致。

(1) 预煮　将盐煮后沥干水的原料，定量装入罐内，然后放入排气箱（蒸缸，杀菌锅亦可）内直接用蒸汽加热蒸煮，蒸煮温度大约为 $100℃$，时间一般为 $20\sim40min$，可使制品脱水 $15\%\sim25\%$，实际生产中以鱼块表面硬结，脊骨附近的肉质也已蒸熟为度，然后将罐头倒置控水片刻，为避免控水后制品暴露在空气中易氧化变色，则可在罐上加盖纱布，也可蒸煮前加入适量盐水或调味液共煮。

(2) 油炸　将食物油（动物油、植物油均可）加热至滚沸状时，按大小分档投入原料进行油炸，每次投入量为油量的 $10\%\sim15\%$，待原料表面结皮（鱼）或壳脆（虾）时，要翻动以防互相粘连，当制品有坚实感并变为金黄色或黄褐色时，可捞起沥油。

(3) 烟熏　目的是让罐头有独特的风味。方法有冷熏（$40℃$以下）、温熏（$40\sim70℃$）两种。由于温熏的熏制时间比冷熏短，制品的色、香、味都比较好，因此生产上大多采用温熏法。

温熏法分为烘干和烟熏两个阶段。烘干就是将水产品按大小分档，串挂或平摊在网片上，在 $40\sim70℃$烘至表面干结不粘手，脱水率约为 15% 为止。烘干的时间和温度要适度把握，温度应由低逐步升高。干燥程度要适宜，烘制过干熏烟不易渗透、上色；太湿又会使熏烟在制品表层过多沉积，色泽发黑，味变苦。烟熏工序在烟熏室进行，一般温度不超过 $70℃$，熏 $30\sim40min$，使鱼品上色呈黄色或淡棕黄色即可。

三、装罐

目前罐藏容器主要分为三类：金属罐、玻璃罐和复合包装。国家和轻工业总会对金属罐和玻璃罐都制定了相应的标准。在装罐过程中，必须注意以下几方面的问题。

① 质量保持一致　装罐时产品质量必须属于同一级别，大小规格要基本相同，各部位搭配均匀，罐中内容必须与标签上的说明一致。

② 装罐必须严格按照产品规定的要求　装入量过大，容易产生"物理性胖罐"，会影响杀菌效果；装入量过小，不符合产品标准。

③ 必须保持一定的顶隙度　罐内食物表面包含汁液与罐盖之间的距离叫"罐内顶隙"，顶隙的大小影响着罐内食品的容量、真空度的高低和杀菌后罐头的变形情况。装罐时罐内须留出一定的顶隙，顶隙过小，产品在高温杀菌后，罐内食品热膨胀形成的压力增加，会使罐头底盖向外突出，冷却后也不能回复到正常状态；而顶隙过大，则杀菌冷却后罐内压力大减，真空过高，罐身会自行凹陷，也无法复原。顶隙一般的标准为 6.35~9.6mm。

④ 及时装罐。要求趁热装罐，装罐后应及时进入下一道工序，防止原料质量变化，并避免造成排气后罐内中心温度达不到要求，影响杀菌效果。

⑤ 操作卫生　操作人员必须注意个人卫生并严格遵守操作规程，装罐时应保持罐口清洁，严防任何与产品无关的杂物带进罐内，彻底消除夹杂物，以确保产品质量。

四、排气

罐头的排气是食品装罐后、密封前排除罐内空气的技术措施，是不容忽视的一个重要工序。其意义主要是为了使罐头在杀菌冷却后保持一定的真空度，以防止罐头在高温杀菌时发生变形；抑制残存好氧性细菌在罐内发育；减少维生素的损失；防止脂肪氧化；更好地保存食品的色、香、味；减轻或防止罐头在贮藏过程中的罐壁的腐蚀。

排气方法主要有加热排气、真空封罐排气、蒸汽喷射排气和气体置换排气，前两种排气方法最常见。

(1) 加热排气　加热排气就是把装好食品的罐头（金属罐和玻璃罐）借热水及蒸汽的作用，使罐内食品受热膨胀，增大体积，罐内空气受热逸出而使罐内空气减少。加热排气后的罐头应立即密封，使罐内保持所需的真空度。加热排气的温度和时间可根据罐头的种类而定，一般要求温度为 70~90℃，排气时间 6~15min，大型罐头和传热效果较差的罐可延长 20~25min。

(2) 真空封罐排气　在大规模的生产中，普遍利用真空封罐机来达到排气目的。这种排气方法是在封罐过程的同时，将罐内空气抽出来。对于汤汁少、罐内空隙大的罐头用此法比较有利。目前，国内使用的封罐机有半自动封罐机、高速全自动封罐机和玻璃罐封罐机几种。

五、密封

罐头食品之所以能长期保存，主要是由于罐头经过杀菌后，依靠容器的密封，使食品与外界隔绝，不再受外界空气及微生物感染而引起败坏。如果不能保持这种严密隔绝的条件，就无法达到长期安全保存的目的，所以严格地控制这一工序是十分重要的。在罐头食品生产中，罐头密封都通过封罐机来进行。

六、杀菌和冷却

水产品罐头在密封后，虽然隔绝了外界微生物的入侵，罐内的食品也经过杀酶和杀灭部分微生物的初加工，但仍有不少微生物，特别是细菌的芽孢尚未被消灭。这些微生物不仅使食品在短时期内分解腐败变质，不能达到长期保存的目的，而且有的还会使人体食物中毒，引起疾病甚至死亡。因此，罐头的杀菌是必不可少的工艺。罐头食品的杀菌不可能做到绝对无菌，因为，如果真要达到细菌学上的绝对无菌，那么杀菌的条件必将会影响食品的色、香、味、形等质量。因此，它只是要求加热加压到一定的程度，使罐头中的食品不含有影响人体健康的任何致病菌，抑制在正常贮存条件下能够使食品败坏的非致病微生物的活动，并尽量不影响食品的商业质量，这也就是所谓的"商业无菌"。加热杀菌分常压杀菌（温度≤100℃）和高温杀菌（温度>100℃）两种。水产类属于低酸性食品，通常都需采用高压杀菌。这种杀菌方法比较方便、可靠，而且对有些产品（如原汁、鱼糜等生装食品）还具有增进食品风味、软化食品组织的作用。对于罐头杀菌来说，要确定杀菌温度和时间，应主要考虑到食物微生物的种类和罐头的传热情况。

七、保温检查

罐头杀菌后一般要进行保温检查，以检验杀菌是否充分。保温检查是将杀菌、冷却后并揩干净的罐头放在（37±2）℃的保温室中放置7昼夜。如果罐头内有残存细菌时，在此保温条件下，除嗜热性细菌外，一般腐败菌都会产生气体而使罐头膨胀，可以及时剔除，这是一种简而易行的成品检查方法。

项目四　水产腌熏制品加工技术

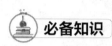 **必备知识**

一、腌制品

腌制又称盐制，是通过食盐溶液对鱼体的渗透，相应地脱出鱼体内的水分，并随着腌制过程的不断进行，被腌的鱼体内盐分逐渐增加，水分不断减少，这样就在一定程度上抑制了细菌的活动和酶的作用。

1.腌制的方法

（1）**干盐腌制法**　即利用干盐和鱼体内渗出的水分所形成的食盐溶液而进行腌制的方法。此方法实际上就是将食盐在容器中均匀地撒布于各层被腌制的鱼体之间，使之盐制，是一种极为普通的方法。最适宜腌制瘦鱼及各种小型鱼类。缺点是在生产中难于实行机械化操作，而且存在着繁重的手工劳动；腌制时间长，容易使鱼产生油烧现象，降低商品价值和使用价值。

（2）**盐水腌制法**　又称湿腌法，它需要预先将食盐配制成溶液，再以此溶液进行腌鱼。用湿腌法腌鱼，即是将完整或剖开的鲜鱼浸置于配制好的饱和食盐溶液中，使之浸泡一定的时间。这种方法适用于生产半咸鱼，作为热熏鱼品及其他制品的半制品，但缺点是从鱼体中析出的水分能使盐溶液浓度迅速降低。

（3）**混合腌制法**　即利用干盐和人工盐水进行腌鱼的方法，它实质上就是将敷有干盐的鱼体逐层排列到底部盛有人工盐水的容器中，使之同时受到干盐和盐水的渗透作用。此方法适用于腌制肥壮的鱼类，因为它可以迅速形成盐水，可以避免鱼体在空中停留过长的时间而导致的油烧现象，对保持和提高咸鱼质量有很重要的意义。

（4）**低温腌制法**

① 冷却腌制法　是一种使鱼体在盐渍容器中受到碎冰冷却作用，在0～5℃时进行盐渍的方法。

② 冷冻盐渍法　与上一种方法的区别在于预先将鱼体冷冻，再进行盐渍。

二、熏制品

熏制品就是利用风干、烟熏等特殊工艺使食品带有烟熏风味并能较长时间保存的一种加工品，西方人大量生产烟熏制品的历史可以上溯到12世纪以前。我国也有着烟熏法制作食品的悠久历史。如湖南、湖北的熏腊鱼等。近几年来，随着人民生活水平的不断提高，大量的烟熏食品工艺技术被引进，国内市场上增加了许多烟熏制品的花色品种。

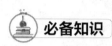 **关键技能**

一、水产腌制品加工技术

以醉泥螺的加工技术为例。

1. 加工工艺

原料挑选 → 盐水浸泡 → 清洗 → 腌制 → 沥干 → 二次清洗 → 盐渍 → 三次清洗 → 加料 → 装罐 → 封口

2. 工艺要求

（1）**原料挑选** 加工前要进行验收，确保原料新鲜、色泽正常，无破螺和带有异味的变质螺，这是加工的关键。

（2）**盐水浸泡** 将盐水浸入 20°Bé 的盐水中浸泡 1h，使其吐出部分泥沙，肌肉收缩，分泌黏液。

（3）**清洗** 用清洁自来水或深井水清洗干净，并去除部分黏液。

（4）**腌制** 用占螺质量 3％ 的盐将清洗过的泥螺进行腌制，并不断翻动。

（5）**沥干** 将泥螺体内的卤水控出。

（6）**二次清洗** 再用洁净自来水或深井水清洗，并轻轻翻动，使其充分洗净，然后再尽量把水分沥干。

（7）**盐渍** 将充分沥尽水分的泥螺以 100：2 的螺盐比例加盐拌和，并轻微搅动，使其充分盐渍均匀，然后静置半小时左右。

（8）**三次清洗** 将盐渍过的泥螺再次用水清洗。经过三次盐渍和清洗，肌肉已充分收缩入壳，黏液基本吐尽，并清洗干净，然后把水分沥干，尽量不带或少带水分，有利于保证质量。

（9）**加料（醉制）** 根据不同的口味和要求，可加入 55°～65° 的高粱酒、糖、味精、少量的姜和花椒等佐料，充分拌和，然后上盖放置 3～5 天即成。

（10）**装罐、封口** 装罐使液体离罐 2～3cm，然后加盖封口，使液体不致从瓶中流出即可。

二、水产熏制品加工技术

1. 基本工艺流程

原料处理 → 盐渍 → 洗涤 → 干燥 → 熏制 → 修整 → 包装

2. 原料要求

鲜度良好的海、淡水鱼类以及优质冷冻鱼、淡盐干鱼都可以作为熏制品的原料，但要求鱼体脂肪含量适度，最好在 8％～15％。

3. 烟熏的方式

烟熏的方式有很多种，按烟熏温度的不同，可分为冷熏法、温熏法和热熏法。按照烟熏方法，还可有普通烟熏法、电熏法、液熏法、速熏法等。

冷、温、热熏法都是在普通的烟熏室内，用木材不完全燃烧产生的烟直接熏烤食品，只是熏烟的温度控制不同而已。一般冷熏法控制在 15～23℃，温熏法为 30～40℃，热熏法则采用 120～140℃熏制。

速熏法是为了缩短烟熏时间，将烟中的有效成分溶解在水中，浸渍或喷洒在原料上，再短时间熏干。

电熏法是在室内安装电线，通入 10000～20000V 高压直流或交流电，鱼肉悬挂在电线上，熏室下面炉床产生的熏烟带电渗入肉中，使其具有较好的贮藏性。

液熏法是将干馏木材所得的成分或收集生产木炭时产生的烟加以浓缩，把这种熏液成分代替木材加热熏制或将熏液直接添加到制品中的方法，这种方法改进了传统烟熏的工艺过程，比较先进。

4. 熏材的要求

可用来作为熏制的木材种类很多，一般来说，树脂少的硬质宽叶树材比较合适，如白杨、山毛榉、核桃树、白桦、悬铃木、枫树等。也可以使用干锯木屑或玉米芯、稻壳等。木材要求锯成木柴、小片或木屑，如果水分较多，还需风（晒）干才能使用。

5. 熏室的要求

熏制食品时需要在熏室内进行，熏室的形状、大小和结构差别很大，有简易熏室，也有较先进的烟熏机或现代化熏室，但无论怎样变化，都有共同的要求。能使用的熏室必须具备几项基本结构：出烟口、熏制品悬挂处或熏制网、温度测量器、熏材堆放处、加热器、观察口等。简易的熏室一般可土建小屋或箱的形状，大小可根据生产规模来决定，但不能过大，室内四壁用水泥抹平，顶部装有可调节温度、出烟、通风的出烟口，一般做成百叶窗的形式，并装有烟囱，底部装上带孔炉算，上面可放熏材，熏材燃烧后的灰烬可从带孔炉算撤除，四壁上部装有支架，可挂吊钩或放网片，墙壁上要留温度计孔、观察口，并设置进出料口。为防止熏制温度不均匀，最好再装上空气调节器。总体要求以安全防火，通风良好，熏烟能均匀扩散，温度和发烟能自由调节，并能节省熏材为宜。

6. 熏制品加工——以烟熏海鳗为例

海鳗因含脂量较高，烟熏后风味独特，不仅可作为休闲食品，而且还可作为罐装食品的原料。下面以烟熏海鳗为例介绍熏制品的加工工艺。

(1) 加工工艺

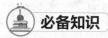

原料处理 → 盐渍 → 烘干 → 烟熏 → 包装 → 冷藏

(2) 工艺要求

① 原料处理　选用新鲜或解冻后的海鳗，经去头、去内脏后洗净，然后沿脊骨剖成两片，去脊骨，修除腹部肉，按鱼片大小厚薄分开。

② 盐渍　用 8°Bé 盐水进行盐渍，盐水与鱼片之比通常为 1：1，浸渍时间按鱼片大小、气温、鲜度或冻鱼情况而定，一般为 10～30min。盐渍后水洗一次，沥干。

③ 烘干　将鱼片在 60℃烘干约 2h，干燥至鱼片表面略硬为宜。

④ 烟熏　在 60～70℃熏房中烟熏 1h 左右，熏至鱼片成淡茶色即可。

⑤ 包装与冷藏　烟熏结束后，用包装纸包装后即可出售。如要长时间贮藏，则需冷藏。

项目五　海藻食品的加工技术

必备知识

海藻富含蛋白质、矿物质、微量元素，特别是人体必需氨基酸的含量比其他动、植物原料多；而且味道鲜美，属纯天然食品。海藻还有医疗保健功效，含有钙、铁、钠、镁、磷、碘等矿物质，经常食用海藻食物可有效地调节血液的酸碱度；海藻中的海藻多糖、多卤多萜物质都具有提高人体免疫力、抗癌、抗病毒的活性。所以至今，海藻的人工栽培、加工已成为水产业的重要部分。我国海藻资源丰富，年产量达 80 多万吨，使海藻食品的加工成为必然。

一、初加工产品

海藻采收后经过简单的加工整理，成为直接食用的食品或作为后来加工的原料。加工处理的措施主要包括清洗、水煮、盐渍、晒干等。

(1) 晒干海带　这类产品自我国大规模进行海带养殖以来，在保藏加工上就一直采用晒干法，是至今最常用也是加工量最大的一种加工方法。可采用两种干燥方式：一种是盐干海带，另一种是淡干海带，区别在于晒干前是否进行盐腌处理。经过盐腌处理的相对来说比较容易保藏；而不经过盐腌处理，由于海带采收季节性强、采收量大，加之海带收获后正赶在雨季，因而保藏时必须加强管理措施。

(2) 干制紫菜　常见的产品形式为紫菜饼、紫菜片、干紫菜丝等。早期一般采用晒干的方法加工干紫菜，即将采收后的紫菜放在日光下晒干，现在工业上应用烘干设备进行干制，大大加快了加工的效率和效益，减少了自然损失，且产品质量得以保证。

(3) 水煮即食海藻　将新鲜采收的海带、裙带菜清洗干净后用水煮熟，佐以调味料即可食用，产品具有营养价值高、味道鲜美、保健养颜等特点。这种方法在沿海地区是最受食用者欢迎的加工方式，由于新采收的原料营养、色泽、硬度、韧性、口感均佳，是难得的食中佳品。

（4）**盐渍海藻**　常用于海带和裙带菜的盐渍。将新鲜采收的原料经过清洗切分后，用一定比例的食盐进行盐腌处理，盐渍后能保持物料的新鲜度和质地，以后再进行脱盐加工或烹制。

二、精加工产品

海藻原料经过较为严格细致的加工处理工艺，制作成具有不同特色的海藻食品，是一类广受大众喜爱的海产品，也是目前我国食品市场上海藻产品的主角。产品加工形式主要包括脱水加工、冷冻加工、膨化加工、调味加工、酱类加工、薄片加工、海藻粉加工等。

（1）**脱水海藻产品**　将藻类经过预处理后，进行适当切分再进行人工脱水，比如冷冻脱水、真空干燥、烘干等，可以人为调节脱水工艺参数，制作出品质优良的脱水海带、裙带菜等产品。

（2）**冷冻加工**　将新鲜的藻类经过清洗、切分、漂烫后进行冷冻加工，使产品在$-18℃$下保藏，可以保持海藻鲜美的口感和质地，对其营养成分破坏也比较轻微，解冻后可以调理食用，与鲜品相比无明显差异。海带、裙带菜、紫菜等藻类均可以进行冷冻加工。

（3）**海藻调味制品**　海带、紫菜、裙带菜都可用以调味加工。制作前先将海藻清洗干净，再行切段（或切丝），然后进行调味处理。可根据当地或民众的饮食习惯调配出调味液，再将切分好的海藻物料放入调味液中进行熬煮，煮成后经过后续的包装杀菌便可入市销售。

（4）**海藻酱加工**　将海藻原料充分清洗干净，再进行适当切分，然后用破碎机破碎成浆状，破碎颗粒<0.5mm。破碎好的浆液放入夹层锅中，按定量比加入调味料，如盐、糖、五香粉、味精、柠檬酸、辣椒、姜等，加入的调味料也应先行破碎。然后将混合物进行煮制，浆液变稠后装罐、排汽、密封、杀菌成为海藻酱。海带、紫菜、裙带菜均可加工成酱类，具有很高的营养价值。

（5）**海藻薄片产品**　将海带、裙带菜原料先行清洗干净，再切成一定规格的条片，然后将条片进行纵切切片，切成0.1mm的薄片，再将薄片进行人工脱水后便可包装作为成品销售。产品特点是藻体切片后带有天然纹理，呈半透明状态，具有很好的感官性状，做成小包装，可在食用时加调料以调节风味，或作为方便食品进食。

（6）**海藻膨化食品**　选择比较肥厚的藻体，清洗干净后进行切分，切成1cm左右的条片，然后加入调味液中进行熬煮，入味后取出脱水干制，干燥以后再进行膨化加工，使产品既具有膨化食品松脆的质地，又带有藻类食品鲜艳的色泽，同时还具有风味独特、营养可口的特色，是一类休闲佳肴。

（7）**海藻粉剂加工**　以新鲜或干制后的海藻为原料，经过充分洗净后进行脱腥处理，然后再进行干燥脱水、粉碎过筛，制成海藻粉。这类产品可以作为食品填料或者食品添加剂，与其他原料配合加工为营养食品，如糕点、面包、面条等，或者作为火腿的填料，来增加他食品的营养价值。

三、深加工产品

海藻深加工食品是以藻类为原料，经过充分的处理，将其中有价值的成分加以提取应用，加工成食品。深加工食品从表面看不出藻类的形态。海藻深加工后的食品主要有饮料、胨类、浓缩液、营养品（胶囊、口服液）等，以及有待于进一步应用的海藻提取物。

（1）**海藻饮品**　以海藻为原料，通过清洗、切分、破碎、打浆，再进行磨细、均质等细微化处理，可加工出浑浊海藻汁，经过调味或与其他果蔬原料复合加工，得到营养海藻汁饮料，如紫菜汁、海带汁等产品。海带可以制作澄清海带汁，去除其中不溶性的残渣得到清澈透明的饮品，保留了海带中的绝大部分可溶性成分，经过调节风味后可作为一种很好的营养饮料。

（2）**海藻胶凝产品**　以海藻为原料，浸出其中的海藻胶，加入调节风味的配料，经胶凝后得到胨类产品。这类产品的主要作用在于保健功能，一方面为人体提供藻类中的多种矿物质、维生素等营养成分；另一方面促进肠道排除人体废物、毒素，以减少恶性肠道疾病的发生率。

（3）**营养品**　利用海藻中的一些特有的、对人体健康有益的成分，自海藻中提取后可以进一步加工成为人类的营养品，可以制成胶囊、口服液或片剂等形式，也可以与食品加工相结合，制成营养型的健康食品。这一食品类型具有强的针对性，人们可以结合自身健康状态选择食用。

（4）**海藻纤维**　膳食纤维被认为是人类第七大营养素，其对人体的重要性，在今天已不亚于其他的各种营养素。随着人们生活水平和膳食水平的提高，食物结构发生了深刻的变化，膳食的精度不断提高，而其中的膳食纤维含量却大大降低，导致肠道的排毒功能降低，诱发肠道癌变。利用海藻中提取的膳食纤维可以促进肠道蠕动和体内毒素的排出，预防肠癌，而且海藻纤维还具有减肥、降低血液中胆固醇以及预防糖尿病等作用，而这些疾病是目前流行病学研究中的主要攻关项目。

（5）**其他海藻**　通过深加工还可以制作出很多食品，如仿生食品（人造海参）、海藻酒、海藻醋、海藻糖果等系列产品，开发这类食品可以产生较高的经济效益，同时也可以广为拓宽海藻食品加工的途径。

四、海藻药物

海藻生长的环境与陆地不同，因而与陆地植物相比，海藻中含有很多陆生植物中没有或者缺乏的特殊物质。这些特殊物质因为对人类健康具有特殊的用途，引起了全世界生物及医学界的重视，目前正逐渐被人们所认识和利用，并在人类疾病的防治中产生了巨大的作用和意义。海藻中含有的各种藻胶、矿物质、无机盐、海藻酸钠、海藻氨酸、甘露醇、多不饱和脂肪酸、甾醇类化合物、糖类以及种类繁多的生物活性物质，其功能和作用受到越来越多的研究者的关注。比如海带中含有的多种多糖体，具有阻止人体吸收胆固醇的作用；硫酸多糖可以阻碍红细胞凝聚反应，对于以各种谷甾醇为主的甾醇类物质在血液中的积累以拮抗作用，因而可以防止血栓的形成以及因血液黏性增高而导致的高血压症。从红藻中提取的海藻多糖及其衍生物制剂具有抗肿瘤作用。从褐藻类中提取活性碘化物制备各种碘制剂，用于防治碘缺乏病。海藻中含有的多不饱和脂肪酸EPA 和 DHA，提取后用于对肾功能的调节、免疫反应的调节、激素分泌的调节等都有特效。根据海藻中所特有的功能物质进行相应的应用开发，已经形成了一大批研制海藻药物的产业，并以其独特的生理作用和医疗效果造福于人类。

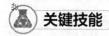

关键技能

海藻食品的加工技术

1. 离子交换法提取碘的工艺流程

海带浸泡 → 凝沉 → 酸化氧化 → 树脂吸附 → 解吸 → 碘析 → 水洗 → 精制 → 包装

2. 生产操作要求

（1）**凝沉**　海带浸泡水中除含有碘、甘露醇、无机盐外，还有一些水溶性海藻糖胶、杂质、泥沙等，这些杂质都严重影响碘的生产。因此，对浸泡水必须进行凝沉和净化。

凝沉的方法：在海带浸泡水中加入烧碱或石灰，用量大约为浸泡水的 0.4%，使浸泡水的 pH 值达到 12 左右。用压缩空气将浸泡水搅拌均匀后，沉降 $4\sim8h$，从上清液中提取碘和甘露醇。

（2）**酸化氧化**　酸化氧化的目的是将浸泡水中的离子碘氧化成分子碘。

酸化氧化的方法：将沉降后的上清液泵入氧化罐内，加盐酸或硫酸，不断搅拌，以使溶液的 pH 值达到 $1.5\sim2.0$。分次加入次氯酸钠溶液进行氧化，用比色法检查其氧化程度。

检测方法：取两杯等量的氧化浸泡水，以一只杯子为对照，向另一只杯子内滴加数滴次氯酸钠溶液，如溶液颜色变深，说明氧化不足；如颜色变浅，说明氧化过量；如颜色不变，说明氧化适度。

（3）**树脂吸附**　所用的树脂为 717 型强碱性阴离子交换树脂。该树脂对浸泡水中的游离碘有较强的吸附作用。将树脂装入透明的有机玻璃柱或有观察窗的塑料柱中使用。

树脂吸附的操作方法：经酸化氧化的浸泡水立即逆流通入树脂柱，浸泡水从树脂柱底部进入，由柱上部溢出管流出。

在吸附过程中，树脂的相对密度逐渐增大，经过一定时间后，便在柱内下沉，树脂"吸饱"碘后，体积膨胀，质量增加一倍以上，呈发亮的紫黑色。此时应经常测定吸附后的流出液，发现有碘穿漏时，应立即停止吸附操作。

（4）**解吸**　解吸是吸附的逆过程，是用强还原剂将树脂上的碘分子解吸还原成碘离子的过程。在解吸操作之前，先用清水反冲树脂柱，直至澄清为止，但清洗的时间不宜过长。树脂洗净后，将配制好的浓度为 8%～10% 的亚硝酸钠溶液注入柱内，当解吸液的颜色为酱油色时，收集解吸液，直至解吸液呈黄色时停止收集。

（5）**碘析**　碘析就是把解吸液中的离子碘在氧化剂的作用下生成分子碘，再缓缓地自溶液中析出结晶碘的过程。解吸液的含碘量在 10%～13% 时，碘的结晶效果最佳。

碘析操作方法：首先测定解吸液中碘的含量，加入工业浓硫酸酸化，加入量与碘的总量相等。加酸后当温度降至室温时，分 3～5 次加入相当于碘量 1/5～1/2 倍的氯酸钾，结晶温度以 20℃为宜。结晶的粗碘用清水冲洗 2～3 次，离心除去多余的水分，得到的粗碘再进行精制。

（6）**精制**　粗制碘因纯度不高，含有水分和其他杂质，故需精制。精制的方法是将粗碘与浓硫酸共熔，利用浓硫酸沸点高，炭化有机物并能把微量碘化物氧化成分子碘的性质进行精制。

精制的操作方法：把粗碘放入精制罐内，加入为粗碘量 40%～50% 的工业浓硫酸，加热，待碘熔融后停止加热。此时温度约为 150℃，静置分层后，由精制罐的下部出料口放出液态碘，放入陶瓷盒内并加盖密封，置通风橱内自然冷却。

精制的块状碘经粉碎、检验合格后，装入棕色的磨口瓶中以石蜡封口，放阴凉处保存。

项目六　鱼糜及其制品加工技术

 **必备知识**

将原料鱼经采肉、漂洗、精滤、脱水、搅拌和冷冻加工制成的产品被称为冷冻鱼糜，它是进一步加工鱼糜制品的中间原料，将其解冻或直接由新鲜原料制得的鱼糜再经擂溃或斩拌、成形、加热和冷却工序就制成了各种不同的鱼糜制品。

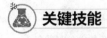 **关键技能**

一、鱼糜的加工工艺

鱼糜根据添加剂的不同，可分为无盐鱼糜和加盐鱼糜两种，主要加工工艺流程如下。

1. 工艺流程

原料鱼的选择 → 鱼体洗涤 → 去头、去内脏、去鳞或皮 → 第二次洗涤 → 采肉 → 漂洗 → 脱水

冷藏 ← 冻结 ← 定量、包装 ← 添加冷冻变性防止剂、混合 ← 精滤

2. 操作要点

（1）**原料鱼的选择**　用于制作鱼糜的原料很多，如白姑鱼、黄鱼、海鳗、梅童鱼、蛇鲻、乌贼等白色肉鱼类，是制作优质鱼糜的上等原料，但由于白色肉鱼价格较贵，从经济角度考虑，生产上选用资源丰富、价格低廉的小杂鱼，进行工艺上改进，并添加弹性增强剂，改善小杂鱼鱼糜弹性和色泽，因此，小杂鱼类是冷冻鱼糜加工的重要原料。

（2）**前处理**　前处理包括鱼体洗涤、三去（去头、内脏、鳞或皮）和第二次洗涤等工序。原料鱼用洗鱼机或人工方法冲洗，除去表面的黏液和细菌，可使细菌数量减少 80% 以上。洗涤后去鳞（马面鲀和大眼鲷等则去皮）、去头、去内脏，然后再进行第二次洗涤以除清腹腔内的残余

内脏、血液和黑膜等，否则内脏残留物和血液中存在的蛋白质分解酶会使蛋白质部分分解，影响鱼糜弹性和质量。洗涤一般要重复 2～3 次，水温必须控制在 10℃ 以下，以防止鱼肉蛋白质变性。

（3）**采肉** 采肉是用采肉机械将鱼的肉和皮骨等不可食部分分离的过程，采肉方法以采用效率高的大型滚筒式采肉机为主。采肉时，要根据原料鱼的不同大小和肉质，适当调节橡胶辊和多孔滚筒之间的中心距，鱼体较大时，中心距要大一些，如原料鱼为小杂鱼，则中心距相对调小。此外，要视机器运转情况，加大或减少鱼体的投入量，根据落入出渣槽中骨刺里的含肉量的多少，来调节橡胶辊和多孔滚筒之间的压力。在采肉过程中，需调节机器使鱼体不要受到过分挤搓，以免鱼肉太细碎。

（4）**漂洗** 漂洗是指用水或碱盐水对从采肉机采下的鱼肉进行洗涤，以除去鱼肉的有色物质、气味、脂肪、残余的皮及内脏碎屑、血液、水溶性蛋白质、无机盐类等杂质。

它是生产优质冷冻鱼糜的重要工艺技术，对红色鱼肉或鲜度差的鱼肉更是必不可少的技术手段，对提高冷冻鱼糜的质量及其保藏性能、拓宽生产冷冻鱼糜的原料鱼品种范围等都起到了很大作用。小杂鱼漂洗一般采用碱盐水漂洗法，漂洗时，加入 5～10 倍鱼肉质量的清水或碱盐水，慢速搅拌 8～10min，静置 10min 使鱼肉沉淀，油脂漂浮在上面，倾去表面漂洗液，再按以上比例加水、搅拌静置、倾析，如此重复漂洗 2～3 次。具体采用哪一种方法要根据鱼的种类、鲜度和脱水难易程度而定，但漂洗过程中应调节漂洗水的 pH 为 6.8，特别是 pH 较低的小杂鱼肉要用稀碱水溶液进行漂洗，使鱼肉 pH 值上升至 6.8～7。如果鱼肉吸水膨润，造成脱水困难，可以在最后一次漂洗中多加一点盐，提高鱼肉离子强度，使鱼肉易于脱水，如清水漂洗法漂洗白色鱼肉时，有时也会有脱水困难的现象，解决的办法就是在最后一次漂洗采用 0.15% 的食盐水。漂洗水的温度对漂洗的效果和肌肉蛋白质的变性有重要的影响作用。水温一般要求控制在 3～10℃，过低的水温不利于水溶性蛋白质的溶出，过高易导致蛋白质变性。

（5）**脱水** 鱼肉漂洗后，鱼肉中含有大量的水分，必须再经螺旋压榨脱水机或离心机进行脱水，使鱼肉脱水后的水分含量在 79% 左右，太低的水分增加成本，而且过分脱水容易造成鱼肉升温，引起蛋白质变性。

（6）**精滤** 精滤的目的是除去残留在鱼肉中的骨刺、鱼皮、鱼鳞等杂质。小杂鱼原料生产鱼糜，精滤工艺一般采用经漂洗、预脱水、脱水后，再精滤的工艺流程。由于漂洗之后鱼肉水分减少，肉质变硬，精滤机在分离杂质过程中鱼肉和机械之间发生摩擦发热，引起鱼肉蛋白质变性，因此，精滤机必须带有冰槽，生产中经常往冰槽中加入冰以降低机身温度和鱼肉温度，使鱼肉温度保持在 10℃ 以下。

（7）**添加冷冻变性防止剂、混合** 鱼肉在冻结贮藏过程中会产生蛋白质冷冻变性，使其凝胶形成能降低，因此，在生产冷冻鱼糜时必须添加冷冻变性防止剂。常用的冷冻变性防止剂有白砂糖和山梨醇等糖类、聚合磷酸盐等。操作方法是在脱水鱼肉中加入 4% 白砂糖、4% 山梨醇、0.2%～0.3% 聚合磷酸盐，用混合机搅拌均匀，用于混合的设备可以是夹层冷却式搅拌机或斩拌机。

（8）**定量、包装** 混合后的鱼糜按要求装入聚乙烯塑料有色袋（厚度 0.04mm），放在冻结盘中，鱼糜厚度为 6～8cm，一般包装规格为每袋重 10kg。包装时应尽量排除袋中空气，以防止氧化。

（9）**冻结、冷藏** 包装好的鱼糜应尽快送去冻结。为减少因缓慢冻结引致鱼糜所含水分形成大冰晶，破坏鱼肉蛋白质，冻结速度越快鱼糜质量越好，通常使用平板速冻机进行速冻，冻结温度为 −35℃，时间为 3～4h，使鱼糜中心温度降至 −20℃。冷冻鱼糜的贮藏要求在 −20℃ 低温条件下，冷藏温度越低，越有利于冷冻鱼糜的长期保藏。冷冻鱼糜要贮藏一年以上时，一般要求冷藏温度为 −25℃。贮藏过程中要求冷库温度相对稳定，如果贮藏温度波动大，则冷冻变性越严重，鱼糜质量就越容易下降，因此，在冷藏过程中必须加强库温管理。

二、鱼糜制品的加工工艺

如前所述，冷冻鱼糜是一种半成品，只是作为鱼糜制品的原料，并不能直接食用，而鱼糜制品则以冷冻鱼糜为原料（也可直接用新鲜鱼作为原料），经一系列的加工工序，使之成为能够食用的食品。

鱼糜制品分熟食品和生食品两大类，其中熟食品按其熟制方式可分为蒸制品、煮制品、烤制品、油炸制品等。它有保质期较长的方便食品，也有即制、即食的熟食品。市面上常见的有以下几种。

蒸煮类：水发鱼丸、鱼糕等。

油炸类：油炸鱼丸、天妇罗、炸鱼饼等。

焙烤类：烤鱼卷、烤鱼片等。

灌肠类：鱼肉火腿、鱼肉香肠。

模拟食品：模拟蟹肉、仿大虾仁、仿干贝柱等。

生食品则通常将鱼糜进行调味、整形等加工后进行速冻，以冷藏柜的形式销售。消费者将这些生食品买回后，可直接煮、炸、烧、烤或进微波炉加热熟化即可食用，十分方便。这类代表产品有鱼排、鱼饼、鱼丸、鱼汉堡、串烧等。

1. 工艺流程

2. 主要工序

（1）**原料前处理**　原料如为鲜活或冷冻鱼时，从"三去"处理到脱水等工艺，应按前面讲述过的冷冻鱼糜的加工工艺要求进行操作。如原料为冷冻鱼糜时，要先进行半解冻，解冻方法可采用自然解冻、温水解冻、蒸汽解冻和流水解冻等。一般情况下使用自然解冻的方法，在室温下放置一段时间后，进切块机切成小块待用。

（2）**擂溃**　擂溃就是将鱼糜加上制作所需的各种调味品、添加剂进行搅拌、研磨。这是鱼糜制品生产的一道很关键的工序。要求鱼糜不仅要和添加的辅料充分混合均匀，还要产生较强的黏弹性，这样才能使制成的鱼糜有很好的凝胶强度。擂溃一般分三个步骤进行。

① 空擂　空擂的作用是进一步将鱼肉组织磨碎，如果用的是冷冻鱼糜原料，则还可在空擂阶段使鱼糜解冻完全。将原料鱼糜投入擂溃机中，先擂溃一段时间，空擂时间根据具体情况而定，一般为 3～5min 即可。

② 盐擂　空擂以后，在鱼糜中添加 2%～3% 的食盐继续擂溃。盐擂的目的是使盐溶性的肌原纤维在盐水中溶解出来，变为黏稠的溶胶体，再通过擂溃的研磨搓揉作用，更好地形成网状结构。盐擂时间应酌情适度控制，一般在 20～30min，时间过长易引起鱼肉升温，导致蛋白热变性而影响凝胶强度。有条件的工厂常使用带冷却装置的擂溃机。

③ 调味擂溃　鱼糜制品为了呈味、成形等需要，在鱼糜中常加入各种调味剂、赋形剂及其他辅料。这些添加物须在盐擂后才能加入，添加时要注意有些不易溶于水的物质如聚合磷酸盐、防腐剂等，需事先制成浓溶液才能加入。此外，添加顺序也需合理掌握，有些辅料如蛋清、凝胶增强剂应在最后加入。

（3）**成形**　擂溃后的鱼糜混合物呈黏稠胶着的糊状体，需立即通过加工使其成为所需的各种形状，如搁置时间过长，室温过高，会逐渐失去黏性，并形成不可逆的凝结现象，无法继续加工。目前，各种成形机早已代替了过去粗糙缓慢的手工操作，不仅大大节省了劳动力，加快了制作速度，而且还能随需制成多种造型较难的形状。同时，也大大提高了鱼糜制品的质量。目前使用的成形机有鱼丸机、鱼糕机、天妇罗多功能成形机、鱼肉香肠机、鱼卷成形机、模拟蟹腿肉成形机、仿大虾仁成形机等。

（4）**凝胶化**　成形后的鱼糜制品，可适当在室温下放置一段时间，这时鱼糜中的溶胶会自然形成凝胶，促使制品增加弹性，这种现象俗称为"坐"。"坐"的时间因品种而异，需在实践中积累经验，以控制最佳时间。

（5）**加热定型**　鱼糜制品经过"坐"以后，虽然初步产生了凝胶化现象，但触摸仍然易散，需经过加热工序将之最后定型。加热不仅能使产品最终定型，而且可以熟化产品，并起到杀灭细菌、延长保藏期的作用。不同的鱼糜制品，根据其不同的要求加热方法各异，最常见的是水煮、蒸煮、油炸、焙烤等。

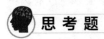 **思 考 题**

1. 我国水产品加工业存在哪些主要问题？
2. 现在水产品加工的发展趋势是什么？
3. 水产品保活技术有哪些？
4. 水产品干燥的方法有哪些？
5. 水产罐头加工的原理是什么？

 实训项目一 **水产品鲜度的感官鉴定**

【实训目的】

明确水产品鲜度鉴定的意义，并掌握其感官鉴定的方法。

【材料与用具】

各种鱼类、菜板、手术刀等。

【方法步骤】

供试鱼类如不能立即进行鉴定，须贮藏在0～3℃的低温条件下。鉴定时按下列顺序进行。

（1）观察鱼眼的状态 新鲜鱼：眼透明、饱满；鲜度较差的鱼：眼角膜起皱并稍变浑浊，有时由于内溢血而发红；劣质鱼：眼球塌陷或干瘪，角膜浑浊。

（2）观察鳃的状态 新鲜鱼：色泽鲜红、无黏液；鲜度较差的鱼：鳃盖较松，鳃丝粘连，呈淡红、暗红或灰红色（有显著腥臭味）；劣质鱼：鳃丝黏结，被覆有脓样黏液（有腐臭味）。

（3）观察体表 新鲜鱼：具有鲜鱼固有的鲜明本色与光泽，黏液透明、鳞片完整、不易脱落（鲳鱼、鲥鱼除外），腹部正常，肛孔凹陷；鲜度较差的鱼：体表黏液增加，不透明，有酸味，鳞光泽稍差并易脱落，肛孔稍突出；劣质鱼：鱼鳞暗淡无光且易与外皮脱离，表面附有污秽黏液并有腐臭味，肛孔鼓出，腹部膨胀或下陷。

（4）观察肌肉的状态 新鲜鱼：肌肉坚实有弹性，以手指压后凹陷立即消失，肌肉的横断面有光泽（无异味）；鲜度稍降的鱼：肌肉松软，手指压后凹陷不能立即消失，稍有酸味，肌肉横断面无光泽，脊骨处有红色圆圈；劣质鱼：肌肉松软无力，手指压后凹陷不消失，肌肉易与骨刺分离，有臭味和酸味。

【作业】

将供试材料按上述内容进行鉴定，并记录鉴定结果。

 实训项目二 **传统鱼糜——鱼丸的加工**

【实训目的】

了解传统鱼糜制品鱼丸的一般加工工艺及鱼丸的质量标准，掌握鱼糜制品弹性形成的原理，明确工艺条件对鱼糜制品弹性的影响。

【实训原理】

将鱼肉绞碎，破坏其肌肉纤维；加入2％～3％的食盐，并擂溃，使盐溶性蛋白质——肌动蛋白和肌球蛋白溶出，形成黏度大、可塑性很强的溶胶。加热后，溶胶即转化为富有弹性的凝胶。

【材料与用具】

加工器具：多功能食品加工机或绞肉机，洁净的厨用刀具、器皿和砧板，电磁炉或电炉等加热装置等。

加工原料及辅料：以新鲜度良好、个体质量750g以上的鲢、鳙等淡水鱼为原料，辅料为玉米淀粉或马铃薯淀粉、加碘食盐、食用砂糖、生姜、食醋等。

【工艺流程】

原料鱼的选择 → 清洗 → 前处理 → 清洗 → 采肉 → 漂洗 → 绞肉 → 擂溃 → 成丸 → 加热 → 冷却 → 成品

【操作要点】

（1）原料鱼的选择与清洗　选取鳞片完整、鳃色鲜红、肌肉有弹性的新鲜鱼，将鱼体用水洗净、擦干后称量其体重 G_0(g)。

（2）前处理　将原料鱼置于洁净的解剖盘或砧板上，分别去鳞、去腮、去头、去内脏、去尾，然后用水洗净鱼体的血污、内脏碎片及黑色的腹膜。

（3）采肉　将清洗干净的原料鱼置于洁净的解剖盘或砧板上，从背部进行切割，将其剖分为左右两片。用厨用刀具将剔除椎骨和肋骨的鱼片上附着的鱼肉采下，放入洁净的器皿中并称量所采鱼肉的质量 G_m(g)。

（4）漂洗　用符合生活饮用水标准的自来水对所采鱼肉进行 2～3 次漂洗，以去除其上附着的血液、内脏等。

（5）绞肉　将漂洗后的鱼肉置于多功能食品加工机或绞肉机中进行绞肉，破坏鱼肌肉纤维。

（6）擂溃　将绞好的鱼肉放在洁净器皿中进行擂溃。在擂溃的同时依次向物料中加入预先称量好的相当于鱼肉质量 2％～3％ 的食盐、5％～20％ 的淀粉及其他调味料适量。擂溃期间可根据鱼糜的黏稠度分次加入适量冰水，以使鱼糜达到所需黏稠度。检查是否充分擂溃的标准为：取一小匙鱼糜投入冷清水中，鱼糜若浮出水面，说明鱼糜黏性达到最大，即可停止擂溃。

（7）成丸　将充分擂溃后的鱼糜制成大小均匀（一般 8～16g/丸）、表面光滑、无严重拖尾现象的鱼丸。成形的鱼丸，随即投入盛有冷清水的容器使其收缩定型。

（8）加热　水煮鱼丸要求在沸水中加热，鱼丸浮起后再煮 2～3min 即可；油炸鱼丸要求油温必须保持在 180～200℃，否则鱼丸的品质差。油炸时间一般为 1～2min（油炸鱼丸也可先水煮后油炸，但产品口味较差）。

（9）冷却　将煮熟的鱼丸投入预先准备好的冷开水中进行快速冷却。

3.鱼丸质量的评定

依据下面所列鱼丸的质量标准对所制作的终产品进行品质评价。

① 色泽　水发鱼丸呈白色，略带黄；油炸鱼丸微黄至深黄，不能焦糊。

② 滋味及气味　具有鱼肉特有的鲜味、气味；无异味，品质新鲜。

③ 组织状态　外形呈球形或卵形，大小大致均匀完整，无严重脱尾现象，表面光滑；切面呈白色，整齐光滑，有少量气孔；弹性好，轻压鱼丸不能破裂，久煮不破不散；口感爽口、细嫩，回味无粗感。

④ 规格　7～9g/只（鱼丸罐头：32 粒鱼丸/500g，60％ 固形物；包馅鱼丸：20 只/袋，375g/袋，且馅重等于整个鱼丸重的 1/10），每包净重按规定允许误差 ±3％。

⑤ 微生物指标　细菌总数≤10^5 个/g，大肠杆菌≤450 个/100g，致病菌不得检出。

⑥ 理化指标　蛋白质≥4.5％，淀粉≤28％，水分 60％～65％，盐分 1％～2％，NaCl 1.2％～1.5％，Sn≤200mg/kg，Cu≤10mg/kg，Pb≤2mg/kg，Hg≤0.5mg/kg。

【注意事项】

① 为了保证鱼丸具有良好的弹性，各步操作速度要尽量快，以减少鱼肌肉蛋白质的变性。

② 擂溃是鱼丸制作中相当关键的工序，直接影响鱼丸的质量。擂溃一定要充分又不过分，擂溃时间尽量控制在 20～30min。

③ 加入食盐时最好分几次加完，以免一次全部加入使得鱼糜黏稠度过大，不易擂溃。

④ 油炸鱼丸擂溃时的加水量要比水发鱼丸略少些，使鱼糜略稠，以防鱼丸入油锅后散开。

【实验结果处理】

① 鱼丸品质自评结果

② 原料鱼采肉率的计算　按下列公式计算采肉率。

$$原料鱼采肉率 = \frac{G_m}{G_0} \times 100\%$$

式中　G_m——所采鱼肉的质量，g；

　　　G_0——原料鱼的质量，g。

【鱼丸的工艺配方】

① 油炸鱼丸　鱼肉 100g、精盐 3～4g、淀粉 16～20g、味精 0.1g、砂糖 1.5g、黄酒 10g、鲜葱末、清水适量。

② 水发鱼丸　鱼肉 100g、精盐 3～5g、淀粉 20～30g、味精 0.5～1g、砂糖 0.5～1.5g、黄酒 3g、葱汁、姜汁、清水适量。

 实训项目三　香酥鱼片的制作

【实训目的】

通过香酥鱼片的制作使学生能够掌握腌制、干燥等食品加工的常用加工工艺，了解调味干制品的加工工艺流程。

【实训原理】

以鲢、鳙等淡水鱼为原料，经腌制、油炸、调味、干燥等工艺，加工制作水产调味干制品。

【材料与用具及调味液的制备】

（1）加工用器具及仪器　洁净的厨用刀具、器皿、砧板、腌制容器、锅、电磁炉或电炉、烤箱等。

（2）加工原辅料　以新鲜度良好、个体质量 750g 以上的鲢、鳙等淡水鱼为原料，辅料为市售的五香粉、生姜、胡椒粉、味精、白砂糖、酱油、醋、食盐、色拉油等。

（3）调味液的制备　表 6-2 中备有"五香"、"糖醋"、"麻辣"三种风味的调味液配方，从中选取一种。将甘草、花椒用水煮（微沸状态）30min，用双层纱布过滤，再向滤液加入食盐、五香粉、生姜粉、酱油并煮沸，最后加入味精、香醋等制成调味液。

表 6-2　各种调味液的配方　　　　　　　　　　　　　单位：g

物料	五香调味液	糖醋调味液	麻辣调味液
甘草	7	10	2
花椒	3	—	15
食盐	2	2	3
五香粉	10	—	—
胡椒粉	4	—	2
白砂糖	6	30	—
酱油	150	50	20
味精	7	10	8
香醋	50	150	50
生姜粉	2	—	—
辣椒粉	—	—	20

【工艺流程】

原料鱼的选择 → 清洗 → 前处理 → 切片 → 腌制 → 油炸 → 调味 → 烘干 → 冷却 → 真空包装 → 成品

【操作要点】

① 原料鱼的选择与清洗：原料可以选用鲜鱼或冷冻鱼，但以鲜鱼为原料加工的制品品质更佳。将鱼体用水洗净。

② 前处理：将原料鱼置于洁净的解剖盘或砧板上，分别去鳞、去鳃、去头、去尾、去内脏。然后用水洗净鱼体的血污、内脏碎片及黑色的腹膜。

③ 切片：将清洗干净的原料鱼置于洁净的解剖盘或砧板上，从背部进行切割，将其剖分为左右两片。用厨用刀具将剔除椎骨和肋骨并去除鱼皮的鱼片切成 10～12mm 厚的片块状，放入洁净的器皿中，并称重。

④ 腌制：称取鱼片质量 0.4％～0.5％的食盐，采用干法腌制（将食盐直接撒在鱼片上），腌制 120min。

⑤ 油炸：将腌制好的鱼片置于预先加热到 170～180℃的色拉油中，炸约 15～17min，鱼片颜色呈金黄色，取出。

⑥ 调味：将鱼片沥干油后趁热浸入预先配制好的调味液中进行调味处理。在室温条件下浸渍 60～90s 即可获得较好的调味效果。

⑦ 烘干：将调味处理后的油炸鱼片放于烘烤温度调至 60℃的烤箱中烘烤 5～6h，即得香酥鱼片成品。

⑧ 冷却及真空包装。

【注意事项】

① 以冷冻鱼为原料进行腌制时，可适当减少食盐用量，增加适量酱油以提高制品的鲜味。

② 油炸时的油温尽量维持在 170～180℃，因为当油炸温度超过 190℃时，蛋白质凝固、脱水快、组织紧实，但颜色深且易使蛋白质变焦而带有苦味；而油炸温度低于 150℃时则制品脱水慢，组织易破碎。

【制品品质的评价】

制品含水量低于 16％，形态完整，色泽棕黄，口感酥脆、软硬适度、有典型的五香味、糖醋味或麻辣味。

模块七　豆制品加工技术

学习目标

通过本模块学习，重点掌握豆制品的种类、豆制品的营养、原辅料及加工特性，掌握豆乳粉和豆腐的加工技术，了解大豆蛋白的生产工艺。

思政与职业素养目标

1.查阅资源短缺有关文献，通过食品加工的综合利用，明确食品资源的组成与利用新途径，加深对食品资源循环利用的认识。

2.学习可持续发展战略，明确绿色发展、可持续发展才是行业、企业发展的必由之路。

 必备知识

大豆起源于中国，早在黄帝时期就已种植，我国是大豆的故乡，将大豆加工成大豆食品也有两千多年的历史了。大豆是我国的七大粮食作物之一，也是四大油料作物之一。大豆与黍、稷、麦、稻一起被称为"五谷"。大豆种子因种皮颜色不同，有黄豆、青豆、黑豆之称。

大豆蛋白是理想的植物蛋白质。脱脂大豆含蛋白质达50％以上，并且含有人体必需的8种氨基酸、13种维生素、18种无机盐，不含胆固醇。所以，它是一种其他蛋白质不能比拟比较理想的植物蛋白。

豆类及其制品是符合中国国情的一种东方食品，中国应当发挥自己的传统优势，避免高热能、高脂肪、高蛋白的膳食模式。我国是利用大豆制作豆制品历史最早的国家之一，是世界上公认的传统豆制品发源地，豆腐、豆酱、豆豉的记载历史已有两千多年。大豆及其制品是中国传统食品的"瑰宝"，东方食品的精华，中国传统大豆食品在东方健康饮食中扮演着极为重要的角色，大豆对中华民族的繁衍昌盛功不可没。

展望21世纪，人们更加关注食品的健康、营养、方便、安全性。根据中国营养学会制定，卫生部批准的《中国居民膳食指南》，每人每天应摄入25～35g豆类及豆制品。按此计算，每年仅用于食品生产的大豆就需要1000多万吨。

我国大豆资源比较丰富，原料有保证，随着食品科学技术的不断进步和发展，豆制品将在传统的基础上不断创新和进步，豆制品将成为21世纪最成功的、最具市场潜力的功能性营养食品之一，在人类的健康饮食中起到举足轻重的作用。

一、豆制品的种类

以大豆为主要原料，利用各种加工方法得到的产品称为大豆制品，简称豆制品。豆制品是我国重要的传统食品，加工历史悠久，营养价值高，发展前景广阔。我国传统豆制品品种非常丰富，主要有水豆腐（嫩豆腐，老豆腐，南豆腐、北豆腐），半脱水制品（豆腐干、百叶、千张），油炸制品（油豆腐、炸丸子），卤制品（卤豆干、五香豆干），炸卤制品（花干、素鸡等），熏制品（熏干、熏肠），烘干制品（腐竹、竹片），酱类（甜面酱、酱油），豆浆、豆奶等。

从有无微生物作用来看，可大致分为发酵豆制品与非发酵豆制品。发酵豆制品有微生物作用，包括豆豉、豆酱、豆腐乳、酱油等；非发酵豆制品无微生物作用，以大豆或其他杂豆为原料制成的豆腐，或豆腐再经卤制、炸卤、熏制、干燥制成的豆制品，如豆腐、豆浆、豆腐丝、豆腐皮、豆腐干、腐竹、素火腿等。

二、豆制品的营养

大豆及大豆制品是高营养的植物性食品，它们含有丰富的优质蛋白质。大豆的主要成分是蛋白质，它的蛋白质比任何一种粮食作物的蛋白质含量都高。根据食物营养分析，大豆为豆科之冠，因它含有大量的蛋白质（35％左右），此外，还含有人体必需的矿物质（钙、磷、铁、钾等）和维生素（维生素 B_1、维生素 B_2 和维生素 C 等）。

在祖国医学上，豆制品具有益气和中、清热解毒、生津润燥、补气养血的功效，可用于治疗赤眼、消渴止痢、解硫黄和烧酒毒等。

由于食用豆制品不用担心胆固醇超标，因此有人提倡肥胖病、动脉硬化、高血压、高脂血症、冠心病等患者多吃豆制品和豆类。对健康群体来说，营养来源单一是不可取的，豆制品是平衡膳食的重要组成部分，可以作为蛋白质的来源之一。同时还可以利用豆类改进谷类蛋白质的质量。各种豆类的蛋白质一般都富含赖氨酸，而谷类蛋白质的赖氨酸均偏低。因此将豆类和谷类混合使用，豆类蛋白质可以补充谷类蛋白质的不足，提高膳食蛋白质的营养价值，而且还能净化体内毒素、清洗肠胃，因此更受女性推崇。由此可见，从人类健康和营养需要来看，大豆和大豆制品的前景是很好的。

三、豆制品原辅料

1. 大豆

大豆是典型的双子叶无胚乳种子。成熟的大豆种子，只有种皮和胚两部分。在选择大豆原料时，应尽量选择那些蛋白质含量高、种植面积广的品种。在选择时，要注意以下问题。

① 虽然无霉变或未经热变性处理的大豆，无论新陈都可用来制作豆制品，但以色泽光亮、籽粒饱满、无虫蛀和鼠咬的新大豆为佳。因为，与陈豆相比，以新大豆为原料生产时产品得率高，质地细腻、弹性和口感好。

② 由于大豆收获后都有一个后熟过程，因此，刚刚收获的大豆不宜使用，应存放 2～3 个月以上使其熟化后再用，比较理想的熟化时间是 3～9 个月。

总之，决定大豆是否适合于豆制品生产时可从豆制品的品质、得率和制作时的方便程度等 3 个方面进行综合评价。

2. 凝固剂

豆腐制作比较关键的技术是在豆浆中添加凝固剂，由于采用凝固剂的种类不同，豆腐的类型、品味和质量亦不相同。目前，国内的豆腐凝固剂包括以下几类。

(1) 盐卤 又名卤块，是生产海盐的副产品，呈红褐色，长方形块，经过加工提高了纯度，制成的卤水为黑色汁液，味苦。盐卤的主要成分氯化镁（$MgCl_2 \cdot 9H_2O$），含量为 46％左右，硫酸镁（$MgSO_4$）占 3％，氯化钠（NaCl）占 2％，水分为 50％左右。

盐卤点浆的特点是凝固的速度快、口味好，但出品率低。卤水的浓度要根据豆浆的稠稀进行调节。生产北豆腐，豆浆稍稠些，卤水浓度适当低些（一般采用 16°Bé），生产豆腐片和豆腐干类，使用的豆浆较稀而要求豆浆点得老一些，所以卤水浓度宜高一些（一般采用 26～30°Bé），盐卤用量约为 8％～12％。

(2) 石膏 其主要成分是硫酸钙。有生石膏（$CaSO_4 \cdot 2H_2O$）和熟石膏（$CaSO_4$）之分。做豆腐多用熟石膏。它是生石膏经过煅烧脱水后经粉碎制成的，粒度为 80～120 目。

石膏点浆的特点是凝固的速度慢，属迟效性凝固剂，其优点是出品率高、保水性强、适用幅度宽，能适应于不同豆浆浓度，做老嫩豆腐均可，南豆腐多用石膏作凝固剂。由于石膏微溶于水，点浆时需将石膏粉加水混合，采取冲浆法加入热豆浆内。

盐卤和石膏都属强电解质，是二价碱金属中性盐，在水中能产生带电荷的离子。加入适量的电解质，可使蛋白质所呈电荷受影响，同时二价离子使蛋白质分子联结而凝聚成豆腐脑。这就是用盐卤和石膏中的二价离子作凝固剂的作用机理。

(3) 葡萄糖酸-δ-内酯（GDL） 葡萄糖酸-δ-内酯是白色结晶粉末，味甜，20℃时的溶解度为 59g/100mL 水，加水分解成葡萄糖酸，纯度 99％以上。最佳用量为 0.25％～0.3％，最适温度为 80～90℃。葡萄糖酸-δ-内酯本身不能直接作凝固剂，它需在豆浆中水解转变成葡萄糖酸后才对豆浆中的蛋白质产生酸凝固。低温时这种水解作用很弱；高温时（100℃，pH7 的条件下）葡萄糖酸-δ-内酯很快全部转变为葡萄糖酸。

用葡萄糖酸-δ-内酯生产豆腐的特殊意义在于加工包装的灭菌豆腐，以延长豆腐的保藏期。加工时，把豆浆和葡萄糖酸-δ-内酯按比例混合装入盒内，密封，加热至要求温度。随着温度的升高，豆浆中的葡萄糖酸-δ-内酯水解成葡萄糖酸，与蛋白质形成酸凝固。这样，一次加热就可达到凝固和杀菌的双重目的。所生产的豆腐形态完整，风味正常。如果不是生产无菌豆腐而是生产普通豆腐，使用 GDL 成本较高。

(4) BVL——复合豆腐凝固剂 近年，一种新型复合豆腐凝固剂——BVL 已被研制成功。这种凝固剂为颗粒状微型胶囊，在常温条件下有良好的分散性和稳定性；高温时在豆浆中能迅速与蛋白质作用，形成良好的组织性、均一性的豆腐凝胶。

另外，豆腐制作技术已从我国传入国外。日本豆腐业使用的凝固剂有硫酸钙、氯化钙（有粒状、片状、粉末状）、氯化镁和各种复合凝固剂（如硫酸钙与氯化钙；氯化镁与氯化钙等）。新的凝固剂——葡萄糖酸内酯（希日散）也被研制出来，生产包装的灭菌豆腐。美国学者研究表明，用氯化钙、乳酸钙、醋酸钙、葡萄糖酸钙、葡萄糖酸-δ-内酯和醋酸都可凝固大豆蛋白质，作豆腐凝固剂使用。其中以氯化钙和醋酸钙为较好的凝固剂。因溶解度的关系，这两种盐类物质比用硫酸钙容易掌握，其添加量都比用硫酸钙少一半，但豆浆的凝固点都在 pH6.0 左右。国外还成功地研制了片状混合凝固剂，主要特点是不固结不潮解。

3. 消泡剂

消泡剂的主要作用是抑制煮浆过程中产生的泡沫。由于大豆蛋白质具有典型的两亲分子结构，因此表现出较强的界面活性，磨浆过程中豆浆就会含有大量泡沫，煮浆时泡沫变得更多，稍不注意，就有可能发生溢浆现象。泡沫的存在不仅使豆浆传热效率降低，延长煮浆时间，影响蛋白质的溶出，而且使豆腐内所含气泡增加，口感变得粗糙而使外观变差。因此，在豆浆生产时一般都要添加消泡剂以克服上述缺点，提高生产效率及产品质量。消泡剂属表面活性剂，是一种同时含有亲油憎水基团和亲水憎油基团的有机化合物。它可被吸附在液体表面或水与油的界面上，从而降低液体的表面张力，起乳化和消泡作用。豆腐生产中常用的消泡剂有酸败油类消泡剂、甘油酯类消泡剂、聚硅氧烷树脂类消泡剂和混合消泡剂几类。

四、大豆的加工特性

大豆的加工特性主要指大豆在加工过程中的吸水性、蒸煮性、蛋白变性、起泡性、凝胶性和乳化性。

1. 吸水性

在豆腐等大豆制品的加工过程中，首先要将大豆在水中浸泡 12h 以上，使其充分吸水。大豆的吸水速度与环境温度和水温有很大的关系。温度越高，大豆的吸水速度也越快。不过温度对大豆的最大吸水量并没有多大的影响。一般来说，充分吸水后的大豆质量是吸水前质量的 2.0～2.2 倍。但是也有一些吸水速度特别慢或者完全不能吸水的大豆，这些大豆被称为石豆。石豆的产生主要是由于在栽培过程中种子被冻伤，或者是由于干燥过程中干燥温度过高引起的。

如果大豆吸水不充分，它的加工性能会受到很大的影响。一方面，即使蒸煮很长的时间也难以变软；另一方面，粉碎也变得困难。

2. 蒸煮性

大豆吸水后在高温高压下加热就会变软。碳水化合物含量高的大豆，煮熟后显得更软，含量低的大豆煮熟后的硬度较高。这可能是由于碳水化合物的吸水力较其他成分高，因而碳水化合物含量高的大豆在蒸煮过程中水分更易浸入内部而使大豆变软。大豆煮熟后放置时间过长，就可能发生硬化现象。这可能是由于大豆中所含钙的影响。

3. 蛋白变性

蛋白变性包括热变性和冷冻变性两种。这里主要介绍热变性。大豆食品的加工过程几乎都存在加热过程。伴随着加热，大豆蛋白质的组分也会发生热变性，首先是表现在蛋白质的溶解度的变化上。大豆蛋白加热后，其溶解度会有所降低。降低的程度与加热时间、温度、水和蒸汽含量有关。在有水蒸气的条件下加热，蛋白质的溶解度就会显著降低。

4. 起泡性

由于大豆蛋白质具有典型的两亲分子结构，因此表现出较强的界面活性，磨浆过程中豆浆就会含有大量泡沫，煮浆时泡沫变得更多，稍不注意就有可能发生溢浆现象。在大豆制品如豆腐的生产中，通常通过加入消泡剂来消除气泡。

5. 凝胶性

凝胶性是大豆蛋白的重要特性之一。大豆蛋白质分散于水中形成溶胶体，这种溶胶在一定条件下可以转变为凝胶。凝胶是水分散于蛋白质中的分散体系，它或多或少具有固体性质。大豆蛋白质凝胶的形成，受许多因素的影响，如蛋白质溶胶的浓度、加热温度与时间、pH 值及羟基化合物等。大豆蛋白质的浓度及其成分是凝胶能否形成的决定性因素。

6. 乳化性

大豆蛋白具有乳化性，乳化性是指大豆蛋白能帮助油滴在水中形成乳化液，并保持稳定的特性。蛋白质具有乳化剂的特征结构，即两亲结构，在蛋白质分子中同时含有亲水基团和亲油基团，能够降低水和油的表面张力。因此，大豆蛋白质用于食品加工时，聚集于油-水界面，使其表面张力降低，促进形成油-水乳化液。形成乳化液后，乳化的油滴被聚集在其表面的蛋白质所稳定，形成一种保护层，这个保护层可以防止油滴聚积和乳化状态的破坏。同时，蛋白质还能降低水和空气的表面张力，这就是通常所说的大豆蛋白质的乳化稳定性，使蛋白质、水和脂肪乳胶体稳定。

项目一 豆乳粉加工技术

 必备知识

豆乳粉是近 20 年兴起的一种大豆加工产品。豆乳粉不仅为人们提供了方便的蛋白质食品，而且有效地解决了豆乳远距离运输的问题。新加工技术的应用有利于改善豆乳粉的速溶性能，高频电场处理可增强大豆蛋白分子表面极化作用与改变大豆蛋白分子结构，改善亲水、亲油"双溶性"，是提高市售速溶豆乳粉的分散功能、防止结团、减少泡沫的重要措施。细胞粉碎技术和粉粒重组技术控制豆乳粉粒度的大小，有利于提高豆乳粉的速溶性。

关键技能

一、豆乳粉加工的工艺流程

大豆清理与浸泡 → 脱皮 → 酶的钝化与磨浆 → 分离 → 豆乳的调制 → 均质 → 杀菌 →
产品包装 ← 紫外线消毒 ← 配料筛匀 ← 喷雾干燥 ← 浓缩 ← 冷却 ← 真空脱臭 ←

主要操作步骤说明如下。

1. 大豆脱皮

脱皮是豆乳粉生产中的关键工序，通过脱皮可以减少细菌量，改善豆乳粉风味，降低贮存蛋白的热变性，缩短脂肪氧化酶钝化所需的加热时间，防止褐变。大豆脱皮有两种方法，即湿脱皮和干脱皮。湿脱皮在浸泡之后进行，干脱皮在浸泡之前进行。豆乳生产以干脱皮为好。干脱皮时，如果大豆水分含量超过 13%，则应将其干燥到 10% 左右，冷却后再脱皮。脱皮率应控制在95% 以上。

2. 酶的钝化与磨浆

大豆经脱皮破碎后，脂肪氧化酶在一定温度、含水量和氧气存在下就可以发挥催化作用，因此，在大豆磨浆时就应防止脂肪氧化酶的生理活性作用，使其变性失活。常用的灭菌方法有干热处理、蒸汽法、热水浸泡法与热磨法、热烫法、酸或碱处理法等。

(1) 干热处理 干热处理一般是在大豆脱皮后入水前进行，利用高温热空气对大豆进行加热。干热处理要求瞬时高温，热空气的温度最低不能低于120℃，否则效果极差；但温度过高，易使大豆焦化。通常干热处理温度为120～200℃，处理时间为10～30s。干热处理过的大豆直接磨碎制豆奶，往往稳定性不好，但若在高温下用碱性钾盐（如重碳酸钾、碳酸钾等）进行浸泡处理后，再磨碎制浆，则可以大大提高豆奶的稳定性，防止沉淀分离。

(2) 蒸汽法 这种方法多用于大豆脱皮后入水前，利用高温蒸汽对脱皮豆进行加热处理，利用120～200℃的高温蒸汽加热7～8s即可。这种处理方法大多是通过旋转式网筒或网带式运输机来完成的，生产能力大，机械化程度高。但采用这种方法加工过的大豆，其蛋白质抽提率低。

(3) 热水浸泡法与热磨法 这两种方法适用于不脱皮的加工工艺。热水浸泡法即是把清洗过的大豆用高于80℃的热水浸泡30～60min，然后磨碎制浆。

热磨法是将浸泡好的大豆沥去浸泡水，另加沸水磨浆，并在高于80℃的条件下保温10～15min，然后过滤、制浆。

(4) 热烫法 这种方法是将脱皮的大豆迅速投入到80℃以上的热水中，并保持10～30min，然后磨碎制浆。

(5) 酸或碱处理法 这种方法的依据是pH对脂肪氧化酶活力的影响。pH对酶失活程度影响非常大，通过酸或碱的加入，调整溶液的pH，使其偏离脂肪氧化酶的最适pH，从而达到抑制脂肪氧化酶活力，减少异味物质的目的。常用的酸主要是柠檬酸，一般调节pH至3.0～4.5，此法一般在热浸泡法中使用。

常用的碱有碳酸钠、碳酸氢钠、氢氧化钠、氢氧化钾等，一般调节pH至7.0～9.0，碱可以在浸泡时加入，也可以在热磨、热烫时加入。

大豆经脱皮浸泡后，须进行磨浆。为提高蛋白质的收得率，一般采用加入足量的水直接磨成浆体，再将浆体经分离除去豆渣，萃取出浆液。磨浆工序总的要求是磨得要细，一般浆体的细度应有90％以上的固形物通过150目滤网，豆浆的浓度一般要求在8％～10％。为此，可采用粗、细两次磨碎的方法以达到要求。

3. 分离

豆浆经分离将浆液和豆渣分开。分离工序严重影响豆奶蛋白质和固形物的回收。一般控制豆渣含水量在85％以下。豆渣含水量过大，则豆奶中蛋白质等固形物回收率降低。

分离常采用离心分离，常用的离心分离设备为三足式离心分离机。分离豆浆采用热浆分离，可降低浆体黏度，有助于分离。

4. 豆乳的调制

欲获得在营养成分和口感上接近牛奶的豆奶，必须进行调制。通过调制可以生产出多种口味的豆乳。豆乳的调制即按照产品配方和标准要求，在调制缸中将豆浆、营养强化剂、赋香剂和稳定剂等加在一起，充分搅拌均匀，并用无菌水调整至规定浓度的过程。

(1) 营养强化 豆浆中尽管含有丰富的蛋白质和大量不饱和脂肪酸等重要营养成分，但作为植物蛋白，由于含硫氨基酸的含量较低，因此需加补充，尤其在生产婴儿豆奶或营养豆奶时更要注意。在生产时，可适当补充一些蛋氨酸。

大豆维生素含量较少，且种类也不全，维生素 B_1 和维生素 B_2 不足，维生素 A 和维生素 C 含量很低，维生素 B_{12} 和维生素 D 几乎没有。为弥补其不足，极有必要进行维生素的强化。

豆乳中最常增补的无机盐是钙盐，以碳酸钙最好，因为碳酸钙溶解度低，不易造成蛋白质沉淀，且可提高豆乳消化率。为防止碳酸钙在豆乳中沉淀出来，可采用一台小型均质机进行一次乳化处理。1L豆乳中碳酸钙的添加量为1.2g时，可以使其含钙量与牛乳相近。

(2) 添加油脂 豆奶中添加油脂可提高口感及色泽。油脂必须先经乳化后加入。油脂的添加量在1.5％左右（将豆奶中油脂含量增加到3％左右），就可以收到明显的效果。添加的油脂应选用亚油酸含量高的油，如豆油、花生油、菜子油、玉米油等。

(3) 添加甜味料 豆奶生产中宜选用甜味温和的双糖。如选用单糖在杀菌时易发生美拉德褐变反应，使豆奶色泽发暗。糖的添加量一般为6％，但由于品种及各地区人群的嗜好不同，糖的添加量也有很大区别。

（4）**添加赋香剂** 奶味豆奶是市场上最普遍的豆奶品种，也最容易被人们接受。豆奶生产一般使用香兰素进行调香，可得奶味鲜明的豆奶。当然最好使用奶粉或鲜奶。奶粉的使用量一般为5%（占总固形物）左右，鲜奶为30%（占成品）左右。还可以在调配时添加果汁（果味香精、有机酸）、椰子汁（由鲜椰子肉直接加工）或椰浆、可可粉等调制而得各种风味不同的豆奶。近年来，许多生产豆乳的企业还相继开发了花生豆乳、杏仁豆乳、蔬菜豆乳等。

（5）**添加稳定剂** 豆乳中使用的乳化剂以蔗糖脂肪酸酯和甘油单酯、卵磷脂为主。卵磷脂的添加量一般为大豆质量的0.3%～2.4%，蔗糖脂肪酸酯添加量一般为0.003%～0.5%。实验证明，两种乳化剂配合使用效果优于单一乳化剂。添加乳化剂之前，先将乳化剂各组分按比例配好，放入可加热容器中，使之熔融，然后充分搅拌、混匀，制得混合乳化剂。使用时，一般按照大豆质量的0.5%～2%添加，用80℃以上热水完全将其溶解，加入豆奶中，过胶体磨，再均质，可得到最佳乳化效果。

良好的乳化剂常配合使用一些增稠稳定剂和分散剂。常用的增稠稳定剂有羧甲基纤维素钠、海藻酸钠、明胶、黄原胶等，用量为0.05%～0.1%。常使用的分散剂有磷酸三钠、六偏磷酸钠、三聚磷酸钠和焦磷酸钠，其添加量为0.05%～0.30%。

5. 均质

均质处理可提高豆乳的口感与稳定性。豆奶在高压下从均质阀的狭缝压出，油滴、蛋白质等颗粒在剪切力、冲击力与空穴效应的共同作用下，进行细微化，形成均一的分散液，防止脂肪上浮、蛋白质沉降，增加豆奶光泽度，提高了豆奶的稳定性。豆奶生产中常采用13～23MPa的压力进行均质，均质时温度一般控制在70～80℃比较适宜。目前豆奶生产常采用两次均质。

6. 杀菌

豆奶由于富含蛋白质、脂肪、糖，是细菌的良好培养基，经调制后的豆奶应尽快进行杀菌。豆乳加工中常用的杀菌方法有三种，即常压杀菌、高温高压杀菌和超高温瞬时杀菌。对前期的豆乳常采用超高温瞬时杀菌；对喷雾干燥后的豆乳粉采用紫外线消毒。

7. 真空脱臭

在豆乳粉的生产过程中，尽管采取了一系列的灭酶办法，但豆乳粉中仍然不可避免地含有一些异味成分，它们有大豆本身带进的，也有在磨浆等加工工序中产生的。真空脱臭的作用就是要最大限度地除去豆奶中的异味物质。真空脱臭工序分两步完成。首先是利用高压蒸汽（压力600kPa）将豆奶加热到140～150℃，然后将热浆体迅速导入真空冷却室，对过热的豆乳抽真空，降低豆浆温度至70～80℃。目前，国内外已有专用的豆乳真空脱臭设备生产。

8. 浓缩

将经过脱臭的豆奶进行减压浓缩，使干物质含量接近15%。过度浓缩黏度要增高，甚至发生凝固，使后续处理难度增加。

9. 喷雾干燥

浓缩液用喷雾干燥机进行干燥，制成含水分为2%～3%的豆乳粉。喷雾干燥机的进风温度为180℃，出风温度为90℃。豆乳粉的化学成分主要是蛋白质，此外大部分为碳水化合物。干燥温度掌握不适当时，成品的蛋白质由于受热变性使溶解度降低。通常根据不同的用途，在制品中添加适量的蔗糖或其他糖类，增加豆乳粉的分散度，可以在一定程度上提高其溶解度。

二、豆乳粉的质量控制

色泽：呈均匀一致的乳黄色。

味感：具有豆奶香味、无异味。

组织状态：呈干燥细粉末状，无杂质，无凝块结团。

冲调性：溶解较快。

在豆乳粉的生产中，前期豆乳生产方法主要依据豆腐加工的前段工艺。这种豆乳有强烈豆腥味，不易被消费者接受。而豆腥味与皂角苷、异黄酮苷、脂肪氧化酶有关。

最新研究出能消除不良味道的豆奶加工新方法关键是：首先脱出大豆的皮和胚轴，从而除去大量皂角苷和异黄酮糖苷。加工时应注意不要伤到子叶部分，否则易引起脂肪氧化酶的作用而产生豆腥味。然后将脱皮、脱胚轴的大豆浸入含 0.125％ $NaHCO_3$ 的沸水中 30min，从而使脂肪氧化酶尽可能失活，抑制异味产生。

项目二　豆腐加工技术

 必备知识

豆腐是我国人民喜爱的传统食品，也是许多其他大豆制品的原料。将大豆加工成豆腐后，其消化率大大提高了。整粒大豆的消化率为 65％，制成豆浆后其消化率为 84.9％，制成豆腐则可达到 96％。民间常说"鱼生火，肉生痰，青菜豆腐保平安"，可见，豆腐在中国人民的膳食结构及健康饮食中居非常重要的地位。

豆腐的种类

日常生活中常见到的豆腐有南豆腐、北豆腐和填充豆腐。

1. 南豆腐

南豆腐的凝固剂为石膏，用量为 1kg 豆浆添加 5～7g，其特点是豆浆浓度稍大，一般 1kg 原料大豆生产豆浆为 6～7kg。点浆温度控制在 75～85℃。成形时不需要破脑。

2. 北豆腐

北豆腐的凝固剂为卤水，用量为 1kg 豆浆添加 15～20g，其特点是豆浆浓度稍小，一般 1kg 原料大豆生产豆浆为 9～10kg。点浆温度控制在 70～80℃。成形时需要破脑。

3. 充填豆腐

充填豆腐采用的是葡萄糖酸-δ-内酯（GDL）为凝固剂。整个生产过程同样也包括大豆的清洗、浸泡、磨浆过程。但充填豆腐的豆浆浓度要比南豆腐和北豆腐高，一般以 1kg 大豆生产 5kg 豆浆为宜。加入凝固剂并混匀后，直接将豆浆充填到包装中，然后加热凝固，冷却后制得充填豆腐。

 关键技能

豆腐加工的工艺流程

尽管豆腐的种类很多，但是其生产原理基本上是一致的。首先是浸泡大豆使大豆软化，浸泡后的大豆磨浆后蒸煮，然后通过过滤将豆渣分离，再加入凝固剂等使大豆蛋白质凝胶成形后就得到了豆腐。生产流程如下。

大豆 → 选别 → 洗净 → 浸泡 → 磨浆 → 煮浆 → 过滤 → 豆浆 → 凝固 → 成形 → 挤压 → 水洗 → 杀菌 → 包装

主要操作步骤说明如下。

1. 磨浆

吸水后的大豆用磨浆机粉碎制备生豆浆的过程称为磨浆。目前，磨浆都已采用电动砂轮磨，而且小部分是浆渣自动离心分离，这是我国豆腐制造业所发生的最大的变化，而其他加工工序的机械化程度在全国范围内参差不齐，极不平衡。磨浆时要注意以下两点。

① 磨浆时一定要边粉碎边加水，这样做不但可以使粉碎机消耗的功率大为减少，还可以防止大豆种皮过度粉碎引起的豆浆和豆渣过滤时分离困难的现象。一般磨浆时的加水量为干大豆的 3～4 倍。

② 使用砂轮式磨浆机时粉碎粒度是可调的。调整时必须保证粗细适度，粒度过大，则豆渣

中的残留蛋白质含量增加，豆浆中的蛋白质含量下降，不但影响到豆腐得率，也可能影响到豆腐的品质。但粒度过小，不但磨浆机能耗增加，易发热，而且过滤时豆浆和豆渣分离困难，豆渣的微小颗粒进入豆浆中，影响豆浆及豆制品的口感。

2. 煮浆

生豆浆必须加热后才能形成凝胶，这一过程称为煮浆。煮浆要求是由大豆蛋白质的物理化学性质决定的。生豆浆中蛋白质呈溶胶态，它具有相对的稳定性，这种相对的稳定性是由天然大豆蛋白质分子的特定结构所决定的。天然大豆蛋白质的疏水性基团分布在分子内部，而亲水性基团则分布于分子的表面。在亲水性基团中含有大量的氧原子和氮原子，由于它们有未共用电子对，能吸引水分子中的氢原子并形成氢键，正是在这种氢键的作用下，大量的水分子将蛋白质胶粒包围起来，形成一层水化膜。换句话说，就是蛋白质胶粒发生了水化作用。

煮浆是豆腐生产中最为重要的环节。因为大豆蛋白质的组分比较复杂，所以，蛋白质变性的温度（亦即煮浆温度）和煮沸时间应保证大豆中的主要蛋白质能够发生变性。另外，煮浆还可破坏大豆中的抗生理活性物质和产生豆腥味的物质，同时具有杀菌的作用。因此，按照传统经验，煮浆时一般应保证豆浆在100℃的温度下保持3～5min。

煮浆的方法很多，从最原始的土灶煮浆到通电连续加热法等都在我国得到应用。

（1）**土灶直火煮浆法** 主要以煤、秸秆等为燃料，成本低、简便易行，锅底轻微的焦煳味使豆制品有一种独特的豆香味。不过，火力较难控制，易使豆浆焦煳，给产品带来焦苦味。此法在稍大规模的或工业化生产中已不采用。

（2）**敞口缸蒸汽煮浆法** 此法在中小型企业中应用比较广泛。它可根据生产规模的大小设置煮浆罐。敞口煮浆罐的结构是一个底部接有蒸汽管道的浆桶。煮浆时，让蒸汽直接冲进豆浆里，待浆面沸腾时把蒸汽关掉，防止豆浆溢出，停止2～3min后再通入蒸汽进行二次煮浆。

（3）**封闭式溢流煮浆法** 这是一种利用蒸汽煮浆的连续生产过程。常用的溢流煮浆生产线是由5个封闭式阶梯罐组成的，罐与罐之间有管路连通，每一个罐都设有蒸汽管道和保温夹层，每个罐的进浆口在下面，出浆口在上面。采用重力溢流，从生浆进口到熟浆出口仅需2～3min，豆浆的流量大小可根据生产规模和蒸汽压力来控制。

（4）**通电连续加热法** 日本的大型豆腐加工厂多采用通电加热连续煮浆生产线进行豆浆的加热。槽型容器的两边为电极板，豆浆流动过程中被不断加热，出口温度正好达到所需的温度。这种方法的优点是自动化程度高、控制方便、清洁卫生且有利于连续式大规模生产。

3. 过滤

过滤主要是为了除去豆浆中的豆渣，同时也是豆浆浓度的调节过程。豆渣不但使豆制品的口感变差，而且会影响到凝胶的形成。过滤既可在煮浆前也可在煮浆后进行。我国多在煮浆前进行，而日本多在煮浆后进行。

先把豆浆加热煮沸后过滤的方法，又称为熟浆法。而先过滤除去豆渣，然后再把豆浆煮沸的方法称为生浆法。熟浆法的特点是豆浆灭菌时，不易变质，产品弹性好、韧性足、有拉劲、耐咀嚼，但熟豆浆的黏度较大，过滤困难，因此豆渣中残留蛋白质较多（一般均在3.0%以上），相应的大豆蛋白质提取率减少，能耗增加，且产品保水性变差。

豆浆过滤的方法很多，可分为传统手工式和机械式过滤法两种。在家庭和小型的手工作坊还主要应用传统的过滤方法，如吊包过滤和挤压过滤。这种方法不需要任何机械设备，成本低廉，但劳动强度很大，过滤时间长，豆渣中残留蛋白质含量也较高。而在较大的工厂，则主要采用卧式离心筛过滤、平筛过滤、圆筛过滤等。卧式离心筛过滤是目前应用最广泛的过滤分离方法。它的主要优点是速度快、噪声低、耗能少、豆浆和豆渣分离较完全。另外，也有大豆粉碎机内部设置有过滤网，大豆磨浆过程中通过过滤网将豆浆和豆渣分离。采用这种方法，磨浆过程中的能耗有所增加，但豆浆中只有很少一部分颗粒较小的豆渣需要进行进一步分离。

4. 凝固

凝固就是通过添加凝固剂使大豆蛋白质在凝固剂的作用下发生热变性，使豆浆由溶胶状态变为凝胶状态。这里主要介绍南豆腐和北豆腐的凝胶过程。凝固是豆腐生产中最为重要的工序，可分为点脑和蹲脑两部分。

（1）**点脑** 点脑又称为点浆，是豆制品生产中的关键工序。把凝固剂按一定的比例和方法加入到煮熟的豆浆中，使大豆蛋白质溶胶转变为凝胶，即豆浆变为豆腐脑（又称为豆腐花）。豆腐脑是由大豆蛋白质、脂肪和充填在其中的水构成的。豆腐脑中的蛋白质呈网状结构，而水分主要存在于这些网状结构内。按照它们在凝胶中的存在形式可以分为结合水和自由水。

南豆腐和北豆腐的点脑温度一般控制在 70～90℃。要求保水性好的产品，如水豆腐，点脑的温度稍低一些，以 70～75℃为宜；要求含水量较少的产品如豆腐干，点脑温度宜稍高一些，常在 80～85℃。以石膏为凝固剂时，点脑温度可稍高，盐卤为凝固剂时，点脑温度可稍低。

（2）**蹲脑** 蹲脑又称涨浆或养花，是大豆蛋白凝固过程的继续。从凝固时间与豆腐硬度的关系曲线可以看出，点脑操作结束后，蛋白质与凝固剂的凝固过程仍在继续进行，蛋白质的网状结构尚不牢固，只有经过一段时间后凝固才能完成，组织结构才能稳固。蹲脑过程宜静不宜动，否则已经形成的凝胶网状结构会因振动而破坏，使制品内在组织产生裂隙，外形不整，特别是在加工嫩豆腐时表现更为明显。不过，蹲脑时间过长，凝固物温度下降太多，也不利于成形及以后各工序的正常进行。

5. 成形

成形就是把凝固好的豆腐脑，放入特定的模具内，通过一定的压力，榨出多余的黄浆水，使豆腐脑紧密地结合在一起，成为具有一定含水量、弹性和韧性的豆制品。除加工嫩豆腐外，加工其他豆腐制品一般都需要在上箱压榨前从豆腐脑中排除一部分豆腐水。若网状结构中的水分不易排出，可以把已形成的豆腐脑适当破碎。南豆腐的含水量较高，可不经破脑，北豆腐只需轻轻破脑，脑花的大小在 8～10cm 较好。

豆腐的成形主要包括上脑（又称上箱）、压制、出包和冷却等工序。

豆腐的压制成形是在豆腐箱和豆腐包内完成的，使用豆腐包的目的是在豆腐的定型过程中使水分通过包布排出，使分散的蛋白质胶体连接为一体。

豆腐脑上箱后，置于模型箱中，还必须加以定型。其作用是使蛋白质凝胶更好地接近和黏合，同时使豆腐脑内要求排出的豆腐水通过包布排出。一般压榨压力在 1～3kPa，北豆腐压力稍大，南豆腐压力稍小。豆腐压榨的温度一般控制在 65～70℃，压榨时间为 15～25min。压榨后南豆腐的含水率要在 90%左右，北豆腐的含水率要在 80%～85%。

豆腐压制完成后，应在水槽中出包，这样豆腐失水少、不沾包、表面整洁卫生，可以在一定程度上延长豆腐的保质期。

以上介绍的是南豆腐和北豆腐的生产工艺。目前还有一种新型豆腐——内酯豆腐。它是替代传统豆腐的新一代产品，产出率高，产品细腻，光亮洁白，保水性好，不苦不涩，用无毒高压聚乙烯薄膜封闭包装，营养价值、卫生指标均高于传统豆腐，而且贮存期长，便于运输销售和携带，使传统的手工作坊生产飞跃到自动化大工业的生产，是豆腐生产的发展方向，目前我国大部分大中城市已经有内酯豆腐生产线。

需要注意的是，无论是哪种豆腐，煮浆前要按照需要加入不同比例的水将豆浆的浓度调整好。一般来说，加水量越多，豆浆浓度降低，豆腐的得率就越高，但如果豆浆浓度过低，凝胶网状结构不够完善，凝固后的豆腐水分离析速度加快，黄浆水增多，豆腐中的糖分流失增加，导致豆腐的得率反而下降。

项目三 大豆蛋白加工技术

 必备知识

大豆蛋白是指大豆种子中诸多蛋白质的总称，它并不是单指某一种蛋白质。目前食品工业大量生产、使用的非传统性大豆蛋白制品有大豆粉、大豆浓缩蛋白、大豆分离蛋白和大豆组织蛋白。这些产品主要作为食品添加剂使用，充当黏结剂、乳化剂、保水剂和肉品增量剂。因此需要开发以大豆为主体原料，具有本身特色的新产品。

一、大豆蛋白生产原理与特点

1. 大豆浓缩蛋白

大豆浓缩蛋白从脱脂豆粉中除去低分子可溶性非蛋白质成分，主要是可溶性糖、灰分以及其他可溶性的微量成分，制得的蛋白质含量在 70%（以干基计）以上的大豆蛋白制品，大豆浓缩蛋白的原料以低变性脱脂豆粕为佳。

生产大豆浓缩蛋白就是要除去脱脂大豆中的可溶性非蛋白质成分的同时，最大限度地保存水溶性蛋白质。除去这些成分最有效的方法是水溶法，但在低温脱脂豆粕中，大部分蛋白质是可溶性的，为使可溶性的蛋白质最大限度地保存下来，就必须用水抽提水溶性非蛋白质成分时使其不溶解。可溶性蛋白质的不溶解方法大体可以分为两类：一是使蛋白质变性，通常用的是热变性和溶剂变性法；二是使蛋白质处于等电点，这样蛋白质的溶解度就会降低到最低点。在大豆蛋白质不溶解条件下，以水抽提就可以除去大豆中的非蛋白质可溶性物质，再经过分离、冲洗、干燥即可获得蛋白质含量在 70% 以上的制品。

2. 大豆分离蛋白

大豆分离蛋白是以大豆低温豆粕为原料，经碱溶酸沉等工序而得到的一种精制大豆蛋白产品。该蛋白纯度高（蛋白质含量高达 90% 以上），具有溶解性、乳化性、起泡性、保水性、保油性和黏弹性等多种功能，被广泛应用于肉制品、乳制品、冷饮、焙烤食品及保健食品等行业。另外，我国盛产大豆，原料资源丰富。因此，对大豆分离蛋白功能特性及开发与应用进行研究具有现实意义。

3. 大豆组织蛋白

(1) 大豆组织蛋白概述　大豆组织蛋白又名植物肉，其原料是脱脂豆粕（又称白豆片），主要成分是蛋白质（含量 50% 以上）和碳水化合物。大豆组织蛋白不含胆固醇，含糖量低，消化率高，富含人体所必需的多种氨基酸，是一种较理想的完全蛋白质。

大豆组织蛋白是将脱脂大豆，70% 大豆蛋白粉，分离大豆蛋白等与水、食品添加剂等混合，通过破碎、搅拌、加热和直接蒸汽强化预处理，再通过挤压膨化机进行混合、挤压、剪切、成形等物理处理，同时在挤压过程中对原料进行杀菌、蛋白质的组织化、淀粉的 α 化、酶的纯化等化学处理，熔融、高温处理，冷却、干燥等热处理，制成由纤维蛋白组成的有近似肉类产品咬头的食品。这类干燥后的食品，若调整水分或复水后也仍能有足够的咬头（咬劲、嚼头），食用方便，价格低廉。以这类产品为原料，通过加入适量的调味料，经干燥、冻结，也可用于快餐食品的辅助原料或添加到香肠等食品中，作为肉类的替代品，用途极其广泛。

(2) 大豆组织蛋白的生产工艺原理　含有适当水分的白豆片，研磨后成为脱脂蛋白粉，其天然未变性的蛋白质分子，在温度和压力的作用下发生变性。分子内部高度规则的空间排列被打乱，次级链被破坏，肽链结构松散，易于伸展，由于受到定向力的作用，蛋白质分子在变性的同时，发生一定粒度的定向排列而组织化，进一步凝固形成肉状纤维结构，最后通过模具使温度压力突然变化而产生一定膨化，即得到多孔的大豆组织蛋白。

(3) 大豆组织蛋白的特点

大豆组织蛋白营养高，功能性较好，有以下特点。

① 经膨化机膨化，蛋白质分子重新排列整齐，具有同方向组织结构，类似于肉样的多孔组织，因此有优良的保水性与咀嚼感。

② 经过短时高温、高水分与高压力下加工，消除了大豆中所含的各种有害物质（胰蛋白酶抑制素、尿素酶、皂素以及血细胞凝聚素等），提高人体对蛋白的吸收消化能力，营养价值显著增加。

③ 膨化时，由于出口处迅速减压喷爆，可以除去大豆中的不良气味、降低大豆蛋白质食用后的产气性。

④ 大豆组织蛋白有良好的保油性，用它做出的食品干净、不油腻。

⑤ 食用方便，用 60℃ 热水浸泡 30min，便可做成各种食品。

⑥ 价格便宜，1kg 组织蛋白用水浸泡后相当于 315kg 瘦猪肉，1kg 湿组织蛋白的费用仅为 1kg 瘦猪肉的 1/6，而其营养价值是一样的。

⑦ 大豆组织蛋白不含胆固醇，患有心血管病的人可以放心地食用。

⑧ 大豆组织蛋白是理想的植物蛋白，含有人体必需的 8 种氨基酸。

（4）大豆组织蛋白存在的问题

在电子显微镜下，组织蛋白呈蜂窝状结构，具有较强的吸水性和吸油性，类似于瘦肉的纤维状组织，富有咀嚼感。但是，组织蛋白虽然经过膨化过程的高温、高压处理，除去了一部分豆腥味，但豆腥味仍然较重，加上胀气因素，使它在食品中应用受到很大限制。如何用较便宜、简单易行的方法除去豆腥味和胀气成分是扩大组织蛋白应用范围的一个重要课题。

目前，对大豆臭的除去方法有：①热处理、溶剂处理（乙醇、稀酸、氯化钙溶液）等物理方法；②用化学试剂（过氧化氢、亚硫酸等氧化还原剂）的化学方法；③用其他香味（添加香料、酶处理）遮蔽的方法；④蛋白分离（酸或钙盐）的方法。

在简便易行、成本低的方面，用化学试剂方法处理后往往需要离子交换树脂除去残余试剂，不适合工业化生产。因此，本文在处理组织蛋白时，拟采用热处理、溶剂等物理方法。在应用中，又辅以其他香味遮蔽法，以便使大豆组织蛋白在食品中广泛应用。

二、大豆蛋白的功能特性

1. 水化性质

大豆蛋白沿着它的肽链骨架，含有许多极性集团，由于这些极性基团同水分子之间的吸引力，致使蛋白质分子在与水分子接触时，很容易发生水化作用，具有亲水性。所谓水化作用就是指蛋白分子通过直接吸附及松散结合，被水分子层层包围起来。蛋白质水化作用的直接表现是蛋白质的吸水性、保水性及分散性。

2. 凝胶性

凝胶性是大豆蛋白的重要特性之一。大豆蛋白质分散于水中形成溶胶体，这种溶胶在一定条件下可以转变为凝胶。凝胶是水分散于蛋白质中的分散体系，它或多或少具有固体性质。大豆蛋白质凝胶的形成，受许多因素的影响，如蛋白质溶胶的浓度、加热温度与时间、pH 值及羟基化合物等。大豆蛋白质的浓度及其成分是凝胶能否形成的决定性因素。

3. 吸油性

大豆蛋白的吸油性表现在促进脂肪吸收，促进脂肪结合，从而减少蒸煮时脂肪的损失。大豆蛋白制品的吸油性与蛋白含量有密切关系，大豆粉、浓缩蛋白和分离蛋白的吸油率分别为 84%、133%、154%，组织大豆粉的吸油率在 60%～130%，并在 15～20min 达到吸收最大值，而且粉越细吸油率越高。大豆蛋白制品的吸油率主要受到 pH 值的影响，吸油率随 pH 值的增大而减少。

4. 乳化性

大豆蛋白具有乳化性，乳化性是指大豆蛋白能帮助油滴在水中形成乳化液，并保持稳定的特性。蛋白质具有乳化剂的特征结构，即两亲结构，在蛋白质分子中同时含有亲水基团和亲油基团，能够降低水和油的表面张力。因此，大豆蛋白质用于食品加工时，聚集于油-水界面，使其表面张力降低，促进油-水乳化液形成。形成乳化液后，乳化的油滴被聚集在其表面的蛋白质所稳定，形成一种保护层，这个保护层可以防止油滴聚积和乳化状态的破坏。同时，蛋白质还能降低水和空气的表面张力，这就是通常所说的大豆蛋白质的乳化稳定性，使蛋白质、水和脂肪乳胶体稳定。

三、大豆蛋白制品在食品中的应用

1. 在肉制品中的应用

大豆蛋白制品用于肉制品，既可作为非功能性填充料，也可作为功能性添加剂，改善肉制品的质构和增加风味，充分利用边角原料肉。从营养学角度讲，将大豆蛋白制品用于肉制品，还可以做到低脂肪、低热能、低胆固醇、低糖等强化维生素和矿物质等合理营养。

（1）**在肉丸中的应用**　将处理后的大豆组织蛋白，按 20％量加入精肉中，再加入鸡蛋、淀粉、葱花、姜末等调味料制成丸子，油炸（或水熟）。这种将大豆组织蛋白与肥肉混合在一起绞碎做成的肉丸，其味道和口感比纯肉丸子还好。

（2）**在饺子中的应用**　将处理后的大豆组织蛋白，按 20％量加入精肉中，再加入其他配料等制成馅。饺子馅中加入大豆组织蛋白，不仅可以代替瘦肉，而且还可以改善饺子的风味，提高饺子的营养价值。

（3）**在肉干中的应用**　大豆蛋白经过加工可做成肉干，营养丰富、食用方便，而价格仅为牛肉干的 1/4，还可以加工成各种蜜饯，成为富有营养、口味极佳的休闲食品。

（4）**在肉肠中的应用**　用于肉肠中，加入量为肉重的 15％（湿组织蛋白），可以代替一部分瘦肉；另外，在肉类罐头中加入大豆组织蛋白，既降低了成本，又增加了蛋白质含量；大豆蛋白可以与各种肉类在一起做菜，其味道与肉一样，为不愿吃肉的人提供了一种理想的菜肴。

2. 在焙烤食品中的应用

用于面包加工，可提高营养价值、增大面包体积、改善表皮色泽和质地、增进面包风味。在生产饼干时，面粉中添加 15％～30％的大豆蛋白粉，可以提高蛋白质的含量，增加其营养价值，并且能够增加饼干酥性，还有保鲜作用。在炸面圈时，加入一些脱脂大豆蛋白粉，可以防止透油。另外由于其吸水性，可以调节混合面的水量，可改善风味和色泽及组织状态。

3. 在面条加工中的应用

加工面条时，加入适量的大豆蛋白粉在面粉中，面团吸水性好，面条水煮后断条少，煮的时间长，面条色泽好，口感与强力粉面条相似。面条中大豆蛋白粉的添加量以 2％～3％为宜。

4. 在方便食品加工中的应用

大豆蛋白与各种香料用糖混在一起，可以做成高蛋白的方便食品，供学龄儿童做早餐和课间餐；大豆蛋白用热水浸泡后，加上各种调料，即可食用，既方便又能增加食欲，是较好的凉拌菜。

大豆蛋白不仅营养价值高，而且是优良的保健食品，老少皆宜。对于患心血管、动脉硬化、糖尿病、高血压、高胆固醇、肝炎、肾炎、肥胖病的病人更是一种辅助疗效食品。随着食品工业的发展，大豆蛋白可以应用于各种食品及其他制成品中。可以预料，大豆蛋白将成为我国人民所喜爱的高蛋白食品。

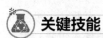 **关键技能**

一、大豆浓缩蛋白加工技术

目前工业化生产大豆浓缩蛋白的工艺主要有三种：稀酸浸提法、含水酒精浸提法、湿热浸提法。这几种方法中，以酸浸洗制取的浓缩蛋白质的氮溶解指数最高，可达 69％；以酒精浸洗制取的浓缩蛋白质的氮溶解指数（NSI）只有 5％。但从产品气味来看，则以酒精制得的浓缩蛋白质优于用其他两种方法制取的产品。

（1）**稀酸浸提法**　酸洗法制取浓缩大豆蛋白是根据大豆蛋白质溶解度曲线，利用蛋白质在 pH 值 4.5 等电点时其溶解度最低这一特性，用稀酸溶液调节 pH 值，将脱脂豆粕中的低分子可溶性非蛋白质成分浸洗出来。工艺流程如下。

① 粉碎　将原料粉碎。

② 酸浸　在脱脂豆粉中加入 10 倍水，在不断搅拌下缓慢加入盐酸，调 pH 值至 4.5～4.6，再搅拌，浸提 40～60min。

③ 分离、洗涤　酸浸后用离心机将可溶物与不溶物分离。在不溶物中加入水，搅匀分离，如此重复两次。

④ 干燥　可采用真空干燥，也可采用喷雾干燥。真空干燥时，干燥温度最好控制在 60～

70℃；若采用喷雾干燥，在洗涤后再加水调浆，使其浓度在 18%～20%，然后用喷雾干燥塔干燥。

(2) 含水酒精浸提法 酒精浸提法是利用脱脂大豆中的蛋白质能溶于水，而难溶于酒精，而且酒精浓度越高，蛋白质溶解度越低，当酒精体积分数为 60%～65% 时，可溶性蛋白质的溶解度最低这一性质，用酒精对脱脂大豆（如低变性浸出粕）进行洗涤，除去醇溶性糖类（蔗糖、棉子糖、水苏糖等）、灰分及醇溶性蛋白质等。再经分离、干燥等工序，得到浓缩蛋白。工艺流程如下。

先将低温脱脂豆粕粉由输送装置送入浸洗器中，该浸洗器是一个连续运行装置。从顶部连续喷入 60%～65% 酒精溶液，在 50℃ 左右，流量按 1∶7 质量比进行洗涤。洗涤粕中可溶性糖分、灰分及部分醇溶性蛋白质，浸提约 1h，经过浸洗的浆状物送入分离机进行分离，除去酒精溶液后，由泵输入真空干燥器中进行干燥，干燥后的浓缩蛋白即为成品。

(3) 湿热浸提法 此法利用大豆蛋白质对热敏感的特性，将豆粕用蒸汽加热或与水一同加热，蛋白质因受热变性后水溶性降低到 10% 以下，然后用水将脱脂大豆中所含的水溶性糖类浸洗出来，分离除去。工艺流程如下。

先将低温脱脂豆粕进行粉碎，用 100 目筛进行筛分。然后将粉碎后的豆粕粉用 120℃ 左右的蒸汽处理 15min，或将脱脂豆粉与 2～3 倍的水混合，边搅拌边加热，然后冻结，放在 -2～-1℃ 下冷藏。这两种方法均可以使 70% 以上的蛋白质变性，而失去可溶性。

将湿热处理后的豆粕粉加 10 倍的温水，洗涤两次，每次搅洗 10min。然后过滤或离心分离。干燥可以采用真空干燥，也可以采用喷雾干燥。采用真空干燥时，干燥温度最好控制在 60～70℃。采用喷雾干燥时在两次洗涤后再加水调浆，使其浓度在 18%～20%，然后用喷雾干燥塔即可生产出浓缩大豆蛋白。

二、大豆分离蛋白加工技术

(1) 碱溶酸沉法 低温脱脂豆粕中的蛋白质大部分能溶于稀碱溶液。将低温脱脂豆粕用稀碱液浸提后，离心分离去除豆粕中的不溶性物质，然后用酸把浸出液的 pH 值调至 4.5 左右时，使蛋白质处于等电点状态而凝集沉淀下来，经分离得到的蛋白质沉淀物，再经洗涤、中和、干燥即得大豆分离蛋白。

(2) 超滤法 超滤分离技术是一种新技术，可达到浓缩、分离、净化的目的，特别适用于大分子、热敏感物质的分离，如蛋白质等的分离。其原理是利用纤维质隔膜的不同孔径，以压差为动力使被分离的物质小于孔径者通过，大于孔径者滞留。大豆分离蛋白的超滤处理有两个作用，即浓缩和分离。由于超滤膜的截留作用，大分子蛋白质经过超滤可以得到浓缩，而低分子可溶性物质则可随超滤液进一步被滤出。国外用蛋白质溶液超滤的设备有两种，一种是管式超滤，另一种是中空纤维式超滤。管式超滤的优点是流体在膜面上流动状态好，不易造成浓差极化，便于清洗。但安装复杂，设备体积较大。中空纤维式超滤的优点是膜面积大，体积小，工作效率高，制作成本低。但对原液要求严格，清洗困难。

(3) 离子交换法 离子交换法生产大豆分离蛋白的原理与碱溶酸沉法基本相同。其区别在于离子交换法不是用碱使蛋白溶解，而是通过离子交换法来调节 pH 值，从而使蛋白质从饼粕中溶出及沉淀而得到分离蛋白。

大豆分离蛋白具有多种功能特性，用途广泛。我国盛产大豆，开发大豆分离蛋白具有丰富的原料资源。因此，在以往研究的基础上还应在大豆分离蛋白的功能特性与应用、制备工艺的改进、改性产品的研制等方面继续深入研究，进一步开发大豆分离蛋白在有关行业中的新用途，使之更好地为我国的经济建设和人民身体健康服务。

三、大豆组织蛋白加工技术

1. 大豆组织蛋白生产工艺

白豆片经涡轮磨研磨后进入混合缸与汽、水充分混合，再进膨化机在高温、高压下通过模具突然释放，从而得到重新组织化的蛋白（小颗粒大豆组织蛋白经过湿磨的剪切），然后进入干燥冷却器烘干冷却后，包装成为大豆组织蛋白产品。具体的生产工艺流程如下。

① 将大豆分离蛋白等原材料经由贮料斗，送至设有蒸汽夹套的加热预处理机中，在这里通过上下两个阶段的加热处理，在第二阶段设有蒸汽喷管，可通入直接蒸汽进行加热，经加热后的原料通过高速混合器搅拌混合。

② 进入挤压机，在挤压机中可同时完成原料的输送、压缩、粉碎、混炼、发热、杀菌、熔融、脱水、挤压、成形、膨化等多项单元操作，最后得到组织化大豆蛋白产品。

③ 经挤压后的大豆组织蛋白产品经水平带式冷却器，干燥包装出厂。

2. 大豆组织蛋白的产品标准

加工出的大豆组织蛋白的质量标准如下：蛋白质含量（干基）≥50%，水分≤8%，脂肪≤1%，纤维≤3%，灰分≤6%。

大豆组织蛋白的外观呈淡黄色或黄褐色，略有豆味，脆而无硬芯，无焦苦味、无霉变，吸水成海绵状、吸水重为干重的 215 倍以上。块状或颗粒状，略有豆味，吸水膨胀后能浮于水面，不散碎，类似瘦肉状。

3. 大豆组织蛋白的生产注意事项

① 大豆组织蛋白的生产原料白豆片要达到以下理化指标：蛋白质（干基）氮×6.25≥50%，脂肪≤1.5%，水分≤10%，粗纤维≤5%，NSI≥70%，灰分≤6%。白豆片经涡轮研磨机研磨成粉状称为脱脂蛋白粉，其粒度要求为 100～325 目。脱脂蛋白粉在混合缸中与汽水混合时，要先进汽后进水，混合要均匀，防止物料混合后成固状。混合好的物料以握在手中松开后，物料成一个个的小球状为好，否则物料太散或太黏都会影响膨化效果，甚至不能膨化。

② 混合好的物料进入膨化机中进行膨化，原料 pH 值应在 7.0 左右，pH 值越高膨化效果越好，但不能超过 8.5，如果 pH 值＜5.5，物料将不会膨化。原料的含糖量以 20%～30% 为好，含糖量太高会使物料在膨化机中糊化快。膨化机加水一般为 3kg 左右，加水过多易产生喷料。蒸汽压力要稳定为 0.4MPa，四个加热区的温度分别为：第一加热区 80～90℃，第二加热区 90～100℃，第三加热区 110～120℃，第四加热区 30～40℃。在膨化过程中要防止膨化机喷料和产品不成形。

③ 膨化过程中，膨化机切刀转速规定为：小粒大豆组织蛋白 4.5～6.5 挡，大粒大豆组织蛋白 3.0～4.5 挡，转速太快颗粒过小，造成碎末率高，影响产品质量。

④ 膨化后的产品可进入干燥冷却器，如果是生产小颗粒组织蛋白要经过湿磨，使其成为 4mm 的小颗粒，湿磨动刀转速为 2000 转，静刀出口间隙为 4mm。

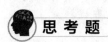

思考题

1. 豆腐生产中的凝固剂有哪些种类？应用情况如何？
2. 大豆有哪些加工特性？
3. 简述豆乳粉加工的工艺流程。
4. 豆腐有哪些种类？
5. 简述传统豆腐加工的一般工艺流程。
6. 大豆蛋白有哪些功能特性？

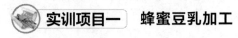

实训项目一   蜂蜜豆乳加工

【实训目的】

① 本实验实训重点在于要求学生学会制备豆乳饮料的基本工艺流程，并且正确使用各种原辅料，同时注意各种原辅料主要作用及质量要求，观察每一步发生的现象并记录，要求对产品质量进行检测。

② 写出实验实训报告。

【材料与用具】

(1) 材料 大豆、蜂蜜、果汁、砂糖、葡萄糖、酸味剂、果胶混合稳定剂、混合香料。

(2) 设备 大豆清洗机、干燥机、脱皮机、天平、大锅、滤网、胶体磨、真空罐、均质机、杀菌锅、漂洗池、打浆机或破碎机。

【工艺流程】

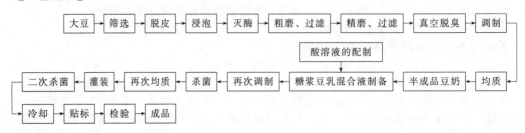

【操作要点】

(1) 筛选 用大豆清洗机清洗大豆中混杂物（石块、土块、杂草、灰尘等）。

(2) 脱皮 大豆先在干燥机中通入 105～110℃ 的热空气进行干燥，处理 20～30s，冷却后用脱皮机脱皮，此步也可防豆腥味产生。

(3) 浸泡 用大豆质量 2～3 倍的 40℃ 水浸泡脱皮大豆 2～3h，浸泡水中加 0.1%～0.2% 碳酸氢钠，以改善豆乳风味。

(4) 灭酶、粗磨、过滤 浸泡好的大豆经二次清水冲洗后，使其在 90～100℃ 下停留 10～20s，以钝化脂肪氧化酶。然后立即进行第一次粗磨，加水量为大豆质量的 10 倍，滤网为 60～80 目。再进行二次粗磨，加水量为大豆质量的 5 倍，滤网为 80～100 目。两次分离的浆液充分混合，进入下道工序。

(5) 精磨、过滤 混合浆液通过胶体磨后，用 120 目滤网过滤，即得较细豆乳。

(6) 真空脱臭 精磨分离所得豆乳入真空罐脱臭，真空度控制在 26.6～39.9kPa（200～300mmHg）。

(7) 调制 脱臭过的豆乳添加一定量乳化剂、2% 植物油、0.1% 食盐等进行调配。

(8) 均质 调配好的原料经高压均质机处理，均质压力控制在 17.7～19.1MPa，即得状态稳定、色泽洁白、豆香浓郁的半成品豆乳。

(9) 酸溶液的配制 将柠檬酸、果汁、混合香料用适量水化开，配制成酸溶液。

(10) 糖浆豆乳混合液制备 砂糖加一定量水加热溶解，并过滤除去杂质，然后与稳定剂溶液、葡萄糖、蜂蜜溶液，充分混合后加入半成品豆乳溶液中，混合均匀，即得糖浆豆乳混合液。

(11) 再次调制 将糖浆豆乳溶液在快速搅拌下，缓慢加入到酸溶液中，混合均匀。

(12) 杀菌 在 135℃ 条件下，杀菌 4～6s。

(13) 再次均质 瞬时灭菌后的料液再一次进行高压均质，条件为 70℃、22.5MPa 压力。

(14) 二次杀菌 罐封后第二次杀菌，可采用常压杀菌，即 95℃ 20min。也可以采用高压杀菌，反压冷却法，即 115℃ 10min，视设备而定。

【产品特点】

本品为酸性蛋白饮料，呈均匀乳浊液，具果汁风味，酸甜适中，清香爽口，营养丰富，经高压杀菌产品，在常温下可保存 3 个月以上。

 实训项目二 **绿色豆腐加工**

【实训目的】

① 本实验实训重点在于学会制备豆腐的基本工艺，并且正确使用各种原辅料，同时注意各种原辅料主要作用及质量要求，观察每一步发生的现象并记录，要求对产品质量进行

检测。

② 书写实验实训报告。

【材料及用具】

大豆、菠菜或者芹菜、油脚、水、石膏；筛、粉碎磨浆机、炉子、锅、平台筐架、石头、包布、压榨板、木案板。

【工艺流程】

大豆 → 选料 → 浸泡软化 → 与蔬菜混合磨浆 → 余沫过滤 → 点浆 → 制取豆腐

【操作要点】

(1) 选料　选用不霉烂、蛋白高的大豆作原料，并筛去杂质；选用新鲜的菠菜、芹菜等绿色多汁类蔬菜。

(2) 与蔬菜混合磨浆　按10kg大豆25kg水的比例，浸泡5～8h，待大豆吸水软化后与蔬菜混合磨浆。

(3) 余沫过滤　先将25g油脚加在5kg 50℃的温水中拌匀，再倒入豆浆中，2～3min后，即可除去全部浆沫。然后按10kg大豆加10kg水的比例，分两遍过滤。

(4) 点浆　将生豆浆加热煮沸2～3min，边煮边搅拌，以防糊化。把煮好的豆浆立即倒入缸内，加盖保温5min，待浆温降至80℃时，用事先配好的100～150g熟石膏粉加热水4kg制成石膏液，拌匀在10min后点浆。点时边搅动边均匀点入，直到熟浆呈现出芝麻烂花时为止。点后加盖保温30min，待浆温降至70℃时，即可上色挤压泄水。

(5) 制取豆腐　先用25℃温水把包洗湿，再倒入豆浆包好，放在平台筐架内，压上40kg左右的石块，挤压2h，即为绿色高产豆腐。

【产品特点】

本品在传统豆腐生产的基础上加入了蔬菜，1kg大豆混入0.15kg蔬菜可生产出6kg豆腐。产品色泽鲜绿且质细软嫩，无异味。

【注意事项】

① 原料质量十分重要，要选择尽量新鲜的原料。

② 称量准确。

③ 点浆是本实验实训的重点操作，是豆腐制作成败的关键。点浆时要注意将生豆浆加热煮沸2～3min，边煮边搅拌，以防糊化。点浆温度为80℃，石膏粉要加热水制成石膏液。点时边搅动边均匀点入，直到熟浆呈现出芝麻烂花时为止。

④ 凡接触产品的器具、机件、容器，必须消毒、清洗、干燥。生产人员操作时必须戴口罩及手套。

 实训项目三　**速溶豆粉加工**

(一) 基础知识

1. 概念

豆粉种类繁多，不仅可以直接食用，而且越来越多地被应用在饮料、焙烤食品及冰淇淋等行业。生产豆粉的原料大多数是低温脱脂豆粕，另外还可以是全脂豆粉。豆粉类产品中含有溶于水的水溶性蛋白质、糖分子、矿物离子和小分子有机离子等。

2. 原辅料

大豆、10%氢氧化钠、抗坏血酸钠盐、大豆磷脂油、白糖（同学们可根据个人喜好，调节个别原料的含量）。

(二) 实训内容

1. 实训目的

① 本实验实训重点在于要求学生学会制备速溶豆粉的基本工艺，并且正确使用各种原辅料，

同时注意各种原辅料主要作用及质量要求，观察每一步发生的现象并记录，要求对产品质量进行检测。

② 写出实验实训报告。

2. 材料及用具

(1) 材料　大豆、10%氢氧化钠、抗坏血酸钠盐、大豆磷脂油、白糖。

(2) 主要设备　真空浓缩设备，喷雾干燥设备。

3. 工艺流程

$$\boxed{大豆} \rightarrow \boxed{精选} \rightarrow \boxed{浸泡} \rightarrow \boxed{制乳} \rightarrow \boxed{调 pH} \rightarrow \boxed{煮浆} \rightarrow \boxed{浓缩} \rightarrow \boxed{喷雾} \rightarrow \boxed{喷大豆磷脂油} \rightarrow \boxed{成品}$$

4. 操作要点

(1) 浸泡　浸泡水和豆的比例为 4:1，浸泡水的 pH 值控制在 6.5～7，不起泡，浸泡后的大豆应用清水冲洗，并沥干。冬季浸泡时间为 18h，夏季浸泡 6h，春秋浸泡 9～10h。

(2) 制乳　沥干后的大豆用石磨粉碎，细度达 80 目，加水量为 1:10 左右，然后进行分离除渣制成豆乳。再次分离前应在豆糊中加入适量的"油脚"，直至渣中含水量小于 89%。大规模生产一般采用卧式分渣机，较小规模生产可采用立式离心分离机，采用 130～150 目筛网。

(3) 调 pH　以 1:10 磨浆制成的豆乳，自然 pH 值为 6.4 左右。当豆乳 pH 值为 6.5 时，主要蛋白质溶出量最高，可达 85%。因而在煮浆前用 10% 的氢氧化钠（一般 1kg 豆乳加 0.08～0.1mL）将豆乳 pH 值调至 6.5。

(4) 煮浆　煮浆温度和时间直接影响产品质量，温度以 95～98℃、时间 2～3min，蒸汽压 3.92×10^5 Pa 为宜。当豆乳加热到 50℃ 左右时，开始出现大豆腥味，此时加入 0.0005% 的抗坏血酸钠盐，可以加速豆乳腥味的分解。在煮浆时易产生大量气泡、溢锅，同时也给浓缩喷雾带来困难，需要加入消泡剂。按成品量 0.3% 加大豆磷脂油，不但起到消泡作用，而且还能提高产品速溶性。

(5) 浓缩　由于豆乳本身黏度大，在通常情况下，豆乳浓缩过程其固形物质含量很难超过 15%。在豆粉生产中浓缩物的干物质含量是造粒的基础。因此，在浓缩过程中降低豆乳黏度，提高豆乳干物质含量是关键问题。生产中要选用浓缩罐最佳工作蒸汽压和真空度，使物料尽快达到适宜浓缩终点，通常蒸汽压为 196.133kPa（2kgf/cm²），真空度为 91.992～93.325kPa（690～700mmHg）。制淡粉时加钠盐，浓豆乳固形物含量达 17%；制甜粉时，按成品粉加糖 30%～40%，固形物含量达 21%～22%。加抗坏血酸钠盐后固形物可提高至 23%。保温也可以稳定浓豆乳的黏度，有利喷雾，温度保持在 55～60℃ 为宜。浓缩采用单效升膜蒸发器和双效降膜蒸发器。

(6) 喷雾　浓豆乳中 80% 左右的水分将在喷雾干燥中除去。用离心式喷雾器喷雾，高压泵压力为 14.710MPa（150kgf/cm²），进风温度为 145℃ 左右时，排风温度以 72～73℃ 为宜。一般以改变浓豆乳的流量来控制排风温度，排风温度既不能过高也不能过低，可以认为产品水分是排风温度高低的反映。温度过低产品水分大，过高会使雾滴粒子外层迅速干燥，使颗粒表面硬化，豆粉含水量应在 2% 左右。

(7) 喷大豆磷脂油　由全脂大豆制成的豆粉含有脂肪，并且在豆粉颗粒表面也含有少量脂肪，脂肪的疏水性影响了豆粉在水中的溶解速度。如果在豆粉表面喷涂一层既亲水又亲油的磷脂，就能提高产品速溶性。在塔底部温度达 70℃ 左右时，按成品 0.2%～0.3% 喷涂。

5. 产品特点

本品为粉末状产品，具有速溶性，营养丰富。

6. 注意事项

① 原料质量十分重要，要尽量选择新鲜的原料。

② 称量准确。

③ 配制溶液要使用蒸馏水或冷开水，尽可能不用金属器皿。

④ 凡接触产品的器具、机件、容器，必须消毒、清洗、干燥。生产人员操作时必须戴口罩及手套。

（三）讨论题

1. 速溶豆粉的加工工艺如何？

2. 如何消除煮浆过程中的大豆腥味？

 实训项目四　大豆组织蛋白加工

（一）基础知识

1. 概念

大豆组织蛋白又名植物肉，其原料是脱脂豆粕（又称白豆片），主要成分是蛋白质（含量50％以上）和碳水化合物。大豆组织蛋白不含胆固醇，含糖量低，消化率高，富含人体所必需的多种氨基酸，是一种较理想的完全蛋白质。

2. 主要原料

大豆。

（二）实训内容

1. 实训目的

① 本实验实训重点在于要求学生学会制备大豆组织蛋白的基本工艺，并且正确使用各种设备，同时注意原料质量要求，观察每一步发生的现象并记录，要求对产品质量进行检测。

② 书写实验实训报告。

2. 材料、设备

（1）主要材料　大豆。

（2）设备　大豆清洗机、干燥机、脱皮机、涡轮研磨机、X-200膨化机、模具、变速刀、干燥冷却器。

3. 工艺流程

原料选择 → 筛选 → 脱皮 → 研磨 → 膨化 → 成形和切割 → 干燥冷却 → 成品

4. 操作要点

（1）原料选择　必须选用优质大豆为原料，大豆等级至少要达到国家三级标准。

（2）筛选　用大豆清洗机清洗大豆中混杂物（石块、土块、杂草、灰尘等）。

（3）脱皮　大豆先在干燥机中通入105～110℃的热空气，进行干燥，处理20～30s，冷却后用脱皮机脱皮，此步也可防豆腥味并除去豆皮表面存有的杂质、细菌、氧化酶等。

（4）研磨　白豆片经涡轮研磨机研磨加工成脱脂蛋白粉，其粒度要求为100～325目。

（5）膨化　符合规格的脱脂蛋白粉同25％～30％的工艺水调温混合进入X-200膨化机。此膨化机的喂料量0.85～1.5t/h，膨化机转速250r/min，螺旋转速35～60r/min。温度控制分四区段，第一区段35～40℃，第二区段115～120℃，第三区段90～100℃，第四区段85～90℃。这样在X-200膨化机内经加温、挤压，改变蛋白的组织结构状态。

（6）成形和切割　膨化机末端装有模具，使产品形成一定形状。从膨化机出来的组织蛋白经过变速刀将产品切割成需要的形状和长度的产品。切刀转速规定为：小粒大豆组织蛋白4.5～6.5挡，大粒大豆组织蛋白3.0～4.5挡。

（7）干燥冷却　干燥温度控制标准为不超过蛋白质变性的临界温度，一般控制温度不超过70℃。干燥后进行冷却。

5. 产品标准及特点

加工出的大豆组织蛋白的质量标准如下：蛋白质含量（以干基计）≥50％，水分≤8％，脂肪≤1％，纤维≤3％，灰分≤6％。

大豆组织蛋白的产品特点是：浅黄色，无焦苦味，略有豆味，脆而无硬芯，吸水成海绵状，吸水重为干重的 2.5 倍以上。

（三）讨论题

1. 大豆组织蛋白的加工工艺如何？

2. 不同粒度的大豆组织蛋白的生产中，如何调节膨化机切刀转速？

3. 干燥操作中，如何控制温度？

模块八　发酵食品加工技术

了解发酵的概念、发酵用生产菌种的要求和选育方法，重点介绍了部分发酵食品的加工工艺及操作要点。

1. 了解我国传统发酵食品源远流长的生产历史，增强民族自豪感、行业自豪感和文化自信。
2. 重视发酵生产过程的合规管理，加强现代企业管理意识，培养新时代工匠素养。

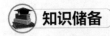 **知识储备**

一、食品发酵的概念

食品行业中，有目的地控制目标微生物在食品原料和添加的各种辅料中的生长和代谢活动，以及有目的地控制食品原料中酶催化的生化反应，使食品原料转化为新型食品的过程称为食品发酵。发酵的食品产品称为发酵食品，是在色、香、味、形等方面独具特色的特殊食品。食品发酵代谢可改变食品的质构；食品发酵代谢产生适量的酸或酒精可延长食品的保藏期；食品发酵代谢产生风味物质可提高食品的风味和滋味。

发酵包括传统发酵（酿造）和近代的发酵工业。中国常把由复杂成分构成的，并有较高风味要求的发酵食品，如啤酒、白酒、黄酒、清酒、葡萄酒等饮料酒以及酱油、食醋、酱、豆豉、腐乳、酱腌菜等佐餐调味品的生产称为酿造工业。把经过纯种培养，提炼精制获得的成分单纯、无风味要求的酒精、抗生素、柠檬酸、谷氨酸、酶制剂、单细胞蛋白等的生产叫做发酵工业。

二、食品发酵中微生物的利用

微生物并非生物分类学上的单位，而是一切微小生物的总称。食品发酵就是有目的地控制微生物的生长和代谢，生产对人体无害、无毒的产品，造福人类。

(1) **细菌**　乳酸菌发酵可生产酸奶、干酪、酸奶油、泡菜等，利用醋酸菌发酵生产食醋，利用谷氨酸发酵生产味精。

(2) **酵母菌**　利用酵母菌生产饮料酒，利用酵母菌生产面包等。

(3) **霉菌**　利用毛霉、根霉、红曲霉生产腐乳，利用米曲霉生产酱油等。

三、食品发酵的一般工艺过程

利用微生物发酵生产发酵产品，必须具备以下条件：①要有某种适宜的微生物，菌种的选择和培育是生产之本；②要保证或控制微生物进行代谢的各种条件（培养基组成、温度、溶氧、pH等），代谢调控是生产的关键；③要有进行微生物发酵的设备和将菌体或代谢产物提取、精制成产品的方法和设备，这是生产的必要组成。

发酵的一般工艺过程主要包括发酵原料的选择及预处理、微生物菌种的选育及扩大培养、发酵设备选择及工艺条件控制、发酵产物的分离提取和发酵废物的回收与利用五大部分组成。

四、发酵原料的选择及预处理

工艺过程为：发酵原料选择→预处理（除杂、粗选、粉碎、分析或水解、加工等）→发酵培养基配制（无机盐、水、其他营养物质、pH、调 C/N 等）→灭菌→大型发酵（pH、温度、溶解氧等）。

微生物发酵用的原料常以糖质或淀粉等碳水化合物为主，加入少量有机和无机氮源，微生物能选择性地摄取所需的物质。原料不同，处理方法也不同。如糖蜜原料用于酵母和酒精发酵，需进行加热杀菌和用水稀释，补充无机盐等预处理。淀粉质原料需先将淀粉转化为葡萄糖等可发酵性或低分子糊精等。

五、微生物菌种的选育及扩大培养

1. 工艺过程

2. 对菌种的一般要求

① 发酵时间短，生产有价值的发酵产品多。
② 发酵培养基价廉，来源充足，被转化为产品的效率高。
③ 对人、动物、植物和环境无危害，潜在的、慢性的、长期的危害，应予以严格防护。
④ 不需要的代谢产物产生少，需要的产品易于分离，下游技术易进行规模化大生产。
⑤ 遗传特性稳定，基因操作方便。

3. 菌种选育的方法

菌种选育主要有杂交育种、自然选育、诱变育种、原生质体融合和基因工程等方法。

4. 菌种的扩大培养

发酵用微生物菌种有外购优良生产菌种或自行选育的新菌种。一般保存于冷冻管、砂土管或琼脂斜面，活化后逐级扩大培养至足以满足大规模生产的需要。扩大培养的方法有固体扩大培养和液体扩大培养等不同方式。

六、发酵

1. 发酵类型

微生物发酵根据不同的发酵特点有：①固体发酵和液体发酵；②好氧发酵和厌氧发酵；③表面发酵和深层发酵；④分批发酵、补料分批发酵和连续发酵；⑤单一纯种发酵和混合发酵；⑥游离发酵和固定化发酵等多种类型。

2. 发酵设备

最常用的发酵设备是发酵罐，又称细胞生物反应器，它为微生物细胞生长和形成代谢产物提供适宜的物理及化学环境，使细胞生长得更好更快，得到更多需要的代谢产物。发酵罐是食品发酵的关键设备。发酵罐通常分为液体发酵罐和固体发酵罐。

3. 工艺条件控制

发酵是微生物在发酵罐内进行的一系列化学反应，生成众多的复杂的分子化合物。必须适当地控制影响发酵的各种条件如温度、通风、搅拌、pH 等，掌握发酵的动态。

七、发酵产物的分离提取

发酵到一定阶段，发酵罐内积累相当量的代谢产物或生长旺盛的微生物细胞时，适时终止发酵，分离发酵产物。发酵产物主要有菌体、酶和代谢产物三类。从发酵液或酶反应液中分离、纯化产品的过程称为下游技术，其过程主要包括：①预处理，采用加热、调整 pH、絮凝等措施和单元操作改变发酵液的理化性质，为固液分离作准备；②固液分离，采用珠磨、匀浆、酶溶、过滤、离心等单元操作除去固相，获得包含目标产物的液相，供进一步分离纯化；③初步纯化，采用萃取、吸附、沉淀、离心等单元操作，将目标成分与大部分杂质分离开来；④精细纯化，采用层析、电泳、分子蒸馏等单元操作，将目标成分与杂质进一步分离，使产物的纯度达到国家标准或企业标准；⑤成品加工，采用结晶、浓缩、干燥等单元操作，将目标产物加工成适应市场需要的商品。发酵产物的分离提取还有蒸馏法和凝胶层析法等。

八、发酵残余物的回收和利用

在工业发酵过程中，对发酵残余物的回收和综合利用，可提高经济效益，保护环境，是发酵生产中不可忽视的一环。

项目一　黄酒加工技术

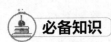 **必备知识**

一、黄酒的分类

按每 100mL 成品酒含葡萄糖量的多少分为：①干型黄酒，含葡萄糖小于 1g；②半干型黄酒，葡萄糖 1～3g；③半甜型黄酒，含葡萄糖 3～10g；④甜型黄酒，含葡萄糖 10～20g；⑤甜型黄酒，含葡萄糖大于 20g。

二、原料的处理

（1）大米　是黄酒生产的主要原料，在糖化发酵以前必须进行精白、浸米和蒸煮、冷却等处理。浸米 4～6h，吸水达 20%～25%；浸米 24h，水分基本吸足。总酸 0.5%～0.9%，米粒结构疏松，出现"吐浆"现象。蒸煮有原料灭菌、淀粉糊化、挥发怪杂味和纯正黄酒风味的作用。采用卧式蒸饭机或立式蒸饭机将米饭蒸煮至外硬内软，疏松均匀，蒸熟蒸透，熟而不糊，透而不烂即可。米饭的冷却有淋饭法和摊饭法两种。淋饭法是米饭蒸熟后，用冷水浇淋，急速冷却。摊饭法是将蒸熟的热饭摊放在洁净平面上，依靠空气流动降至所需温度，速度较慢，易感染杂菌和出现淀粉老化现象，降低出酒率，尤其直链淀粉多的籼米原料不宜采用摊饭法。亦可利用饭温调节发酵罐内物料的混合温度，使之符合发酵要求。

（2）黍米　黍米须烫米使谷皮软化开裂，烫米水温随搅拌散热至 35～45℃时，静置浸渍，水分向内渗透，淀粉松散以利煮糜。煮糜使淀粉糊化充分呈黏性，产生焦黄色素和焦米香气，形成黍米黄酒的特殊风味。

（3）玉米　玉米淀粉结构紧密，难以糖化，应预先粉碎、脱胚、去皮、洗净制成玉米糁，再用于酿酒。玉米糁粒度 3～3.5g，便于吸水蒸煮。炒米便于形成玉米酒的色泽和焦香味。

三、黄酒酿造的主要微生物

传统工艺黄酒的酿造以小曲（酒曲）、米曲或麦曲作为糖化发酵剂，即利用其所含多种微生物进行混合发酵产酒。酒曲中主要有益微生物为曲霉、根霉、红曲霉、酵母等几类，常带有的有害微生物为醋酸菌、乳酸菌和枯草芽孢杆菌等。

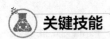 **关键技能**

一、黄酒发酵

1. 黄酒醪发酵的主要特点

无论是传统工艺还是新工艺生产黄酒，其酒醪（醪）的发酵都是敞口式发酵，典型的黄酒发酵有边糖化边发酵，高浓度醪液和低温长时间发酵。

2. 发酵过程中物质变化

酒醪在发酵过程中的物质变化主要指在酶的催化作用下淀粉的水解、酒精的形成，伴随进行的还有蛋白质、脂肪的分解和有机酸、酯、醛、酮等副产物的生成。

（1）**淀粉的分解**　淀粉可分解为糊精、麦芽糖和葡萄糖。

（2）**酒精发酵**　在厌氧条件下，酵母菌将糖化产生的可发酵性糖分转化为酒精和二氧化碳。通过酵母体内多种酶的催化，依照 EMP 代谢途径，使葡萄糖转化成丙酮酸，再在丙酮酸脱羧酶催化下，生成乙醛和二氧化碳，乙醛经乙醇脱氢酶及其辅酶 $NADH_2$ 的催化，还原成乙醇。每分子葡萄糖发酵生成两分子乙醇和两分子二氧化碳。黄酒发酵分为前发酵、主发酵和后发酵三个阶段。在前发酵阶段，发酵作用弱，是酵母的繁殖阶段，指下罐（缸）后 10～12h；经过 3～5 天的主发酵，醪液中代谢产物积累较多；后发酵继续分解残余的淀粉和糖分，发酵作用微弱；发酵结束，酒醪的酒精含量可达 14％以上。

（3）**有机酸的变化**　黄酒中的有机酸部分来自原料、酒母、曲和浆水或人工调酸加入；部分是在发酵过程中由酵母的代谢产生的；部分因细菌污染而致。开头耙时酒醪酸度常在 0.2～0.3g/100mL。黄酒总酸控制在 0.35～0.4g/100mL 较好。

（4）**蛋白质的变化**　黄酒中含氮物质的 2/3 是氨基酸，其余 1/3 是多肽和低肽。在酒醪发酵时，蛋白质分解成肽和氨基酸等一系列含氮化合物。

（5）**脂肪的变化**　糙米和小麦含有 2％左右的脂肪。发酵中，脂肪被微生物的脂肪酶分解成甘油和脂肪酸。甘油赋予黄酒甜味和浓厚感。脂肪酸与醇结合形成酯类。酯和高级醇等都能形成黄酒特有的芳香。

（6）**氨基甲酸乙酯的形成**　由氨甲酰化合物与乙醇反应生成。氨甲酰化合物主要有尿素、L-瓜氨酸、氨甲酰磷酸、氨甲酰天冬氨酸等。黄酒尿素主要由精氨酸分解而来，通过精氨酸酶的分解使精氨酸转化为鸟氨酸和尿素。

二、传统的摊饭法发酵

1. 摊饭法发酵概述

蒸熟后的米饭经过摊冷降温到 60～65℃，投入盛有水的发酵缸内，打碎饭块后，依次投入麦曲、淋饭酒母和浆水，搅拌均匀，使缸内物料上下温度均匀、糖化发酵剂与米饭很好接触，防止"烫酿"，造成发酵不良。最后控制落缸品温在 27～29℃，并做好保温工作，使糖化、发酵和酵母繁殖顺利进行。开耙温度的高低影响成品酒的风味。高温开耙（头耙在 35℃以上），酵母易于早衰，发酵能力不会持久，使酒醪残糖含量增多，酿成的酒口味较甜，俗称热作酒；低温开耙（头耙温度不超过 30℃），发酵较完全，酿成的酒甜味少而辣口，俗称冷作酒。

2. 摊饭法发酵的主要特点

① 传统的摊饭法发酵酿酒，在 11 月下旬至翌年 2 月初，强调"冬浆冬水"，以利于酒的发酵和防止升酸。低温长时间发酵，有利于改善酒的色、香、味。

② 采用酸浆水配料发酵。

③ 发酵前，热饭采用风冷，保留米饭中有用成分。

④ 以淋饭酒母作为发酵剂。

⑤ 采用自然培养的生麦曲作为糖化剂。

三、喂饭法发酵

喂饭法发酵是将酿酒原料分成几批，第一批先做成酒母，在培养成熟阶段，再陆续分批加入新原料扩大培养，使发酵继续进行的一种酿酒方法。

1. 喂饭法发酵的主要特点

① 酒曲用量少，是用作淋饭酒母原料的 0.4％～0.5％。

② 多次喂饭，酵母不易衰老，发酵力旺盛。

③ 多次喂饭，醪液边糖化边发酵，稠厚转变为稀薄，酒醪糖分不会过高。

④ 多次投料连续发酵，每次喂饭时调节控制饭水的温度，增强发酵对气温的适应性。

2. 喂饭发酵的工艺要点

喂饭法发酵要求做到"小搭大喂"、"分次续添"、"前少后多"。

四、黄酒大罐发酵和自动开耙

1. 大罐发酵工艺流程

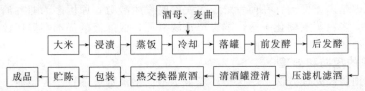

2. 大罐发酵的基本特点及自动开耙

大罐发酵具有容积大、醪层深、发热量大而散热难、厌氧条件好、二氧化碳集中等特点。用醪液自动翻动代替人工开耙。落罐后 10～14h，在酵母产生的二氧化碳气体的上浮冲力作用下，底部醪液较早地开始翻腾，随之酒醪上部的醪盖被冲破，整个醪液全部自动翻腾，这时醪液品温正好达到传统发酵的头耙温度，约 33～35℃。以后醪液一直处于翻腾状态，直到主发酵阶段结束。"自动开耙"同样达到调温、散热、排除二氧化碳，吸收新鲜氧气的作用。

3. 发酵罐

前发酵罐要求罐体圆柱部分的直径 D 与高度 H 之比约为 1：2.5；后发酵罐采用瘦长形圆柱锥底直立罐。后发酵醪品温 10～18℃，不得超过 18℃。

五、抑制式发酵和大接种量发酵

酒精既是酵母的代谢产物，又是酵母的抑制剂，酒精含量超过 5% 时，随酒精含量的增加，抑制作用增强，在同等条件下，淀粉糖化酶所受的抑制相对较小。配料时以酒代水，使酒醪在开始发酵时就有较高的酒精含量，对酵母形成一定的抑制作用，使发酵速度减慢甚至停止，使淀粉糖化形成的糖分（以葡萄糖为主）不能顺利地让酵母转化为酒精；加之配入的陈年酒芬芳浓郁，故而半甜型黄酒和甜型黄酒不但残留的糖分较多，而且具有特殊的芳香，这就是抑制式发酵生产的黄酒。

六、黄酒醪的酸败和防止

黄酒发酵醪的酸败主要由有害微生物的代谢活动引起，大量消耗醪液中的有用物质（可发酵性糖类），代谢产生挥发性的或非挥发性的有机酸，使酒醪的酸度上升速度加快。同时，抑制酵母的正常酒精发酵，使醪液内的酒精含量上升缓慢，甚至停止。

1. 发酵醪酸败的表现和原因

（1）黄酒发酵醪酸败的可能现象

① 主发酵阶段，酒醪品温很难上升或停止。

② 酸度上升速度加快，酒精含量增加减慢，酒醪的酒精含量达 14% 时，酒精发酵几乎停止。

③ 糖度下降减慢或停止。

④ 酒醪发黏或醪液表面的泡沫发亮，出现酸味甚至酸臭。

⑤ 镜检，酵母细胞浓度降低而杆菌数增加。

酒醪酸败时，醋酸和乳酸含量上升较快，醪液总酸超过 0.45g/100mL，称为轻度超酸，这时口尝酸度偏高，但酒精含量可能还正常；如果醪液酸度超过 0.7g/100mL，酒液香味变坏，酸的刺激明显，称为中度超酸；如果酒醪酸度超过 1g/100mL 时，酸臭味严重，发酵停止，称为严重超酸。

（2）黄酒醪酸败的主要原因

① 原料种类。

② 浸渍度和蒸煮冷却，大米浸渍吸足水分，蒸煮糊化透彻，糖化、发酵都容易，反之，易发生酸败。

③ 糖化曲质量和使用量。

④ 酒母质量。

⑤ 前发酵温度控制太高。

⑥ 后发酵时缺氧散热困难。

⑦ 卫生差、消毒灭菌不好。

醪液酸败原因是多方面的，在前发酵、主发酵时发生酸败，原因多为曲和酒母造成，在后发酵过程发生酸败，多由蒸煮糊化不透，酵母严重缺氧死亡或醪液的局部高温所致，随时注意环境卫生、消毒灭菌工作。

2. 醪液酸败的预防和处理

醪液酸败的预防和处理方法：①保持环境卫生、严格消毒灭菌；②控制曲、酒母质量；③重视浸米、蒸饭质量；④控制发酵温度，协调好糖化发酵的速度；⑤控制酵母浓度；⑥添加偏重亚硫酸钾；⑦酸败酒醪的处理。在主发酵过程中，如发现升酸现象，可以及时将主发酵醪液分装较小的容器，降温发酵，防止升酸加快，并尽早压滤灭菌；成熟发酵醪如有轻度超酸，可以与酸度偏低的醪液相混，以便降低酸度，及时压滤；中度超酸，在压滤澄清时，添加 Na_2CO_3、K_2CO_3、$CaCO_3$ 或 $Ca(OH)_2$ 清液，中和酸度，尽快煎酒灭菌；重度超酸，加清水冲稀醪液，用蒸馏方法回收酒精成分。

七、黄酒压滤、澄清、煎酒和贮存

黄酒压滤操作包括过滤和压榨两个阶段。澄清的目的是沉降出微小的固形物、菌体、酱色中的杂质；让酒液中的淀粉酶、蛋白酶继续对高分子淀粉、蛋白质进行水解，变为低分子物质；澄清时，挥发掉酒液中部分低沸点成分，如乙酸、硫化氢、双乙酸等，可改善酒味。煎酒的目的是通过加热杀菌（85℃左右），使酒中的微生物完全死亡，破坏残存酶的活性，基本固定黄酒成分，防止成品酒的酸败变质。加热杀菌可加速黄酒成熟，除去生酒杂味，改善酒质。促进高分子蛋白质和其他胶体物质的凝固，使黄酒色泽清亮，提高黄酒稳定性。

项目二　果酒加工技术

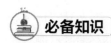 **必备知识**

果酒是世界上最早的饮料酒之一，在世界各类酒中占据着十分显赫的位置，其产量在世界饮料酒中仅次于啤酒列第二位，是最健康、最卫生的饮料。广义上凡含有一定糖分和水分的果实，经过破碎、压榨取汁、发酵或者浸泡等工艺精心调配酿制而成的各种低度饮料酒都可称为果酒。果酒中以葡萄酒最为典型。

一、葡萄酒酿造主要品种

葡萄中经济价值最高的是葡萄属，有 70 多个种，中国约有 35 个种。酿造白葡萄酒的优良品种主要有龙眼、贵人香、李将军、雷司令、白羽，适宜酿制白葡萄酒的品种还有季米亚特、长相思、巴娜蒂、琼瑶浆、红玫瑰、米勒、白诗南等。酿造红葡萄酒的优良品种有佳丽酿、法国兰、汉堡麝香、蛇龙珠、赤霞珠、黑品乐、品丽珠等。酿造调色葡萄酒的品种呈紫红至紫黑色，主要有紫北塞、巴柯、烟 74、晚红蜜、黑塞必尔等。

葡萄包括果梗与果实两部分，果梗含大量水分、木质素、树脂、无机盐、单宁，常使酒产生过重的涩味，不论哪一种葡萄，都不带梗发酵。葡萄果实由果皮、果核（子）和果肉组成。

二、葡萄酒发酵前的准备工作

葡萄酒发酵前的准备工作包括工具、设备的准备和检修，药品的准备，全面卫生清洁工作，葡萄的采收与运输，葡萄的破碎与除梗，果汁分离，葡萄汁的改良等。其中果汁分离尽可能缩短葡萄汁与空气接触时间，减轻氧化程度，使色素、单宁等物质溶出量少。自流汁中果肉含量少，蛋白质含量低，单宁、色素含量低，黏度低，色泽浅，透明度高，不利酿酒的成分少，适合酿制高档葡萄酒。一般情况下，1.7g 糖/100mL 可生成 1°酒精，按此计算，一般干红的酒精度在 11°左右，甜酒在 15°左右，若葡萄汁中含糖量低于应生成的酒精含量时，必须改良提高糖度，发酵后才能达到所需的酒精含量。采用添加未成熟的葡萄压榨汁和添加酒石酸和柠檬酸来提高酸度，使葡萄汁在发酵前酸度调整到 6g/L 左右，pH 3.3~3.5。

三、SO₂ 在葡萄酒中的应用

在葡萄汁保存、葡萄酒酿制及制酒用具的消毒杀菌过程中，需添加 SO_2 或其他产生 SO_2 的化学添加物，如无水亚硫酸、偏重亚硫酸钾等。

1. SO₂ 在葡萄汁和葡萄酒中的作用

主要有杀菌防腐作用、抗氧化作用、增酸作用、澄清作用和溶解作用。

2. SO₂ 在葡萄汁或葡萄酒中的用量

SO_2 在葡萄汁或葡萄酒中用量视添加 SO_2 的目的、葡萄品种、葡萄汁及酒的成分（如糖分、pH 值等）、品温以及发酵菌种的活力等因素而定。各国法律（规）均明确规定葡萄酒中二氧化硫的添加量。中国规定成品酒中总二氧化硫含量为 250mg/L，游离二氧化硫含量为 50mg/L。

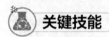 **关键技能**

葡萄酒的酿造

1. 葡萄酒酵母

葡萄皮、果柄及果梗上，生长有大量天然酵母，葡萄被破碎、压榨后，酵母进入葡萄汁中，进行发酵。这类能将葡萄汁中所含的糖进行发酵、降解的酵母被称为葡萄酒酵母。

葡萄酒酵母应有的特点：产生良好的果香与酒香；降解糖，使残糖在 4g/L 以下；较高的二氧化硫抵抗力；较高的发酵能力，可使酒精含量达到 16% 以上；较好的凝聚力和较快的沉降速度；能在低温（15℃）或酒液适宜温度下发酵，以保持果香和新鲜清爽的口味。

2. 红葡萄酒的酿造

酿制红葡萄酒一般采用红皮白肉或皮肉皆红的葡萄品种。中国酿造红葡萄酒主要以干红葡萄酒为原酒，然后按标准调配、勾兑成半干、半甜、甜型葡萄酒。生产干红葡萄酒应选用适宜酿造干红葡萄酒的单宁含量低、糖含量高的优良酿造葡萄作为生产原料。

葡萄入厂后，经破碎去梗，带渣进行发酵，发酵一段时间后，分离出皮渣（蒸馏后所得的酒可作为白兰地的生产原料），葡萄酒继续发酵一段时间，调整成分后转入后发酵，得到新干红葡萄酒，再经陈酿、调配、澄清、除菌和包装后便可得到干红葡萄酒的成品。其生产工艺如下。

(1) 红葡萄酒的传统发酵

① 原料的处理　葡萄完全成熟后进行采摘，迅速运到葡萄加工车间。剔除青粒、烂粒后破碎发酵。发酵 2~3 天压榨除去果渣；发酵温度较低，果渣可以在发酵葡萄醪中停留 5 天左右，再压榨除去果渣。

② 葡萄汁的前发酵　葡萄酒前发酵的目的是酒精发酵、浸提色素物质及芳香物质。葡萄皮、汁进入发酵池，发酵产生二氧化碳，葡萄皮密度比葡萄汁小，葡萄皮、渣浮于葡萄汁表面，形成很厚的"酒盖"或"皮盖"。"酒盖"与空气直接接触，容易感染有害杂菌，败坏葡萄酒的质量。在生产中需将皮盖压入醪中，以便充分浸渍皮渣上的色素及香气物质，这一过程称为压盖。压盖有两种方式：一是人工压盖，用木棍搅拌，将皮渣压入汁中，也可用泵将汁液从发酵池底部抽出，喷淋到皮盖上，其循环时间视发酵池容积而定；二是在发酵池四周制作卡口，装上压板，压板的位置恰好使皮盖浸没于葡萄汁液中。

发酵温度是影响红葡萄酒色素物质含量和色度值大小的主要因素。红葡萄酒发酵温度一般控制在 25~30℃。进入主发酵期，必须采取措施降低发酵温度。采用外循环冷却法、循环倒池法和池内蛇行管冷却法予以控制。

二氧化硫的添加应在破碎后，产生大量酒精以前，细菌繁殖之时加入。培养好的酵母一般应在葡萄醪加入 SO_2 4～8h 后再加入，以减小 SO_2 对酵母的影响，用量一般控制在 1‰～10‰（自然发酵工艺不需此步骤）。

红葡萄酒发酵时有必要进行葡萄汁液的循环以增加葡萄酒的色素物质含量；降低葡萄汁液温度；使葡萄汁与空气接触，增加酵母活力；葡萄浆与空气接触，促使酚类物质氧化，使之与蛋白质结合成沉淀，加速酒的澄清。前发酵期间常见的异常现象产生原因及改进措施见表 8-1。

表 8-1　前发酵期间异常现象的产生原因和改进措施

异常现象	产生原因和改进措施
发酵缓慢、降糖慢	发酵温度过低，提高发酵温度，加热部分果汁至 30～32℃，再混合；SO_2 添加量过大，抑制酵母代谢，循环倒汁，接触空气
发酵剧烈、降糖快	发酵温度过高，降低发酵醪温度
异味	感染杂菌，增加 SO_2 添加量抑制杂菌
挥发酸含量高	感染醋酸菌，增加 SO_2 添加量并避免葡萄醪和空气接触，增加压盖次数，做好工艺卫生

③ 出池与压榨　经 4～6 天的主发酵，当残糖降至 5g/L 以下，发酵液面只有少量二氧化碳气泡，皮盖已经下沉，液面较平静，发酵液温度接近室温，并伴有明显的酒香时表明主发酵已经结束，可以出池。一般出池时先将自流原酒由排汁口放出，放净后打开入孔清理皮渣进行压榨。压榨出的酒进入后发酵，皮渣可蒸馏制作皮渣白兰地，也可另作处理。

④ 后发酵　正常后发酵时间为 3～5 天，但可持续 1 个月左右。

a. 后发酵的主要目的

(a) 残糖的继续发酵　前发酵结束后，原酒中还残留 3～5g/L 的糖分，糖分在酵母的作用下继续转化成酒精和二氧化碳。

(b) 澄清作用　前发酵原酒中酵母，在后发酵结束后，自溶或随温度降低形成沉淀。残留在原酒中的果肉、果渣随时间的延长自行沉降，形成酒脚。

(c) 陈酿作用　原酒在后发酵过程中进行缓慢的氧化还原作用，促使醇酸酯化，使酒的口味变得柔和，风味更趋完善。

(d) 降酸作用　某些红葡萄酒在压榨分离后，诱发苹果酸-乳酸发酵，可降酸和改善口味。

b. 后发酵的工艺管理要点

(a) 补加 SO_2　前发酵结束后压榨得到的原酒需补加 SO_2，添加量（以游离 SO_2 计）为 30～50mg/L。

(b) 控制温度　原酒品温一般控制在 18～25℃。品温高于 25℃，不利于酒的澄清，有利于杂菌繁殖。

(c) 隔绝空气　后发酵的原酒采用水封或酒精封避免与空气接触。

(d) 卫生管理　前发酵液中含有残糖、氨基酸等营养物成分，易感染杂菌，影响酒的质量，需加强卫生管理。

后发酵期间的异常现象产生原因及改进措施见表 8-2。

表 8-2　后发酵期间异常现象产生原因和改进措施

异常现象	产生原因和改进措施
气泡逸出多，有嘶嘶声	前发酵出池残糖过高，应准确化验感染杂菌；应加强卫生管理，发酵容器、管道应冲洗干净或定期用酒精消毒处理
臭鸡蛋味	SO_2 添加量过大，产生 H_2S，应立即倒桶
挥发酸增高	感染醋酸菌，原酒中乙醇氧化成醋酸，应加强卫生管理，适当增加 SO_2 添加量，原酒液面用高度酒精液封，避免原酒与氧接触

(2) 旋转罐法生产红葡萄酒 旋转罐法是采用可旋转的密闭发酵容器对葡萄浆进行发酵处理的方法，是当今世界比较先进的红葡萄酒发酵工艺及设备。目前使用的旋转罐有两种，一种是法国生产的 Vaslin 型旋转罐，一种是罗马尼亚生产的 Seity 型旋转罐。两种罐的结构不同，发酵方法也有不同。

① Seity 型旋转罐工艺流程

葡萄破碎后输入罐中，在罐内进行密闭、控温、隔氧并保持一定压力的条件，浸提葡萄皮上的色素物质和芳香物质。当前发酵色素物质含量不再增加时，即可进行分离皮渣，将果汁输入另一发酵罐中进行纯汁发酵。前期以浸提为主，后期以发酵为主。旋转罐转动方式为正反交替，每次旋转 5min，转速 5r/min，间隔 25min。不同葡萄品种在罐内浸提时间不同。

② Vaslin 型旋转罐工艺流程

工艺特点如下。

a.色度提高 色度是衡量红葡萄酒的主要外观指标，红葡萄酒要求酒体清澈透明，呈鲜艳的宝石红色。旋转罐法生产的红葡萄酒比传统法生产的红葡萄酒色度提高 45％以上。

b.单宁含量适量 旋转罐法生产的葡萄酒单宁含量低于传统法，因此葡萄酒的质量稳定，酒的苦涩味减少。

c.干浸出物含量提高 旋转罐法提高了浸渍效果，生产的葡萄酒中干浸出物含量高，口感浓厚。而传统法皮渣浮于表面，虽然浸渍时间长，但效果差。

d.挥发酸含量低 挥发酸含量的高低是衡量酒质好坏、酿造工艺是否合理的重要指标。旋转罐法生产的葡萄酒比传统法生产的酒挥发酸含量低。

e.黄酮酚类化合物含量低 由于旋转罐法浸渍时间短，黄酮酚类化合物含量大大降低，增加了酒的稳定性。

红葡萄酒生产方法还有二氧化碳浸渍法、热浸提法、连续发酵法等。

项目三 酱油生产技术

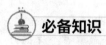 **必备知识**

酱油行业生产仍以天然古法酿造为主。酱油是一种常用的咸味和鲜味调味品，是以蛋白质原料和淀粉质原料为主料经微生物发酵酿制而成的。中国调味品业的增长每年都在 20％以上，酱油市场的增长则在 10％以上。世界酱油年产量约为 800 万吨，其中中国 450 万吨，日本 140 万吨，其他亚洲国家和地区 260 万吨。

1.酱油特点

酱油营养成分丰富，中国生产的酿造酱油每 100mL 中含有可溶性蛋白质、多肽、氨基酸达 7.5～10g，含糖分 2g 以上，此外，还含有较丰富的维生素、磷脂、有机酸以及钙、磷、铁等无机盐。可谓咸、酸、鲜、甜、苦五味调和，色、香俱备的调味佳品。

2.酱油生产原料

蛋白质类原料：是微生物生长繁殖的营养物质；是酱油的营养成分以及鲜味的来源；原料部

分氨基酸的进一步反应与酱油香气的形成、色素的生成有直接关系；与酱油色、香、味、体的形成密切相关。蛋白质类原料是酱油生产的主要原料，有大豆、脱脂大豆和其他蛋白质原料。

淀粉质原料：①提供碳源，淀粉在酱油酿造过程中分解为糊精、葡萄糖；②供发酵，葡萄糖经酵母菌发酵生成的酒精、甘油、丁二醇等物质是形成酱油香气的前体物和酱油的甜味成分；③提供香味，葡萄糖经某些细菌发酵生成的各种有机酸可进一步形成酯类物质，增加酱油香味；④形成体态，留于酱油中的葡萄糖和糊精可增加甜味和黏稠感，对形成酱油良好的体态有利；⑤形成色素，酱油色素的生成与葡萄糖密切相关。种类有小麦、麸皮和其他淀粉质原料。

其次还有食盐和水等其他原料。

3. 酱油酿造用微生物

在制曲过程中米曲霉分泌和积累蛋白酶、淀粉酶等胞外酶（诱导酶），将蛋白质、淀粉分解成小分子的物质，为微生物提供营养物质，利于酱油色素的形成，供微生物发酵和香味的形成。酿酒酵母菌能利用葡萄糖等可发酵性糖，进行酒精发酵生成乙醇，同时生成甘油、高级醇、醛、有机酸等风味物质。酯香型酵母，能发酵生成酱油的芳香成分如 4-乙基苯酚、4-乙基愈创木酚、酯类等。乳酸菌利用糖发酵生成乳酸，乳酸是构成酱油风味的成分之一，与乙醇生成乳酸乙酯，是一种重要的香气成分。

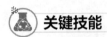 **关键技能**

一、种曲的制备

种曲是制酱油曲的种子，在适当的条件下由试管斜面菌种经逐级扩大培养而成，每克种曲孢子数达 2 亿～5 亿个以上，用于制曲时具有很强的繁殖能力。种曲质量的优劣直接影响到成曲的质量，如成曲酶活力高低、杂菌数量等，而成曲的好坏又影响到酱油的质量和出品率。种曲的制备也是酱油生产中一个重要的环节。制种曲工艺流程包括试管斜面菌种、斜面活化、三角瓶扩大培养、种曲培养等过程。

成曲质量标准如下。

(1) 感官指标 优良的成曲手感松软、富有弹性。如果成曲感觉坚实，颗粒呈干燥散乱状态，俗称"砂子曲"，这种曲质量不佳。优质曲外观呈块状，曲内部菌丝茂盛，曲块内外均匀地生长着嫩黄绿色的孢子，无黑灰、褐等杂色，优质曲具有特有的曲香味，无酸味、氨味、霉臭味等异味。

(2) 理化指标 含水量，一季度、四季度成曲含水量为 28％～34％，二季度、三季度含水量不低于 25％。蛋白酶活力，1g 曲（干基）1000U 以上（福林法）。细菌数，1g 曲（以干基计）不超过 50 亿个。

二、发酵

将成曲拌入多量盐水，成为浓稠的半流动状态的混合物，俗称酱醪；将成曲拌入少量盐水，成为不流动状态的混合物，则称酱醅。将酱醪或酱醅装入发酵容器内，采用保温或者不保温方式，利用曲中的酶和微生物的发酵作用，将酱醅中的物料分解、转化，形成酱油独有的色、香、味、体成分，这一过程，就是酱油生产中的发酵。发酵方法及操作的好坏，直接影响到成品酱油的质量和原料利用率。酱油发酵的方法，根据发酵加水量的不同，可以分为稀醪发酵、固态发酵及固稀发酵；根据加盐量的不同，可以分为有盐发酵、低盐发酵和无盐发酵；根据发酵时加温情况不同，又可以分自然发酵和保温速酿发酵。目前普遍采用的方法为固态低盐发酵法，由于采用该工艺酿造的酱油质量稳定，风味较好，操作管理简便，发酵周期较短，已为中国大、中、小型酿造厂广泛采用。

1. 固态低盐保温发酵工艺

(1) 粉碎 将成曲粉碎成 2mm 左右的均匀颗粒，利于水分进入，便于微生物和酶的作用。

(2) 制醅入池 粉碎的成曲与 55℃左右 12～13°Bé 的盐水按一定比例拌和，酱醅的起始发酵

温度为 $42\sim44℃$，此温度是蛋白酶的最适作用温度。铺在池底 10cm 厚的酱醅应略干、疏松、不黏，当铺 10mm 以上后，可逐渐增加盐水用量，让成曲充分吸收盐水。在固态低盐发酵中，酱醅的含水量以 $52\%\sim55\%$ 为宜，食盐含量为 $6\%\sim7\%$，但由于制曲原料上的差别或成曲质量不同等原因，对拌水量可作适当增减。另外，酱醅的 pH 以 $6.5\sim6.8$ 为宜，这样有利于蛋白酶、谷氨酰胺酶，发挥作用。

(3) 发酵 固态低盐发酵，可分为前期水解阶段和后期发酵阶段。

① 前期 主要是曲料中的蛋白质和淀粉在酶的作用下被水解。因此，前期应把品温控制在蛋白酶作用的最适温度 $42\sim45℃$，一般需要 10 天左右，才能基本完成水解。曲料入池后的第 2 天，开始进行浇淋，每天 $1\sim2$ 次，以后可减少浇淋 $3\sim4$ 天一次。浇淋，是用泵把渗流在假底下的酱汁抽取回浇于酱醅面层，使之均匀地透过酱醅下渗，以增加酶与底物的接触，促进底物的分解，同时也起到调节品温的作用。

② 后期发酵阶段 主要是通过耐盐乳酸菌和酵母菌的发酵作用形成酱油的风味。当进入后发酵阶段时，应补加适量的浓盐水，使酱醅含盐量达到 15% 左右，并使醅温下降至 $30\sim32℃$。此时，可将酵母菌培养液和乳酸菌培养液浇淋于酱醅上，直至酱醅成熟。在此期间，进行数次酱汁浇淋。发酵阶段一般需 $14\sim20$ 天。上述方法是固态低盐发酵法中的发酵温度"先中后低"型发酵。

如果想缩短酿造周期，可以采用"先中后高"型发酵：入池后第 1 周保持 $42\sim45℃$ 品温，以后逐渐升温至 $50\sim52℃$，并维持到发酵结束，整个周期仅 $14\sim15$ 天，酱油出品率有所增加。但由于后期高温不适合酵母菌的增殖和发酵，因此酱油的风味差。发酵设备有发酵缸、发酵罐和发酵池等几种。

2. 酱油发酵中的生物化学变化

(1) 蛋白质水解 酱醅中的蛋白酶以中性和碱性蛋白酶为主，在发酵初期，酱醅的 pH 在 $6.5\sim6.8$，醅温 $42\sim45℃$。在这种条件下，中性蛋白酶、碱性蛋白酶和谷氨酰胺酶能充分发挥作用，使蛋白质逐渐转化为多肽和氨基酸，谷氨酰胺转化为谷氨酸。随着发酵的进行，耐盐乳酸菌繁殖，酱醅的 pH 逐渐下降，蛋白质的水解作用逐渐变弱。原料蛋白质在发酵过程中并不能完全分解为氨基酸，但成品酱油中氨基氮的含量应达到全氮的 50% 以上。

(2) 淀粉的水解 酱醅中的淀粉在曲霉的淀粉酶系作用下，被水解为糊精和葡萄糖，这是酱醅发酵中的糖化作用。生成的单糖构成酱油的甜味，有部分单糖被耐盐酵母及乳酸菌发酵生成醇和有机酸，成为酱油的风味成分。由于曲霉菌有其他水解酶存在，糖化作用生成的单糖，除葡萄糖外还有果糖及五碳糖。

(3) 酒精的生成 酱醅中的酒精发酵主要是酵母菌的作用。酵母菌通过其酒化酶系将酱醅中的部分葡萄糖转化为酒精和二氧化碳。在酵母的酒精发酵中，还有少量副产物生成，如甘油、杂醇油、有机酸等。酱醅中的酒精，一部分被氧化成有机酸类，一部分挥发散失，一部分与有机酸化合成酯，还有少量则残留在酱醅中，这些物质对酱油香气形成十分必要。

(4) 有机酸发酵 适量的有机酸存在于酱油中可增加酱油的风味，当总酸含量在 1.5g/100mL 左右时，酱油的风味调和。乳酸是酱油中的重要呈味物质，对酱油风味形成起重要作用。通过酱醅中乳酸菌的发酵作用，可以使糖类转变为乳酸。米曲霉分泌的解脂酶能将油脂水解成脂肪酸和甘油。

(5) 酱油色素的形成

① 酱油色素形成的主要途径是美拉德反应和酶促褐变反应。美拉德反应是氨基化合物和羰基化合物间发生的非酶促反应，最后生成褐色的类黑色素。参与反应的氨基化合物包括氨基酸、肽、蛋白质、胺类等。羰基化合物有单糖、醛、酮及多糖分解产物等。

② 羰基化合物中，五碳糖的反应性最强，是六碳糖的 10 倍；双糖类反应速度缓慢；氨基化合物的反应速度顺序为胺类＞氨基酸＞蛋白质。氨基酸中碱性氨基酸及含苯环、杂环的氨基酸反应速度较快。

③ 色素的形成，与原料的种类、配比，制曲和发酵温度，酱醅含水量等条件有关。

a. 增大麸皮用量（麸皮多聚戊糖含量高），酱油的颜色就深。

b.高温制曲，高温发酵或减小酱醅含水量均会促使色素形成。

c.加热生酱油，使色素生成量增加。

d.酱油生产原料可带入部分色素。

e.颜色过浅的酱油，必要时可添加酱色。

(6) 酱油香气的形成　香气是评价酱油成品质量的主要指标之一。酱油应具有酱香、酯香，无不良气味。酱油香气成分是由原料中的蛋白质、碳水化合物、脂肪等成分经米曲霉酶系及耐盐酵母菌、耐盐乳酸菌等微生物的发酵作用和化学反应生成，其化学物质多达 200 余种，如醇、有机酸、酯、醛、缩醛、酚基化合物、含硫化合物等，其中起主要作用的有 20 余种。

(7) 酱油的味　酱油含盐量 18% 左右，酱油中的肽、氨基酸、有机酸和糖类可缓和食盐咸味，而使酱油的咸味柔和。酱油的鲜味是蛋白质分解形成的氨基酸和肽类，以谷氨酸为主；微生物胞内核酸水解产生的鸟苷酸和肌苷酸钠盐是强鲜味物质。酱油含糖量 3～4g/100mL，主要是葡萄糖、果糖、麦芽糖等，甘氨酸、丙氨酸、苏氨酸、丝氨酸、脯氨酸等甜味氨基酸和甘油、环己六醇等多元醇也赋予酱油甜味，要提高酱油的甜味，可选择使用淀粉含量丰富的原料。酱油总酸在 1.5g/100mL 左右，以乳酸为主，其次为醋酸、丙酮酸、琥珀酸、柠檬酸、α-酮戊二酸、丙酸、异丁酸等，具有助消化、调味、增食欲、增香、防腐等功效，可使酱油的强咸味变得柔和爽口，总酸量超过 2g/100mL，将产生不良口感。

(8) 酱油的固形物　酱油固形物是指酱油水分蒸发后留下的不挥发性固体物质，包括可溶性蛋白质、色素、氨基酸、矿物质、糊精、维生素、糖类、食盐等成分，除食盐以外的固形物称为无盐固形物。无盐固形物含量是酱油质量指标之一，优质酱油无盐固形物要求在 20g/100mL 以上。

三、浸出

浸出是酱醅成熟后利用浸泡和过滤方法将有效成分从酱醅中分离出来的过程，是固态发酵酿造酱油工艺必不可少的提取酱油的操作步骤。

工艺操作：①将上批生产的 5 倍豆饼原料量的二油加热至 70～80℃，注入成熟酱醅中，加盖，55℃ 以上品温，保温浸泡 20h，过滤放出头油（避免头油放得过干，酱渣紧缩，影响第 2 次滤油），余渣称为头渣；②向头渣中注入 80～85℃ 的三油，浸泡 8～12h，滤出的是二油，余渣为二渣；③用热水浸泡二渣 2h 左右，滤出三油，三油用于下批浸泡头渣提取二油，余渣称为残渣；④残渣可用作饲料。清除池中残渣，池经清洗后可再装料生产。头油用以配制成品，二油、三油则用于循环浸醅淋油提油。

四、加热及配制

从酱醅中淋出的头油称生酱油，还需经过加热及配制等工序才能成为各个等级的酱油成品。生酱油加热至 65～70℃，持续 30min 或采用 80℃ 连续灭菌，可杀灭产膜酵母、大肠杆菌等有害菌，使悬浮物和杂质与少量凝固性蛋白质凝结而发生沉淀，澄清酱油，并具有调和香气、增加色泽的作用。酱油配制要求符合部颁标准，可以添加防腐剂、甜味料、酱色、助鲜剂、酱香等添加剂。常用的防腐剂有苯甲酸钠、山梨酸、维生素 K 类等；常用的甜味料有砂糖、饴糖、甘草汁等；常用的助鲜剂有味精、5'-鸟苷酸钠、5'-肌苷酸钠等。

项目四　食醋生产技术

 **必备知识**

中国常用的酿醋工艺有自吸式液态深层发酵法、酶法自然通风（液化、糖化、酒化）回流法、液态回流法、生料酿醋法、固态发酵法。食醋主要成分是醋酸，其次是各种氨基酸、维生

素、糖类、有机酸、矿物质、醇和酯等营养成分及风味成分。具有独特的色、香、味、体，具有健胃消食、杀菌解毒、软化血管、防暑降温、促进血液循环、防治动脉硬化、冠心病等营养、防病功效。

一、制醋的原料及处理

1. 制醋原料

① 主料是含淀粉、糖、酒精的三大类物质，如酒精、糖蜜、谷物、薯类、果蔬、酒糟以及野生植物等。

② 酿醋需要谷糠、麸皮或豆粕等大量的辅助原料。

③ 固态发酵法和速酿法制醋都需要填充料，填充料要求疏松，有适当的硬度和惰性，没有异味，表面积大，以利积存和流通空气，以利醋酸菌的好氧发酵。速酿法制醋常以木炭、瓷料、木刨花、玉米芯等作为固定化载体。

④ 醋醅发酵成熟后，加入食盐抑制醋酸菌分解醋酸，调和食醋风味；砂糖和香辛料可增加成醋甜味，赋予特殊风味；炒米色可增加成醋色泽及香气。

2. 原料的预处理

包括分选机、洗涤机的去杂处理；锤式粉碎机、刀片轧碎机和钢磨的粉碎；粉碎后的淀粉质原料润水蒸煮（100℃以上），使淀粉糊化并经高温灭菌处理。

二、食醋酿造用微生物

传统工艺酿醋是利用自然界中野生菌制曲、发酵，酿醋微生物有霉菌属的曲霉、根霉、犁头霉、毛霉；酵母菌属的假丝酵母、汉逊酵母，以及乳酸菌、产气杆菌、芽孢杆菌、醋酸菌等。新法酿醋采用经人工选育的纯培养菌株，与传统工艺酿醋相比酿醋周期短，原料利用率高，经济效益显著。

三、食醋生产中的生化变化

1. 生化作用

在酶的作用下糊化淀粉首先转化为可发酵性糖，酵母菌在厌氧条件下再将发酵性糖转化成酒精、二氧化碳及甘油、高级醇、有机酸等副产物，最后酒精在醋酸菌氧化酶的作用下生成醋酸。

2. 食醋色、香、味、体的形成

① 食醋的色素来源于原料本身的色素，原料预处理时发生化学反应所产生的有色物质，发酵过程中化学反应、酶反应所生成的色素，微生物的有色代谢产物，熏醅时产生的色素以及进行配制时人工添加的色素。

其中酿醋过程中发生的美拉德反应是形成食醋色素的主要途径。熏醅时多种糖经脱水、缩合形成能溶于水、呈黑褐色或红褐色的焦糖色素。

② 食醋的香气成分主要来源于食醋酿造过程中产生的酯类、醇类、醛类、酚类等物质。有的食醋还添加桂皮、芝麻、陈皮、茴香等香辛料增香。

③ 食醋的酸味主体是醋酸，是挥发性酸，酸味强，尖酸突出，有刺激气味。还含有一定量的琥珀酸、苹果酸、柠檬酸、葡萄糖酸、乳酸等不挥发性有机酸，使食醋的酸味柔和。食醋中残存的糖类和甘油、二酮等代谢副产物赋予食醋甜味。食盐与食醋其他风味缓冲，赋予食醋良好口感。蛋白质水解产生的氨基酸、核苷酸的钠盐以及酵母菌、细菌菌体自溶产生的 $5'$-鸟苷酸、$5'$-肌苷酸等各种核苷酸，赋予食醋鲜味。

④ 食醋的体态由固形物含量决定。固形物包括有机酸、氨基酸、盐类、酯类、糖分、蛋白质、糊精、色素等。用淀粉质原料酿制的醋固形物含量高、体态好。

四、糖化剂

糖化剂是将淀粉转变成可发酵性糖所用的催化剂，有曲和酶制剂。

① 曲是以麸皮、碎米等为原料，以曲霉菌纯菌种或多菌种混合进行微生物培养制得的糖化

剂或糖化发酵剂。有大曲、小曲、麸曲、红曲、液体曲之分。常用的是麸曲和液体曲。

② 淀粉酶制剂是从产生淀粉酶能力很强的微生物培养液中提取淀粉酶并制成的酶制剂。

 **关键技能**

一、酒母及醋母的制备

含有大量强活力酵母菌的酵母培养液，在酿酒和制醋中分别被称为酒母和醋母。酒母通过试管菌种→小三角瓶培养→大三角瓶培养→卡氏罐培养→酒母罐培养制备。醋母通过醋酸菌种子→斜面活化→一级种子培养→二级种子培养→三级种子培养→四级种子培养制备。

二、酿醋

1. 常用的酿醋方法

（1）**固态发酵法酿醋** 淀粉质原料的糖化、酒精发酵、醋酸发酵都是在固态状态下进行的，发酵速度慢，通过多次倒醅为醋酸发酵补充氧气，劳动强度大，方法传统，但固态发酵时间长，香味成分、不挥发有机酸生成积累多，风味好。

（2）**酶法液化通风回流法酿醋** 采用淀粉酶将原料液化，再用麸曲进行糖化，速度快。采用液态酒精发酵，固态醋酸发酵，发酵时在池底部设假底，假底下的池壁上设有通风孔，保证醋醅通风，假底下积存的醋汁，定时回流喷淋在醋醅上以利降温通气。与固态生产相比，出醋率高，液化和酒精发酵机械化程度高。

（3）**液体深层发酵法酿醋** 整个的生产过程都是在液体状态下进行的。机械化程度高，发酵时间短，速度快，卫生条件好，但风味较差。常增加弥补风味不足的适当工艺过程。

（4）**速酿法酿醋** 以白酒或食用酒精为原料，在速酿塔中经醋酸菌的氧化作用，将酒精氧化成醋酸。成品醋色浅，体态澄清透明，醋味醇正，生产速度快，风味差。

（5）**生料酿醋** 原料不经蒸煮，经粉碎浸泡后，直接进行糖化发酵，降低能耗，简化生产步骤，但糖化困难，易污染杂菌，有待于进一步完善。

2. 固态发酵法制醋工艺流程

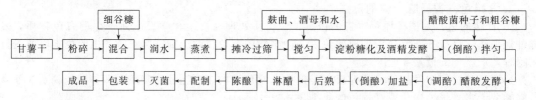

操作要点如下。

① 原辅料配比（kg） 甘薯干 100，细谷糠 175，粗谷糠 50，蒸料前加水 275，蒸料后加水 125，醋酸菌种子 40，酒母 40，麸曲 50，食盐 7.5～15。

② 原料处理 甘薯干粉碎成粉，与细谷糠混合均匀，第 1 次加水，随加随翻，润水均匀后在 150kPa 蒸汽压下蒸料 40min，再过筛除团并冷却。

③ 添加麸曲、酒母和水 熟料夏季降温至 30～33℃，冬季降温至 40℃，第 2 次加水，加麸曲和酒母拌匀，使醋醅含水量 60%～62%，醅温 24～28℃。

④ 淀粉糖化及酒精发酵 醋醅入缸后，保持 28℃左右，醅温上升至 38℃，倒醅，经 5～8h，醅温再次上升到 38～39℃，再倒醅 1 次。此后，正常醋醅的醅温 38～40℃，每天倒醅 1 次，2 天后醅温逐渐降低。第 5 天，醅温降至 33～35℃，糖化及酒精发酵已完成，醋醅的酒精含量可达 8%左右。

⑤ 醋酸发酵 酒精发酵结束后，每缸拌入粗谷糠 10kg 及醋酸菌种子 8kg。通过倒醅控制醅温 39～41℃，不得超过 42℃，并使空气流通。一般每天倒醅 1 次，经 12 天左右，醅温开始下

降，当醋酸含量达 7% 以上时，醋酸发酵结束及时加入食盐。

⑥ 加盐　一般每缸醋醅夏季加盐 3kg，冬季加盐 1.5kg，拌匀，再放置 2 天。

⑦ 淋醋　用水将成熟醋醅的有用成分溶解出来得到醋液。淋醋采用淋缸循环法，即淋缸放入成熟醋醅，用淋出的二醋倒入盛有成熟醋醅缸内浸泡 20～24h，淋下的醋液称为头醋，余渣称为头渣；用淋下的三醋放入头渣缸内浸泡，淋下的是二醋，余渣为二渣；二渣用清水浸泡淋下的醋为三醋，余渣为酸含量不足 1% 的残渣。

⑧ 陈酿　陈酿是醋酸发酵后为改善食醋风味进行的贮存、后熟过程。一种是醋醅陈酿，将加盐成熟的固态醋醅压实，上盖食盐一层，并用泥土和盐卤调成泥浆密封缸面，放置 20～30 天即可；另一种是醋液陈酿，将成品食醋坛内封存 30～60 天即可。

⑨ 配制、灭菌　根据标准调整浓度和成分，一般需加入 0.1% 苯甲酸钠防腐剂，采用 80℃ 以上温度灭菌，经包装即得成品。

采用固态发酵法制醋工艺制醋，一般每 100kg 甘薯粉能生产含 5% 醋酸的食醋 700kg。

项目五　味精生产技术

 必备知识

味精是 L-谷氨酸单钠的一水化合物，它有强烈的肉类鲜味，是食品的鲜味调味品。味精进入胃后，受胃酸作用生成谷氨酸。谷氨酸被人体吸收参与体内许多代谢反应，并与其他氨基酸一起共同构成人体组织的蛋白质。人体中的谷氨酸能与血液中氨结合形成谷氨酰胺，从而解除组织代谢过程中所产生的氨的毒害作用。除婴儿外，普通人一天允许摄取量为 120mg/kg 体重。

一、原料

谷氨酸发酵以糖蜜和淀粉为主要原料。糖蜜是制糖工厂的副产物，分为甘蔗糖蜜和甜菜糖蜜两大类，含较多的可发酵性糖，但需预处理降低生物素含量。淀粉质原料包括薯类、玉米、小麦、大米等。

二、菌株

常用生产菌株的共同特征为细胞呈球形、棒形或短杆形；革兰染色呈阳性反应；无鞭毛，不能运动；是需氧性的微生物；不形成芽孢；以生物素作为生长因子；具有一定的谷氨酸蓄积能力。

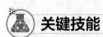 **关键技能**

一、谷氨酸的发酵

1. 代谢途径

(1) 谷氨酸合成的方式　有氨基转移作用、还原氨基化作用及其他生物合成方式。

(2) 谷氨酸合成途径　谷氨酸生物合成途径主要有糖酵解途径（EMP 途径）、磷酸己糖途径（HMP 途径）、三羧酸循环（TCA）、乙醛酸循环、伍德-沃克反应（二氧化碳的固定反应）等。

(3) 谷氨酸生产菌的生化特征

① 有催化固定二氧化碳的二羧酸合成酶——苹果酸酶和丙酮酸羧化酶的存在，使三羧酸循环的中间代谢物能得到补充。同时，丙酮酸脱羧酶活力不能过强，以免丙酮酸被大量耗用而使草酰乙酸的生成受到影响。

② α-酮戊二酸脱氢酶的活性很弱，有利于 α-酮戊二酸的蓄积。

③ 异柠檬酸脱氢酶活力强，而异柠檬酸裂解酶活力不能太强，以利于谷氨酸前体物 α-酮戊二酸的生成，满足合成谷氨酸的需要。

④ 谷氨酸脱氢酶活力高，有利于谷氨酸的生成。

⑤ 谷氨酸生产菌经呼吸链氧化 $NADPH_2$ 的能力要求弱。

谷氨酸脱氢酶催化 α-酮戊二酸还原氨基化反应时，需要有 $NADPH_2$ 作为供氢体。如果 $NADPH_2$ 过多地经呼吸链氧化，使所带的氢跟氧结合生成水，则会因氢的不足，影响谷氨酸的生成。

⑥ 菌体本身分解转化和利用谷氨酸的能力要低下，以利于谷氨酸的蓄积。

2. 谷氨酸发酵的控制

(1) 温度的控制　国内常用菌株的最适生长温度为 30～34℃，产生谷氨酸的最适温度为 34～36℃。前 12h 主要生长菌体为发酵前期，其后增殖速度减缓，菌体进入平衡期，温度增高至 34～36℃，谷氨酸的生成量随之增加。

(2) pH 的控制　发酵前期 pH 控制在 7.5～8.5，发酵中、后期 pH 控制在 7.0～7.2。

(3) 溶解氧的控制　在实际生产中，搅拌转速固定不变，通常用调节通风量来改变供氧水平。每分钟向 $1m^3$ 的发酵液中通入 $0.1cm^3$ 无菌空气。

(4) 种龄和种量的控制　种龄长短关系到种子活力的强弱，影响下一次增殖的适应期长短。接种量多少，将明显影响种子生长期的长短。

(5) 泡沫的控制　生产上采用发酵罐内安装机械消泡器和加入消泡剂的方法予以控制。谷氨酸发酵常用的消泡剂有花生油、豆油、玉米油、棉籽油、泡敌和聚硅氧烷等。天然油脂类消泡剂的用量为发酵液的 0.1%～0.2%（体积分数），泡敌的用量为 0.02%～0.03%（体积分数）。

3. 发酵异常现象及处理

(1) 发酵过程的检查指标

①谷氨酸的测定；②细胞形态的观察；③还原糖的测定；④pH 的测定；⑤温度的测定；⑥通风量的测定；⑦残脲的测定。

(2) 异常现象及处理

① 污染杂菌和感染噬菌体引起的发酵异常

a. 污染杂菌后，溶解氧的浓度（OD 值）增长快，糖耗快，发酵液泡沫增多，谷氨酸生成量少。发酵前期发现污染杂菌，培养基重新灭菌，酌加培养基成分，重新接种后再发酵。发酵中期染菌，pH、OD 值和糖耗等尚属正常，可加大风量，按常规继续发酵。发酵后期染菌，对发酵影响不大。

b. 感染噬菌体后，OD 值不上升甚至下跌，发酵液 pH 上升，黏稠，泡沫增多。谷氨酸蓄积少。发酵前期感染噬菌体，培养基重新灭菌或采用并罐法。发酵中期感染噬菌体，培养基在 70℃加热 10min 杀死噬菌体，补料补种，重新发酵。发酵后期染菌，对发酵影响不大。

② 接种不当引起的发酵异常　将种龄过长或活力弱的种子接入发酵罐后，在发酵中、后期，糖耗缓慢，pH 不下降、波动不活跃，谷氨酸生成量少。可停止搅拌或减小通风量，追加生物素、磷盐和镁盐予以控制。

③ 培养基配比差错引起的发酵异常

a. 生物素是谷氨酸生产菌不可缺少的生长因子。生物素不足，长菌慢，糖耗慢，菌体生长不足；生物素过量，葡萄糖的消耗被用于菌体增殖。

b. 磷在微生物细胞中含量较高，它是合成核酸、核蛋白、磷脂、各种核苷酸和辅酶的重要元素。培养基中不加或少加磷酸盐，则菌体生长缓慢，糖耗慢，最终菌体生长不足；磷盐过多，糖的降解都通过 EMP 途径和 TCA 循环，菌体增殖快。

④ 发酵条件控制不当引起的发酵异常　发酵前期通风量不足，影响不大；中后期供氧不足，则谷氨酸生成少。发酵前期、中期温度过高，细胞易衰老；温度过低，发酵周期长。

二、谷氨酸的分离纯化

谷氨酸发酵液、提取液和水解液中，含有丙氨酸、天冬氨酸等氨基酸，乳酸、酮酸等有机酸以及各种糖类、各种无机离子、微生物菌体等许多杂质，需要通过一系列分离纯化技术将杂质分离，得到纯正的谷氨酸。谷氨酸分离纯化常用离心分离、沉淀分离、过滤与膜分离、层析分离等方法。

① 离心分离是借助离心机高速旋转所产生的离心力，使不同大小和不同密度的物质分离的技术。

② 沉淀分离是通过改变某些条件，使混合液中某种溶质的溶解度降低，从溶液中沉淀析出的分离技术。沉淀分离是谷氨酸分离纯化的常用技术。

a.等电点沉淀法　利用两性电解质在等电点时溶解度最低，以及不同的两性电解质具有不同的等电点特性，通过改变溶液的 pH，而对两性电解质进行分离的技术。谷氨酸是两性物质，在等电点的条件下，谷氨酸的溶解度最小，谷氨酸的等电点为 pH3.22。

b.复合沉淀法　溶液中加入某些大分子物质，使之与微生物菌体、蛋白质等形成复合物而沉淀。

c.加热沉淀法　经加热使混合液中微生物菌体和蛋白质变性而沉淀。谷氨酸发酵液加热到80～85℃，可将菌体蛋白除去。

③ 谷氨酸的离子交换层析是利用离子交换剂上的可解离的基团对各种离子的亲和力的不同，而使不同物质分离的技术。谷氨酸是两性电解质，用阳离子交换树脂或阴离子交换树脂进行分离纯化。溶液的 pH 小于 3.22 时，谷氨酸分子带正电荷，用强酸性阳离子交换树脂进行层析分离；溶液的 pH 大于 3.22 时，谷氨酸分子带负电荷，用弱碱性阴离子交换树脂进行层析分离。

④ 过滤与膜分离是采用常压、加压、减压过滤等方法粗滤，采用加压、静压、电场、扩散膜分离技术处理。

项目六　腐乳生产技术

 **必备知识**

腐乳是由豆腐发酵制成的咸、鲜香味的发酵食品，微生物所分泌的酶将蛋白质降解为更易吸收利用的氨基酸和肽类，使腐乳除具有大豆的营养价值外，还具有更高的含钙量、更易消化吸收的特点。

一、腐乳的种类

1. 腐乳的工艺类型

根据豆腐坯有无微生物繁殖，即是否进行前发酵，可分为腌制腐乳和发霉腐乳两大类。腌制腐乳类又分为毛霉型、根霉型、细菌型等；发霉腐乳类又有天然发霉与纯种发酵之分。

(1) 腌制型腐乳生产工艺流程及生产特点

豆腐坯 → 煮沸 → 腌坯(食盐腌制)(10～15天) → 装坛(各种辅料，后发酵 6～10个月) → 成品

腌制型腐乳生产特点如下。

① 豆腐坯不需发霉，直接进入后期发酵。如山西太原腐乳、绍兴棋方腐乳。

② 发酵作用依赖于添加的辅料，如面糕曲、红曲、米酒或黄酒等。

③ 生产所需厂房和设备少，操作简单。

④ 缺点是蛋白酶不足，发酵时间长，产品不够细腻柔软，氨基酸含量低（0.4％左右）；辅料的制备靠自然培养，生产受季节和气候影响。

(2) 发霉型腐乳生产工艺流程及特点

豆腐坯 → 接种 → 摆坯 → 发霉 → 搓毛 → 腌坯 → 装坛 → 灌汤 → 贮藏 → 成品

特点：纯菌种进行前发酵，菌种生长的同时向外分泌大量的酶，产品氨基酸含量高，质量好。

2. 腐乳的品种分类

根据装坛灌汤时所用的辅料及产品的颜色不同可分为红腐乳、白腐乳、青腐乳、酱腐乳及花色腐乳等。

二、腐乳生产原料

(1) 主料　可选用优质大豆、冷榨豆片或低温脱溶豆粕。腌坯所用盐要符合食盐标准。

(2) 辅料

① 酒类　采用含糖量较低、甜味较小的干黄酒或白酒、糟米酒。

② 红曲　也称红米、红曲米。

③ 面曲　又名面糕曲，是制作面酱的半成品。

④ 香辛调味料　如八角、陈皮、花椒、辣椒、肉桂等，用于腐乳后发酵的汤料，调节腐乳风味。

三、腐乳发酵原理

1. 腐乳酿造用优良菌种的条件

① 不产生毒素。菌丝壁细软，棉絮状，色白或淡黄。

② 生长繁殖快，抗性强。

③ 生长温度范围大，不受季节限制。

④ 有蛋白酶、脂肪酶、肽酶及有益于豆腐乳质量的其他酶系。

⑤ 能使产品质地细腻柔糯，气味正常良好。

2. 腐乳酿造中的化学变化

霉菌分泌的蛋白酶使蛋白转化为氨基酸；淀粉酶使淀粉转化为可发酵性糖；脂肪酶使类脂肪转化为游离脂肪酸。在霉菌培养及腌制期间由外界带入的酵母使糖转化为乙醇、甘油、高级醇、有机酸等。添加的酒、香辛料形成特有的香气。辅料中的红曲分泌红色素。面曲中的酶将物质分解。

3. 腐乳色、香、味、体的形成以及营养素的生成

(1) 颜色　豆腐中的黄酮类色素是无色的，后发酵期间在毛霉（或根霉）以及细菌的氧化酶催化下，黄酮类色素逐渐被氧化，因而成熟的豆腐乳呈现出黄白色或金黄色。毛霉或根霉中的酪氨酸酶催化空气中的氧，氧化酪氨酸使其聚合成黑色素。红腐乳的红色是覆盖在腐乳表面的红曲霉分泌的红色素，汁液的红色是红曲霉分泌的红色素的悬浊液。

(2) 香气　后发酵期产生的醇、醛、有机酸、酯类等成分，以及部分醇与有机酸结合成的酯类是腐乳香气的来源。

(3) 味道　鲜味来源于氨基酸和核苷酸类物质的钠盐，其中氨基酸主要由豆腐坯的蛋白质经曲霉、毛霉等霉菌分泌的蛋白酶水解而成。霉菌、酵母菌和细菌中的核酸，经有关核苷酸酶水解后，生成四种少量核苷酸，其中鸟苷酸、肌苷酸的盐与谷氨酸钠盐起协调作用，增加鲜味。甜味来自淀粉酶水解成的葡萄糖、麦芽糖。另外，丙氨酸亦呈微量甜味。酸味来自发酵过程中生成的乳酸、琥珀酸等。

(4) 体态　发酵过程中，氨基酸生成率保持在一定范围，可使产品保持一个好的体态。前发酵中毛霉生长要求均匀，不老不嫩，形成完整坚韧的菌膜，并产生适量的蛋白酶，使后发酵中蛋白质分解恰到好处，分解不过多，也不过少，产品定型好，前发酵毛霉生长不好，菌膜不完整，产酶不够，后发酵氨基酸生成不够，腐乳不成熟，达不到细腻柔糯的要求。

(5) 营养素　腐乳由于微生物的作用，发酵代谢产生相当多的营养素，尤其是维生素 B_{12} 和 Ca 含量。

 **关键技能**

腐乳的制作工艺要点

（1）**豆腐坯** 又称白坯，要求结构均匀紧密，洁白富有弹性，厚薄均匀，表面平整，切口光滑无蜂窝状，含水量 70%～82%，红腐乳含水量高于青腐乳，白腐乳高于红腐乳，夏季白坯含水量适当降低。白坯蛋白质含量 14% 以上，脂肪 5% 以上。

（2）**接种** 35℃时接种。固体菌粉尽可能均匀筛至码好白坯的每个表面上。

（3）**摆坯** 接好种的白坯放在笼屉内，侧面竖立，每块四周留有一定空隙，以利通风和调节温度。码好笼后，上下屈垛起。

（4）**发霉** 屋内温度 20～25℃，不大于 28℃，每天倒笼、错笼，保持各层笼屉中品温均匀一致，培养 36～40h，菌丝旺盛生长至 6～8mm，棉絮状，其后菌丝开始发黄衰老，停止发霉。发霉时间过短，蛋白酶分泌少，产品氨基酸含量少，影响腐乳的风味和口感。发霉时间过长，蛋白酶分泌过多，产品外形不稳固易破碎。

（5）**搓毛** 发霉好的毛坯即刻进行搓毛。将毛霉或根霉的菌丝用手抹倒，搓断菌丝体，分开豆腐坯，呈外衣状包裹豆腐坯，决定成品的块状外形。

（6）**腌坯** 腌坯食盐含量 16%，腌 5～10 天。腌制目的如下。

① 渗透盐分，析出水分。腌制后，菌丝与腐乳坯均收缩，坯体发硬，菌丝在坯体表面形成被膜，后发酵后菌丝不松散，水分由 70% 降至 54% 左右。

② 防止后发酵期间感染杂菌引起腐败。

③ 高浓度食盐抑制蛋白酶的活性，不致在未形成香气之前腐乳糜烂。

④ 赋予腐乳咸味，吸附辅料的香味。

（7）**后发酵** 即发霉毛坯在微生物的作用下及辅料的配合下进行后熟，形成色、香、味的过程，包括装坛、灌汤、贮藏几道工序。

① 装坛 取出腌坯，盐水沥干，装入坛或瓶内，先在木盆内过数，装坛时先将每块坯子的各面沾上预先配好的汤料，然后立着码入坛。

② 灌汤 配好的汤料灌入坛内，淹没坯子 1.5～2cm。如汤料少，没不过的坯子就会生长各种霉菌、酵母、细菌等杂菌，撒上浮头盐，封坛发酵。腐乳汤料的配制各不相同：青方腐乳装坛时不灌汤料，每 1000 块坯子加 25g 花椒，再灌入 7°Bé 盐水（用豆腐黄浆水掺盐或腌渍毛坯时流出的咸汤）；红方腐乳按红曲醪 145kg、面酱 50kg，混合后磨成糊状，再加入黄酒 255kg，调成 10°Bé 的汤料 500kg，再加 60°白酒 1.5kg，糖精 50g，药料 500g，搅拌均匀，即为红方汤料。

③ 贮藏 腐乳的后发酵主要在贮藏期间完成。豆腐坯上生长的微生物与所加入的配料中的微生物，在贮藏期内发生复杂的生化反应，促使豆腐乳成熟。豆腐乳按品种配料装入坛内，擦净坛口，加盖，再用水泥或猪血封口，或用猪血拌和石灰粉末，搅成糊状物，刷纸盖一层，最后用竹壳封口包扎。豆腐乳在贮藏期间的保温发酵有两种，即天然发酵法和室内保温法。天然发酵法，红腐乳一般需贮藏发酵 3～5 个月。室内保温发酵法多在气温低，不能进行天然发酵的季节采用，室温保持在 35～38℃，红腐乳经 70～80 天成熟；青腐乳经 40～50 天可成熟。

 **思考题**

1. 发酵的定义。
2. 发酵的基本原理，包括发酵菌种的基本培育方法。
3. 举例说明发酵产物的分离提取方法。

4. 比较几种黄酒发酵方法的区别。

5. 叙述黄酒醪的酸败和防治方法。

6. 叙述 SO_2 在葡萄汁和葡萄酒中的作用。

7. 如何正确调控葡萄酒的发酵条件?

8. 叙述葡萄酒前、后发酵异常现象产生的原因和改良措施。

9. 叙述酱油生产的工艺过程。

10. 比较酱油和食醋生产中的生化反应。

11. 叙述谷氨酸的分离纯化方法以及谷氨酸钠的生产过程。

12. 根据自己的实际,选择叙述腐乳的生产方法和工艺过程。

实训项目一　发霉型腐乳生产

【实训目的】

通过发霉型腐乳生产实验实训,使学生掌握腐乳生产的原理,熟练掌握操作过程,提高对微生物应用于食品加工的认识,掌握根霉、毛霉生长繁育的特性。

【实训内容】

发霉型腐乳的生产,产品为氨基酸含量高、质量好的红腐乳。

【材料与用具】

豆腐坯、洁净稻草、食盐、花椒粉、60°白酒、辣椒粉(可根据实际需要调整产品风味配方)。豆腐坯要求大豆磨制的豆腐,结构均匀紧密,洁白富有弹性,厚薄均匀,表面平整,切口光滑无蜂窝状,含水量 70%～82%。

大肚泡菜坛、笼屉。

【工艺流程】

$$豆腐坯 \rightarrow 摆坯 \rightarrow 自然发霉 \rightarrow 搓毛 \rightarrow 腌坯装坛后发酵 \rightarrow 成品$$

【操作要点】

(1) 豆腐坯　采购豆腐切成 2cm 见方的豆腐坯。

(2) 摆坯　接好种的白坯放在铺有润湿洁净稻草的笼屉内,侧面竖立,每块四周留有一定空隙,以利通风和调节温度。

(3) 自然发霉　屋内温度 20～25℃,不大于 28℃,培养 10 天左右,菌丝旺盛生长至 6～8mm,棉絮状,其后菌丝开始发黄衰老,停止发霉。

(4) 搓毛　发霉好的毛坯即刻进行搓毛。将毛霉或根霉的菌丝用手抹倒,搓断菌丝体,分开豆腐坯,呈外衣状包裹豆腐坯,决定成品的块状外形。

(5) 腌坯装坛后发酵　搓毛后的豆腐坯在 60° 白酒中浸湿,再包裹由食盐、花椒粉、辣椒粉等组成的调味料,层层装入泡菜坛,一层豆腐坯一层盐,上层覆盖一层食盐,封坛,在坛沿中加水隔绝空气发酵 40 天左右即可食用。腌坯食盐用量在 16%,装坛量要达到 80%。这是四川典型农家风味腐乳。亦可根据食用口味的不同调配汤料灌注,灌注汤料的无需一层豆腐坯一层盐,但上层仍需覆盖一层食盐,封坛后发酵。

【实训结果】

发霉型红腐乳产品氨基酸含量高、风味浓郁,外观红润,可进行相关检测。

【注意事项】

产品属自然发酵,发酵条件适合则生长的毛霉和根霉数量多,可抑制其他杂菌的生长。后发酵的用盐量要求足量,防止败坏发生。发酵时间根据自然温度的高低而定。记录实验实训的各项内容,注意生产中的安全与卫生。

【讨论题】

实训中随时观察毛霉和根霉的生长情况,分析原因。调配各种风味的腐乳,增加产品的品种。分析产品的营养成分。

实训项目二　食醋生产

【实训目的】

通过到食醋生产厂实地实训，了解食醋的生产方法，了解生产用原料、辅料和填充料等组成配方，了解设备的构成，尽可能掌握关键的生产技术，掌握生产工艺流程。

【实训内容】

食醋生产的原料、辅料和填充料等组成配方，生产工艺流程，关键的生产技术，设备的构成状况。

【材料与用具】

1.材料

（1）主料　酒精、糖蜜、谷物、薯类、果蔬、酒糟以及野生植物等。

（2）辅料　谷糠、麸皮或豆粕等。

（3）填充料　木炭、瓷料、木刨花、玉米芯等。

（4）调味料　食盐、砂糖和香辛料等。

2.设备

制菌设备、发酵设备、淋醋设备、陈酿设备和杀菌设备等。

【实训操作】

根据厂方生产的实际情况，参与生产过程的部分操作实训。

【注意事项】

注意生产中的安全与卫生。

【讨论题】

记录实验实训中的各项内容，运用全面质量管理理论，分析厂家生产产品的卫生、质量等情况，分析生产的原料、辅料和填充料等组成配方，生产工艺流程，关键的生产技术，设备的构成状况。对提高产品产量和质量提出充分的论证报告。

 实训项目三　味精生产

【实训目的】

通过到味精生产厂实地实训，了解味精的生产方法，了解生产用原材料及其配方，了解设备的构成，重点熟悉生产过程控制技术，掌握生产工艺流程。

【实训内容】

味精生产原材料及其配方，生产工艺流程，关键的生产过程控制技术，设备的构成状况等。

【材料】

生产菌株、糖蜜、薯类、玉米、小麦、大米等。

【实训操作】

根据厂方生产的实际情况，参与生产过程的部分操作实训。

【注意事项】

注意生产中的安全与卫生。

【讨论题】

记录实训中的各项内容，重点熟悉生产过程控制技术，运用全面质量管理理论，分析厂家生产产品的卫生、质量等情况，分析生产的原辅料等组成，生产工艺流程，设备的构成状况。对提高产品产量和质量提出充分的论证报告。

 实训项目四　葡萄酒生产

【实训目的】

了解实验室条件下的葡萄酒生产，掌握生产的工艺过程，了解产品质量控制的关键点。与工业化葡萄酒生产相比较，了解之间的区别。了解生产过程中的各种现象和原因。

【材料与用具】

选择无病果、烂果并充分成熟的鲜食或酿酒葡萄，颜色为深色品种。白砂糖、鸡蛋、食用酒精等。不锈钢盆或塑料盆、瓦缸、纱布、木棒、胶皮管和手套等。

【工艺流程】

【操作要点】

（1）除梗、破碎　用手将葡萄挤破，去除果梗，容器为塑料盆或不锈钢，不能用铁制容器。

（2）调整葡萄汁　糖度高、成熟度高的红葡萄在不加糖时，酒精度一般为 $8°\sim12°$。如想酿制酒精度稍高的酒，可 1L 的葡萄汁中添加 $1°$ 酒精的方法解决。具体操作为：先将白砂糖溶解在少量的果汁中，再倒入全部果汁。若制高度酒，加糖量要多，应分多次加糖。

（3）初发酵　将调整后的果浆放入已消毒的发酵缸中，充满容积的 80%，防发酵旺盛时汁液溢出容器。发酵时，每天用木棍搅拌 4 次（白天两次，晚上两次），将酒帽（果皮、果柄等浮于缸表面中央）压下，各部分发酵均匀。

在 $26\sim30℃$ 下，初发酵（有明显的气泡冒出）经过 $7\sim10$ 天就能基本完成。若温度过低，可能延长到 15 天左右。

（4）压榨　利用虹吸式法将酒抽入另一缸中，最后用纱布将酒帽中的酒榨出。

（5）后发酵及陈酿　经过后发酵将残糖转化为酒精，酒中的酸与酒精发生作用产生清香的酯。加强酒的稳定性。

在后发酵及陈酿期间要进行倒酒。一般在酿酒的第一个冬天进行第一次倒酒，翌年春、夏、秋、冬各倒 1 次。酿酒后第 1 年的酒称为新酒，$2\sim3$ 年的酒称为陈酒。

（6）澄清　红葡萄酒除应具有色、香、味品质外，还必须澄清、透明。自然澄清时间长，人工澄清可采用添加鸡蛋清的方法，每 100L 酒加 $2\sim3$ 个蛋清，先将蛋清打成沫状，再加少量酒搅匀后加入酒中，充分搅拌均匀，静置 $8\sim10$ 天后即可。

（7）调配　葡萄酒发酵结束后，往往酒精度不够，味也不甜。根据口感习惯调配成适口的红葡萄酒。加糖时，先将糖用葡萄酒溶解。

【注意事项】

注意生产中的安全与卫生。

【讨论题】

记录实验实训中的各项内容，重点熟悉生产过程控制技术，分析产品的卫生、质量，分析生产的原辅料等与产品质量的关系，分析产品生产过程中的各种现象和原因。

发酵罐实消

案例

模块九 食品加工新技术

学习目标

通过本模块的学习使学生了解食品加工中的新技术、新方法。

思政与职业素养目标

1. 积极学习新知识、新技术、新动态，培养创新意识，养成勤于专研、善于专研的科学精神。
2. 了解新技术、新方法给食品行业和企业带来的革命性影响，树立专业使命感、责任感和紧迫感。

项目一 食品分离技术

分离就是通过一定的手段，将混合物分离成不同产品的操作过程，通常包括提取和纯化两个过程。所谓分离技术，就是研究如何从混合物中把一种或几种物质分离出来的科学技术，应用性很强。食品分离技术主要研究食品原料的提取、食品加工中间产物的分离、食品的提纯以及食品生产过程的三废处理。目前在食品中应用的主要包括超临界流体萃取技术、膜分离技术、分子蒸馏技术、离子交换、层析分离技术、冷冻干燥技术等。

一、超临界流体萃取技术

1. 概述

超临界流体（supercritical fluid，SCF）萃取技术就是利用某些溶剂在临界值以上所具有的特性来提取混合物中可溶性组分的一门新的分离技术。此技术具有溶剂萃取法和蒸馏法两者的优点，具有显著提高产品回收率和纯度、改进产品质量、降低能耗、对人体无害、稳定安全等优点。因而在食品行业中发展很快。

超临界流体萃取技术主要有以下特点：超临界流体萃取技术是高压技术，对设备要求高。故投资大，折旧费用占总成本比重大；通过温度和压力的调控，能从萃取物中完全除去残留流体；通过选用合适的萃取溶剂如二氧化碳，从而可以在较低温度和无氧环境中操作，能够分离、精制各种热敏性和易氧化物质；由于超临界流体具有良好的渗透性和溶解性能，故能从固体或黏稠的原料中快速萃取有效成分；通过选定适宜的萃取溶剂以及工作条件，可以选择性地分离出高纯度的溶质，从而提高产品品质；由于溶剂能从产品中清除，无溶剂污染问题，产率高，而且溶剂加压后可以重复循环利用，能耗低。

2. 在食品行业的应用

超临界流体萃取技术应用于食品中的研究有很多，如萃取啤酒花，萃取香辛料，萃取植物色素、植物油及其原料脱脂，萃取动物油脂，醇类饮料的软化脱色、脱臭，油脂的精炼和脱色，烟草的脱尼古丁等。我国应用超临界流体萃取技术（supercritical fluid extraction，即 SFE）于食品工业已逐步由实验室研究走向产业化，在提取动植物油脂、色素、香料及食品脱臭等方面取得显著成果。如用超临界 CO_2 同时萃取可可豆壳中可可脂及可可色素，用超临界 CO_2 脱除啤酒中乙醇生产无醇啤酒，用超临界 CO_2 萃取沙棘籽中沙棘油，用超临界 CO_2 以蛋黄粉为原料制取高纯度卵黄磷脂等，这些工作为我国 SFE 技术进一步走向产业化奠定了基础。

二、膜分离技术

1. 概述

膜分离过程是以选择性透过膜为分离介质，当膜两侧存在某种推动力（如压力差、浓度差、电位差、温度差等）时，原料侧组分选择性地透过膜，以达到分离、提纯的目的。不同的膜过程使用不同的膜，推动力也不同。目前已经工业化应用的膜分离过程有微滤（MF）、超滤（UF）、反渗透（RO）、渗析（D）、电渗析（ED）、气体分离（GS）、渗透气化（PV）、乳化液膜（ELM）等。

膜技术共同的优点是：①节约能源；②在常温下进行，特别适用于热敏性物质的处理，能够防止食品品质的恶化和营养成分及香味物质的损失；③食品的色泽变化小，能保持食品的自然状态；④设备体积小且构造简单，费用较低，效率较高；⑤适用范围广，有机物和无机物都可浓缩，可用于分离、浓缩、纯化、澄清等工艺。

膜技术的缺点是：①产品被浓缩的程度有限；②有时其适用范围受到限制，因加工温度、食品成分、pH、膜的耐药性、膜的耐溶剂性等的不同，有时不能使用分离膜；③规模经济的优势较低，一般需与其他工艺相结合。

2. 在食品中的应用

（1）分离、澄清　以水果压榨出汁，制成的果汁饮料中含有许多悬浮的固形物以及引起果汁变质的细菌、果胶和粗蛋白。应用膜超滤技术处理甘蔗汁、苹果汁、草莓汁、南瓜汁等汁液，分离澄清效果良好。

用超滤膜技术替代传统的酱油生产中蒸发、浓缩、澄清、净化等装置，对酱油澄清、除菌、脱色处理，大幅降低能耗，提高了产品品质。

饮料业中的水处理，应用膜分离手段则可能达到极好的分离效果。在膜技术发达国家，饮料生产领域 95％以上采用微孔滤膜为分离途径之一，在我国，微滤、超滤技术在饮料生产中都已得到较广泛应用。在饮料行业中要达到净化、澄清的目的，用 $0.45\mu m$ 的微孔膜过滤元件进行流程过滤即可满足要求。由于微孔膜过滤后除去的是饮料中的杂质、悬浮物及生物菌体等，而水中的微量元素和营养物质却毫无损失，所以特别适用于某些需保持特殊成分或风味的饮料的净化过滤，如天然饮用矿泉水。应用膜分离过程制备饮用水和超纯水已实现工业化。

茶饮料是目前饮料市场上非常受欢迎的饮品。然而茶提取液中含有蛋白质、果胶、淀粉等大分子物质，其中的茶多酚类及其氧化产物易与咖啡碱等物质形成配合物，使茶汁产生浑浊及沉淀，消除浑浊及沉淀是茶饮料生产的关键。传统的方法易使茶汁中许多有效成分去除，造成风味严重损失。采用超滤法处理绿茶汁和红茶汁，可有效去除茶汁中的大部分蛋白质、果胶、淀粉等大分子物质，而茶多酚、氨基酸、儿茶素、咖啡碱等含量损失很少，醇不溶性物质可去除 38％～70％，使透明度提高 92％～95％。茶汁外观清澈透明，口感好，茶汁不易二次浑浊和变质。

（2）浓缩、纯化　利用膜的优良选择性可将溶液中的欲提取组分在与其他组分分离的同时有效地得到浓缩和纯化。

果胶是一种由半乳糖醛酸组成的高分子物质，在食品工业上用作胶凝剂、增稠剂等，市场需求量很大。目前，生产工艺主要以柑橘皮等为原料，以稀酸提取，提取液中含大量对胶凝度无贡献的有机酸、酚、皮油及色素。后续处理任务繁重，成本高，产品色深。周仲实采用超滤膜装置对提取液进行处理，初步浓缩除去大部分对胶凝度无贡献的杂质后，再经电渗析（ED）脱去大部分盐酸和无机离子，所得提取液可直接干燥获得高品质的果胶，且大幅度降低了生产成本。

初乳是母体分娩后一周内分泌的乳汁，富含多功能因子，如免疫球蛋白、乳铁蛋白、各种生长因子等，其中乳铁蛋白（LF）具有许多独特的生理调节功能。Dulols 采用超滤法得到浓缩 5倍的乳铁蛋白和免疫球蛋白截留物。目前超滤法是生产食品级乳铁蛋白的最具工业化前景的方法之一。

超滤在乳品工业中的另一重要应用是乳清蛋白的浓缩。通过全过滤（即不断地在截留液中加水重复过滤）可最大限度地去除乳糖和灰分，制取高蛋白含量的浓缩乳清蛋白（蛋白含量＞85％）。此项技术还应用于生产高蛋白含量的脱脂奶粉和脱盐、脱乳糖的乳清粉。还可将超滤和电渗析结合起来生产乳清蛋白浓缩物。

膜技术也带来了乳清产品的迅猛发展。用超滤法处理乳清，提高了产品中的蛋白质含量，使其质量得到了根本改善。此技术现已在美国、新西兰、澳大利亚和法国等广泛应用。目前，国外乳清蛋白粉的产量在乳品工业中占有相当大的比重，超滤回收并浓缩乳清中的蛋白质，可获得蛋白质含量在 35%～85% 的乳清蛋白粉，用无机超滤膜浓缩乳清蛋白制得蛋白粉的技术也正在研究之中。除此之外，还广泛用于乳清制品加工，如脱盐、脱乳糖的乳清粉。

国外目前还正在研究将各种膜分离技术和层析方法及化学处理、酶处理结合起来，从乳清蛋白中分离 β-酪蛋白、α-乳清蛋白及免疫球蛋白的工作。

（3）**食品分析** 食品中的某些组分含量甚微，不论是对人体有益还是有害，都需监控其含量。利用膜技术可将微量甚至痕迹量的组分富集在特定的滤膜上，再选用合适的分析方法进行分析检测，可大大提高检测灵敏度。

（4）**除菌** 传统的食品饮料杀菌方法为巴氏杀菌和高温瞬时杀菌，操作繁琐，残留细菌多，高温易造成热敏物质失活和产品口味营养的破坏。用微滤技术取而代之，孔径为纳米级的微滤膜足以阻止微生物通过，从而在分离的同时达到"冷杀菌"的效果。

（5）**酶的提取** 酶是一种高效、专一、活性可以调节的催化剂，在食品中应用很广泛，常用的提取方法有凝胶过滤法、疏水层析法、亲水层析法、高效液相层析等，存在着分辨率过低，或不适于工业化连续生产等缺陷，而利用膜分离技术可以很好地解决这些困难。

传统的生姜蛋白酶的提取方法很多，但成本高、产量低、操作繁琐，不适于工业化大规模生产。利用新工艺超滤技术提取的生姜蛋白酶，产品品质好，纯度高，成本低。

（6）**其他方面的应用** 膜分离技术在食品工业中还广泛用于制取纯净水和生产废水的处理。如近年来绝大多数矿泉水生产厂家均采用超滤或微滤技术除菌、除胶体、除絮凝物质和颗粒等。

三、分子蒸馏技术

1. 概述

分子蒸馏又称为短程蒸馏，是指在高真空条件下，蒸发面和冷凝面的间距小于或等于被分离物料的蒸气分子的平均自由程，由蒸发面逸出的分子，既不与残余空气的分子碰撞，自身也不相互碰撞，毫无阻碍地喷射到凝集在冷凝面上。液体混合物在高真空度下受热，能量足够的分子在低于沸点的温度下逸出液面，由于轻分子的平均自由程大于重分子平均自由程，且蒸发速度快，在距蒸发面适当位置处设置捕集器，使轻分子不断被冷凝捕集，从而破坏轻分子的动态平衡，使混合物中的轻分子不断逸出，而重分子因不能到达捕集器很快趋于动态平衡，不再从混合液中逸出，从而实现分离的目的。

分子蒸馏技术作为一种与国际同步的高新分离技术，具有其他分离技术无法比拟的优点：①操作温度低（远低于沸点）、真空度高（空载≤1Pa）、受热时间短（以秒计）、分离效率高等，特别适宜于高沸点、热敏性、易氧化物质的分离；②可有效地脱除低分子物质（脱臭）、重分子物质（脱色）及脱除混合物中杂质；③其分离过程为物理分离过程，可很好地保护被分离物质不被污染，特别是可保持天然提取物的原来品质；④分离程度高，高于传统蒸馏。

2. 分子蒸馏技术在食品工业中的应用

分子蒸馏作为一种全新的高效热分离技术，不仅能够保持食品的原有风味，而且具有物料受热时间短、产物纯净安全可靠、分离程度高等特点，特别适用于热敏性物料的提取和纯化，在食品领域中得到了广泛的应用。

目前，分子蒸馏技术已应用于天然维生素 E 的提取。Jiang 等采用分子蒸馏法从菜籽油脱臭馏出物中提取维生素 E，在蒸馏温度 200℃、刮膜速率 150r/min、进料流速 90mL/h、压力 2.66Pa 条件下，可把维生素 E 含量提纯到 50% 以上。宋志华等采用刮膜式分子蒸馏设备对大豆油脱臭馏出物进行提纯，经过 3 次分子蒸馏，产品维生素 E 含量可达 74.55%。Shao 等利用分子蒸馏技术纯化菜籽油脱臭馏出物，维生素 E 回收率可接近 90%。

分子蒸馏也应用于天然精油分离、纯化中。天然精油的主要成分是醛、酮和醇类，且大部分为萜烯类，此类化合物沸点较高，属热敏性物质，受热时不稳定，易分解。利用分子蒸馏在高真空度和较低温度下进行操作，可将不同沸点的组分浓缩纯化并除去异味和带色杂质，可以保证天然精油的质量。刘克海等采用分子蒸馏技术对甜橙油特征香气进行分离纯化，得到的馏出物中巴伦西亚桔烯、芳樟醇、葵醛和辛醛 4 种主要成分的含量分别比甜橙原油提高了 33.2 倍、8.2

倍、3.4 倍和 15.4 倍。王文渊等采用分子蒸馏法从橘皮油中提取高品质柠檬烯，通过 2 次蒸馏分离可获得纯度高达 99%、得率达到 86.54% 的柠檬烯。

分子蒸馏技术在天然色素的提取和分离方面也得到广泛应用和快速发展。Batistella 等利用分子蒸馏技术从棕榈油中分离出类胡萝卜素，产量高达 3000mg/kg。王芳芳等运用分子蒸馏技术对溶剂提取法获得的辣椒红色素粗制品进行精制处理的同时，还兼有脱辣、脱臭、脱溶剂等效果，这不仅提高了产品质量，还大大降低了生产成本。

四、冷冻干燥技术

1. 概述

冷冻干燥是指通过升华从冻结的生物产品中去掉水分或其他溶剂的过程。升华指的是溶剂，比如水，像干冰一样，不经过液态，从固态直接变为气态的过程。冷冻干燥得到的产物称作冻干物，该过程称冷冻干燥。

传统的干燥会引起材料皱缩，破坏细胞，在冷冻干燥的过程中样品的结构不会被破坏，因为固体成分被在其位子上的坚冰支持着。在冰升华时，它会留下孔隙在干燥的剩余物质里。这样就保留了产品的生物和化学结构及其活性的完整性。

2. 应用

冷冻干燥技术用途十分广泛，早在 20 世纪初科学家就在实验室中用冻干的方法来保存生物标本、菌种等，后来在工业上一些制药厂用冻干的方法来生产抗生素、疫苗、血清和各种生物药品；到了 60 年代，欧美、日本等开始用冻干的方法生产食品，主要品种有蘑菇、大蒜、蔬菜、牛肉、海产品、咖啡等；到了 80 年代，冻干产品生产几乎包罗万象，诸如各种饮料、调料、快餐食品、小食品、保健食品、水产、肉蛋、食用菌、酶制剂、藻类等，同时规模和产量也不断扩大。

项目二　深层油炸技术

随着人们生活水平的提高和生活节奏的加快，油炸食品已成为许多人日常饮食中不可缺少的方便食品。近十几年来，油炸食品的种类越来越多，除传统的之外，油炸干果系列，油炸果蔬系列，油炸鱼、鸡、猪肉系列，油炸风味休闲食品系列等在市场上已崭露头角。浅层煎炸（如煎炸鸡蛋、馅饼等）严格地讲不能列入油炸工艺中。油炸应指深层油炸，它适合于加工不同形状的食品，可分为纯油油炸和水油混合油炸。纯油油炸是一种传统的油炸方式，如今许多宾馆、饭店及食品工厂均采用此种方式；水油混合深层油炸是近年来国外新兴的一种工艺技术，它有着传统纯油油炸不可比拟的优点，因而极受食品加工企业、中西式快餐店的欢迎。水油混合式深层油炸设备的开发及利用有着广阔的市场前景。

一、水油混合式深层油炸工艺的基本原理

水油混合式深层油炸工艺是指在同一敞口容器中加入油和水，相对密度小的油占据容器的上半部，相对密度大的水则占据容器的下半部，将电热管水平安置在容器的油层中，油炸时食品处在油层中，油水界面处设置水平冷却器以及强制循环风机对水进行冷却，使油水分界的温度控制在 55℃ 以下。炸制食品时产生的食物残渣从高温油层落下，积存于底部温度较低的水层中，同时残渣中所含的油经过水层分离后又返回油层，落入水中的残渣可以随水排出。

① 该工艺使油局部受热，因而油的氧化程度显著降低。自动控温加热器使上层油温保持在 180～230℃，油水分界面的温度控制在 55℃ 以下，下层油温比较低，因而油的氧化程度大为降低，油的重复使用率大大提高。

② 炸制食品时产生的食物残渣由于重力作用从高温油层落下，积存于底部的水层中，可定期经排污口排除，无需过滤处理，避免了传统纯油油炸工艺产生的食物残渣对食品造成的许多不良影响。

③ 反复油炸食品后的油不需过滤。炸制过程中油始终保持新鲜状态，所炸食品不但香、味俱佳，而且其外观品质良好。

④ 避免了传统纯油油炸过程中油因氧化聚变而成为废油的浪费，大大降低了油的损耗，节油效果十分明显。

⑤ 传统油炸工艺中存在的许多问题，使消费者对油炸食品都抱有一种敬而远之的态度，如认为油炸食品都含有一定量的致癌物，油炸食品营养损失大等。其实在油炸过程中由于食品表面干燥形成了一层干壳，使食品内部的温度一般不会超过100℃，因而油炸对食品营养成分的破坏很少，它对食品营养成分的破坏程度一般都不大于其他的烹调方法。利用水油式混合深层油炸工艺炸制的食品克服了传统油炸食品的诸多不足。

二、水油混合式深层油炸工艺的应用

水油混合式深层油炸工艺因具有限位控制、分区控温、自动滤渣、节油节能等优点，所以，该工艺已被日本、韩国等国家普遍采用。近几年，我国也先后有单位设计制造了中小型水油混合式深层油炸设备，如山东诸城市康源公司新旭东机械厂在引进日本技术的基础上，率先研制开发了一批适合中小企业及酒店、快餐店加工油炸食品的水油混合式深层油炸设备，该设备性能优良，价格大大低于国外同类进口设备。

专家预言：在人们普遍对油炸食品的安全性及营养性倍加关注的今天，水油混合式深层油炸工艺设备的出现，为油炸食品继续赢得消费者的信赖与欢迎提供了一个重要的保证。

项目三 真空低温油炸技术

一、概述

真空低温油炸（VF），将真空技术与油炸、脱水工艺有机结合加工而成的一种新型高科技含量的新型技术。此技术已经被国家列入食品发展的重点推广计划。实际上此项技术应用十分广泛，许多国家利用此项技术生产的产品来供给军需。

较理想的低温真空油炸设备的基本要素包括以下几点：首先具有较高效率的真空设备，即能在短时间内处理大量三次蒸汽并能较快建立起真空度不低于0.092MPa的真空条件；其次尽量配备机内脱油装置，这样在真空条件下进行脱油，可以避免在真空恢复到常压过程中油质被压入食品的多孔组织中，从而确保产品较低的含油量；然后具有较大装料量的高密闭性的真空油炸釜；最后具有温度、时间等参数的自动控制装置，避免人为因素造成产品质量不稳定。

二、真空低温油炸技术在食品中的应用

1. 高蛋白快餐豆制食品

利用低温真空油炸技术制作不同风味的酥脆豆腐，既可以作为一般休闲食品，亦可以作为快餐食品中的调味品，还可以制成具有中国特色的各种菜肴半成品。

2. 食用菌食品

利用此方法制作的食用菌食品，保持了原有食品的香、鲜、味、美外，还具有适口、易保存和食用方便等优点。

3. 制作富含维生素C的橘皮、鲜枣制品

由于维生素C的不稳定性，一般的油炸方法会使其损失达到90%以上。采用了低温真空油炸技术，可以大大减少维生素C的损失，最终可以最大限度地保持食物的营养性。

4. 其他应用

包括在肉制品、其他各种休闲食品，如油炸甘薯脆片、油炸果蔬脆片、油炸脆枣、油炸胡萝卜片等中都得到了成功地应用。

项目四　微波加热技术

微波与无线电波、红外线、可见光一样都是电磁波，微波是指波长1m～1mm、频率为300MHz～300GHz的电磁波，微波频率比一般的无线电波频率高，通常也称为"超高频电磁波"。微波能通常由直流或50MHz交流电通过一特殊的器件来获得。可以产生微波的器件有许多种，但主要分为两大类：半导体器件和电真空器件。电真空器件是利用电子在真空中运动来完成能量变换的器件，或称为电子管。在电真空器件中能产生大功率微波能量的有磁控管、多腔速调管、微波三极管、微波四极管、行波管等。在目前微波加热领域，特别是工业应用中使用的主要是磁控管及速调管。

一、微波加热的原理

介质材料由极性分子和非极性分子组成，在电磁场作用下，这些极性分子从原来的随机分布状态转向依照电场的极性排列取向。而在高频电磁场作用下，这些取向按交变电磁的频率不断变化，这一过程造成分子的运动和相互摩擦从而产生热量。此时交变电场的场能转化为介质内的热能，使介质温度不断升高。虽然，每次由于改变方向而振动的能量不大，但是由于频率很高，发生的能量很可观，因而产生的热量也比较可观。

同时，微波加热是介质材料自身损耗电场能量而转化为介质的热能，就是自热式，与普通的通过介质加热的方式不同。微波加热则属于内部加热方式，电磁能直接作用于介质分子转换成热，且透射性能使物料内外介质同时受热，不需要热传导，而内部缺乏散热条件，造成内部温度高于外部的温度梯度分布，形成驱动内部水分向表面渗透的蒸汽压差，加速了水分的迁移蒸发速度。特别是对含水量在30%以下的食品，速度可数百倍地减小，在短时间内达到均匀干燥。

二、微波加热的特点

由于微波是中心加热方式，因此微波加热速度快；微波与其他加热方式不同，它在加热时微波能够均匀地渗透到制品内部，从而在制品的内外不存在温度差，最终达到均匀加热的目的；由于微波对不同的物料（如含水量高的部分吸收微波功率多于含水量少的部分）有不同作用，因此可以对制品实现选择性加热；微波加热的控制只要操纵功率旋转，就可瞬间达到要求，与传统的加热方式比较，它易于控制；微波加热没有烟雾、粉尘，不污染食品也不污染环境，比较清洁卫生。

三、微波加热在食品中的应用

1. 微波灭菌

微波杀菌是基于食品中微生物同时受到微波热效应和非热效应的共同作用，在短时间内达到杀菌效果，又不影响产品原来的风味。同时与传统的常规杀菌比较，能在较低温度下获得所需的杀菌效果。因此微波杀菌在将来可能有更大的发展前景。

2. 微波干燥

段振华等研究了微波干燥技术在谷物类（小麦、稻谷、玉米）、果蔬类（包括土豆片、果脯、鲜姜、胡萝卜、龙眼、荔枝、春笋）、水产品中的应用，发现在这些原料中多数单独集中在单纯的微波干燥技术研究，关于微波与其他技术进行复合干燥的研究较少，由于微波干燥质热传递过程的复杂性和瞬时性，缺少合理的描述其过程原理的理论模型。因此通过加强此理论的研究，有助于拓展微波干燥在食品中的应用。

3. 焙烤食品与膨化食品

运用微波来焙烤面包和糕点是当前国际上比较热门的研究课题之一。微波焙烤可以使面包具有良好的组织形态，但是由于表面温度不够不容易上色。

4. 其他

食品解冻、烟叶复烤、茶叶再制等。

项目五 生物技术在食品中的应用

生物技术也称生物工程，是指人们以现代生命科学为基础，结合先进的工程技术手段和其他基础学科的科学原理，按照预选的设计改造生物体或加工生物原料，为人类生产出所需产品或达到某种目的。生物技术是由多学科综合而成的一门新学科。就生物科学而言，它包括微生物学、生物化学、细胞生物学、免疫学、育种技术等几乎所有与生命科学有关的学科，特别是现代分子生物学的最新理论成就更是生物技术发展的基础。近几十年来，科学和技术发展的一个显著特点就是人们越来越多地采用多学科的方法来解决各种问题，这最终导致综合性学科的出现，并形成了具有独特概念和方法的新领域。生物技术就是在这种背景下产生的一门综合性的新兴学科，它广泛地应用于食品、医药、气象、环保、能源等各领域中。

目前应用到食品领域的生物技术主要包括：基因工程、酶工程、发酵工程、细胞工程等。

一、基因工程

1. 原理

基因工程又可称为重组 DNA 技术或分子遗传工程，以遗传学为基础，结合工程手段创立的一门工程技术。

主要原理是：首先从某一生物体基因组（或人工合成）取得目标基因，然后在体外将其同载体连接形成重组的 DNA 分子，并将其导入受体细胞内，最后使目标基因和载体上某些基因的性状得以在受体细胞内表达。即以 DNA 重组技术为主要手段，实现同种或异种生物（如动物、植物、微生物等）之间优良基因转移或基因重组。

基因工程应用到食品中主要有以下几个目的：①提高食品原料的产量或降低成本；②提高食品原料的营养价值和加工性能；③拓宽食品原料的来源；④利用动植物和微生物生产保健食品的有效成分。

2. 基因工程的步骤

从复杂的生物体基因组中分离筛选并获得目标基因片段；在体外将目标基因连接到能自我复制的并有选择性标记的载体分子上，获得重组 DNA 分子；将重组 DNA 分子转移到适当的受体或宿主细胞，并与之同步增殖；筛选出获得了重组 DNA 分子的受体细胞克隆；从筛选出的阳性克隆中提取出扩增的重组 DNA 分子或基因，供进一步分析和研究使用。

3. 基因工程在食品中的应用

① 提高作物产量，比如通过生物固氮作用，可以降低土地的板结、农作物肥力的下降以及对环境的污染。

② 改良作物品质，此工程尤其在油料种子改良方面更加明显。

③ 延熟保鲜，主要应用于水果蔬菜中。

④ 具有预防和保健功能，比如将病原体的抗原基因植入到粮食作物或者果树中，人们吃了这些粮食和水果，相当于服用了疫苗，可以起到预防疾病的作用。

⑤ 改善发酵食品的品质和风味。

⑥ 提高农作物的抗逆能力，如把北冰洋比目鱼的抗冻基因导入草莓中，可以提高转基因草莓的抗冻能力。

4. 基因食品的安全性

转基因食品可以说是从实验室中人工制造出来的，它改变了自然生物的某些遗传物质和表达产物。尤其在人们崇尚自然、生态、健康的现代生活方式下，转基因食品被看作是异类，它的安全性一直是世界上争议的话题。到目前为止，还没有科学的证据表明转基因食品对生态环境和人类健康无害。从安全角度考虑，转基因食品主要存在以下几个问题。

① 转基因食品中增加或改变的新基因有可能对消费者造成健康威胁，如食品过敏、存在天然毒素，重组基因的致病性和传递性等。

② 转基因作物中的新基因给食品链其他环节造成不良后果，比如基因传至环境，可能会给环境造成不良的影响。比如把耐除草剂的转基因油菜子和杂草一起培育，结果产生耐除草剂的杂草。

③ 人为强化转基因作物的生存竞争性，会对自然界多样性造成影响。

由于转基因食品的安全性有待商榷，因此各国政府对转基因食品的态度也不相同。其中美国和加拿大采取的是宽松的管理模式，这些国家设定了专门的管理机构，认为只要转基因生物产品通过新成分、过敏原、营养成分和毒性等常规的检验就允许上市。转基因食品在欧盟采取的是严厉的管理模式，规定在食品中如果转基因原料成分超过 1％，就必须在标签中予以说明。日本对待转基因食品的态度是既不严厉也不宽松。中国对于转基因食品研究起步晚，因此对其安全性也是最近才开始考虑，对于转基因食品的态度逐步法制化。

总之，随着生物技术的发展，转基因食品的应用也将日趋完善。尽管人们对于转基因食品的安全性有一定的怀疑。但是由于转基因食品是一个具有巨大潜力的产业，因此，可以认为在 21 世纪转基因食品将是一个集功能性、营养性、治疗性等诸多功能为一体的新型食品。

二、酶工程

酶是一种蛋白质，它是由生物活细胞合成的，能够对特异性底物起高效催化作用的生物催化剂。在生物体内各种化学反应几乎都是在酶的催化下进行的。因此酶是生命活动的产物，又是生命活动不可缺少的因素之一。

酶工程是生物技术的一个重要组成部分，指在一定的生物反应器内，利用酶的催化作用进行物质转化的技术。而食品工业是应用酶工程技术最早和最广泛的行业。近年来，由于固定化细胞技术、固定化酶反应器的推广应用，促进了食品添加剂新产品的开发，产品品种增加，质量提高，成本下降。还有些酶本身就是保健食品重要的功效成分，如过氧化物歧化酶（SOD）、溶菌酶、L-天冬酰胺酶等，为食品工业带来了巨大的社会经济效益。

酶工程包括自然酶的开发及应用，固定化酶、固定化细胞、多酶反应器、生物反应器、酶分子的修饰改造及酶传感器等，广泛应用于食品加工的许多领域，下面简要介绍酶工程在食品中的应用。

(1) 在功能性食品中的应用 目前酶工程在无乳糖牛乳、低胆固醇乳脂乳、低变应原米、活性多糖、功能性低聚糖、糖醇、活性肽及氨基酸、功能性油脂、核苷酸、维生素、微量活性元素、糖苷等功能性食品的应用中已经进行了系统和专业的研究。

(2) 在添加剂中的应用 在甜味剂、调味剂、香味剂、营养强化剂、乳化剂等食品添加剂中都得到了很好的应用，如甜菊苷是一种非营养型功能性甜味剂。甜菊苷具有轻微的苦涩味，通过酶法改质后可除去苦涩味，从而改善风味。酶处理方法是在甜菊苷溶液中加入葡萄糖基化合物，采用葡萄糖基转移酶处理生成葡萄糖基甜菊苷。

(3) 在普通食品中的应用 目前应用酶工程比较多的食品种类包括葡萄糖浆的生产、果葡萄糖浆的生产、麦芽糖浆生产、环糊精生产、蛋白质加工等。

(4) 特例——植物蛋白加工 植物蛋白生产方法以蛋白酶水解法为主，生产工艺如下。

植物蛋白→加水 10～15 倍→预浸（40～50℃，2～3h）→煮沸（30min）、冷却后补足所失去的水分，调节 pH 7.0～7.2→加入中性蛋白酶（60～80U/g 豆粕）→保温酶解（45～50℃，48h）→过滤→滤液（含固形物 16％）→喷雾干燥→产品（微黄色）。

三、发酵工程

1. 定义

发酵工程是指利用微生物的生长与代谢活动，通过现代化工程技术手段进行工业规模化生产的技术。它将微生物学、生物化学和化学工程学的基本原理和技术结合起来，又称微生物工程。

2. 微生物发酵的内容和要求

发酵工程主要包括：工业生产菌种的选育，发酵条件的优化与控制，生物反应器的设计，以及发酵产物的分离、提取和精制等。因此，如果要实现一个合理高效的发酵过程，就要做到以下几点：首先要有性能优良的微生物菌种，一般可通过诱变育种、基因重组或细胞融合获得；其次要保证或控制微生物生长和代谢的各种条件，如培养基组成、温度、溶氧浓度、pH和时间等；然后要有进行微生物发酵的设备；最后要有将菌体或代谢产物提取出来并精制成产品的技术和设备。

3. 在食品中的应用

此工程是最早应用于食品领域的生物技术。采用现代发酵设备使经优选的细胞或经现代技术改造的菌株进行放大培养和控制性发酵，获得工业化生产预定的食品或食品功能成分。下面列举一些在食品中应用的实例。

(1) **在食品添加剂中的应用**　从植物中提取食品添加剂的传统方法，成本高，来源有限；化学合成方法成本低些，但是化学合成率低、周期长，最重要的是可能产生对人体有害的有毒物质。因此，用微生物工程代替传统方法和化学合成法，已经是生产食品添加剂的首选方法。目前，比较成功的应用实例主要有维生素类的生产、甜味剂的生产、增香剂的生产和色素的生产等。

(2) **在传统发酵食品中的应用**　多年以来一直用酵母发酵生产酒精，现在广泛研究了细菌发酵生产酒精以期得到耐高温、耐酒精的新菌种。例如，日本从土壤中分离得到酒精生产菌，它能利用稻草、废木和纤维素生产酒精。味精生产现在采用双酶法糖化发酵工艺取代传统的酸法水解工艺，可以提高原料利用率10%左右；我国对传统酿造产品，酱油、醋、黄酒、豆腐乳等利用优选的菌种发酵，提高了原料利用率，缩短了发酵周期，改良风味和品质方面取得了一定的效果。

(3) **在单细胞蛋白中的应用**　由于微生物菌体的蛋白质含量高，一般细菌含蛋白质60%～70%。因此是一种理想的蛋白质来源，也是解决全球蛋白质资源缺乏的重要途径之一。为了和高等植物蛋白、动物蛋白相区别，因此把微生物蛋白称为单细胞蛋白。前苏联利用发酵法大量生产酵母，最高产量曾经达到60万吨/年，成为世界上最大的单细胞蛋白生产大国。用于生产单细胞蛋白的微生物以酵母和藻类为主，也有采用细菌、放线菌等，现在许多国家都在积极进行球藻和螺旋藻蛋白的开发，如美国、日本等国家生产的螺旋藻食品既含有丰富的营养，又是减肥食品，因此在国际上很受欢迎。

(4) **微生物油脂的生产**　许多微生物含有油脂，低的含油率2%～3%，高的可以达到60%～70%，并且大部分微生物油脂富含多不饱和脂肪酸，对人体健康很有益。

目前，利用低等丝状真菌发酵生产多不饱和脂肪酸已经成为国际上发展的趋势。我国已经有公司在生产微生物油脂。在欧美等发达国家，已有微生物油脂上市。

(5) **微生物工程在保健食品及保健食品素材（功效成分）开发中的应用**　在膳食纤维中的应用包括：利用巴氏醋酸菌、木醋杆菌等微生物发酵法生产的细菌纤维素具有很好的持水性、黏稠性、稳定性及生物可降解性，是良好的功能食品素材。

同时，除了上述的应用以外，已经在活性多糖、氨基酸、核苷酸、酶制剂、红曲米、糖醇、多不饱和脂肪酸、类胡萝卜素及活性微量元素等方面进行了深入的研究和应用。

4. 微生物技术发展的趋势

(1) **微生物基因组研究形成巨大的推力**　目前随着测序技术的进步，许多微生物的全序基因组测定已经完成。根据公开发表的数据，截止到2004年1月13日，包括大肠杆菌、枯草芽孢杆菌、酿酒酵母、粗糙脉孢菌等常用微生物在内的2株酵母、1株丝状真菌、131株细菌和17株古菌的基因组测序工作已经完成。另有上千种病毒的基因组也已经完成测序。这些测序工作的完成，使许多过去不可能进行的研究得以实现。

(2) **新微生物类群的发现将拓宽其应用领域**　目前已经发现了多种生存在恶劣环境中（极端高温、高压、低温、酸碱、高盐、强辐射）的微生物。例如，从深海火山口附近分离得到极端嗜热菌，这些菌种可以在高于沸点的水温下生存和生长。这些极端环境中生长的微生物可能会含有能在极端环境中有效催化化学反应的酶，从而开辟了全新的研究天地。最终微生物的应用研究领域也将大大拓宽。

(3) **生物质资源导向型新经济体质的建立**　工业革命以来，新资源的开发和科学技术的进步为人类社会的进步奠定了坚实的基础，人类的生活水平发生了巨大的变化。然而，随着全球人口的迅速膨胀，新技术革命带来的一系列弊端也逐步显露出来。21世纪的地球面临环境污染、生态破坏、资源枯竭的严峻挑战。为此，人类需要包括生物技术在内的现代科学技术为解决这些难题提供可行的技术方案。

（4）**可持续发展的基石**　随着世界对资源、环境等问题的日益重视，可持续发展战略已经被提升到与科教兴国战略并列的重要位置。微生物技术除了在传统工业中开拓广阔的发展空间外，还将在未来的资源循环型化学产业和环境生物产业方面有很大的发展潜力。

四、细胞工程

1. 概述

应用细胞生物学方法，按照人们预定的设计，有计划地保存、改变和创造遗传物质的技术，即在细胞水平研究、开发、利用各类细胞的工程。

细胞工程所涉及的主要技术有：细胞培养技术、细胞融合技术、细胞器移植和细胞重建技术、染色体工程技术、体外受精和胚胎移植技术等。在食品工业中应用较广泛的细胞工程技术主要是细胞培养技术、细胞融合技术、细胞重建技术以及细胞代谢物的生产技术。

细胞培养常用设备如下。无菌室；超净工作台。培养箱：电热恒温培养箱、二氧化碳培养箱。显微镜：倒置显微镜、立体显微镜。蒸馏器：制备双蒸水和三蒸水用。冰箱：保存各种试剂。离心机。Zeiss滤器。液氮容器：冻存组织和细胞。

常用器械如下。解剖器械：解剖刀、解剖剪、镊子。玻璃器皿：试剂瓶、培养瓶、移液瓶、吸管、离心管、培养皿、烧杯、量筒、漏斗、试管、注射器等。塑料器皿：多孔培养板、培养瓶、塑料冻存管、离心管等。

常用试剂：平衡盐溶液、培养液、抗生素液。

2. 应用

（1）**动物细胞工程在食品中的应用**　目前动物细胞工程在食品中的应用主要集中在以下几个方面：培育优良食用动物品种、生产生物活性物质以及新型功能性保健食品，以及培养细胞代替试验动物进行食品检验等。随着生物技术的发展，动物细胞工程在食品工业上的应用前景将更加广阔。

（2）**植物细胞工程在食品中的应用**　植物细胞工程应用相对于动物细胞工程发展要成熟得多。目前主要应用的方面包括：培育新品种作物，改良作物品质，促进作物快速繁殖，脱除作物病毒，保存植物种质资源，人工种子研究，生产各种天然食品添加剂等。总之，在食品原料生产以及食品加工中，细胞工程技术起主要作用。

（3）**微生物细胞工程在食品中的应用**　微生物细胞工程在食品工业中的应用主要为生产单细胞蛋白质、生产氨基酸以及果葡萄浆、生产抗生素以及生物农药、生产食用菌等。此外，目前利用微生物还可以生产食用调味剂、色素、维生素、抗氧化剂、生物表面活性剂等。

项目六　其他食品加工新技术

一、超高压技术在食品中的应用

食品的超高压处理技术是指将食品放入液体介质（通常是水）中使食品在极高的压力（例如100～1000MPa）下产生酶失活、蛋白质变性、淀粉糊化和微生物灭活等物理化学及生物效应，从而达到灭菌和改性的物理过程。通常，将用超高压处理的食品称为超高压食品。

超高压技术的出现虽然有近100年的历史，但在近年才应用于食品加工业。日本在超高压食品加工方面居于国际领先地位，并且已拥有大量的食品超高压处理实验机械和生产设备。超高压加工的食品在1990年前后相继面世，主要用于果酱、橘子汁及水果蔬菜的加工，消费者反映良好，此项技术已列为日本十大关键科技之一。日本其他超高压食品有可长期贮藏的"浊酒"、以鱼肉为原料的布丁、豆腐和酸乳酪的新产品、高质量的"野泽腌菜"等。还有米面做的点心、饼以及日本酱汤等新产品。在美国及欧洲，许多国家先后对高压食品的原理、方法、技术细节及应用前景进行了广泛的研究，研究的深度和广度不断扩大。美国已将超高压食品列为世纪食品加工、包装的主要研究项目，并有小规模工业化生产。超高压技术在我国还处于起步阶段，加快开展超高压食品研究，特别是加强超高压加工调味品、中药材、保健食品以及其他价值高但对热较敏感的食品或药品的研究，对我国参与国际竞争有着极为重要的意义。

二、超声波技术在食品中的应用

超声波为频率高于 20000Hz 以上的有弹性的机械振荡，由于其超出人的听觉上限，故称为超声波，超声波具有多种物理和化学效应。超声波的发生主要通过 3 种方法：通过机械装置产生谐振的方法，一般频率较低（20～30kHz）；利用磁性材料的磁致伸缩现象的电-声转换器发出超声波的方法，频率在几千赫兹到 100kHz；最后一种方法为利用压电或电致伸缩效应的材料，加上高频电压，使其按电压的正负和大小产生高频伸缩，产生频率 100MHz 到 GHz 量级。

超声波作用于介质的机制有三种形式。

(1) 热效应　超声波在介质中传播时，其振动能量不断被介质吸收转变为热量，从而使介质温度升高。

(2) 力学效应　超声波辐射压强和强声压强引起介质搅拌、分散、成雾、凝聚和冲击破碎等作用。超声波动过程中的力学参数可以表述超声力学效应。

(3) 空化效应　液体在超声波作用下受到足够强的负压力时，介质分子间的平均距离超过极限距离时液体被拉断形成空化泡或空化核同时急剧收缩，崩溃的瞬间产生局部的高温和高压，形成超声空化现象。空化现象包括空化核的形成、成长和崩溃过程。

超声波在食品行业中的应用主要包括以下几个方面：超声波提取、杀菌、食品添加剂的合成、超声干燥与除气、超声乳化和均质、过滤、超声分析检测、超声控制结晶、超声清洗和除沫、微生物代谢、食品快速解冻等多个方面。低强度的超声波技术为一非破坏性技术，可用来改善食品品质及加工效率及分析检测食品体系中一些非常有用的物化性质，如高效冻结与解冻、灭菌保鲜、组成检测、品质结构、流变学性质等。高强度超声波技术主要用于食品的物理和化学改性领域，如促进降解、加快提取分离过程、强化渗透脱水及加速溶液结晶、提高干燥以及过滤速率等。由于超声空化效应、热效应和力学效应，超声波长时间的处理会造成蛋白质的变性，因此在食品研究开发过程中应严格控制超声波的处理时间。总之，随着食品工业的发展，超声波技术应用前景更加广泛。这就意味着探索并应用超声波技术将成为 21 世纪的一个研究热点。

三、食品杀菌新技术

(1) 亚临界或超临界状态的加压二氧化碳　此法用于灭菌，可缩短灭菌的时间和降低灭菌的温度。另外，由于加压二氧化碳能抑制热敏性成分的分解、抽提脂溶性物质和使酶失活，因而在食品工业和生物工程上受到普遍的关注。

(2) 臭氧灭菌　其优点是没有残留物，因而不会影响食品的风味，能够避免加热灭菌时热敏性物质的变性，也没有因加入杀菌剂而残留毒性的问题，并能渗透到用紫外线灭菌时照射不到的部分。不过，由于臭氧操作复杂、价格较高，实用化也还存在一些问题，其中最大的问题是臭氧的保存。臭氧冰可代替普通的冰用于鲜鱼的保存，与普通冰保存的鲜鱼比较，其新鲜度和抑菌效果都较好，也不会促进脂肪氧化，可延长保鲜期。

(3) 光脉冲灭菌技术　1980 年日本科学家发明了以惰性气体制作的荧光灯，其瞬间产生的光脉冲照射微生物，可达到灭菌目的。此后，一公司利用这一技术开发出一种名"纯光"的灭菌装置，它能瞬间发出具有宽光谱、强量的白色光。此后这种技术在食品行业开始慢慢应用。光脉冲只可作为那些内部经热处理灭菌而只是在光滑的表面存在微生物的食品的灭菌，以延长其保质期，如面包、饼干和鱼糕等食品。

(4) 冲击波对粉末食品的灭菌　所谓冲击波是在急剧加力的情况下所产生的超音速压力波。如对液体施加一冲击力，压力会上升，然后再快速膨胀，微生物的细胞便会受到破坏。如果有不纯物或气泡存在，灭菌效果更好，而粉末粒子与粒子之间的空隙就类似于气泡的效应。以前，冲击波只应用于金属粉末冶金（烧结），而用于干燥粉末食品的灭菌是由于冲击波使粒子的空隙部分，即粒子的表面温度上升从而达到灭菌的目的。此时，粒子内部的温度上升幅度很小，而且由于压力的关系，风味成分很难挥发。

此外，还有辐照技术、生物防腐技术、膜分离技术等都可用于食品的冷杀菌。由于在食品的杀菌过程中尽量保持食品温度不变或者变化很小，从而保持了食品原有的色、香、味等。因此这些新型的杀菌方法正在日益得到人们的重视。

除了上述的新技术以外，目前还有微胶囊技术、膨化与食品挤压技术、无菌包装、冷冻干燥、速冻技术、气调包装技术、超细粉碎技术、各种清洁生产、"三废"治理新技术、各种综合利用、节约资源新技术等。相信随着社会的发展和科学的进步，在不久的将来定会有更多的新技术应用到食品中。

 思考题

1. 超临界萃取的定义。
2. 超临界萃取的特点是什么？
3. 超临界萃取的应用范围。
4. 膜分离的定义。
5. 膜分离的应用范围。
6. 微波加热的原理、特点和应用方向。
7. 生物技术在食品领域中的应用。

T4 噬菌体　　　　等电点沉淀　　　植物细胞原生质　　纳米级中控纤维
　　　　　　　　　　　　　　　　的制备　　　　　　膜过滤

参 考 文 献

[1] 沈国舫. 农产品加工与科技创新（一）[J]. 农村实用工程技术，2002 (1)：26-27.

[2] 牛广财. 国内外果蔬加工新趋势[J]. 长江蔬菜，2002，(3)：21.

[3] 高雅. 我国农产品加工业的集群化发展[J]. 农产品加工学刊，2007，(8)：54-56.

[4] 张楠. 台湾食品工业发展现状管窥[J]. 食品研究与开发（综述），2007，9：191.

[5] 章杏杏，路建忠. 浅析我国农产品加工业的绩效、存在问题及对策[J]. 商场现代化，2007，9（上旬刊）：62.

[6] 刘登勇，周光宏，徐幸莲. 我国肉制品的分类方法. 肉类工业[J]，2005，11.

[7] 汉普. 中国肉类加工机械的现状及发展趋势. 肉类研究[J]，2007，9.

[8] 孙希生等. 我国果蔬及其加工品质量标准化[J]. 保鲜与加工，2002，(2)：1-3.

[9] 李里特. 食品原料学[M]. 北京：农业出版社，2001：91.

[10] 赵镭. 国际食品工业的发展趋势和方向[J]. 中外食品，2002，(7)：34-35.

[11] 江波，刘昊宇. 中国果汁与世界接轨[J]. 中外食品，2002，(7)：41-43.

[12] 潘永贵. 切割方式和钙处理对 MP 菠萝品质影响研究[J]. 食品科学，2002，23 (4)：121-123.

[13] 周家春. 食品工艺学. 北京：化学工业出版社，2003.

[14] 张鑒，李春丽. 现代食品工业指南. 南京：东南大学出版社，2002.

[15] 郑建仙. 现代新型谷物食品开发. 北京：科学技术文献出版社.

[16] 罗云波，蔡同一. 园艺产品贮藏加工学（加工篇）. 北京：中国农业大学出版社，2001.

[17] 赵丽芹. 果蔬加工工艺学. 北京：中国轻工业出版社，2002.

[18] 叶兴乾. 果品蔬菜加工工艺学. 北京：中国农业出版社，2002.

[19] 赵晨霞. 果蔬贮藏与加工. 北京：高等教育出版社，2005.

[20] 赵晨霞. 园艺产品贮藏与加工. 北京：中国农业出版社，2005.

[21] 宋纪蓉等. 果品生物加工技术与资源循环经济. 北京：科学出版社，2006.

[22] 张敏等. 国内外水果保鲜技术发展状况及趋势分析. 保鲜与加工，2003，(3).

[23] 朱宏莉等. 果蔬保鲜加工现状及发展浅析. 食品科学，2006，(1).

[24] 高海生等. 果蔬采后处理与贮藏保鲜技术的研究进展. 农业工程学报，2007，(2).

[25] 赵晋府. 食品工艺学. 北京：中国轻工业出版社，1999.

[26] 胡小松，蒲彪，廖小军. 软饮料工艺学. 北京：中国农业大学出版社，2002.

[27] 杨宝进，张一鸣. 现代食品加工学. 北京：中国农业大学出版社，2006.

[28] 高愿军. 软饮料工艺学. 北京：中国轻工业出版社，2006.

[29] 邵长富，赵晋府. 软饮料工艺学. 北京：中国轻工业出版社，2002.

[30] 天津轻工业学院等. 食品工艺学. 北京：中国轻工业出版社，2002.

[31] 蒋和体. 软饮料工艺学. 北京：中国农业科学技术出版社，2006.

[32] 荣瑞芬等. 杏仁去皮工艺研究. 食品工业科技，2004.

[33] 夏文水. 食品工艺学. 北京：中国轻工业出版社，2007.

[34] 李正明，吴寒. 矿泉水和纯净水工业手册. 北京：中国轻工业出版社，2000.

[35] 中国食品添加剂生产应用工业协会编著. 食品添加剂手册. 北京：中国轻工业出版社，1996.

[36] 陈克建. 冷鲜肉加工与管理. 肉类工业，2005，(7)：11-15.

[37] 王文艳等. 中式香肠的制作. 肉类工业，2006，(6)：5-6.

[38] 杨慧芳，刘铁玲. 畜禽水产品加工与保鲜. 北京：中国农业出版社，2002.

[39] 周光宏. 畜产品加工学. 北京：中国农业出版社，2002.

[40] 蒋爱民. 畜产食品工艺学. 北京：中国农业出版社，2000.

[41] 骆承痒. 乳与乳制品工艺学. 北京：中国农业出版社，1992.

[42] 谢继志. 液态乳制品科学与技术. 北京：中国轻工业出版社，1999.

[43] 曾寿瀛. 现代乳与乳制品. 北京：中国农业出版社，2002.

[44] 郭本恒. 现代乳品加工技术丛书——液态奶. 北京：化学工业出版社，2004.

[45] 武建新. 乳品生产技术. 北京：科学出版社，2005.

[46] 陈志. 乳品加工技术. 北京：化学工业出版社，2006.

[47] 张和平，张佳程. 乳品工艺学. 北京：中国轻工业出版社，2007.

[48] 李里特. 大豆加工与利用. 北京：化学工业出版社，2003.

[49] 杜连启，韩连军. 豆腐优质生产新技术. 北京：金盾出版社，2006.

[50] 刘戈衡. 大豆的营养及几种保健豆腐的开发. 食品研究与开发，2003，2 (1)：64-65.

[51] 陈慧. 大豆分离蛋白的功能特性及开发与应用. 石河子科技，2007，1：28-29.

[52] 倪晨，杨铭铎，霍力. 大豆组织蛋白的处理工艺及在肉制品中的应用. 哈尔滨商业大学学报：自然科学版，2002，6：336-345.

[53] 燕平梅，薛文通，任媛媛，贾银连. 豆腐凝固过程的研究概况. 粮油加工与食品机械. 2005，(3)：71-73.

[54] 相海，李子明，周海军. 大豆组织蛋白生产工艺与产品特性[J]. 粮油加工，2004，(1)：43-45.

[55] 乔红岩，李里特. 豆腐凝胶形成影响因素的研究进展[J]. 食品科学，2007，28 (6)：363-366.

[56] 盖钧镒，钱虎君，吉东风，王明军. 豆乳和豆腐加工过程中营养成分利用的品种间差异[J]. 大豆科学，1999，16 (3)：199-205.

[57] 刘兆庆，王曙文，张学娟. 环保型豆腐的研制[J]. 农产品加工，2004，(1)：24-25.

[58] 张明晶，魏益民. 加工条件对豆腐产量和品质的影响[J]. 大豆科学，2003，22 (3)：227-229.

[59] 励建荣. 中国传统豆制品及其工业化对策[J]. 中国粮油学报，2005，20 (1)：41-44.

[60] 刘心恕. 农产品加工工艺学. 北京：中国农业出版社，1997.

[61] 陈一资. 食品工艺学导论. 成都：四川大学出版社，2002.

[62] 钮福祥，张爱君，朱磊，徐飞，朱红. 真空低温油炸甘薯脆片的研制[J]. 江苏农业科学，2004，(2)：82-84.

[63] 陈启和，何国庆. 微波食品在食品中的应用和食品杀菌研究进展[J]，粮油加工与食品机械，2002，(4)：30-32.

[64] 揭广川，贡汉坤. 食品工业新技术及应用. 北京：中国轻工业出版社，1995.

[65] 邬敏辰. 食品加工技术. 北京：化学工业出版社.

[66] 罗云波. 关于转基因食品安全性[J]. 食品工业科技，2000，21：5-7.

[67] 陈文伟，刘晶晶. 酶工程在食品工业中应用[J]. 中国食品添加剂，2004，(6)：98-101.

[68] 姬德衡，钱方，刘雪雁. 酶工程在功能食品开发中的应用[J]. 大连轻工业学院学报，2003，22 (1)：22-24.

[69] 鲍志华. 天然甜味剂——甜菊苷[J]. 牙膏工业，1999，1：34-36.

[70] 史先振. 现代生物技术在食品领域的应用研究进展[J]. 食品研究与开发，2004，25 (4)：40-42.

[71] 贾士儒，欧宏宇，傅强. 新型生物材料——细菌纤维素[J]. 食品与发酵工业，2001，27 (1)：54-58.

［72］ 曲音波. 微生物技术开发原理. 北京：化学工业出版社，2005.

［73］ 焦瑞身等. 细胞工程. 北京：化学工业出版社，1994.

［74］ 李志义，刘学武. 液体蛋的超高压处理［J］. 食品研究与开发，2004，25（4）：94-97.

［75］ 励建荣，夏道宗. 超高压技术在食品工业中的应用［J］. 食品工业科技，2002，23（7）：79-81.

［76］ 张永林等. 超声波及其在粮食食品工业中的应用［J］. 西部粮油科技，1999，24（2）：14-16.

［77］ 赵旭博，董文宾，于琴，王顺民. 超声波技术在食品行业应用新进展［J］. 食品研究与开发，2005，26（1）：3-7.

［78］ 陈宇. 非加热灭菌技术在食品工业上的应用［J］. 食品工业科技，2003，24（8）：100-103.

［79］ 朱明. 食品工业分离技术. 北京：化学工业出版社，2005.

［80］ 尹洁. 超临界流体萃取技术及其应用简介［J］. 安徽农业科学，2014，42（15）.

［81］ 王磊，袁芳，高彦祥. 分子蒸馏技术及其在食品工业中的应用［J］. 安徽农业科学，2013，41（14）.

［82］ 夏文水. 食品工艺学. 北京：中国轻工出版社，2007.

［83］ 周光宏. 肉品加工学. 北京：中国农业出版社，2013.